야생 한방 약용식물 민간요법 도감

야생 한방 약용식물 민간요법 도감

펴낸날 2019년 5월 31일 초판 1쇄 펴냄
찍은날 2019년 5월 31일 초판 1쇄 찍음

지은이 정화자·박준창
펴낸이 이향원

펴낸곳 소이연
전 화 070)7571-5328
주 소 경기도 고양시 덕양구 충장로152번길 39, 2002-604
등 록 제2012-000175호

ⓒ 소이연 2019, Printed in Seoul Korea

ISBN 978-89-98913-11-3 16480

값 58,000원

이 도서의 국립중앙도서관 출판예정도서목록(CIP)은 서지정보유통지원시스템 홈페이지(http://seoji.nl.go.kr)와
국가자료종합목록 구축시스템(http://kolis-net.nl.go.kr)에서 이용하실 수 있습니다.
(CIP제어번호: CIP2019020277)

* 잘못된 책은 바꿔드립니다.

한방약초민간요법서

야생 한방 약용식물 민간요법 도감

정화자 · 박준창 지음

소이연

　옛날에는 산야에 흩어져 있는 이름 모를 풀들이 질병을 치료하고 생명을 살리는 귀한 약재가 된다는 것을 본성을 잃지 않은 생명체라면 다 태어나면서부터 알고 있는 지식체계였다. 상처가 난 동물들이 낙엽이 쌓여 있는 물속에 몸을 담근다든지, 황토 흙물에 뒹군다든지, 나무의 진액을 바른다든지 하는 행동은 과학의 척도에서 볼 때 비과학적이고 원시적이고 비루한 치료방법일지 모른다. 하지만 이는 초과학적인 치유 수단이었음이 분명하다. 맑은 영과 혼을 가진 사람들은 이름 모를 풀뿌리나무껍질(草根木皮)과 각종 꽃들이 어떤 효능이 있어 어떤 질병에 활용할 수 있고, 어떤 방법으로 얼마간 사용해야 되는지, 그리고 그 적용과정에서 어떤 변화의 과정을 겪으면서 회복되어 가는지 훤하게 알고 있었다. 그 내용을 일반인들에게 전해서 사용하게 하였고, 그런 효용성을 체험한 사람들의 입에서 입으로 전해져 내려오는 것들을 우리는 흔히 민간요법이라고 한다. 이런 구전되는 자료들의 가치는 아직도 천박한 지식으로 형편없는 평가를 받고 있다. 그러나 경험과 체험으로 인지된 내용들이 어느 때부터 누군가에 의해서 글로 쓰여 후대로 전해져 내려오게 되면서 글로 배워서 알게 되는 지식체계가 형성되어 왔다.

　책을 읽어 알게 되는 지식과 과학적 연구 결과로 새롭게 알려진 지식들만이 앎의 전부가 아니다. 살아 숨 쉬고 있는 생명체에서 뿜어져 나오는 생생한 기운과 서로 감응(感應)하며 눈, 귀, 코, 혀. 피부의 다섯 가지 감각기관을 통해 드러나는 작용이나 기능을 인지하고 그것을 활용하는 것도 또 다른 중요한 지식체계의 근간을 이룬다. 책에 있는 초근목피의 약의 성능을 암기하여 그 효능에 대해 알게 되어 활용하는 것에서 그치지 않고, 계절의 변화에 따라 싹이 트고, 꽃 피우고, 열매 맺는 과정에서 뿜어져 나오는 기운을 느낄 수 있는 방법을 더해서 학습하는 것이 매우 중요한 새로운 공부방법이 될 것이다. 이는 자연으로 들어감으로써 가능한 일이다.

　저자 정화자 선생께서는 본초학이나 생약에 대한 전문적인 지식을 공부한 한의학자나 생물학 전공자가 아니면서도 약용식물에 대한 남다른 관심을 갖고 결코 젊은 나이가 아님에도 불구하고 배움이 있는 곳이라면 불원천리하고 찾아가 배우며, 혹한이든 혹서든 관계없이 산과 들로 배낭을 메고 카메라를 들고 발 품팔이를 하면서 382종류의 초본의 사진을 찍고 귀한 자료들을 찾아내고 그것을 정리하여 『야생 한방 약용식물 민간요법 도감』을 만들어 냈다.

상지대학교 평생교육원에서 매학기 개강하는 '생활 속의 한의학'이란 강좌에서 만난 정화자 선생은 자신의 몸 건강을 관리하기 위해 필요한 상식에 해당하는 한의학적인 지식을 배우려는 다른 수강생들의 태도와는 자못 남달랐다. 한의학을 전공하는 한의대학 학생들 못지않게 궁금한 사항에 대해 질문을 할 때 그 내용을 통해 이 분의 학구적인 열정이 어떠한가를 알 수 있었다. 어느 대학이든 한의학 관련 강좌가 열리면 어김없이 찾아가 수강하고, 농업기술센터 등에서 개최하는 강좌에 참여하여 전문적인 소양을 배우면서 한편으로 한방꽃차 협회를 결성하여 꽃차에 관심이 있는 분들과 함께 산과 들로 채집을 나가고 학습하는 과정을 만들어나가는 모습을 보면서 나는 저자를 '사학(史學)'을 전공한 자연요법학자'라고 부르게 되었다. 『야생 한방 약용식물 민간요법 도감』에 담겨져 있는 내용들이 자신의 건강을 자연의 기운으로 관리하고 지키려는 많은 분들에게 귀중한 자료가 될 것이라 생각하며, 저자가 자연과 함께 하면서 얻은 많은 체험 지식을 아낌없이 담아낸 서적이 후속으로 출간되기를 기다리게 된다.

이름 모를 꽃·풀 들이 자연 속에서 피고 지는 그 존재가치를 편견 없이 이해하고 앎을 갖는데 도움이 될 많은 서적들이 앞 다투어 출간된다면 자연과 조화를 잃고 불균형을 갖게 되면서 만들어진 생활환경 근원의 질병들을 스스로 고쳐나가는 치유의 생활을 하는 사람들이 늘어나면 좋겠다. 그래서 자연과학의 가치가 재평가되고, 얼마나 귀한 것인지를 배우는 계기가 되어 자연주의의 시대가 도래되기를 희망해보면서 이 책의 저자의 노고에 깊이 감사드리며, 독자들과 독자 가족들의 건강을 돌보는 데 큰 도움이 될 것이라 기대한다.

2019년 5월
전 상지대 한의과대학 교수·의함다래 평생한의원 원장·한의학 박사 김명동

　필자는 농·산촌에서 어린 시절을 보냈다. 병원이 가까이에 없었던 터여서 주변의 많은 사람들이 질병을 못 이겨 젊은 시절에 목숨을 잃는 것을 많이 보았다. 반면 깨어 있던 어른들이 주변의 약초들을 이용한 민간요법으로 질병을 치료하는 것도 보아왔다.

　그래서 필자는 어려서부터 약용식물(약초)과 약차에 관심을 갖게 되었다. 그 관심은 계절별로 산과 들로 나가 약초를 채취하게 하였고, 문헌을 뒤지면서 공부하게 하였다. 그러길 어느덧 20여 년이 되었다. 그 과정에서 필자는 일반인들은 하찮은 풀포기로 알고 있는 우리의 야생약초들이 너무나 귀한 약재라는 사실을 알게 되었다. 지금은 약차와 약재를 공부하고 연구하는 모임도 갖고 있다. 또한 약차 수업도 병행하고 있다.

　구암 허준 선생님이 발품을 팔아가면서 약초를 이용한 민간요법을 정리하여 집필한『동의보감』을 지금의 한의학 교과서로 쓰는 데는 분명한 이유가 있다. 우리의 야생약초가 분명히 효능이 있기 때문이다. 약초라고 하여 모두 약으로만 법제하여 써야만 하는 것은 아니다. 철철이 나는 약초를 나물로 먹어도 효능이 크다. 예부터 제철 음식을 먹어야 건강하다는 말이 있다. 이는 곧 약재를 먹는다는 의미(생식)와도 통한다. 지금은 모두 식자재 마트에 가 농약을 친 채소를 많이 사서 먹고 있다. 너무나 안타까운 일이다. 필자는 무공해 야생약초를 나물로 먹을 것을 추천한다. 우리 약초를 사랑하고 많이 애용하여 개인의 건강에 도움이 되길 바란다.

　이 책에서는 일반적으로 약초로 전해 오는 많은 약용식물을 문헌의 고증과 필자의 경험을 토대로 일반 독자들이 혼자서도 약재를 채취하고 복용방법을 배울 수 있도록 저술하였다. 일반 독자들이 쉽게 볼 수 있도록 용어를 쉽게 쓰고, 용어 해설도 같이 덧붙였다. 특히 건강이 좋지 못한 독자들은 약초를 배워 알고 민간 치료법을 터득하여 건강을 유지하는데 도움이 되었으면 좋겠다는 바람을 가져 본다. 이것이 이 책을 쓴 가장 큰 이유이다.

2019년 5월
정 화 자

차례

책의 구성과 일러두기

1. 이 책은 사진, 식물의 개요, 효능, 처방 및 복용 방법, 용어 해설 등으로 구성하였다.
2. 일반 독자들이 쉽게 볼 수 있도록 전문용어는 되도록 쉽게 서술하였다.
3. 약용식물은 쉽게 접할 수 있는 총 382종류를 선별하여 수록하였다.
4. 약용식물의 구성 배열은 독자들이 쉽게 찾아 볼 수 있도록 가나다순으로 기술하였다.
5. 식물의 개요 편에서는 이명, 생약명, 과명, 식물의 전초(뿌리, 줄기, 잎, 꽃, 열매), 분포지, 특징 등을 서술하였다.
6. 효능 편에서는 여러 한의학 문헌 및 민간요법을 연구한 결과를 바탕으로 민간요법으로 가능한 것만으로 선별하여 간단하게 개조식으로 서술하였다.
7. 처방 및 복용 방법 편에서는 민간요법으로 가능한 것만 서술하였고, 전문 한의사의 조언을 받아야 할 것은 배제하였다.
8. 용어 해설에서는 약용식물의 어려운 용어, 전문적인 질병 용어 위주로 풀어서 기술하였다.
9. 부록으로 '약용식물 용어 해설'과 '한방 용어 해설' 편을 게재하여 전문용어를 일반인들이 쉽게 이해할 수 있도록 하였다.

001 가는줄돌쩌귀-초오(草烏)

▶ 식물의 개요
가는줄돌쩌귀는 바꽃·부자·오두·원앙국·쌍란국·투구꽃 등으로도 부른다. 생약명은 오두, 초오이다. 이 식물의 덩이뿌리는 옆으로 자라며 잔뿌리가 많다. 잎은 어긋나며 줄기에서 잎자루가 3개로 갈라진다. 잎의 겉면에는 짧고 굽은 털이 많이 난다. 꽃은 9월경 청자색 꽃이 총상꽃차례를 이루며 달려 피고, 꽃받침 겉에 황갈색 털이 많다. 10월경 골돌의 열매가 맺어 익으면 씨가 벌어져 나온다. 관상용·약용으로 이용한다. 우리나라 중북부지방 특히 백두대간의 태백산맥 심산 지역에 자생하는 미나리아재비과의 여러해살이 쌍떡잎 속씨식물이다.

▶ 효능
가는줄돌쩌귀는 맛이 맵고 독이 많아 식용은 할수 없고 약용으로 쓰인다.
- 뇌졸중 후유증으로 인한 전신 또는 반신불수의 치료에 효능이 있다.
- 관절염, 근육통, 중풍, 타박상 등으로 인한 통증을 다스린다.
- 당뇨병, 신경통, 냉증, 음낭소양증 등의 질환에 효능이 있다.

▶ 처방 및 복용 방법
가는줄돌쩌귀는 덩이뿌리(초오)를 채취하여 물에 담가 독을 우려낸 다음 감초와 함께 다시 끓인 후 초오를 건져 통풍이 잘 되는 그늘에 말려 약재로 쓴다. 초오는 독성이 강하므로 전문 한의사의 상담을 받아 처방하는 게 좋다.
- 관절염, 신경통, 타박상으로 인한 통증의 치료에는 마른 초오와 유황을 혼합하여 산제(가루)나 환을 빚어 처방한다.
- 허리 통증, 근육통, 어깨 통증 등의 질환에는 초오가루에 골쇄보, 천마 등의 약재를 법제하여 처방한다.
- 풍, 안면마비 등의 질환에는 산제한 초오와 천궁가루를 섞어 알약을 만들어 따끈한 청주와 함께 복용한다. 그러나 독성이 강하기 때문에 사용할 때 주의가 필요하다.
- 치질, 치루, 변비 등의 질환에는 초오를 물에 달여서 그 물로 항문을 깨끗이 씻는다.

▶ 용어 해설
- 골돌과(蓇葖果): 여러 개의 씨방으로 된 열매로 익으면 딱딱해지고 열매 껍질이 스스로 벌어지는 과일.
- 총상(總狀) 꽃차례: 여러 개의 꽃이 뭉쳐서 하나의 꽃송이처럼 보이는 꽃 모양(싸리나무, 아카시아, 등나무).

002 가락지나물-사함(蛇含)

▶ 식물의 개요
가락지나물은 사가(蛇街)·오성초(五星草)·지오가(地五加)·포지위릉채·쇠스랑개비 등으로 불린다. 생약명은 사함이다. 식물 전체에 털이 있고 줄기는 절반이 땅 바닥에 기어 뻗는다. 뿌리잎은 잎자루가 길고 손꼴겹잎이다. 줄기잎은 댓잎피침형으로 가장자리에 톱니가 나 있다. 꽃은 5월경 노란색으로 취산 꽃차례를 이루며 달려 핀다. 꽃잎은 5개이며 꽃자루는 가늘고 흰 털이 많다. 열매는 7월경 수과가 달려 익는다. 전국 각지 들판이나 작은 구릉지 등지의 습한 곳에 자생하는 장미과의 여러해살이 쌍떡잎 속씨식물이다.

▶ 효능
가락지나물은 여름철 개화기 때 전초를 채취하여 햇볕에 말려 약용으로 쓴다.
- 열을 내리고 염증을 다스리는 효능이 있다.
- 호흡기 계통의 질병인 급성 감기, 폐렴 등을 다스리는데 효과가 있다.
- 각종 중독에 대한 해독 작용이 강하다. 특히 뱀에 물린 경우 효능이 크다.
- 습진 등 피부염증의 치료에 효과가 있다.

▶ 처방 및 복용 방법
가락지나물은 이른 봄 어린순은 나물로 먹고 약으로 쓸 때는 생즙이나 달여 마시든지 외상에는 찧어 환부에 바른다.
- 발열, 인후염, 종기, 습진에는 전초 말린 사함을 끓는 물에 달여 차처럼 복용한다.
- 뱀·벌레 물린 자리는 가락지나물 생초를 짓찧어 환부에 붙인다. 또는 가루로 밀가루 반죽을 하여 붙여도 좋다.
- 습진, 피부염, 종기 등의 외상에는 신선한 전초를 진하게 달여서 그 물로 환부를 바르든지 깨끗이 씻는다.

▶ 용어 해설
- 취산(聚散) 꽃차례: 꽃 밑에서 각각 한 쌍씩의 작은 꽃자루가 나와 그 끝에 차례대로 꽃이 피는 형태
- 수과(瘦果): 익어도 터지지 않는 열매

003 가래나무-추목피(楸木皮)

▶ **식물의 개요**

가래나무는 추자목·산추자나무·가래추나무·추자(열매)·추목피(뿌리껍질)·산핵도(山核桃)·핵도추(核桃楸) 등으로 부른다. 생약명은 추목피(楸木皮)이다. 잎은 어긋나며 깃꼴겹잎으로 달걀모양의 긴 타원형이다. 잎맥에는 선모가 있고 가장자리는 잔 톱니가 나 있다. 꽃은 단성화로 4월경 암수 한 그루로 달려 핀다. 열매는 9월경 육질의 껍질 속에 딱딱한 달걀 모양의 핵과가 익는다. 우리나라 중부 이북지방의 산기슭과 골짜기에 자생하는 가래나무과의 여러해살이 낙엽 활엽 교목이다.

▶ **효능**

가래나무는 봄과 가을에 잎, 줄기껍질, 열매를 채취하여 약용으로 쓴다.

- 안과와 관련된 질병을 다스리고 신경계 질환에 효과가 있다.
- 염증을 가라앉히고 소화 불량, 위궤양 등을 다스리는데 효과가 있다.
- 요통, 요독증, 외상 소독에 효과가 있다.
- 장염 치료 및 자양 강장의 작용을 한다.

▶ **처방 및 복용 방법**

열매인 추자는 생식을 하거나 기름을 짜서 먹기도 한다.

- 장염에는 줄기껍질, 잎, 뿌리를 진하게 달여 장기 복용한다.
- 간염, 간경화증에는 가래나무 껍질, 두릅나무 껍질, 창출로 가루를 만들어 환을 빚어 알약을 복용한다.
- 요통에는 가래나무 껍질을 오래 달여 엿을 고아 환부에 바른다.
- 이질에는 가래나무 껍질, 두릅나무 껍질, 창출 가루로 환제하여 처방한다.

▶ **용어 해설**

- 단성화(單性花): 동일한 꽃에 암술과 수술 중 어느 한 가지만 있는 꽃.
- 핵과(核果): 과실의 씨를 보호하는 단단한 핵으로 쌓여 있는 열매(매실, 복숭아, 살구, 대추).
- 교목(喬木): 줄기가 곧고 굵으며 높이 자란 나무.

004 가막사리-낭파초(狼把草)

▶ **식물의 개요**

가막사리는 침포초(針包草)·오파(烏杷)·오계(烏階)·낭야초(郎耶草)·낭파초(狼把草)라고도 부르며 비슷한 약초로는 도깨비바늘이 있다. 생약명은 낭파초(狼把草)이다. 잎은 2장이 마주나며 긴 타원형의 댓잎피침형으로 가장자리에 톱니가 나 있다. 꽃은 9월경 줄기와 가지 끝에서 한 송이씩 긴 타원형의 두상화로 뭉쳐서 노랗게 달려 핀다. 열매는 10월 전후 납작한 수과가 달려 익는데 터지지 않는다. 가장자리에 난 갓털에 난 갈고리 모양의 가시가 다른 물체에 붙어 씨를 퍼뜨린다. 전국 각지의 초원이나 언덕, 습지 등에서 자생하는 국화과의 한해살이쌍떡잎 속씨식물이며, 한방에서는 호흡기 질환 치료제로 널리 이용한다.

▶ **효능**

가막사리는 개화기인 8월경부터 전초를 채취하여 햇볕에 말려 약용으로 쓴다.

- 감기, 기관지염, 편도선염, 인파선염, 인후염 등 이비인후과의 질병을 다스리는데 효과가 있다.
- 종기나 습진, 풍진 등 피부염을 다스리는데 쓰인다.
- 급성 설사나 이질 등을 다스리는데 효과가 있다.

▶ **처방 및 복용 방법**

가막사리 전초를 약용으로 쓰는데, 생즙이나 끓는 물에 달여 탕 또는 환을 빚어 사용한다.

- 가막사리는 이른 봄 어린 새순은 나물로 먹는다.
- 폐결핵·폐기종·기관지염·천식·인파선염·인후염 등의 질환에는 가막살이 생약재나 말린 전초를 물이 반 정도 줄 때까지 달여 하루 3회 정도 복용한다.
- 습진·옴·버짐 등 피부 질환에는 생즙을 내어 바르거나 가루로 갈아 뿌린다.

▶ **용어 해설**

- 두상화(頭狀花): 꽃대 끝에 많은 꽃들이 뭉쳐 붙어 머리 모양을 이룬 꽃.
- 풍진: 발진을 동반하는 급성 바이러스성 질환.
- 수과(瘦果): 열매가 익어도 껍질이 터지지 않는 열매.

005 가시복분자(覆盆子)

▶ **식물의 개요**

가시복분자는 복분자로 통한다. 당복분자·나무딸기·산딸기·덩굴딸기·결분(缺盆)·대맥매(大麥苺)·오표자(烏蔍子) 등으로 불린다. 생약명은 복분자(覆盆子)이다. 줄기는 땅을 기어 옆으로 뻗으며 갈고리 모양의 가시가 많다. 잎은 어긋나며 겹잎이다. 작은 잎은 넓은 달걀꼴로 가장자리에 겹톱니와 양면에 털이 있다. 꽃은 5월경 산방 꽃차례로 가지 끝에 붉은색 오판화가 달려 핀다. 꽃받침 조각은 피침형으로 뾰족하며 표면에 잔털이 많다. 열매는 9월경 둥근 장과가 달려 검붉게 익는다. 익은 열매는 식용으로, 꽃은 밀원으로 이용된다. 약용은 덜 익은 열매를 말려 쓴다. 우리나라 중남부지방의 산지나 구릉지에서 군락을 이루어 자생하는 덩굴식물로 장미과의 쌍떡잎 낙엽 활엽 관목이다. 특히 제주도에 많이 자생하며 지금은 농가에서 다량으로 재배한다. 한방에서는 복분자란 명칭을 쓰며 꽃과 열매를 약용으로 쓴다.

▶ **효능**

- 강장 보호와 강정제로 효능이 크다. 정력이 약한 경우 보하는 작용을 한다.
- 잦은 오줌인 빈뇨증이나 방광염에 효능이 있다.
- 허약체질 개선, 여성 갱년기 회복, 여성 호르몬 분비, 불임 및 자궁회복에 도움을 준다.
- 탈모, 칼슘 부족, 약한 뼈 등을 다스리는데 효능이 크다.
- 어린아이의 성장 호르몬을 촉진하는데 효능이 있다.
- 기억력 향상 및 시력 보호 작용을 한다.

▶ **처방 및 복용 방법**

복분자는 7월경 덜 익은 녹색 열매를 채취하여 말려서 약용으로 쓴다.

- 저혈압·고혈압·정력이 약한 경우는 가시오가피 말린 열매를 달여 마시거나 술을 담가 복용한다.
- 치질, 눈 염증에는 잎과 꽃을 끓는 물에 우려 차처럼 복용한다.
- 설사가 심한 경우 지사를 위해서는 잎을 우린 액을 복용한다.
- 자궁 염증, 신경쇠약, 뱀이나 벌레에 물린 경우는 꽃을 달여서 차처럼 복용한다. 뱀, 독충에 물리면 전초를 찧어 환부에 붙인다.
- 알레르기, 감염성 기관지염, 천식, 습진 등에는 뿌리를 달여서 마신다.
- 어린아이의 야뇨증에는 열매로 만든 가루를 설탕과 섞어 불에 볶아서 복용한다.
- 당뇨병에는 뿌리와 가지로 엿을 고아 복용한다.

▶ 용어 해설

- 산방(散房) 꽃차례: 꽃자루가 아랫것은 길고 윗것은 짧아 각 꽃이 가지런히 피는 형태.
- 오판화: 5개 꽃잎을 가진 꽃(무궁화, 복숭아꽃).
- 장과(漿果): 과육과 액즙이 많고 속에 씨가 들어 있는 과실(포도, 감).
- 밀원: 곤충(벌)들이 꿀을 수집하는 원천.

006 가시비름-백현(白莧)

▶ 식물의 개요

가시비름은 녹현(綠莧)·저현(楮莧)·현채(莧菜)·세현(細莧)·비듬나물·새비름 등으로 불린다. 생약명은 백현(白莧)이다. 줄기는 곧게 서서 자라며 가지를 많이 치고 능선이 있다. 잎은 어긋나며 길쭉한 달걀 모양으로서 끝이 뾰족하고 가장자리에 잔가시가 있다. 꽃은 8월경 녹색의 양성화가 이삭 모양을 이루며 모여 핀다. 열매는 10월 전후 수과가 달려 익는다. 열매가 익으면 윗부분이 스스로 벌어져 씨가 떨어진다. 전국 각지의 밭이나 들판, 집 주변에 자생하는 비름과의 한해살이 쌍떡잎 속씨식물로 남아메리카에서 귀화한 외래종이다.

▶ 효능

• 독충이나 뱀에 물렸을 때 해독 작용의 효과가 크다.
• 소종, 소담, 치질 등 발열을 강하시키는 해열 작용에 효과가 크다.
• 무좀, 여드름, 습진, 피부염 등 각종 피부 질환을 다스린다.
• 간, 고혈압, 골다공증의 질환을 다스리는데 효능이 있다.
• 몸에 쌓인 독성을 배출하는 해독 작용을 한다.
• 변비 해소, 빈혈 예방, 살균 효과, 위장 기능 강화 등의 작용을 한다.

▶ 처방 및 복용 방법

가시비름을 약용으로 사용할 때는 생즙을 쓰거나 말린 것을 탕 또는 반죽을 하여 환부에 바르는 방법이 있다.
• 뱀, 독충에 물린 상처, 치질, 종기, 염증 질환에

는 생잎을 짓찧어 환부에 바르거나 붙인다.
• 위염, 장염, 대장염, 이질, 만성 소화불량, 설사 등에는 비름을 넣고 끓인 죽으로 처방한다.
• 무좀 및 여드름 개선 등의 피부 질환 개선에는 비름을 우려낸 물로 여러 번 바르거나 씻는다.
• 고혈압, 심근경색, 동맥경화, 골다공증 등에는 전초를 달여 차처럼 장기 복용한다.
• 설사, 부종, 생리불순 등에는 비름 씨를 달여 차처럼 복용한다.
• 뿌리는 피부병, 눈병, 종기에는 뿌리를 끓는 물에 달여 복용한다.

▶ 용어 해설

• 수과(瘦果): 전체가 씨처럼 보이는 익어도 터지지 않는 열매(해바라기).
• 양성화(兩性花): 하나의 꽃 속에 수술과 암술을 모두 갖고 있는 꽃.
• 부종(浮腫): 몸이 붓는 상태.

007 가시연꽃-검인(芡仁: 씨)

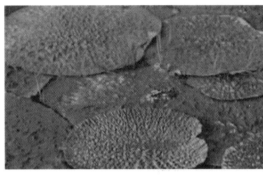 

▶ 식물의 개요

『아언각비』, 『동의보감』에 가시연꽃은 검(芡)·검실(芡實)·계두실(鷄頭實)·마방(馬房)·가시년·거년밥·개연 등으로 부른다고 하였다. 한방에서 쓰는 생약명은 검인(芡仁)이다. 뿌리줄기는 짧고 굵으며 수염뿌리가 많다. 잎은 잎자루가 길고 수면 위에 떠 있다. 잎 표면에 윤기가 나고 가시가 나 있다. 꽃은 8월경 자주색 꽃이 피는데 낮에는 벌어졌다 밤에는 닫힌다. 10월 이후 장과(漿果)가 달려 익는데 가시가 있으며, 완두콩과 비슷한 모양의 씨는 터져 물에 떠다니다가 다음해 발아한다. 관상용·식용·약용으로 쓴다. 중남부지방(전라도, 경상도)의 연못이나 늪지에 자생하는 수련과의 한해살이 쌍떡잎 수생식물이다.

▶ 효능

가시연꽃은 맛이 달면서도 떫으며 자양강장제로 널리 알려져 있다.

- 검인(가시연꽃 씨)은 신장을 튼튼히 하고 몽정, 조루증, 소변불통 등 비뇨기계통의 질환에 효능이 있다.
- 위장 및 소화 기능을 돕고, 체내에 불필요한 습기를 제거시키며, 자양·강장제로 잘 알려져 있다. 그러나 복부가 팽창하든가 감기 전후, 이질, 치질, 산후 헛배가 부를 때는 사용하지 않는다.
- 관절통, 견비통, 신경통, 근골동통, 근육통, 인대파열, 근골무력증, 척추골 골절 등의 치료에 효능이 있다.

▶ 처방 및 복용 방법

가시연꽃은 8~10월경 뿌리줄기·꽃·씨를 채취하여 껍질을 제거하고 햇볕에 말려 약재로 쓴다.

- 검인은 쪄서 말려 씨만 볶아 쓰지만 냉이나 정력이 약할 경우는 껍질을 제거하지 않고 그대로 쓰면 효과가 크다.
- 기를 북돋우고 소화기능을 회복하기 위해서는 쌀과 검인가루를 섞어 죽을 만들어 복용한다.
- 콩팥, 신장염, 요통 등의 질환에는 검인과 대추를 섞어 끓는 물에 진하게 달여서 여러 번 차처럼 마신다.

▶ 용어 해설

- 폐쇄화(閉鎖花): 암술과 수술이 성숙해도 꽃부리가 열리지 않고 자화수분에 의해 결실하는 꽃.
- 장과(漿果): 다육과의 일종으로 과육(살) 액즙이 많고 속에 씨가 들어 있는 과실.
- 견비통(肩臂痛): 어깨와 팔이 저리고 아파서 잘 움직이지 못하는 신경통 .

008 가죽나무-저근백피(樗根白皮)

▶ 식물의 개요

가죽나무는 저(樗)·저목·취춘(臭椿)·춘근피(椿根皮)·갈구나무·개주나무·가둑나무·북나무·청수화(靑樹花) 등으로 불린다. 생약명은 저근백피(樗根白皮)이다. 잎은 어긋나고 겹잎이며 댓잎피침형으로 위로 올라갈수록 뾰족해진다. 가장자리에는 톱니가 나 있고 옻나무 잎과 거의 흡사하다. 꽃은 6월경 흰색이 가미된 녹색으로 피는데 원추 꽃차례를 이루며 이삭으로 뭉쳐 있다. 열매는 9월경 적갈색의 시과(翅果)가 맺어 익는다. 전국 각지의 산지나 낮은 구릉지에 자생하는 소태나무과의 낙엽 활엽 교목이다.

▶ 효능

가죽나무는 맛이 쓰고 떫으며 수렴정장제로 알려져 있다.

- 치질, 피설사, 장출혈, 혈변 등을 다스리는 지혈 작용을 한다.
- 몸에 있는 기생충을 제거하는 구충 작용을 하고 버짐이나 부종을 다스리는 항균 작용을 한다.

▶ 처방 및 복용 방법

가죽나무는 봄에 뿌리를 채취하여 뿌리껍질을 벗겨 햇볕에 말려서 약용으로 쓴다. 복용 중에는 기름진 음식을 금한다.

- 피가 섞인 설사, 치질, 혈변이 있는 경우는 저근백피의 가루를 물에 끓여 그 물을 여러 번 마신다.
- 남성의 몽정, 조루증 등에는 저근백피와 작약을 섞어 산제나 환을 빚어 알약을 복용한다.

- 자궁출혈, 대하증 등 부인병 질환에는 저근백피와 백출을 섞어 물에 진하게 달여 차처럼 여러 번 복용한다.
- 빈혈증, 십이지장궤양, 소화불량에는 말린 저근백피로 법제하여 탕으로 장복한다.

▶ 용어 해설

- 시과(翅果): 열매껍질이 자라서 날개 모양이 되어 바람에 흩어지기 편리하게 된 열매.
- 원추(圓錐) 꽃차례: 꽃차례의 축이 여러 번 가지가 갈라져 최종 분지(分枝)가 총상 꽃차례를 이루는 원뿔 모양의 꽃 형태.
- 법제: 한방에서 자연에서 채취한 원생약을 약으로 다시 처리하는 과정으로 주로 독성을 제거하여 복용하기 쉽게 한다.

009 각시마-산약(山藥)

▶ **식물의 개요**

각시마는 서여(薯蕷)·산저(山藷)·산여(山蕷)·산우(山芋)·제서(諸薯)·불장서(佛掌薯)·애기
마 등으로 불린다. 생약명은 산약(山藥)이다. 땅속줄기가 옆으로 뻗으면서 많은 가지를 친다.
덩굴성 식물이기에 줄기는 다른 물체를 감고 올라간다. 잎은 서로 어긋나며 밑이 귀처럼 넓어
지며 끝이 뾰족한 고구마 순과 비슷한 모양이다. 잎자루가 길며 돌기가 나 있다. 꽃은 7월경 백
록색의 단성화가 꽃이삭을 이루며 피는데, 꽃줄기는 밑으로 처진다. 열매는 9월경 삭과가 달려
익는데 날개가 있으며 씨는 달걀꼴이다. 전국 각지의 산지나 구릉지에서 자생하는 맛과의 여러
해살이 외떡잎 덩굴식물이다. 관상용·식용·약용으로 이용된다.

▶ **효능**

각시마는 봄과 가을에 줄기 뿌리를 채취하여 햇
볕에 말려 약용으로 쓴다. 뿌리는 마의 덩이뿌리
와 비슷하다.

• 당뇨병, 대하증, 소변불리, 야뇨증 등 비뇨기
  질환을 다스리는데 효과가 있다.
• 허약체질을 보하고 자양강장제 작용을 한다.

▶ **처방 및 복용 방법**

채취한 각시마 뿌리(산약)는 끓는 물에 달여 마시
거나 생즙 또는 환을 빚어 복용한다.

• 허한 체질을 개선하는 보음에는 각시마 뿌리
  의 생것을 복용한다.
• 당뇨병, 대하증 등 비뇨기 질환에는 말린 뿌리
  를 차처럼 진하게 달여 마신다.

▶ **용어 해설**

• 삭과(蒴果): 익으면 열매 껍질이 떨어지면서
  씨를 퍼뜨리는 여러 개의 씨방으로 된 열매
  (백합, 붓꽃).
• 자양강장제: 몸의 영양을 좋게 하여 허약한 체
  질을 건강하게 만들고 체력을 좋게 하는 약
• 단성화: 수술이나 암술 중 어느 한쪽만 있는 꽃.
• 대하증: 여자의 생식기에서 누른빛의 분비액
  이 흘러내리는 병.

010 갈매나무-서리(鼠李)

▶ 식물의 개요

갈매나무는 저리(楮李)·조리(皁李)·우리(牛李)·취리자(臭李子) 등으로 불린다. 열매를 갈매라 하고, 나무껍질을 서리피, 뿌리껍질을 서리근, 말린 열매를 서리자라고 한다. 잎은 마주나는데 긴 타원형으로서 끝이 뾰족하고 털이 있으며, 가장자리에 잔 톱니가 있다. 꽃은 5월경 청록색의 단성화가 잎겨드랑이에 달려 핀다. 열매는 9월경 둥근 장과가 달려 검게 익는데 2개의 씨가 들어 있다. 전국 각지의 양지 바른 골짜기나 냇가에 자생하는 갈매나무과의 다년생 낙엽 활엽 관목이다. 한방에서는 서리라는 생약명을 쓴다. 열매를 약재로 쓰고, 나무껍질은 염색 재료로 사용한다.

▶ 효능

갈매나무는 열매, 뿌리, 줄기껍질을 모두 약용으로 쓴다.
- 중풍을 다스리고 열독을 강하시키는데 효과가 있다.
- 각종 부종을 다스리고 구충 효과가 있다.
- 산후 나타나는 하혈을 막아주는 지혈 효과가 있다.
- 피부 소양증, 요통, 치통을 다스리고 오한에 효험이 있다.
- 설사와 변비에 효능이 있다.

▶ 처방 및 복용 방법

한방에서는 말린 서리자를 약용으로 사용한다.
- 몸의 열을 내리고 피부 질환, 저림증에는 갈매나무 껍질을 달여 차처럼 복용한다.
- 이뇨 작용과 설사에는 열매를 복용한다.

- 위장병 치료에는 껍질과 열매를 끓는 물에 달여 장기 복용한다.

▶ 용어 해설
- 장과(漿果): 과육과 액즙이 많고 속에 씨가 들어 있는 과실(포도, 감).
- 이뇨 작용: 오줌을 잘 나오게 하는 작용.

011 감국(甘菊)

▶ 식물의 개요

감국은 감국화·정국화·금정(金精)·가화(家花)·야국(野菊)·야황국·가을국화·구월국·산국화 등으로도 불린다. 생약명은 감국(甘菊)이다. 전초에는 털이 많고 줄기는 검고 가늘며 길다. 잎은 어긋나며 달걀꼴의 타원형으로 가장자리에 톱니가 나 있다. 꽃은 9월경 산방 모양의 꽃차례로 노란 두상화가 달려 핀다. 열매는 10월경 수과가 달려 익는다. 어린순은 나물로 식용하고 꽃에 진한 향기가 있어 관상용으로 많이 쓰며, 전초와 꽃은 약용으로 쓴다. 전국 각지의 들판이나 길가, 제방둑 등지에 자생하는 국화과의 여러해살이 쌍떡잎 속씨식물이다.

▶ 효능

감국은 맛이 달면서 향이 나는 중풍 치료제로 알려져 있다.

- 『본초강목』에서는 감국이 오행(금·목·수·화·토) 중 수에 해당하므로 몸의 열을 내리는 해열 효과가 크다고 하였다.
- 풍기를 다스리며 혈압을 떨어뜨리는 등 순환계 질환에 효능이 있다.
- 간 기능을 개선하고 눈을 밝게 해주며 허리 통증에도 효능이 있다.

▶ 처방 및 복용 방법

감국은 9~10월경 개화기에 꽃과 전초를 채취하여 그늘에 말려 약재로 쓴다.

- 국화차로 마실 때는 쓴 맛이 있으므로 조금 넣고 우려서 마신다. 국화의 꽃잎만을 따서 끓는 물에 소금을 조금 넣고 데쳐 낸 후 그늘에 말려서 쓴다.

- 가루 또는 꿀과 함께 개어 환으로 빚어 먹을 수도 있고, 국화주를 만들어 먹어도 좋고 과음한 경우는 가루를 미지근한 물에 한 숟가락씩 타서 먹으면 효과가 좋다.
- 오래 묵힌 것이나 쓴맛이 나는 것은 좋지 않고 가능한 그해 것을 쓴다. 『동의보감』에는 산국화나 개국화는 독성이 있어 위장에 해롭다고 하였다.
- 중풍 예방, 간 기능 개선, 면역력 강화, 기관지염, 고혈압, 눈 충혈, 두통 치료에는 감국 꽃차(국화차)를 만들어 복용한다.

▶ 용어 해설

- 산방 꽃차례: 꽃자루가 아랫것은 길고 위의 것은 짧아 각 꽃이 가지런히 피는 형대.

012 감초(甘草)

▶ 식물의 개요

감초는 밀초(密草)·영통(靈通)·미초(美草)·첨초(甛草)·국로(國老) 등의 이름으로도 불린다. 생약명은 감초이다. 뿌리줄기는 둥근 원기둥 모양이고 원뿌리는 땅속 깊이 들어가 있는데 국로라 하며 맛이 달아 감초라 한다. 잎은 어긋나고 깃꼴겹잎이며 달걀 모양의 타원형이다. 끝이 뾰족하고 잎면은 윤기가 난다. 꽃은 7월경 남색 꽃이 총상 꽃차례를 이루며 잎겨드랑이에 달려 핀다. 열매는 8월경 협과가 달려 익는데 꼬투리에는 갈색 털이 촘촘히 나 있다. 열매 속에는 검고 윤기가 나는 씨가 여러 개씩 들어 있다. 우리나라 남부 지방의 약초 농가에서 재배하며, 콩과의 다년생 쌍떡잎 속씨식물이다. 뿌리(국로)를 채취하여 햇볕에 말려 약용으로 사용한다.

▶ 효능

감초는 모든 약재와 배합해 다른 약재의 효능을 돕는 기능과 독성 있는 약재의 중화 및 해독 작용을 한다.

• 소화기, 순환계, 이비인후과의 각종 질환을 다스리고 다른 유독성 약재의 중화제, 해독제로 두루 사용한다.
• 체내의 중금속이나 독소를 밖으로 배출하는 해독 작용에 효능이 있다.

알코올과 니코틴을 분해해 주고, 혈액순환 및 노화 예방에 효능이 있다.

• 피부 진정 효과가 있다. 즉, 기미·주근깨·여드름·습진 등을 제거해준다.
• 위장을 튼튼하게 해준다.

▶ 처방 및 복용 방법

가을철에 뿌리를 채취해 햇볕에 말려 약재로 이용한다.

• 목감기나 급성 기관지염에는 말린 감초를 입에 넣어 씹거나 빨아 먹는다.
• 소화촉진, 위장 치료에는 감초와 당귀를 섞여 달인 물을 꾸준히 복용한다.
• 식욕이 없을 때는 감초와 인삼, 복령의 가루를 섞어 달여서 마신다.
• 불면증에는 감초와 석창포를 섞어 달여 마신다.
• 위궤양에는 감초가루와 와릉자가루를 섞어 따뜻한 물로 복용한다.
• 화상에는 꿀과 함께 졸여 환부에 바른다.
• 음부가 가려울 때는 감초 달인 물로 환부를 씻는다.
• 식중독에는 생감초와 검은 콩을 섞어 달인 즙을 마신다.

▶ 용어 해설

• 협과: 건과의 하나로 마른 열매는 두 개의 봉선을 따라 쪼개지면서 씨를 밖으로 내 보내는 과일.

013 강활(姜活)

▶ 식물의 개요

강활은 협협산근(狹叶山芹)·대치산근(大齒山芹)·조선강활(朝鮮羌活)·자간근(紫杆芹)·소엽근(小葉芹)·산근채(疝芹茱)·강호리·강호리뿌리 등으로 불린다. 생약명은 강활이다. 줄기는 위로 곧게 자라고 윗부분에서 가지가 갈라지며 털이 없다. 전초(全草)에 향이 진하게 난다. 잎은 어긋나며 달걀 모양의 넓은 타원형인데, 가장자리에 톱니가 있다. 꽃은 8월경 복산형 꽃차례로 흰 꽃이 피는데, 원줄기와 가지 끝에서 여러 개 꽃대로 갈라진다. 열매는 9월경 타원형의 넓적한 분과가 달려 익으며 날개가 있다. 어린순은 나물로 식용하고 뿌리는 주로 약용으로 쓴다. 우리나라 중북부지방(강원·경기) 산지의 골짜기 및 넓은 분지에 자생하는 미나리과의 여러해살이 쌍떡잎 속씨식물이다.

▶ 효능

강활은 맛이 맵고 쓰며 향이 강하며 독은 없다.

- 『동의보감』에서는 '강활은…통하지 않는 데가 없고 들어가지 못하는 곳도 없다. 온몸의 뼈마디가 아픈 데는 이것 아니면 치료하지 못한다'고 했다. 즉 풍기와 습기에 의해 관절이나 근육에 질환이 생겼을 때 사용하면 좋다.
- 결핵균의 생장을 억제하고 종기 질환, 고름과 독을 다스리는데 효과가 크다.
- 감기, 편도선염, 기관지염 등 호흡기 질환을 다스리는데 효능이 있다.
- 안면 신경마비, 중풍, 신경통, 불면증 등 신경계 질환을 다스리는데 효능이 있다.

▶ 처방 및 복용 방법

독활은 봄과 가을에 줄기와 잎, 뿌리를 채취하여 햇볕이나 불에 말려 약용으로 쓴다.

- 감기발열, 편도선염, 기관지염, 기침 등의 호흡기 질환에는 마른 독활의 뿌리를 포공영과 섞어 달여서 차처럼 장기 복용한다.
- 견비통으로 목이 뻣뻣하고 허리가 아플 경우, 관절통, 마비증 등 신경계 질환에는 강활, 독활, 감초, 천궁 등을 혼합하여 달여 차처럼 마시면 효과가 있다. 단 강활과 독활을 함께 쓸 때는 약재의 양을 적게 한다.
- 흉통, 천식, 변비, 간경화, 풍 등의 질환에는 강활, 독활, 생지황, 방풍을 혼합하여 끓는 물에 달여 1일 3회 정도 마신다.
- 손발이 찬 경우는 강활에 부자, 건강, 감초를 섞어 달여서 소량으로 복용한다. 단 열이 오르내리는 오한이 나는 경우는 삼가야 한다.

▶ 용어 해설

- 복산형(複散形) 꽃차례: 산형 꽃차례의 꽃대 끝에 다시 부챗살 모양으로 갈라져 피는 꽃차례 (미나리).

- 분과(分果): 여러 개의 씨방으로 된 열매로 익으면 벌어진다(작약).

014 개구리밥(부평:浮萍)

▶ **식물의 개요**

개구리밥은 부평초·수화전(水花田)·수선(水蘇)·자배부평(紫背浮萍)·다근부평·자평·청평·수평·평초 등으로 부른다. 생약명은 부평(浮萍)이다. 하얀 뿌리는 물속에서 서로 엉켜 무리를 이루며 떠 있다. 잎은 편평한 달걀꼴을 한 엽상체(葉狀體)로 모여 있으며, 윤기가 나서 반들거린다. 꽃은 7월경 엽상체 뒷면에서 흰색의 양성화가 작게 핀다. 8월경 타원형의 겨울눈이 달리는데 물속에서 월동하고 다음해 물 위로 올라와 번식한다. 수상화초의 관상용·양어장용·약용으로 이용된다. 전국 각지 연못이나 늪지의 수면 위에 자생하는 개구리밥과의 여러해살이 외떡잎 부유성 수생식물이다.

▶ **효능**

개구리밥은 맛이 맵고 성질이 차서 해열, 이뇨제로 쓰인다.

- 각종 열(熱)증을 다스린다. 산후발열, 소갈증, 열병, 열광, 열독증 등의 치료에 효능이 있다.
- 풍으로 인한 반신불수, 구안와사, 종기, 피부병 등에 효과가 크다.
- 눈의 충혈, 입냄새, 당뇨병을 다스린다.
- 해독 작용과 이뇨 작용에 효능이 있다. 가려움증, 종독, 종창, 화상, 신장염, 부종으로 인한 소변불통 등을 치료한다.

▶ **처방 및 복용 방법**

부평초는 7~9월경 전초를 채취하여 햇볕에 말려 약재로 쓴다. 잎의 윗면이 녹색, 뒷면이 자색인 것을 자평이라 하는데, 약재는 자평을 주로 쓴다.

- 발열 등 열증을 다스릴 때는 가루를 환으로 빚어 1일 2~3회 따뜻한 물로 먹으면 좋다.

- 소갈증이나 당뇨로 갈증이 심할 때 우유에 반죽해 작은 환으로 빚어 여러 번 먹으면 효과가 있다.
- 소변불통, 전립선비대증 등 비뇨기 질환에 가루를 따뜻한 물에 풀거나 생즙을 내어 복용한다.
- 신장염은 부평초와 서리태를 2:1로 섞어서 달여 차처럼 마신다.
- 종기, 피부염, 습진, 각종 부종으로 인한 가려움증에는 말린 전초를 진하게 달여 그 물로 환부를 씻든지, 생초를 짓찧어 처방한다.

▶ **용어 해설**

- 엽상체(葉狀體): 잎, 줄기, 뿌리의 구분이 없는 엽상식물에서 전체가 잎과 비슷하게 편평하여 잎과 같은 작용을 하는 것.
- 소갈증(消渴症): 목이 심하게 말라서 물을 마셔도 소변이 적게 자주 나오는 증상.
- 구안와사(口眼蝸斜): 입과 눈 주변 근육이 마비되어 한쪽으로 비뚤어지는 질환.

015 개똥쑥-황화호(黃花蒿)

▶ **식물의 개요**

개똥쑥은 전초에서 개똥 냄새가 난다 하여 붙여진 이름이지만 강한 휘발유 냄새가 난다. 우리나라뿐 아니라 일본, 중국, 시베리아 등지에 널리 분포한다. 개땅쑥·가는잎쑥·그늘쑥·사철쑥·잔잎쑥·청호·황호·초호·황향호 등의 이름으로도 부른다. 생약명은 황화호(黃花蒿)이다. 줄기는 굵고 크면서 딱딱하고 곁가지를 많이 친다. 잎은 어긋나며 코스모스 잎과 유사한 댓잎피침형으로 가늘고 잔털이 있다. 꽃은 8월경 녹황색의 작고 잔잔한 꽃이삭을 만들면서 원추 꽃차례를 이루어 핀다. 열매는 10월경 수과가 달려 익는다. 전국 각지의 초원지대나 길가, 제방둑 등지에 자생하는 국화과 한해살이 쌍떡잎 속씨식물이다. 한방에서는 줄기, 잎 등 전초를 약용으로 사용한다.

▶ **효능**

개똥쑥은 여름철에 전초를 채취하여 생물 또는 햇볕에 말려 약용으로 사용한다.

- 각종 암의 치료에 효능이 큰 항암 작용을 한다.
- 소화불량, 위통, 구토 등 소화계 질환을 다스린다.
- 감기로 인한 열을 강하시키고 황달에도 효험이 있다.
- 간 기능을 강화시키는데 효과가 있다.
- 설사 예방, 피로회복, 및 해열 작용에 효능이 있다.
- 장의 연동운동을 도와 변비를 예방한다.
- 비타민 A가 풍부하여 면역력 강화에 효능이 있다.

▶ **처방 및 복용 방법**

개똥쑥은 잎·열매·줄기의 전초를 약용으로 사용

한다. 냉병이 있는 사람은 금한다.

- 항암 효과가 뛰어나기에 각종 종양에는 효소를 만들어 사용한다.
- 설사 예방에는 효소나 말린 개똥쑥을 달여서 차로 마신다.
- 감기로 인한 해열 작용에는 개똥쑥을 달여서 여러 번 마신다.
- 냉병이 있는 사람은 복용을 금한다.

▶ **용어 해설**

- 원추 꽃차례: 꽃차례의 축이 여러 번 가지가 갈라져 최종 분지(分枝)가 총상 꽃차례를 이루는 원뿔 모양이다.
- 수과: 박과에 속한 한해살이 덩굴풀.

016 개망초-일년봉(一年蓬)

▶ **식물의 개요**

개망초는 개망풀·버들개망초·계란꽃·갱상풀·장모초(長毛草)·지백채(地白菜)·천장초(千張草)·망국초·넓은잎잔꽃풀 등으로 불리는 외국에서 귀화한 외래 식물이다. 줄기는 곧게 자라고 가지를 많이 친다. 풀 전체에 굵은 털이 나 있다. 잎은 어긋나며 달걀 모양의 댓잎피침형으로 끝이 뾰족하다. 가장자리에는 톱니가 있고, 잎자루에는 날개가 있다. 꽃은 8월경 자주색 두상화가 산방 꽃차례를 이루며 줄기 끝에 달려 핀다. 열매는 9월경 수과가 달려 익는다. 전국 각지의 들판, 길가, 빈터, 초원지, 개울가 등지에 자생하는 국화과의 두해살이 쌍떡잎 속씨식물이다. 한방에서는 일년봉이란 생약명을 쓰며, 개화전 전초를 채취하여 약용으로 이용한다.

▶ **효능**

개망초는 어린순은 나물로 쓰고, 잎과 줄기를 개화 전에 채취하여 햇볕에 말려서 약용으로 쓴다.

- 건위, 위염, 위통 등 소화기 계통의 질병에 효과가 크다.
- 감기로 인한 열을 다스리고 간염 치료에도 효과가 있다.

▶ **처방 및 복용 방법**

개망초는 생즙으로 쓰거나 말린 것을 끓는 물에 달여 복용한다.

- 소화불량 및 급성간염에는 개망초를 끓는 물에 달여서 복용한다.
- 위장염, 건위에는 개망초·이성초·짚신나물을 달여 꿀에 섞어서 복용한다.
- 혈뇨(피오줌)에는 신선한 개망초 전초를 꿀을 넣고 달여서 복용한다.

▶ **용어 해설**

- 산방 꽃차례: 꽃자루가 아랫것은 길고 윗것은 짧아 각 꽃이 가지런히 피는 형태.

017 개머루-사포도(蛇葡萄)

▶ 식물의 개요

개머루는 까마귀머루·견독소(見毒消)·광협포도·멀구덩굴·왕개머루·들머루·산고등·뱀포도 등으로도 불린다. 줄기와 가지는 털이 없고 마디가 굵다. 잎은 어긋나며 손바닥 모양으로 갈라진다. 덩굴손이 잎과 마주나며 2개로 갈라진다. 꽃은 6월경 녹색 꽃이 취산 꽃차례를 이루며 핀다. 열매는 머루와 비슷하게 둥근 장과가 흑자색으로 익는다. 전국 각지의 산골짜기 숲속이나 초원지대, 구릉지 등지에 자생하는 포도과의 덩굴성 낙엽 활엽 관목이다. 한방에서는 사포도라는 생약명을 쓴다. 열매·잎·줄기를 약재로 쓰며, 먹을 수는 없다.

▶ 효능

개머루는 가을철에 열매가 결실하면 잎, 줄기와 함께 채취하여 말려서 약용으로 쓴다.
- 급성 간염, 창독 등 간 질환을 다스린다.
- 감기, 인후염, 충수염 등 호흡기 질환의 치료에 효과가 있다.
- 위염, 위통, 소화 장애 등에 대한 소화제 기능을 한다.
- 치질, 치루 등으로 인해 발생하는 열을 강하시키는 작용을 한다.
- 소변불통 등 만성 신우염에 효능이 있다.

▶ 처방 및 복용 방법

개머루를 약재로 쓸 때는 말린 전초를 끓는 물에 달여 마시거나, 환을 빚어 알약으로 복용한다.
- 간염, 간경화 등의 간 질환에는 개머루 수액을 1개월 이상 복용한다.
- 급성 복통에는 덜 익은 열매를 찧어서 식초와 함께 떡처럼 개어 붙인다.
- 폐농양 등 폐 질환에는 개머루 뿌리를 짓찧은 즙을 술에 타서 복용한다.
- 관절의 부기와 통증에는 개머루 신선한 뿌리를 달여 복용한다.
- 만성신장염에는 개머루 덩굴잎과 뿌리를 오리알 흰자위와 혼합 복용한다.
- 외상 출혈에는 덩굴잎을 불에 말려 만든 가루를 상처에 뿌린다.

▶ 용어 해설
- 취산(聚散) 꽃차례: 유한 꽃차례의 일종으로 꽃대 끝에 꽃이 피고, 그 아래 가지와 곁가지에 차례로 꽃이 피는 형태.
- 창독: 부스럼의 독기.

018 개맨드라미-청상자(靑箱子)

▶ 식물의 개요
개맨드라미는 야계관화(野鷄冠花) · 계관채(鷄冠荣) · 초호(草蒿) · 초결명(草決明) · 낭미파(狼尾巴) · 우미화자(牛尾花子) 등으로 부른다. 생약명은 청상자(靑箱子)이다. 줄기는 원기둥 모양이고 곧게 서며 털이 없다. 잎은 어긋나며 댓잎 피침형으로 잎자루는 거의 없다. 꽃은 8월경 붉은색, 노란색, 흰색 등으로 총상 꽃차례를 이루며 여러 개의 자잘한 꽃이 모여 난다. 열매는 9월경 달걀꼴의 포과(胞果)가 달리는데 익으면 여러 개의 씨가 나온다. 중남부지방의 농가 주변, 밭둑이나 길가에 자생하는 비름과의 한해살이 쌍떡잎 속씨식물이다.

▶ 효능
개맨드라미는 맛이 쓰고 성질이 차며 독은 없다.
- 간의 열독을 치료한다. 간의 열독으로 생긴 각종 피부 질환을 다스린다.
- 눈병, 결막염, 야맹증, 녹내장 등 안과 질환을 다스린다.
- 두통, 고혈압, 심장 질환을 다스린다.

▶ 처방 및 복용 방법
개맨드라미는 열매가 익는 가을철에 전초를 채취하여 햇볕에 말려 쓴다.
- 간의 열독에 의해 눈물이 자주 나올 때는 청상자(씨)를 닭의 간과 함께 삶아 물을 마신다.
- 눈이 피로하여 충혈된 경우는 청상자에 결명자를 섞어 달여서 여러 번 마신다. 야맹증인 경우는 청상자에 대추를 섞어 끓인 후 마신다.

- 두통 및 고혈압인 경우는 청상자를 끓여 그 물을 차처럼 여러 번 마신다.

▶ 용어 해설
- 포과(胞果): 삭과(익으면 씨가 떨어지는 과실)의 하나로 얇고 마른 껍질 속에 씨가 들어 있는 과실 또는 열매.

019 개미취-자완(紫菀)

▶ **식물의 개요**

개미취는 자영(紫英)·야견우(夜牽牛)·산백채(山白菜)·협판채(夾板菜)·소변(小辮)·반혼초(返魂草)라고도 부른다. 생약명은 자완(紫菀)이다. 뿌리줄기는 짧고 잔뿌리가 많으며, 원줄기는 키가 2m 정도로 가지가 갈라지고 표피에 털이 있다. 잎은 긴 타원형으로 끝이 날카롭고 가장자리에 물결 모양의 털이 있다. 꽃은 9월경 연한 자주색의 두상화로 피는데 산방 꽃차례를 이루며 구절초 꽃과 비슷하다. 열매는 10월경 수과로 달려 익는다. 관상용·식용·약용으로 쓰인다. 우리나라 중북부지방의 야산 습지나 들판의 초원지에 자생하는 국화과의 여러해살이 쌍떡잎 속씨식물이다.

▶ **효능**

- 개미취는 『동의보감』에 '폐를 보하고 폐의 열을 내린다.…'고 하였는데 거담·진해 작용 및 항결핵 작용에 효능이 있다.
- 대장균, 간균, 녹농균, 콜레라균 등을 억제하는 항균 작용 및 폐암, 피부암 등에 대한 항암 작용에도 효능이 있다.
- 소변불통, 요통, 전립선염 등 비뇨기 질환의 치료에도 효능이 있다.

▶ **처방 및 복용 방법**

- 기침을 오랫동안 많이 하는 경우나 임신 중 기침으로 태아에 나쁜 영향을 줄 경우, 어린아이가 기침으로 호흡이 곤란한 경우는 자완, 생강, 천문동, 감초, 질경이 등을 함께 넣어 달여 꿀과 더불어 수시로 마신다.
- 폐결핵과 만성 기관지염의 경우는 자완에 인삼, 감초, 오미자, 복령 등을 배합하여 생강과 함께 물에 끓여서 하루 3회 정도 나누어 복용한다.
- 토혈, 각혈 등 출혈이 있는 경우는 자완과 오미자를 배합하여 가루를 낸 다음 환을 빚어 복용한다.

▶ **용어 해설**

- 산방 꽃차례: 꽃자루가 아랫것은 길고 윗것은 짧아 각 꽃이 가지런히 피는 형태.
- 녹농균: 간균의 일종.

020 개불알꽃-오공칠(蜈蚣七)

▶ 식물의 개요

개불알꽃은 개불란·복주머니난초·자낭화·작란화·소오줌통·요강꽃 등으로 불린다. 생약명
은 오공칠(蜈蚣七)이다. 짧고 큰 뿌리줄기가 옆으로 뻗으며 마디마다 뿌리가 내리고 수염뿌리
가 많다. 줄기는 곧게 서고 털이 많다. 잎은 어긋나며 타원형이고 털이 나 있다. 꽃은 6월경 개
의 불알 모양을 한 홍자색 꽃이 줄기 끝에서 한 송이씩 핀다. 열매는 8월경 삭과가 달려 익는다.
전국 각지의 고산지대 산기슭이나 숲속 그늘에 자생하는 난초과의 여러해살이 외떡잎 속씨식
물로 한방에서는 생약명을 '오공칠'이라 하고, 뿌리를 약재로 쓴다.

▶ 효능

개불알꽃은 5월경 뿌리를 채취하여 햇볕에 말려
약재로 쓴다.

• 온풍, 풍 등에서 나타나는 풍증을 다스린다.
• 어혈을 풀어 주고 종양 치료에 효과가 있다.
• 요통·신경통·전신 부종에 효능이 있다.
• 방광염·대하증의 치료에 효능이 있다.

▶ 처방 및 복용 방법

• 요통에는 전초를 달여 마신다.
• 타박상으로 인한 상처, 치질 등의 지혈제는 가
  루를 복용한다.
• 요통·신경통·전신 부종에는 말린 개불알꽃 전
  초를 은근한 불에 달여 식후 한 컵씩 복용한다.

▶ 용어 해설

• 수염뿌리: 뿌리줄기의 밑동에서 수염처럼 많
  이 뻗어 나온 뿌리(수근).

021 개암나무-진자(榛子)

▶ 식물의 개요

개암나무는 산백과(山白果)·평진(平榛)·개금·깨금·처낭 등으로도 불린다. 잎은 어긋나는데 타원형으로서 끝이 뾰족하며 가장자리에 톱니가 있다. 잎자루는 짧고 털이 있다. 꽃은 3월경 이삭 모양의 황록색 꽃이 달려 피는데, 암수 한 그루이다. 열매는 9월경 껍질이 단단한 갈색의 둥근 견과가 달려 익는다. 전국 각지의 산기슭 및 숲속에서 자생하는 자작나무과의 쌍떡잎 낙엽 활엽 관목이다. 한방에서는 생약명을 진자라 하고, 열매 껍질을 벗겨 생물을 약재로 사용한다.

▶ 효능

개암의 열매를 10월경 채취하여 식용 및 약재로 쓴다. 개암 맛은 땅콩이나 호두, 밤과 비슷하여 고소하다.

- 몸을 보신하는 작용을 한다. 허약체질을 다스리고 식욕 부진을 개선시킨다.
- 강장 보호 작용을 한다.
- 피부노화, 치매와 백내장을 예방한다.
- 심혈관 질환 예방과 암세포 활동을 억제하며, 당뇨병 치료에 효능이 높다.
- 콜레스테롤 수치를 감소시킨다.

▶ 용어 해설

- 관목: 키의 높이가 2m 내의 키가 작은 나무.

▶ 처방 및 복용 방법

- 혈압조절 등 순환기 질환의 치료에는 개암을 장기 복용한다.
- 야뇨증 등 아동의 비뇨기 질환에는 개암을 견과로 만들어 복용한다.
- 피부노화 및 치매 방지에는 개암을 1개월 이상 장기 복용한다.

022 갯방풍-해방풍(海防風)

▶ 식물의 개요

갯방풍은 빈방풍(濱防風)·화방풍(和防風)·북사삼(北沙蔘)·해사삼(海沙蔘)·갯향미나리·방풍나물 등으로도 부른다. 한방에서 쓰는 생약명은 해방풍(海防風)이다. 전체에 길고 흰 융털이 있고 뿌리는 모래땅 속에 깊이 내려 자란다. 잎은 두꺼운 육질이고 윤기가 나며 가장자리에 불규칙한 톱니가 있다. 꽃은 6~7월경 겹산형 꽃차례로 줄기 끝에 흰 이판화가 달려 핀다. 갈라진 작은 꽃대에서도 작은 꽃이 여러 개 모여 핀다. 열매는 9월경 긴 털이 덮인 둥근 분과가 달려 익는다. 전국 각지의 바닷가나 석호 부근의 모래땅에서 자생하는 미나리과의 여러해살이 쌍떡잎 속씨식물로 잎과 줄기는 식용으로 쓰고, 꽃, 열매, 뿌리를 약재로 쓴다.

▶ 효능

갯방풍은 9월경 열매와 뿌리를 채취하여 깨끗이 씻은 후 햇볕에 말려 약용으로 쓴다.

- 기관지염, 급성 감기, 폐렴, 천식 등의 호흡기 질환의 치료에 효과가 있다.
- 신경통, 중풍, 관절염 등 운동계 질환을 다스리는데 효과가 있다.
- 식욕부진, 소화불량 등 소화기 질환을 다스리는데 효과가 있다.
- 조루, 양기 부족 등 성기능 개선에도 도움이 된다.

▶ 처방 및 복용 방법

갯방풍은 각종 질환을 다스리는데 대부분 끓는 물에 달여 탕으로 차처럼 복용한다.

- 치통에는 갯방풍 달인 물을 식혀 양치질을 한다.

- 피부병에는 갯방풍가루로 반죽을 하여 환부에 붙이던지, 달인 물로 문지른다.
- 항염증과 피부 질환에는 갯방풍 추출액이 효능이 크다.
- 폐기종, 뇌일혈에는 열매와 뿌리를 달여 복용한다.
- 기관지염, 급성 감기, 천식 등의 호흡기 질환의 치료에는 갯방풍 전초를 끓는 물에 달여 차처럼 마신다.

▶ 용어 해설

- 폐기종: 기관지나 폐에 염증이 생겨 호흡 곤란을 겪는 증상.
- 겹산형 꽃차례: 산형 꽃차례의 꽃대 끝에 다시 부채살 모양으로 갈라져 피는 꽃차례.

023 갯완두-대두황권(大豆黃卷)

▶ **식물의 개요**

갯완두는 황권(黃卷)·두권(豆卷)·해빈향완두(海濱香豌豆)·개완두·야완두 등으로도 부른다. 생약명은 대두황권(大豆黃卷)이다. 전체적으로 연한 녹색이며 표피에 털이 없다. 잎은 어긋나고 깃꼴겹잎이며 달걀 모양의 작은 잎으로 구성되어 있다. 가장자리에는 덩굴손이 있어서 뻗어나간다. 꽃은 5月경 자색으로 총상 꽃차례를 이루며 달려 핀다. 꽃부리는 나비 모양이며, 꽃송이는 3~5개이다. 열매는 협과 꼬투리로 선 모양의 타원형이다. 전국 각지의 바닷가 모래땅에 자생하는 콩과의 여러해살이 쌍떡잎 속씨식물이다.

▶ **효능**

갯완두는 열매를 햇볕에 말리거나(대두황권), 식초물에 담갔다가 볶아서 약용으로 쓴다. 맛이 달고 독이 없으며 어린 잎은 나물로 데쳐 먹는다.

- 무더위로 인해 땀은 많이 나지 않고, 몸이 붓고 헛배가 부르며 소변이 잘 나오지 않는 서습인 경우 사용하면 효능이 있다.
- 열을 내리고 숙취를 풀어주며, 식중독 및 종독을 해독하는 작용을 한다.

▶ **처방 및 복용 방법**

갯완두는 6~7月경(열매 성숙기) 어린 싹과 씨를 채취하여 햇볕에 말려 약재로 쓴다.

- 몸이 붓고 대소변이 순탄치 못할 때 갯완두를 식초에 섞어 볶아 만든 가루와 파, 귤껍질을 끓인 물에 타서 먹는다.
- 근육이 아프고 변비가 심할 경우 갯완두가루를 요구르트와 함께 마신다.

- 피부와 모발이 거칠 때는 갯완두콩을 볶아 가루를 내어 1일 3회 복용한다.
- 부스럼이 잘 날 때는 갯완두 전초를 찧어서 환부에 붙인다.

▶ **용어 해설**

- 대두황권(大豆黃卷): 갯완두의 어린 싹을 베어 햇볕이나 그늘에 말린 것.
- 종독: 살갗이 헐어서 상한 자리의 독.

024 겨우살이-상기생(桑寄生)

▶ 식물의 개요

겨우살이는 기생목이라 하여 뽕나무·참나무·자작나무·신갈나무·배나무 등의 나뭇가지에 붙어서 산다. 기생수·곡기생·조라·우목·동청(凍靑)·기동(奇童) 등의 이명이 있다. 한방에서 생약명은 상기생(桑寄生)이며, 뽕나무에 기생한 겨우살이를 최상품으로 친다. 줄기에서 갈라진 가지는 기둥 모양이고 황록색이다. 잎은 마주나며 댓잎피침형으로 녹색을 띤다. 두껍고 다육질이며 털이 없다. 꽃은 이른 봄 노란색으로 달려 핀다. 10월경 장과가 둥글게 달려 익으면 녹황색의 반투명체가 된다. 과육이 잘 발달하여 새들의 먹이가 되는데, 열매 속에는 끈끈이 진이 있어 새 부리에 붙어 다른 나무로 번식한다. 전국 각지 산지의 활엽수 가지에 서식하는 겨우살이과의 쌍떡잎 상록 기생 관목이다.

▶ 효능

겨우살이는 700m 이상의 고산 지대에 서식하는 것이 약효가 좋다.

- 위암·신장암·폐암 등의 질환에 대한 항암 작용이 강하다
- 고혈압·관절염·근골통·신경통 등 신경계 질환을 다스리는데 효과가 있다.
- 불임증·생리불순·냉대하증·산후통 등의 부인병 질환을 치료한다.
- 중풍·치통·요통 등의 통증 치료에 효과가 있다.
- 고혈압·동맥경화·협심증 등의 질환인 혈압을 강하시킨다.

▶ 처방 및 복용 방법

겨우살이를 약으로 쓸 때는 말린 것을 끓여 달인 물을 마시거나, 환을 빚어 알약을 복용한다. 술을 담가 복용해도 좋다.

- 위암에는 겨우살이 생즙을 짜서 하루에 한 잔씩 마시고, 다른 암에는 말린 겨우살이로 달인 물을 차처럼 장복한다.
- 여성의 생리불순·자궁출혈·산후조리 등 부인병에는 겨우살이로 담근 술을 복용한다.
- 중풍·풍습에는 겨우살이로 빚은 환을 복용한다.
- 불면증·신경쇠약 등 신경계 질환에는 겨우살이 차를 달여 마신다.
- 피부종양·유방암에는 겨우살이 열매를 고아서 고약처럼 환부에 바른다.
- 복용 중에는 하수오·오이풀과 섞어 사용하는 것을 금한다.

▶ 용어 해설

- 장과(漿果): 과육과 액즙이 많고 속에 씨가 들어 있는 과실(포도, 감).

025 결명자(決明子)

▶ **식물의 개요**

결명자는 멕시코가 원산인 귀화식물이며, 『동의보감』에는 마제결명(馬蹄決明)·환동자(還瞳子)·천리광(千里光)·양명(羊明) 등으로 불린다고 하였다. 생약명은 결명자로 눈을 밝게 한다. 전체에 짧은 털이 있다. 잎은 어긋나며 깃꼴겹잎이다. 꽃은 8월경 잎겨드랑이에서 꽃대가 나와 노란색의 오판화가 달려 핀다. 9월경 결실하여 황갈색으로 익는데, 열매 속에 윤기가 나는 흑갈색의 씨가 들어 있다. 전국 각지의 농가에서 재배하는 콩과의 한해살이 속씨식물이다. 관상용·식용·약용으로 이용된다.

▶ **효능**

• 『동의보감』에는 '결명자를 3개월 정도만 복용하면 밤에도 사물을 잘 볼 수 있다'고 했다. 즉, 야맹증 및 결막염 등 눈이 아프고 충혈되며 눈물이 자주 나오는 경우 사용하면 효과가 크다.

• 간장 기능 강화, 간경변증, 급성 간염 등의 순환계 질환을 치료하는데 효능이 있다.

• 신장 기능 강화, 방광염, 대소변 불통, 신장 기능 강화에 큰 효능이 있다.

• 안과 질환을 다스린다. 결막염, 각막궤양, 안구건조증, 야맹증 등의 치료에 효능이 있다.

▶ **처방 및 복용 방법**

결명자는 9~10월경 전초와 씨를 채취하여 잎은 생물로, 씨는 햇볕에 말려 볶아서 약재로 이용한다.

• 결명자는 성질이 차기 때문에 볶아서 쓰고, 알레르기성 결막염은 생것을 쓰는 것이 좋다. 밤눈이 어두운 야맹증은 결명자가루를 쌀미음에 타서 복용하고, 환을 만들어 따뜻한 물로 1일 2~3회 먹으면 좋다.

• 대변불통, 변비 등 장기능장애에는 대황과 함께 끓여 차처럼 여러 번 마신다.

• 고혈압 등 순환계 질환에는 다시마를 넣고 달인 물을 차처럼 여러 번 마시면 효과가 있다. 설사가 잦거나 저혈압인 경우는 사용을 금해야 한다.

▶ **용어 해설**

• 간경변증: 간장의 일부가 딱딱하게 굳어지면서 오그라들어 기능을 상실하는 질병.

026 계뇨(鷄尿)

▶ **식물의 개요**

계뇨는 주시등·계뇨등·여청·각절·우피동·취피등·취경자·계시등·취등·청풍등·구렁내덩굴·닭똥풀·닭오줌풀 등으로도 불린다. 생약명은 계뇨등이다. 줄기에서 갈라진 어린가지에 흰털이 있고 윗가지는 겨울에 죽는다. 잎은 마주나고 달걀꼴 피침형으로 끝이 뾰족하다. 줄기와 잎에서는 닭의 오줌 냄새가 난다. 7월경 흰빛을 띤 자주색 꽃이 원추 꽃차례로 잎 사이와 줄기 끝에 달려 핀다. 9월경 황갈색의 열매가 달려 익는다. 우리나라 중부 이남 지역의 양지 바른 산기슭에 자생하는 꼭두서니과의 쌍떡잎 낙엽 활엽 속씨 덩굴식물이다.

▶ **효능**

- 근골계의 질병을 다스린다. 골수염, 관절염, 타박상, 근육통 등의 치료에 효능이 있다.
- 혈증을 다스린다. 간염, 경혈, 비뉵혈, 토혈, 어혈, 지혈 등의 치료에 효능이 있다.
- 기관지염, 해수, 풍습, 종독, 진통 등의 질환을 다스린다.

▶ **처방 및 복용 방법**

여름에서 가을철에 전초를 채취하여 그늘에 말려 약재로 쓴다.

- 간염, 경혈, 토혈, 어혈, 지혈 등의 질환에는 말린 전초를 진하게 달여 처방한다. 술을 담가 복용해도 좋다.
- 기관지염, 해수 등의 질환에는 차처럼 우려서 여러 번 마신다.
- 골수염, 관절염, 타박상, 근육통 등의 근골계의 질환에는 말린 전초가루를 반죽하여 붙이든지 달인 물로 문질러 바른다.

▶ **용어 해설**

- 원추 꽃차례: 꽃차례의 축이 여러 번 가지가 갈라져 최종 분지(分枝)가 총상 꽃차례를 이루는 원뿔 모양.
- 경혈: 뜸을 뜨거나 침을 놓기에 적당한 자리.
- 토혈: 기관지나 폐, 위 등의 질환으로 피를 토함.
- 해수: 기침과 가래가 같이 나오는 질병.
- 종독: 각종 종기에서 나오는 독기.

027 고들빼기-고채(苦菜)

▶ 식물의 개요

고들빼기는 소고거(小苦苣)·칠탁연(七托蓮)·활혈초(活血草)·고접자·씀바귀·씬나물·젖나물 등으로도 부른다. 한방에서는 고채(苦菜), 고도(苦筡)라는 생약명으로 쓴다. 땅 밑에서 여러 대가 나오는데 줄기는 곧게 서고 가지가 많이 갈라지며 털은 없다. 뿌리잎은 타원형으로서 잎자루가 없으며 가장자리가 빗살 모양이다. 줄기잎은 달걀꼴로서 가장자리에 톱니가 있다. 꽃은 5월 전후 두상화가 산방 꽃차례를 이루며 달려 피는데 노란색으로 끝이 갈라진다. 열매는 6월경 원뿔 모양의 수과가 달려 익는데 갓털이 흰색이다. 연한 잎과 줄기는 나물이나 김치를 담가 먹는다. 뿌리와 전초를 말려 약재로 쓴다. 전국 각지의 들판과 밭가에 자생하는 국화과의 두해살이 쌍떡잎 속씨식물이다.

▶ 효능

고들빼기는 꽃·잎·뿌리 등 전초를 말려 약재로 쓴다.

- 소화불량, 위염, 위통증을 다스리는데 효능이 있다.
- 간염 치료에 효능이 있으며, 폐렴 등에서 오는 발열을 강하시키는 작용을 한다.
- 심장 질환 및 피부 종독을 치료하는데 효능이 있다.
- 각종 통증으로 인한 열을 내리고, 종기를 다스린다.
- 혈액을 맑게 하고 몸속의 독소를 배출 시킨다.
- 위암, 폐암 등의 각종 암에 대한 항암 작용을 한다.

▶ 처방 및 복용 방법

고들빼기는 개화기인 여름철에 채취하여 전초를 햇볕에 말려서 약용으로 쓴다. 약으로 쓸 때는 생즙을 마시거나 가루를 내어 타서 먹든지, 달여서 차처럼 마신다.

- 진정 작용과 마취에는 고들빼기 전초 즙을 쓴다.
- 편도선염에는 고들빼기 전초를 달여서 차처럼 마신다.
- 종독이나 유선염에는 고들빼기 생물을 짓찧어 환부에 바른다
- 자궁경염에는 고들빼기와 돼지 방광을 달여서 복용한다.
- 상처에는 생것을 찧어 환부에 붙이거나 바른다.

▶ 용어 해설

- 수과(瘦果): 익어도 터지지 않는 열매.
- 유선염: 젖샘에 생기는 염증(유방염).

028 고로쇠나무 – 골리수(骨利樹)

▶ 식물의 개요
고로쇠나무는 수색수·색목·풍당(楓糖)·오각풍·고로실나무·고래솔나무·지금축(地錦槭) 등
으로도 불린다. 한방에서는 '뼈를 이롭게 한다'는 의미의 골리수(骨利樹)·풍당(楓糖)이라는 약
명을 쓴다. 잎은 마주나고 둥글며 손바닥 모양으로 갈라지는데 5갈래이다. 긴 잎자루의 뒷면에
는 약간의 가는 털이 있다. 5월경 연 노란색의 작은 꽃이 산방 꽃차례를 이루며 잎보다 먼저 핀
다. 열매는 9월경 시과가 양쪽으로 뻗어 자라 익는데 날개가 있다. 전국 각지의 산 숲속에서 자
생하는 단풍나무과의 쌍떡잎 낙엽 활엽 관목이다. 경칩부터 수액(풍당)을 채취하는데, 울릉도
와 지리산, 백운산 수액이 상품으로 유명하다.

▶ 효능
- 위장염, 위통증 등을 다스리는 위장의 소화 작
  용에 효능이 크다.
- 숙취 및 신경통 치료에 좋다.
- 산후 조리를 다스리고 설사의 지사제 작용을
  한다.
- 각종 성인병 예방에 효과가 크다
- 허약체질 개선 및 치질에 효능이 있다.

▶ 처방 및 복용 방법
고로쇠나무 수액은 음료수처럼 마시면 좋다.
- 설사를 멈추는 데는 고로쇠나무 잎을 달여서
  차처럼 복용한다.
- 위장병에는 고로쇠 수액을 장기 복용한다.
- 치질, 각혈, 하혈 등의 질환에 대한 지혈 작용
  에는 잎을 달여 마신다.
- 골절상, 타박상에 나무껍질을 끓는 물에 달여

마신다.
- 위암, 위염, 위궤양, 장염, 소화불량 등 소화
  기 질환에는 신선한 고로쇠 수액을 장기 복
  용한다.

▶ 용어 해설
- 시과: 씨방의 벽이 늘어나 날개 모양으로 달려
  있는 열매.
- 각혈: 피가 섞인 가래를 함께 뱉어 내는 것.

029 고삼(苦蔘)

▶ **식물의 개요**

고삼은 '도둑놈의 지팡이'·고신(苦辛)·야외(野槐)·지괴(地槐)·수괴(水槐)·너삼·쓴너삼·뱀의정자나무 등으로도 부른다. 생약명은 고삼(苦蔘)이다. 잎은 어긋나고 홀수 깃꼴겹잎으로 아카시아 나뭇잎과 비슷하다. 꽃은 6월경 연한 노란색으로 피는데, 나비 모양의 꽃이 총상 꽃차례를 이루며 많이 달린다. 8월경 협과(莢果)인 꼬투리가 달려 익는데 속에 검은 씨가 들어 있다. 복용 중에는 꼭두서니·여로·인삼을 금한다. 또한 임산부나 간장·비장·신장이 약한 사람은 금한다. 전국 각지 산과 들판의 햇볕이 잘 드는 곳에 자생하는 콩과의 여러해살이 쌍떡잎 속씨 식물이다.

▶ **효능**

- 위염, 장염, 입마름, 장풍장독, 식중독, 변비 등 소화기 계통의 질환을 다스린다. 『동의보감』에서는 대변의 출혈을 다스리는 '장풍장독'에 효과가 있다고 했다.
- 악성 종양이나 신경통·대하증 등의 통증을 완화시켜 주는데 효능이 있다.
- 습진이나 종기, 화상 등에 대한 항진균 작용 및 가축, 농작물의 구충제로도 이용된다.
- 녹내장, 시력감퇴, 백내장 등 안과 질환을 치료하는데 효능이 있다.

▶ **처방 및 복용 방법**

고삼은 겨울 이듬해 봄에 잎·뿌리·씨를 채취하여 햇볕에 말려 약재로 쓴다. 또한 끓여서 마시는 것보다 가루 또는 환으로 빚어 쓰는 게 좋다. 소주 또는 찹쌀뜨물에 담갔다가 볶거나 깨끗이 씻어 쪄 말려서 가루로 내어 쓰면 좋다.

- 식중독에는 고삼 뿌리를 식초에 달여 여러 번 복용하면 효과가 있다.
- 신경통이나 당뇨병에는 가루를 따뜻한 물에 타서 공복에 마신다.
- 사마귀, 종기, 옴 등 피부 질환 및 가축의 기생충 제거에도 사용하면 효과가 있다.

▶ **용어 해설**

- 협과(莢果): 심피 씨방이 성숙한 열매로 건조하면 두 줄로 갈라져 씨가 튀어 나오는 열매.
- 장풍장독(腸風臟毒): 대변을 볼 때 검붉은 피가 나오는 병증.
- 항진균(抗眞菌) 작용: 곰팡이의 성장을 억제하거나 곰팡이를 박멸하는 작용.

030 고수-호유(胡荽)

▶ 식물의 개요

고수는 향유(香荽)·향채(香菜)·호유실(胡荽實)·빈대풀·고쉬풀·호채 등으로도 불린다. 한방에서는 호유(胡荽)라는 생약명을 쓴다. 풀 전체에 털이 없고, 원뿌리는 가늘고 방추형이며 가지뿌리를 낸다. 줄기는 곧게 자라는데 가늘고 속이 비어 있다. 뿌리잎은 잎자루가 길지만 위로 올라갈수록 잎집이 된다. 밑 부분의 잎은 깃꼴겹잎이고 위로 올라갈수록 갈라진다. 꽃은 6월경 줄기 끝에서 산형 꽃차례가 발달하여 흰색으로 피는데 꽃자루가 갈라지면서 여러 개의 꽃이 달려 핀다. 열매는 9월경 둥근 열매가 달려 익는데 향기가 난다. 우리나라 중남부 지방에 자생하며, 지금은 농가에서 재배하고 특히 절에서 많이 심는다. 미나리과의 한해살이 쌍떡잎 속씨식물로 약용은 전초를 쓴다.

▶ 효능

고수는 꽃이 피는 6~7월경 전초를 채취하여 약용으로 쓴다. 이른 봄 줄기와 잎을 채취하여 고수 쌈, 고수김치 등 식용으로 쓰고 가을철에 채취한 열매(호유자)는 향료로 쓰인다.

- 소화불량, 위통증을 다스리는 소화계통을 원활하게 하는 작용을 한다.
- 감기 등 호흡기 질환을 다스리는데 효과가 있다.
- 두통 등 진통을 다스리고 심혈관 질환을 치료한다.
- 고혈압을 치료하여 혈당 수치를 낮춘다.
- 콜레스테롤 안정을 돕고, 각종 질병에 대한 면역력을 높인다.
- 시력개선 및 뼈를 튼튼히 하고 해독 작용을 한다.

▶ 처방 및 복용 방법

고수를 약재로 사용할 경우는 생즙으로 쓰기도 하고 끓는 물에 달여 차처럼 마시기도 하며, 환을 빚어 알약으로 복용하기도 한다.

- 소화기능을 촉진하고 갱년기 증상을 완화하는 데는 고수의 생물을 쓰거나 끓는 물에 달여 차처럼 복용한다.
- 골다공증 예방, 면역력 향상, 혈관 질환 예방, 식중독 예방 등의 질환에는 고수를 식재료로 쓰거나 건조된 약재를 차로 우려 마신다.
- 결막염 등 눈 질환 및 입안의 구취제거에는 고수의 물을 우려 복용한다.
- 전립선 예방 등 비뇨기 질환에는 고수와 더덕을 함께 복용한다.

▶ 용어 해설

- 시과: 씨방의 벽이 늘어나 날개 모양으로 달려 있는 열매.

031 골담초(骨擔草)—금작근(金雀根: 말린 뿌리)

▶ 식물의 개요

골담초는 야황기(野黃芪)·금작화(金雀花)·금계아(錦鷄兒)·금작목 등으로도 불리며, 한방에서 쓰는 생약명은 금작근(金雀根)이다. 줄기와 가지에 잔가시가 많고, 뿌리는 황갈색이다. 잎은 어긋나며 타원형의 깃꼴겹잎이다. 꽃은 5월경 나비 모양의 노란 꽃이 총상 꽃차례로 달려 핀다. 9월경 원기둥 모양의 협과가 달려 익는다. 방향성이 있으며 관상용·밀원·약용으로 이용된다. 경기 이남의 중남부지방 농가 부근에서 자라는 콩과의 낙엽 활엽 관목이다.

▶ 효능

골담초는 사포닌을 많이 함유하고 있는 관절치료제로 널리 알려져 있다.

• 신경통, 관절염, 통풍, 골절, 타박상, 치통 등 통증을 약화시키는 치료에 효능이 있다.
• 고혈압, 산후 혈압 등 신경계 질환을 다스리는 데 효능이 있다.
• 폐 기능을 보하고 비·위장 소화기를 강하게 한다.
• 귀에 잡음이 들리는 이명(耳鳴) 증상, 눈앞이 어른거리는 안화 증상을 다스린다.

▶ 처방 및 복용 방법

골담초는 봄부터 가을까지 뿌리줄기를 채취하여 잔뿌리와 겉껍질을 벗기고 날것 또는 햇볕에 말려 사용한다. 맛이 쓰지만 향긋한 냄새가 나고 독성은 없다.

• 신경통, 관절염, 견인통, 요통 등 통증 치료에는 말린 뿌리를 소주에 담가 숙성되면 식후에 조금씩 마신다.
• 대하증, 가려움증, 피부염증 등의 질환에는 말린 뿌리를 물에 끓여 차처럼 마시면 효능이 있다.
• 고혈압, 두통 등 순환계 질환에는 말린 꽃잎을 달걀의 흰자와 함께 삶아 먹든지, 천마와 함께 끓여 차처럼 복용한다.

▶ 용어 해설

• 총상 꽃차례: 꽃 전체가 하나의 꽃송이처럼 보이는 현상(아카시아 꽃, 등나무 꽃).
• 밀원(蜜源): 벌이 꿀을 채취하는 원천(꿀이 들어 있는 꽃).
• 낙엽활엽관목(落葉闊葉灌木): 가을이나 겨울에 잎이 떨어지고 봄에 새잎이 나는 잎이 넓은 갈잎 떨기나무.

032 관중(貫衆)

▶ 식물의 개요

관중은 양치식물로 꽃이 피지 않고 포자로 번식하며, 관절(貫節)·흑구척(黑狗脊)·초치두(草鴟頭)·면마(綿馬)·호권(虎卷)·호랑고비·털고사리 등으로 불린다. 생약명은 관중(貫衆)이다. 잎자루는 비늘조각으로 덮여 있고, 뿌리줄기와 더불어 거칠고 단단하다. 잎은 뿌리줄기에서 돌려나며 겹잎이다. 거꾸로 된 댓잎피침형으로 초록색이며 2줄의 깃꼴로 갈라진다. 양면에 갈색 털이 나며 곱슬털 같은 비늘조각이 있다. 작은 잎은 긴 타원형으로 가장자리에 톱니가 나 있다. 포자는 5월경 형성되어 9월경 익는다. 포자주머니들은 위쪽 깃조각의 중앙맥에 붙어 있다. 관상용·식용·약용으로 이용된다. 전국 각지의 숲속 그늘지고 습한 곳에 자생하는 면마과의 여러해살이 쌍떡잎 양치식물이다. 한방에서 약재로 뿌리줄기를 가을철 캐어 생물 또는 햇볕에 말린 것을 쓴다.

▶ 효능

관중의 약재는 질병에 따라 다르지만 가루를 내어 환을 빚거나, 끓는 물에 달여 차처럼 마신다.

- 감기 등 순환계 질병을 다스리고 장출혈 등을 멈추게 하는 지혈 작용을 한다.
- 피부과 질환에도 효과가 있고, 대하증 치료 및 자궁수축 작용도 한다.
- 몸속의 기생충을 없애주는 구충제 작용도 한다.

▶ 처방 및 복용 방법

관중은 가을에서 다음해 봄철에 뿌리를 채취하여 생물 또는 햇볕에 말려서 약재로 쓴다.

- 창양·종독·농종·창절에는 관중과 금은화, 연교, 포공영, 생지황을 배합하여 복용한다.
- 습진에는 관중과 사상자를 배합하여 끓인 물로 환부를 씻는다.

- 코피·토혈·자궁출혈 등의 지혈을 위해서는 관중 뿌리를 태워 볶아 복용한다.
- 감기와 바이러스성 폐렴에는 관중을 달여 1일 2회 정도 복용한다.
- 금창 등 종기에는 뿌리를 진하게 달인 물로 환부를 씻는다.
- 생리과다증에는 관중, 측백엽, 선학초를 배합하여 달여 마신다.
- 토혈, 각혈에는 관중 뿌리로 환을 빚어 복용한다.

▶ 용어 해설

- 양치식물(羊齒): 관다발식물 중에서 꽃이 피지 않고 포자로 번식하는 식물.
- 창양: 온갖 피부병을 모두 일컫는 용어.
- 금창: 칼 등 쇠붙이로 입은 상처.
- 농종: 고름이 있는 종기나 부스럼을 말함.

033 괭이밥-작장초(酢漿草)

▶ 식물의 개요
괭이밥은 산거초(酸車草)·초장초·시금초·산지초·삼채산·괴싱아산창초·선괭이밥풀 등으로 불린다. 뿌리가 땅속에 깊이 들어가며, 그 위에서 줄기가 나와 가지를 많이 친다. 잎은 어긋나며 긴 잎자루 끝에서 3갈래로 갈라져 옆으로 퍼지는데, 햇볕이 없으면 오므라든다. 꽃은 7월경 노란색으로 피는데, 잎겨드랑이에서 꽃대가 나와 산형 꽃차례를 이루며 달려 핀다. 열매는 9월 전후 삭과가 달려, 익으면 씨가 튀어 나와 사방으로 퍼져 나간다. 공업용·관상용·식용·약용으로 이용된다. 전국 각지의 들판, 밭둑, 길가, 초원 지대에 자생하는 괭이밥과의 여러해살이 쌍떡잎속씨식물이다. 한방에서 사용하는 생약명은 작장초(酢漿草)이고, 약재는 잎부터 뿌리까지 전초를 햇볕에 말려서 사용한다.

▶ 효능
- 작장초는 주로 비뇨기계의 질환에 효능이 있다. 즉 혈뇨, 전립선, 대소변 불통, 치질, 탈항 등을 다스린다.
- 피부 염증, 화상으로 인한 피부염, 외상 등 피부염증을 다스리는데 효과가 있다.
- 간염, 토혈 등으로 나타나는 열을 강하시키는데 도움을 준다.

▶ 처방 및 복용 방법
괭이밥은 전초를 약재로 쓰지만 뿌리를 주로 사용한다.
- 위암·설암·동맥경화·간염·설사 등에는 전초 달인 물을 차처럼 복용한다.
- 벌이나 독충에 쏘인 데는 전초를 비벼 환부에 바른다.

- 치통에는 괭이밥 전초로 달인 물을 식혀 양치질한다.
- 피부염·버짐·부스럼·종기 등 피부 질환에는 괭이밥 전초로 달인 물을 식혀 씻거나 생즙을 내어 바른다.
- 치질, 치루에는 괭이밥 전초를 달인 물로 씻거나 찜질을 한다.

▶ 용어 해설
- 탈항: 직장이 항문 밖으로 나오는 상태.

034 구기자(枸杞子)나무-지골피 · 구기자(枸杞子)

▶ 식물의 개요

구기자는 지선(地仙) · 선인장(仙人杖) · 첨채자(甛菜子) · 천정자(天精子) · 각로(却老) · 고기 · 구기묘 · 구극자 · 괴좃나무여름이라고도 한다. 생약명은 지골피(地骨皮) · 구기자(枸杞子)를 쓴다. 줄기는 비스듬히 자라고 가늘며 가지가 자라서 덩굴 모양으로 아래로 늘어진다. 잎은 뭉쳐서 어긋나며 달걀꼴의 댓잎피침형이다. 꽃은 7월경 오판화가 보랏빛으로 핀다. 열매는 10월경 붉은 장과가 달려 익는데 작은 고추와 비슷하다. 어린순은 나물이나 차로 쓰고, 관상용 · 약용으로 사용한다. 전국 각지 산지나 구릉지, 냇가 등지에 자생하고, 지금은 약초 농가에서 다량으로 재배(진도 · 청양)하는 가지과의 낙엽 활엽 관목이다.

▶ 효능

구기자는 10월경에 붉은 열매를 채취하여 그늘진 곳에 말려 약용으로 쓴다. 약간 시큼하면서 쓴맛이 나지만 독성은 없다.

- 기력을 회복하고 양기 부족, 조루증 치료 등 정기를 증강시켜 주는 자양강장(滋養强壯) 작용을 한다.
- 신장 기능 강화, 지방간 치료 및 간 기능을 강화시키고 시력감퇴를 치료하여 눈을 밝게 해 준다.
- 신진대사를 다스려 허약체질을 개선하는데 효능이 있다.
- 신경계 질환을 다스린다. 신경통, 신경쇠약, 척추골 골절, 뇌수종증, 뇌신경마비, 수막염, 뇌성마비 등의 치료에 효능이 있다.

▶ 처방 및 복용 방법

- 허약체질, 기력회복에는 구기자에 오미자를 4:1 정도로 섞어서 끓는 물에 달여 차처럼 장복하면 효능이 좋다.
- 요통, 대하증, 요실금 등 비뇨기계통의 질환에는 구기자와 두충을 함께 넣고 소주에 담가 2개월 정도 지난 후 숙성되면 공복에 마신다.
- 시력감퇴, 근시, 녹내장 등 안과 질환에는 구기자와 국화를 함께 끓여 차처럼 마신다. 그러나 열이 높거나 설사를 하는 경우, 정력이 강한 경우는 쓰면 좋지 않다.

▶ 용어 해설

- 자양강장(滋養强壯): 몸의 영양을 붙게 하여 영양불량이ᅡ 허약함을 다스리고 특히 5장(臟, 심장 · 간장 · 비장 · 폐장 · 신장)을 튼튼히 하는 처방.

035 구릿대-백지(白芷)

▶ 식물의 개요
구릿대는 백지·주마근·향백지(香白芷)·대활(大活)·향대활·굼배지·구릿때 등으로도 불리며, 생약명은 백지(白芷)이다. 뿌리줄기는 굵고 통통하며 줄기는 기둥 모양으로 곧게 서서 자란다. 잎은 깃꼴겹잎으로 타원형 또는 댓잎피침형이다. 꽃은 8월경 흰색의 오판화가 겹산형 꽃차례로 달려 핀다. 열매는 10월 전후 타원형의 분과(分果)가 달려 익는다. 중부 이북지방의 깊은 산골짜기의 냇가 습기가 있는 곳에 자생하는 두해살이 또는 세해살이 미나리과의 속씨식물이다.

▶ 효능
• 부인병 질환인 자궁 출혈, 대하증, 생리불통, 유방염 치료 및 축농증, 치질, 악성 종기, 각종 염증성 질환의 치료제로 쓰인다. 『동의보감』에 "…부인들이 유방결핵이 걸렸을 때 멍울이 터지기 전에 치료하면 나을 수 있으나 터져서 헐게 되면 낫기가 어렵다고 했는데 이 멍을 푸는 약재가 바로 백지(뿌리)다"라고 하였다.
• 신경통, 두통, 치통, 요통 등 진통 및 진정 작용에 효과가 있다.
• 독사 등 뱀에 물렸을 때 독에 의한 중추신경계의 억제에 유효하다.

▶ 처방 및 복용 방법
구릿대는 이른 봄에 어린순을 뜯어다가 데쳐서 하루 정도 찬물에 독성을 우려낸 후 나물로 먹는다. 이듬해 가을철에 뿌리줄기를 채취하여 햇볕에 말려 약재로 쓰는데 이를 '백지'라고 한다.

• 여성병인 자궁출혈, 대하증, 생리불통, 자궁종양 등에는 물에 달여 차처럼 여러 번 마시면 효과가 크다.
• 유방에 멍울이 생길 때는 백지가루를 내어 청주에 타서 복용하며, 『동의보감』에서는 당귀, 천궁, 승마를 같이 넣어 마시면 좋다고 한다.
• 두통에는 백지와 천궁가루를 같은 비율로 섞어 하루에 3~4회 복용한다.
• 편두통, 치통, 신경통에는 백지, 세신, 석고, 유향을 가루로 같은 비율로 섞어 콧구멍에 불어 넣으면 진통에 효능이 있다.
• 변비, 혈변에는 백지를 따뜻한 물에 꿀을 타서 마신다. 복용 중에는 금불초(선복화)를 금한다.

▶ 용어 해설
• 분과(分果): 여러 개의 씨방으로 된 열매로 익으면 벌어진다.
• 댓잎피침형: 잎이나 꽃잎 등의 모양을 나타낸

말로 대나무 잎처럼 가늘고 길며 끝이 뾰족한
모양 .
- 오판화(五瓣花): 5개의 꽃잎을 가진 꽃
- 산형(散形) 꽃차례: 많은 꽃꼭지가 꽃대 끝에서
  방사형으로 나와 그 끝마디에 꽃이 하나씩 붙
  는 꽃차례.

036 구절초(九節草)-선모초(仙母草)

▶ 식물의 개요
구절초는 고봉(苦蓬)·구일초(九日草)·정다구이·들국화 등 여러 이름으로 불린다. 생약명은 선모초(仙母草)이다. 줄기는 곧게 서서 자라고, 잎은 달걀꼴로서 잎자루가 길며 가장자리에 톱니가 있다. 9월경 흰색 또는 연분홍색의 두상화(頭狀花)가 줄기와 가지 끝에 한 송이씩 달려 핀다. 가장자리는 혀꽃, 가운데는 대롱꽃이 핀다. 10월 전후에 타원형의 수과(瘦果)가 달려 익는다. 구절초는 독은 없으나 식용으로는 쓰지 않고 관상용과 약용으로 사용한다. 음력 9월 9일 중양절에 채취한 꽃이 가장 약효가 좋다 하여 그 이름을 아홉의 '구(九)'와 중양절의 '절(節)' 자를 써서 구절초라 한다. 전국 각지의 산기슭, 풀밭, 제방 둑에 많이 자생하는 국화과의 여러해살이 속씨식물이다.

▶ 효능
구절초는 맛이 달고 다소 쓰며 부인병 치료에 효능이 있다.

• 선모초는 생리불순, 폐경, 생리통, 대하증, 불임증 등 부인병 예방 및 치료에 효능이 좋다.
• 폐렴, 기관지염, 인두염, 유행성 독감, 천식 등 호흡기 질환에 효능이 있다.
• 두통, 신경통, 고혈압, 위장 등의 질환에도 효과가 크다.

▶ 처방 및 복용 방법
구절초는 9~10월경에 전초를 채취하여 바람이 잘 통하는 곳에서 햇볕에 말려 쓴다.

• 생리불순, 대하증, 뱃속이 냉한 경우는 말린 전초(全草)를 깨끗한 물에 적당량을 넣고 끓여 물의 양이 반 정도 되면 식혀서 차처럼 마신다.
• 불임증에는 선모초와 대추를 몇 개 섞어 넣어 끓이며, 생리통에는 닭고기와 함께 끓여 꾸준히 여러 번 마신다.
• 소화가 잘 안되고 식욕이 없는 경우는 말린 구절초의 꽃을 소주에 담가 복용하면 효능이 있다.

▶ 용어 해설
• 두상화(頭狀花): 꽃대 끝에 많은 꽃들이 뭉쳐 붙어 머리 모양을 이룬 꽃.
• 혀꽃: 꽃잎이 혀처럼 가늘고 길어서 설상화(舌狀花)라고 함. 꽃잎이 합쳐져서 한 개의 꽃잎처럼 된 꽃.
• 수과(瘦果): 익어도 터지지 않고 껍질이 씨를 싼 채 떨어지는 열매 .
• 전초(全草): 뿌리·줄기·잎·꽃·열매 모두를 갖춘 풀의 온포기.

037 국화(菊花)

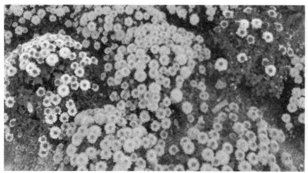

▶ **식물의 개요**

국화는 절초(節草)·가화(家花)·금정(金精)·구화 등의 이름으로도 불린다. 잎은 어긋나고 잎자루가 있으며 깃꼴로 가운데 부분까지 깊게 갈라진다. 갈라진 잎 조각의 가장자리에는 톱니가 나있다. 꽃은 9~10월경 가지 끝에 두상화가 달려 핀다. 꽃의 빛깔은 품종에 따라 노랑·하양·빨강·보라·흰색 등 다양하고 크기나 모양도 각양각색이다. 열매는 10월 이후 수과가 달려 익는다. 관상용·향신료·식용·약용으로 이용된다. 전국 각지의 원예 농가에서 재배하는 국화과의 여러해살이 쌍떡잎 속씨식물이다. 한방에서는 국화라는 생약 명을 쓰고, 국화엽(잎), 국화근(뿌리) 등 전초를 개화기에 채취하여 그늘에 말려서 이용한다.

▶ **효능**

- 순환계 질환에 효과가 크다. 즉, 감기, 가래, 인후염, 편도선염, 동맥경화, 고혈압 등을 다스린다.
- 신경계 질환에 효과가 크다. 즉, 신경통, 편두통, 정신 피로증 등을 다스린다.
- 지방간의 치료에 효능이 높다.
- 부인병, 냉병 및 남성의 고환 질환을 다스린다.
- 두통 등 발열을 강하시키는 작용을 한다.
- 몸에 나타난 중독 현상을 다스리고 진통을 진정시키는 작용을 한다.
- 피부병 치료에도 효과가 있다.

▶ **처방 및 복용 방법**

국화를 약재로 사용할 경우는 전초를 달여서 차처럼 마시거나 가루를 내어 물에 타서 마신다. 또 국화술(연명주)을 담가 복용해도 좋다. 단 복용 중 깽깽이풀과 측·편백나무의 사용은 금한다.

- 순환계, 신경계 부인병 치료에는 국화차를 잘 우려내어 장기 복용한다.
- 아토피 피부염의 치료에는 국화를 우려낸 물로 하루 두 번씩 환부를 씻어 준다.
- 노화예방, 혈액순환, 기력 충전에는 국화차를 장기 복용한다.
- 어지럼증과 두통에는 국화와 오미자, 구기자를 함께 달여 마신다.
- 숙취해소에는 국화차 또는 국화 생즙을 복용한다.

▶ **용어 해설**

- 수과(瘦果): 익어도 터지시 않는 열매 .

038 금낭화(錦囊花)—금낭근(錦囊根)

▶ 식물의 개요

금낭화는 등모란·토당귀·하포목단근·덩굴모란·며늘치·며느리주머니 등으로 불린다. 뿌리 줄기는 굵고 전초는 녹색으로 뽀얗게 보인다. 줄기는 연하며 가지를 많이 친다. 잎은 어긋나며 깃꼴겹잎이다. 갈라진 작은잎은 쐐기꼴로서 끝이 뾰족하고 가장자리가 움푹 들어가 있다. 꽃은 5~6월경 총상 꽃차례로 연한 홍색의 꽃이 피는데 꽃차례는 활처럼 굽었고, 꽃은 줄기에 주렁 주렁 달린다. 열매는 10월경 긴 타원형의 삭과가 달려 익는다. 관상용·식용·약용으로 이용된 다. 우리나라 중부지방의 고산 숲속이나 계곡에 자생하는 현호색과의 여러해살이 쌍떡잎 속씨 식물이다. 한방에서 쓰는 생약명은 금낭근이다.

▶ 효능

• 금낭화는 주로 피부염, 옹종, 종독 등 피부과 질환을 다스리는데 효과가 크다.
• 타박상, 종기 등 외상의 치료에 도움이 크다.

▶ 처방 및 복용 방법

금낭화는 봄과 가을철에 전초를 채취하여 햇볕에 말려 약용으로 쓴다. 이른 봄 어린순은 데쳐서 나물로 먹고, 약용에는 전초를 끓는 물에 달여 차처럼 마시거나, 가루를 내어 환을 빚어 사용하고, 외상에는 생물 또는 가루를 내어 사용한다.

• 피부염, 옹종, 종독 등 피부과 질환에는 금낭화 생즙을 환부에 바르거나 전초를 끓는 물에 달여 복용한다.
• 소종, 타박상에는 금낭화 뿌리를 우려내어 차처럼 복용한다.

▶ 용어 해설

• 삭과: 익으면 열매 껍질이 떨어지면서 씨를 퍼뜨리는 여러 개의 씨방으로 된 열매(백합, 붓꽃).
• 소종: 부은 종기나 상처.

039 금불초(金佛草)-선복화(旋覆花)

▶ **식물의 개요**

금불초는 하국화(夏菊花)·옷풀·오월국(五月菊)·금비초(金沸草) 등으로도 불린다. 한방에서 쓰는 생약명은 선복화(旋覆花)이다. 뿌리줄기가 옆으로 뻗으면서 번식하고 줄기는 곧게 서서 자란다. 잎은 어긋나며 긴 타원형으로 끝이 약간 뾰족하고 가장자리에 잔 톱니가 있다. 9월경 노란색의 혀꽃이 산방 꽃차례를 이루며 달려 핀다. 열매는 10월 이후 수과가 달려 익는다. 약으로 복용 중에는 구릿대를 금한다. 설사나 감기로 고열이 날 때는 금해야 한다. 어린순은 나물로 쓰고, 말린 꽃은 약용으로 이용한다. 전국 각지 산과 들의 습지에서 자생하는 국화과의 여러해살이 쌍떡잎 속씨식물이다.

▶ **효능**

금불초는 맛이 맵거나 쓰고 가을에 노란꽃은 피운다.

- 금불초는 가래, 기침, 천식을 다스리며 만성 기관지염, 늑막염 등 호흡기 질환을 다스린다.
- 위장염, 딸꾹질, 트림, 소화불량, 복수, 위암 등의 치료제로 사용되며 꾸준히 복용하면 위액의 산도를 낮춰 준다. 또한 임신으로 나타나는 입덧의 특효제로도 쓰인다.

▶ **처방 및 복용 방법**

금불초는 7~10월경 개화기에 꽃·잎·뿌리를 채취하여 햇볕에 말리거나 쪄서 약재로 쓴다.

- 가래, 기침, 천식, 기관지염, 트림 등에는 선복화를 끓여 차처럼 여러 번 마신다.
- 배에 물이 고이는 복수에는 잉어 뱃속에 선복화를 넣고 푹 달인 다음 베보자기에 짜서 따뜻하게 여러 번 마신다.
- 피부병, 금창, 근육 손상 등에는 생잎을 찧어 바르면 효과가 있다.

▶ **용어 해설**

- 산방 꽃차례: 꽃자루가 아랫것은 길고 윗것은 짧아 각 꽃이 가지런히 피는 형태.

040 금떡쑥-추서곡초(萩鼠曲草)

▶ 식물의 개요

금떡쑥은 금서곡(金鼠曲)·천수의초(天水蟻草)·가을푸솜나물·가지떡쑥·불떡쑥이라고도 하며, 한방에서는 추서곡초(萩鼠曲草)라는 생약명을 쓴다. 줄기는 약간 딱딱하고 위쪽에서 가지를 친다. 잎은 녹색이며 앞면에 잔털이 있고 뒷면에는 솜털이 나 있다. 8월경부터 솜털이 붙어 있는 황색의 두상화가 줄기 끝에서 산방 꽃차례를 이루며 달려 핀다. 열매는 9월경에 황백색의 수과가 달려 익는다. 금떡쑥은 전초에 흰 솜털이 덮여 있으며, 식용과 약용으로 쓰인다. 전국 각지의 산과 들판에 자생하는 국화과의 한해살이 쌍떡잎 속씨식물이다.

▶ 효능

금떡쑥은 개화기인 8월경 전초를 채취하여 햇볕에 말려서 약용으로 쓴다.

- 소화불량, 위염, 위궤양 등 소화기 계통의 질환에 효과가 있다.
- 진해, 천식, 거담, 후두염 등을 다스리는 호흡기 질환을 다스리는데 쓰인다.

▶ 처방 및 복용 방법

금떡쑥은 어린순은 나물로 먹고, 말린 전초를 달여 차처럼 마시거나, 외상인 경우는 생물을 짓찧어 환부에 붙여 사용한다.

- 진해, 천식, 거담, 후두염 등의 치료에는 금떡쑥 말린 전초를 우려내어서 차처럼 복용한다.
- 타박상 등 외상으로 인한 상처에는 신선한 금떡쑥 전초를 짓찧어 환부에 바르거나 붙인다.

▶ 용어 해설

- 수과(瘦果): 익어도 터지지 않는 열매.

041 기린초(麒麟草)—비채(費菜)

▶ **식물의 개요**

기린초는 혈산초(血山草)·백삼칠(白三七)·마삼칠(馬三七)·양심초(養心草)·경천삼칠(景天
三七) 등으로 불린다. 생약명은 비채(費菜)이다. 뿌리는 굵고 살이 쪘으며 줄기는 원기둥 모양
으로 뭉쳐난다. 잎은 어긋나며 긴 타원형으로서 끝이 둥글고 두꺼운 육질이다. 꽃은 6월경 산방
모양의 취산 꽃차례로 노란색 오판화가 달려 핀다. 열매는 7월경 분과가 달려 익는데 별 모양으
로 갈라진다. 전국 각지의 산기슭이나 구릉지의 바위틈에 자생하는 돌나물과의 여러해살이 쌍
떡잎 속씨식물이다.

▶ **효능**

기린초는 개화기인 7월 전후에 전초를 채취하여
생것 및 햇볕에 말려 사용한다. 독성은 없다.

- 주로 응고된 혈액을 다스리는데 효과가 있다.
  즉, 지혈 및 진정 작용과 생리불순, 타박상 등
  의 치료에 쓰인다.
- 간경화를 다스리며 강장 보호 작용을 하는데
  효과가 있다.
- 이뇨 및 이수 작용에 도움을 준다.

▶ **처방 및 복용 방법**

기린초는 식용, 관상용, 약용을 사용되는데 이른
봄 어린 새싹은 나물로 먹고 약용은 생즙이나 탕
으로 처방한다.

- 피 섞인 가래, 각혈, 혈변, 토혈 등의 질환을
  지혈하기 위해서는 말린 기린초를 끓는 물에
  달여서 차처럼 마신다.
- 벌레 물린 곳, 상처 난 곳, 종기, 타박상에는

기린초 생잎을 짓찧어 환부에 붙인다.

▶ **용어 해설**

- 분과: 여러 개의 씨방으로 된 열매로 익으면
  벌어진다(작약).

042 긴병꽃풀-연전초(連錢草)

▶ 식물의 개요

긴병꽃풀은 장관연전초(長管連錢草)·적설초(積雪草)·호박하·금전박하·구리향·천장초·동전초 라고도 부르며, 생약명은 연전초(連錢草)이다. 줄기는 모가 나고 가느다란 털이 있다. 처음에는 곧게 자라서 옆으로 뻗다가 마디서 뿌리가 나온다. 잎은 마주나고 가장자리에 톱니가 있으며 신장형(腎臟形)으로 잎 표면에 윤기가 난다. 꽃은 4월경 연한 자주색 꽃이 잎겨드랑이에서 돌려 나와 달려 핀다. 열매는 9월경 타원형의 분과가 달려 익는다. 우리나라 경기도 이북지방의 산지나 들판의 습기가 있는 양지에 많이 자생하는 꿀풀과의 여러해살이 쌍떡잎 속씨식물이다.

▶ 효능

긴병꽃풀은 특이한 박하향이 있고 맛은 쓰며 맵다.

- 잎과 줄기를 끓는 물에 달여 차처럼 마시면 소변불통, 결석 등 비뇨기 계통의 질환을 다스린다.
- 담즙 분비를 촉진하여 황달, 간염, 담낭결석 등의 질환을 치료하는 이담 작용을 한다.
- 감기, 천식, 기관지염 등 호흡기 열성 질환을 다스리는 청열(淸熱) 해독 작용을 한다.
- 염증을 삭히고 어혈성 질환을 풀어주며 신경통, 근육통, 타박상 등을 치료한다.
- 당뇨병 질환에도 효능이 있다.

▶ 처방 및 복용 방법

긴병꽃풀은 여름~가을철에 전초를 채취하여 생물이나 햇볕에 말려 쓴다.

- 당뇨병에는 말린 연전초를 끓여 차처럼 마신다.
- 비뇨기계 결석인 경우는 말린 연전초 잎과 줄기에 쇠뜨기를 같이 넣어 끓여 마신다.
- 간염, 간암인 경우는 연전초 생즙을 내어 먹어도 되고 끓여 차처럼 마셔도 효과가 있다.
- 음경이 붓고 아픈 경우는 생즙을 청주에 타서 마신다. 치통인 경우는 연전초 생즙으로 양치하면 효과가 있다.

▶ 용어 해설

- 신장형(腎臟形): 동물의 콩팥 모양을 한 형상.
- 청열(淸熱) 해독 작용: 차고 서늘한 성질의 약을 써서 열증을 제거하는 일.

043 까마중-용규(龍葵)

▶ 식물의 개요

까마중은 · 천가자(天茄子) · 고채(苦菜) · 까마종이 · 깜두랄지 · 강태 · 먹때꽐 등으로 부른다. 생약명은 용규(龍葵)이다. 줄기는 곧게 서고 모가 져 능선이 약간 나타나며 가지가 옆으로 많이 퍼진다. 잎은 어긋나는데 달걀꼴이며 가장자리에 톱니가 나 있다. 꽃은 5월경 취산 꽃차례로 흰색의 오판화가 핀다. 열매는 9월경 둥근 장과가 달려 검게 익는다. 단맛이 있어 먹을 수 있다. 전국적으로 길가나 집터 부근에 자생하는 가지과의 한해살이 쌍떡잎 속씨식물로 전초를 항암제로 쓴다.

▶ 효능

까마중은 뿌리부터 열매까지 전초를 약재로 사용한다. 약재로 쓸 때 뿌리를 용규근, 열매를 용규자라 하고 전초를 용규라 한다.

- 청열, 해독, 항염증 작용을 한다. 즉, 이질균, 대장균 억제, 비뇨기 감염, 대하증 치료에 효과가 있다.
- 종기나 피부의 열독성 병증을 풀어 주는 기능을 한다.
- 혈당을 낮추고 피부 가려움증, 당뇨병 치료에 효과가 있다.
- 비뇨기 결석을 다스리는 이뇨 작용이 있다.

▶ 처방 및 복용 방법

- 피부염증에는 까마중 생것을 달여서 낳을 때까지 차처럼 마신다.
- 기관지와 관련된 질병에는 까마중을 술에 담가 1일 3회 정도 마신다.

- 비뇨기와 관련된 질병에는 까마중과 목통, 고수풀을 섞어 달여서 마신다.
- 소화기암, 폐암, 난소암 등 각종 악성 암에는 까마중, 자초, 딸기 등을 섞어 달여서 복용한다.
- 어린순은 나물로 데쳐 먹든지 튀김을 해서 먹는다.
- 종기나 피부 가려움증에는 까마중 전초를 찧어 환부에 바른다.

▶ 용어 해설

- 취산(聚散) 꽃차례: 유한 꽃차례의 일종으로 꽃대 끝에 꽃이 피고 그 아래 가지와 곁가지에 차례로 꽃이 피는 꽃차례.
- 장과(漿果): 과육과 액즙이 많고 속에 씨가 들어 있는 과실(포도, 감).

044 까실쑥부쟁이-산백국(山白菊)

▶ 식물의 개요

까실쑥부쟁이는 둥근취 · 껄끔취 · 곰의수해 · 야백국(野白菊) · 팔월상(八月霜) · 소설화(小雪花) 등으로 불린다. 한방에서는 산백국(山白菊)이란 생약명을 쓴다. 줄기잎은 어긋나며 긴 타원형 모양의 댓잎피침형으로서 끝이 뾰족하다. 가장자리에 톱니가 있으며 밑쪽에 3개의 맥이 있다. 꽃은 8월경 두상화가 산방 꽃차례로 달려 피는데, 가운데는 노란색, 꽃잎은 자주색이며 국화 모양이다. 열매는 10월경 수과가 달려 익는다. 전국 각지의 들판과 냇가 등지에 자생하는 국화과의 여러해살이 쌍떡잎 속씨식물이다. 관상용 · 식용 · 약용으로 이용된다.

▶ 효능

• 산백국은 호흡기 질환의 치료에 효과가 크다. 즉, 감기, 거담, 편도선염 등을 다스린다.
• 피부염, 습진, 한습 등 피부 질환을 다스리는 데 효과가 있다.
• 각종 해수, 해열에 효과가 있다.

▶ 용어 해설

• 산방 꽃차례: 꽃자루가 아랫것은 길고 윗것은 짧아 각 꽃이 가지런히 피는 형태.
• 한습: 습기로 인하여 허리 아래가 차지는 병증.

▶ 처방 및 복용 방법

까실쑥부쟁이는 8월 전후에 전초를 채취하여 생물이나 햇볕에 말려 약용으로 쓴다.

• 어린순은 나물로 데쳐 나물로 먹고, 약재는 가루를 내어 우려 마시든지, 달여 차처럼 마신다. 또한 생즙으로 마시기도 하고 외상인 경우는 생물을 찧어 환부에 바른다.
• 감기, 거담, 편도선염 등의 질환에는 가루를 미지근한 물에 타서 마신다.
• 중독, 창종, 해수 등의 질환에는 전초를 끓는 물에 달여 차처럼 마신다.

045 까치수염-중수산채(重穗霰菜)

▶ 식물의 개요

까치수염은 개꼬리풀·꽃꼬리풀·낭미파화·중수(重穗)·홍사모(紅絲毛)·진주채(眞珠菜) 등으로 불린다. 한방에서 사용하는 생약명은 중수산채(重穗霰菜)이다. 줄기는 붉은 빛이 도는 원기둥 모양인데 곧게 서며 가지를 친다. 잎은 어긋나나 뭉쳐난 것처럼 보이며 선 모양의 긴 타원형이다. 끝이 뾰족하며 잔털이 있다. 꽃은 6月경 흰 꽃이 총상 꽃차례를 이루며 피는데, 쥐꼬리 모양으로 조밀하게 달린다. 열매는 8月경 둥근 삭과가 달려 적갈색으로 익는다. 전국 각지의 습한 들판이나 냇가에 자생하는 앵초과의 여러해살이 쌍떡잎 속씨식물로 식용·약용·관상용으로 이용된다.

▶ 효능
- 생리불순, 생리통, 유방염, 자궁암, 자궁 출혈 등 여성 부인과의 질병을 다스리는데 효과가 있다.
- 감기, 기관지염, 인후염, 천식 등 호흡기 질환의 치료에 효과적이다.
- 타박상으로 인한 어혈을 풀어주는데 효과가 있다.

▶ 처방 및 복용 방법

까치수염은 어린순은 나물로 먹고 말린 전초를 약용으로 쓴다.
- 타박상 등 외부 상처에는 신선한 전초의 즙을 짜서 환부에 바르거나 짓찧어 붙인다.
- 감기, 기관지염, 인후염, 천식 등 호흡기 질환의 치료에는 말린 까치수염을 끓는 물에 달여 차처럼 장기 복용한다.

- 생리불순, 생리통, 유방염, 자궁암, 자궁 출혈 등 여성 부인과의 질병에는 햇볕에 말린 전초를 달여 차처럼 복용한다.
- 골수염과 관절염에는 신선한 뿌리를 채취하여 생즙을 내어 복용한다.

▶ 용어 해설
- 삭과: 익으면 열매 껍질이 떨어지면서 씨를 퍼뜨리는 여러 개의 씨방으로 된 열매(백합, 붓꽃).

046 깽깽이풀-황련(黃蓮)

▶ **식물의 개요**

깽깽이풀은 선황련(鮮黃蓮)·전사초(錢絲草)·상황련(常黃蓮)·산련풀이라 불리며, 생약명은 황련(黃蓮)이다. 뿌리줄기는 짧고 단단하며 잔뿌리가 많이 달리는데 원줄기는 없고 뿌리줄기에서 잎이 나온다. 둥근 홑잎이고 연잎과 비슷하다. 꽃은 4월경 잎이 나오기 전 엷은 자홍색으로 한 송이씩 핀다. 열매는 7월 전후 타원형의 골돌과가 달려 익는다. 관상용·염료용·약용으로 이용된다. 중부 이북 지역 산지의 낮은 골짜기에 자생하는 매자나무과의 여러해살이 쌍떡잎 속씨식물이며 건위제로 사용한다.

▶ **효능**

깽깽이풀은 가을철에 줄기와 뿌리를 채취하여 약용으로 사용하는데 예부터 어린아이의 입안을 닦아 주는데 주로 이용되어 왔다.

- 위염과 장염을 다스리는데 효과가 있다.
- 설사를 다스리고 위장을 보하는데 효과가 있다.
- 자궁염이나 여성의 질병에 효력이 있다.
- 혈압을 낮추고 해열 작용을 하며 예민한 신경 불안을 다스리는 진정 작용도 있다.

▶ **처방 및 복용 방법**

- 위장이 약하여 신트림, 복부 팽만 등에는 황련과 오수유 가루를 혼합하여 환을 빚어 사용한다.
- 위장과 관련된 통증에는 황련가루를 미지근한 물과 함께 복용한다.
- 설사, 소변 불통 등에는 황련, 감초, 백작약 등을 섞어 달여서 따뜻하게 차처럼 낳을 때 까지 장복한다.
- 허약한 어린아이에게도 황련을 달여 마시게 하고 새순은 나물로 데쳐 먹는다.

▶ **주의**

복용 중에는 국화·쇠무릎·현삼의 사용을 금한다.

▶ **용어 해설**

- 건위제: 위장을 튼튼하게 만드는 약제.

047 꽃다지-정력자(葶藶子)

▶ **식물의 개요**

꽃다지는 대실(大室)·정력(葶藶)·코딱지풀·노란냉이 등의 이명(異名)이 있다. 한방에서는 정력자(葶藶子)라는 생약명을 쓴다. 줄기는 곧게 서며 가지가 갈라지고 하부에 별 모양의 털이 있다. 뿌리잎은 주걱 모양으로 밑 부분이 좁아져 잎자루처럼 된다. 줄기잎은 어긋나는데 긴 타원형으로 가장자리에 톱니가 있다. 꽃은 4월경 총상 꽃차례를 이루며 많은 사판화가 노랗게 핀다. 4개의 꽃잎은 구두칼 모양이고 꽃받침도 4조각이며 타원형이다. 열매는 7월경 각과(殼果)가 달려 익는데 털이 나 있다. 전국 각지의 들이나 양지 바른 밭둑 등지에 자생하는 겨자과(십자화과)의 두해살이 쌍떡잎 속씨식물이다.

▶ **효능**

- 꽃다지는 기침, 기관지염, 천식, 인후염 등 호흡기 계통의 질환을 다스리는데 효과가 있다.
- 당뇨병, 변비, 요통 등 순환계 질환을 다스린다.

▶ **처방 및 복용 방법**

꽃다지는 5~7월경 전초를 채취하여 주로 씨(정력자)를 약재로 쓴다.
어린 새순은 나물로 쓴다.

- 기침, 가래, 설사, 변비의 치료에는 꽃다지 씨를 볶아 가루를 내어 미지근한 물에 타서 장복한다.
- 천시, 해수, 창만 등의 질환에는 전초를 달여서 복용한다.

▶ **용어 해설**

- 각과(殼果): 껍질이 나무 또는 가죽처럼 질기고 단단한 열매.

048 꼭두서니-천초근(茜草根)

▶ 식물의 개요

꼭두서니는 과산룡(過山龍)·모수(茅蒐)·만초(蔓草)·가삼자리·갈퀴잎 등으로 부른다. 생약명은 천초근(茜草根)이다. 원줄기는 네모지며 밑을 향한 짧은 가시가 많이 있어 다른 물체에 잘 달라붙는다. 뿌리는 붉은색으로 염료로 쓰인다. 잎은 달걀꼴의 심장형으로 가장자리에 가시가 많다. 7월경 노란색 꽃이 원추 모양의 취산 꽃차례를 이루며 달려 핀다. 9월경 둥근 장과가 달려 진주알 같은 검은 열매로 익는다. 전국 각지의 산과 들, 농촌의 인가 주변에 많이 자생하는 꼭두서니과의 여러해살이 쌍떡잎 속씨 덩굴식물로 전통 염료제 및 항암치료제로 쓰인다.

▶ 효능

꼭두서니는 봄과 가을철에 줄기와 뿌리(천초근)를 채취하여 약용으로 쓴다.

* 여성의 산후 과다한 출혈, 치질로 인한 출혈, 객혈 등에 지혈 작용을 한다.
* 혈액순환을 돕고 몸에 맺힌 어혈을 풀어 준다.
* 골다공증, 관절염 치료에 효과가 있다. 비뇨기 결석을 다스리는 이뇨 작용을 한다.
* 가래를 삭혀주는 진해 작용과 몸의 각종 균을 제어하는 항균 작용을 한다.

▶ 처방 및 복용 방법

* 몸의 혈액 과잉 열로 인한 질병(생리불통)에는 천초와 소주를 섞어 달여 마신다. 또는 당귀, 우슬과 혼합하여 가루로 만든 다음 청주와 함께 마신다.
* 탈항, 탈루, 치질에는 천초와 석류 껍질을 술과 함께 달여 마신다.

* 관절염에는 천초를 소주에 담가 걸러서 하루 1회씩 장복하여 마신다.
* 기관지염에는 천초와 함수초를 혼합하여 달여서 낳을 때까지 장복한다.

▶ 주의

복용 중에는 고삼의 사용을 금한다.

▶ 용어 해설

* 장과(漿果): 과육과 액즙이 많고 속에 씨가 들어 있는 과실(포도, 감).

63

049 꽃무릇–석산(石蒜)

▶ **식물의 개요**

꽃무릇은 꽃과 잎이 따로 분리되어 피며, 상사화(相思花)·노아산(老鴉蒜) 용과화(龍瓜花)·오독(烏毒)·개가재무릇 등으로 불린다. 생약명은 석산(石蒜)이다. 봄철에 비늘줄기에서 선 모양의 잎이 모여 난다. 7월경 꽃줄기가 길게 자라 산형 꽃차례를 이루며 홍색 꽃이 여러 개씩 모여 달려 핀다. 향기는 없다. 열매는 맺지 못하고 꽃이 진 다음 짙은 녹색의 새로운 잎이 나온다. 남부지방의 섬 및 제주도의 산사(山寺) 부근 숲속 그늘진 곳에 자라는 수선화과의 여러해살이 외떡잎 속씨식물이며 항암제로 쓰인다.

▶ **효능**

꽃무릇은 가을철에 석산(돌마늘)이라 불리는 뿌리에 해당하는 비늘줄기를 채취하여 말려 약재로 쓴다.

- 종기, 종양, 결핵, 간암 등의 치료에 효과가 있고 해독 작용도 한다.
- 복막염, 소변불리 등에 이뇨 작용을 한다.
- 위복통, 위궤양, 위염의 치료에 효과가 있고 신장을 튼튼하게 한다.『동의보감』에 의하면 '신장(물의 장기)을 덥게 한다'고 하였다.

▶ **처방 및 복용 방법**

꽃무릇은 유독성 식물이므로 반드시 한의사의 처방을 받아서 사용하여야 한다. 즉, 내복을 하기보다는 생물을 짓찧어 환부에 처방하는 외용이 요구된다.

▶ **용어 해설**

- 산형 꽃차례: 많은 꽃꼭지가 꽃대 끝에서 방사형으로 나와 그 끝마디에 꽃이 하나씩 붙는 꽃차례.

050 꽈리-산장(酸漿)

▶ 식물의 개요

꽈리는 씨를 빼고 불면 '구아리' 라는 소리가 난다고 하여 붙여진 이름이다. 산장(열매 맛이 심)·등롱초(燈籠草)·홍고랑(紅姑娘)·한장(寒漿)·꼬아리·왕모주(王母珠)·고아방두글·질과아리 등으로도 부른다. 생약명은 산장(酸漿)이다. 잎은 어긋나고 타원형으로 끝이 뾰족하며 가장자리에 톱니가 나 있다. 7월경 황백색 꽃은 꽃자루 끝에 한 송이씩 핀다. 꽃부리는 5개씩 갈라지고 꽃받침은 주머니 모양이다. 열매는 8월경 둥근 장과가 달려 빨갛게 익는데, 이 열매가 꽈리이다. 열매는 달고 신맛이 있어 생물로 먹을 수 있다. 그 외 관상용과 약재로 쓰인다. 전국 각지의 산지, 들판, 농촌의 인가 근처에 자생하는 가지과의 여러해살이 쌍떡잎 속씨식물이며, 자궁병치료제로 알려져 있다.

▶ 효능

꽈리는 봄철에 채취하여 열매부터 뿌리까지 전초를 그늘에 말려 약용으로 쓴다.

- 여성의 자궁을 보하고 출산을 쉽게 하도록 다스린다.
- 대소변 불리를 치료하고, 소아 쇠약증을 보하는데 효력이 있다.
- 천식, 기침, 가래를 다스리고 몸에 열이 높은 것을 내리는데 효과가 있다.

▶ 처방 및 복용 방법

- 소변불통, 인후통, 편도선염에는 꽈리가루를 따뜻한 물에 타서 먹거나, 중불에 달여 그 물을 차처럼 마신다.
- 감기에는 꽈리 열매를 소금에 절여두었다가 목이 아플 경우 복용한다.
- 돼지고기를 먹고 체했을 때는 꽈리 뿌리를 달여 그 물을 복용한다.
- 대소변 불통 및 생식기에 이상이 있는 경우는 산장과 오리알, 소주를 함께 넣어 불에 끓인 후 그 물을 마신다.
- 부스럼이 많은 경우는 꽈리를 찧어서 환부에 붙인다.
- 단, 설사나 담이 있을 때는 복용을 금한다.

▶ 용어 해설

- 장과(漿果): 과육과 액즙이 많고 속에 씨가 들어 있는 과실(포도, 감).

051 꾸지뽕나무-자목(柘木)

▶ 식물의 개요

꾸지뽕나무는 황상(黃桑)·자수(柘樹)·굿가시나무·활뽕나무 등의 이명(異名)이 있다. 한방에서는 자목(柘木: 나무)·자수엽(柘樹葉: 잎)·자목피(柘木皮: 껍질)·자수과(柘樹果: 열매) 등의 생약명을 쓴다. 잎은 달걀 모양 또는 3갈래로 갈라지는데 양끝이 뾰족하고 뒷면에 융털이 있다. 꽃은 5월경 노란 단성화가 두상 꽃차례를 이루며 달려 핀다. 열매는 9월경 붉은색으로 달려 익는데 작은 열매들이 모여 덩어리를 이루며 껍질이 두껍다. 공업용·식용·약용·사료용으로 이용된다. 우리나라 중부지방의 산지나 구릉지, 가옥 부근에 자생하는 뽕나무과의 낙엽 활엽 소교목이다.

▶ 효능
- 꾸지뽕나무는 각종 통증을 다스리는데 효과가 크다. 즉, 관절통, 요통, 타박상 등을 다스린다.
- 강장을 보호하고 열을 강하하는 작용을 한다.
- 위암, 식도암 등을 다스린다.

▶ 처방 및 복용 방법

자목은 가을철에 열매가 익으면 뿌리까지 채취하여 약재로 쓴다.
- 당뇨병, 피부 질환에는 꾸지봉 잎을 뜨거운 물로 우려서 차로 마신다.
- 강장보호, 정력 증강, 경락, 해열에는 꾸지봉 열매를 진액이나 발효액을 만들어 복용한다.
- 어혈, 황달, 위암과 식도암 치료에는 뿌리를 달여서 차처럼 장복한다.
- 불면증, 이명 치료에는 뿌리와 껍질을 소주에 담가 3개월 후 개봉하여 취침 전 한두 잔 정도씩 복용한다.

- 관절통, 요통, 타박상 등의 치료에는 구찌봉 전초를 달여서 장기 복용한다.

▶ 용어 해설
- 두상 꽃차례: 꽃대 끝에 여러 꽃이 모여 머리 모양의 한 송이 꽃 모양을 이루는 꽃의 배열 상태.

052 꿀풀-하고초(夏枯草: 한여름에 갑자기 시들어 죽는 풀)

▶ **식물의 개요**

꿀풀은 동풍(東風)·금창소초(金瘡小草)·철색초(鐵色草)·내동초(乃東草)·꿀방망이·가지골
나물·봉퇴두·양호초 등으로도 불린다. 생약명은 하고초(夏枯草)이다. 전초에 흰털이 나있다.
원줄기는 네모지고 꽃이 진 다음 마르고, 밑에서 곁가지가 뻗어 나와 번식한다. 잎은 마주나며
긴 타원형의 댓잎피침형으로 가장자리에 톱니가 있다. 꽃은 7월경 자주색으로 원기둥 모양의
꽃이삭을 달고 수상 꽃차례를 이루며 촘촘히 달려 핀다. 8월경 황갈색의 분과가 달려 익는다.
관상용·밀원·식용·약용으로 이용된다. 전국 각지의 산과 들, 초원지대에 자생하는 꿀풀과의
여러해살이 쌍떡잎 속씨식물이며, 항암치료제로 쓰인다.

▶ **효능**

꿀풀은 여름철에 전초를 채취해 약재로 사용한다.

- 간경화로 인하여 나타나는 눈의 충혈 및 두통을
  다스리는데 효과가 있다.
- 신장염, 방광염으로 인한 각종 부종을 다스리는
  데 쓰인다.
- 고혈압 수치 떨어뜨리고 위장 연동운동을 강화한다.
- 몸의 세균 생장 억제 및 간염 치료에 효과가 있다.

▶ **처방 및 복용 방법**

- 간 질환, 방광염, 신장염, 유방염 등에는 하고초
  를 끓는 물로 달여서 장기 복용한다.
- 결막염, 각막염과 눈에 눈물이 나는 통증에는 하
  고초, 향부자, 국화, 포공영을 섞어 물에 끓여 마
  시든지, 가루를 내어 따뜻한 물로 복용한다. 또한
  하고초를 끓여 식힌 물로 눈을 씻어도 된다.
- 변비에는 하고초와 삼백초를 혼합하여 달여서

마신다.
- 고혈압으로 인한 두통이나 이명 현상에는 하고
  초와 결명자를 물에 끓여서 마신다.
- 임파선 결핵에는 하고초와 하수오로 조청을 만
  들어 장기 복용한다.
- 구강염이나 편도선염은 하고초 끓인 물로 양치
  를 하면 좋다.

▶ **주의**

위장 기능이 약하거나 설사가 심한 경우는 복용하
면 안 된다.

▶ **용어 해설**

- 수상 꽃차례: 한 개의 긴 꽃대 둘레에 여러 개
  꽃이 이삭 모양으로 핀 꽃.
- 분과: 여러 개의 씨방으로 된 열매로 익으면 벌
  어진다(작약).

053 꿩의 다리-마미련(馬尾連)

▶ 식물의 개요

꿩의다리는 마미황련(馬尾黃連)·금가락풀·연잎꿩의다리·산꿩의다리·금꿩의다리·큰꿩의다리·좀꿩의다리 등 이명이 다양하고, 생약명은 마미련(馬尾連)이다. 줄기는 곧게 서며 가지를 치는데 속이 비었다. 잎이 갈라진 모양이 삼지구엽초와 비슷하다. 잎은 어긋나는데 턱잎은 가장자리가 막질이며 깃 모양으로 갈라진다. 작은 잎은 끝 부분이 오리발처럼 갈라지는데 끝이 둥글다. 꽃은 7월경 흰색 또는 녹색으로 피는데 줄기 끝에 산방 꽃차례를 이루며 달린다. 열매는 9월경 수과가 여러 개 달리는데 타원형으로 밑으로 늘어져 익는다. 전국 각지의 들과 야산 구릉지에 자생하는 미나리아재비과의 여러해살이 쌍떡잎 속씨식물로 식용과 약용으로 쓰인다.

▶ 효능

• 꿩의 다리는 호흡계통 및 순환계 질환의 치료에 쓰인다. 즉, 감기, 간염, 위염, 장출혈 등을 다스리는 작용을 한다.
• 눈병, 각막염 등 안과 질환을 다스리는데 쓰인다.
• 설사, 이질 등의 치료에도 효과가 있다.

▶ 처방 및 복용 방법

꿩의 다리는 여름철에 꽃 및 전초를 채취하여 생물이나 햇볕에 말려 약용으로 쓴다.

• 창열, 해열, 치통, 습진, 이질에는 뿌리와 줄기를 달여서 복용한다.
• 눈병, 각막염 등 안과 질환에는 꿩의다리 말린 가루를 따뜻한 물에 타서 복용한다.
• 감기, 간염, 위염, 장출혈 등의 질환에는 깨끗한 전초를 물에 달여서 차처럼 복용한다.

▶ 용어 해설

• 수과(瘦果): 익어도 터지지 않는 열매.

054 나팔꽃-견우자(牽牛子)

▶ 식물의 개요

나팔꽃은 견우화(牽牛花)·나팔화(喇叭花)·조안화(朝顔花)·흑축(黑丑)·백축(白丑)·금령(金鈴) 등으로 부르며, 생약명은 견우자(牽牛子)이다. 줄기는 덩굴지며 길게 뻗어 다른 물체를 왼쪽으로 감아 올라가면서 자란다. 잎은 어긋나며 잎자루가 길고 심장형이다. 꽃은 7월경 잎겨드랑이에서 나온 꽃대에 달려 피는 통꽃이다. 꽃 색은 품종에 따라 홍색·백색·청색·청백색·청자색 등 다양하다. 아침 일찍 피었다가 낮에 오므라든다. 열매는 8월경 둥근 삭과를 맺어 익는다. 씨의 껍질이 흑자색인 것을 흑축, 백색인 것을 백축이라 하는데 흑축 중에서도 청백색의 꽃이 핀 씨를 약재로 쓴다. 전국 각지의 들판, 농가의 울타리, 길가 등지에서 자생하는 메꽃과의 한해살이 덩굴식물이다.

▶ 효능

나팔꽃은 소 한 마리와 맞바꿀 수 있을 만큼 약효가 있다 하여 검은 씨는 흑축(黑丑), 노란색이나 흰색 꽃의 씨는 백축(白丑)이라 한다. 약재로는 흑축을 쓴다.

• 대변을 잘 못 보거나 급체나 숙체를 다스리는 사하 작용을 한다.
• 소변을 잘 못 볼 때 이뇨 작용을 한다.
• 가래, 기침, 천식을 다스리는 거담 작용을 한다.
• 각기, 관절염, 관절통 등 운동계 질환을 다스린다.

▶ 처방 및 복용 방법

나팔꽃은 9~10월경 씨를 채취하여 그늘에 말려 가루를 내거나 볶아서 약용으로 쓴다.

• 변비나 대변불통인 경우는 흑축의 가루를 미지근한 물에 타서 소량으로 마신다.
• 가래, 기침, 해수에는 흑축과 생강가루를 대추 달인 물로 복용한다.
• 외부 종기에는 흑축가루를 참기름에 반죽하여 붙이거나 바른다.

▶ 용어 해설

• 사하 작용: 대변을 잘 통하게 하는 약성을 사하 약리 작용이라 한다. 사하약은 대변을 통하게 하여 변비를 치료하는 효능이 주작용이지만 통변 외에도 위장의 적채를 없애 주며 체내의 열을 제거하는 효능을 갖는다.
• 숙체(宿滯): 음식물이 위장에 머물러 있어 오랫동안 소화되지 병증.
• 해수(咳嗽): 목이나 기관지의 점막이 자극을 받아 반사적으로 일어나는 세찬 호흡 운동(가래가 끓는 기침).

055 낙지다리-차근채(扯根菜)

▶ 식물의 개요

낙지다리는 택자원(澤紫苑)·수재람(水滓藍)·수택란(水澤蘭) 등으로 불린다. 한방에서 쓰는 생약명은 차근채(扯根菜)이다. 땅속으로 기는 줄기가 길게 뻗으면서 잔뿌리를 많이 낸다. 줄기는 가지를 치지 않고, 원기둥 모양으로 곧게 서며 반들반들 하다. 잎은 어긋나고 잎자루가 없으며, 양끝이 좁은 댓잎피침형으로 가장자리에 톱니가 있다. 꽃은 7월경 황백색으로 피는데, 줄기 끝에서 많은 가지가 사방으로 갈라져 총상 꽃차례를 이루며 작은 꽃들이 달려 핀다. 꽃대에서 나온 꽃들이 낙지 모양을 닮았다 하여 식물 이름을 '낙지다리'라고 하였다. 열매는 8~9월경 삭과가 달려 익는데, 5개의 씨방이 다 자라면 씨가 터져 나온다. 전국 각지 들판이나 초원지대의 습기가 있는 곳에 자생하는 돌나물과의 여러해살이 쌍떡잎 속씨식물이다. 관상용·밀원·식용·약용으로 이용된다.

▶ 효능
- 차근채는 생리불순, 대하증, 생리불통 등 부인과 질환을 다스리는데 효과가 있다.
- 급성 간염으로 인한 황달 및 소변 불통을 다스린다.
- 강장 작용, 혈붕, 행혈 등의 질환을 다스리는데 효능이 있다.
- 어혈을 제거하고 통증을 멈추는 작용을 한다.

▶ 처방 및 복용 방법

낙지다리는 개화기에 전초를 채취하여 어린순은 식용으로 쓰고, 약재는 햇볕에 말려서 사용한다.
- 생리불순, 생리불통 등 각종 부인병 치료에는 낙지다리 전초를 달여서 차처럼 장기 복용한다.
- 타박상, 수종에는 생잎을 짓찧어 헝겊에 발라 복용한다.

- 급성 간염으로 인한 황달 및 소변 불통에는 낙지다리 전초로 만든 가루를 따뜻한 물에 타서 장기 복용한다.

▶ 용어 해설
- 혈붕(血崩): 생리 기간이 아닌데도 피가 갑자기 많이 나오는 현상.
- 행혈: 약으로 치료하여 피가 잘 돌게 되는 현상.
- 수종(水腫): 혈액중의 액체 성분이 혈관벽을 통과하여 신체 조직 속에 괸 상태.

056 남천(南天)-남천실(南天實)

▶ **식물의 개요**

남천은 남천촉(南天燭)·남천죽(南天竹)·남천초(南天草)·문촉(文燭) 등으로 불린다. 한방에서 쓰는 생약명은 남천실(南天實)이다. 뿌리에서 여러 대의 줄기가 자라지만 가지를 치지 않는다. 잎은 가지 끝에서 마주나며 깃꼴겹잎으로 잎줄기에 마디가 있다. 작은 잎은 잎자루가 없고 단단한 가죽질이며 긴 타원형의 댓잎피침형이다. 꽃은 6~7월 흰색으로 피는 양성화인데 가지 끝의 작은 꽃들이 원추 꽃차례로 달린다. 10월경 동그란 장과가 달려 빨갛게 익는다. 우리나라 중남부지방의 숲속에 자생하는 매자나무과의 쌍떡잎 상록 활엽 관목이다.

▶ **효능**

- 남천실, 강장, 변비, 소화불량, 담석 등을 다스리는 소화기 계통의 질환에 효능이 있다.
- 천식, 해수, 기침 등 호흡기 질환을 다스린다.

▶ **처방 및 복용 방법**

남천은 10월 전후에 열매에서 뿌리까지 전초를 채취하여 약재로 사용한다.

- 변비, 소화불량, 담석 등 소화기 질환에는 남천 열매가루를 따뜻한 물에 타서 복용한다.
- 천식, 해수, 기침 등의 질환에는 남천 전초를 달여 차처럼 복용한다.
- 화상, 외부용 상처 등에는 신선한 남천 전초를 짓찧어 환부에 붙이든지 즙을 내어 바른다.

▶ **용어 해설**

- 원추(圓錐) 꽃차례: 꽃차례의 축이 여러 번 가지가 갈라져 최종 분지(分枝)가 총상 꽃차례를 이루는 원뿔 모양이다.

- 장과(漿果): 과육과 액즙이 많고 속에 씨가 들어 있는 과실(포도, 감).

057 낭아초(狼牙草)-마극(馬棘)

▶ **식물의 개요**

낭아초는 일미약(一味藥)·철소파(鐵掃杷)·탄두자(炭豆紫)·낭아땅비싸리 등으로도 불린다. 한방에서는 마극(馬棘)이란 생약명을 쓴다. 줄기는 많은 가지를 치면서 옆으로 비스듬히 서고, 작은 가지에는 누운 털이 있다. 잎은 어긋나고 홀수 깃꼴겹잎이다. 작은 잎은 10여 개이고 타원형을 닮은 거꿀달걀꼴이다. 밑과 끝은 뭉뚝하고 둥글며 작은 돌기가 있고 양면에 누운 털이 있다. 꽃은 7월경 적색 또는 황색으로 피는데, 잎겨드랑이에서 나온 꽃이삭에 많은 꽃이 총상 꽃차례로 달린다. 열매는 9월경에 원기둥 모양의 삭과가 달려 익는데, 잔털이 있는 것도 있다. 남부 지방(경남 경북 전북)의 바닷가에 자생하는 콩과의 낙엽 활엽 반관목으로 관상용·사료용·약용으로 이용된다.

▶ **효능**

• 소종양, 임파선염 등 악종 종양을 다스리는데 효능이 있다.
• 감기, 기관지염, 소화불량, 헛배 등 호흡기 및 소화기 질환을 다스리는데 효과가 있다.
• 이뇨 작용과 치질을 다스리는데 효능이 있다.

▶ **처방 및 복용 방법**

마극은 개화기인 7~8월경 전초를 채취하여 햇볕에 말려 약용으로 쓴다.

• 이수, 해수, 소창 등의 질환에는 낭아초 전초를 달여서 복용하든지, 육류와 같이 삶아서 복용한다.
• 활혈, 거어, 소염, 진해, 편도선염, 해독 등에는 신선한 뿌리를 달여서 복용하든지, 또는 술에 담가 복용한다.

• 타박상, 독사에 물린데, 외부에 생긴 상처에는 생 뿌리를 짓찧어 환부에 붙인다.

▶ **용어 해설**

• 총상(總狀) 꽃차례: 꽃 전체가 하나의 꽃처럼 보이는 꽃 모양.

058 냉초(冷草)−산편초(山鞭草: 말린 뿌리)

▶ 식물의 개요

냉초는 냉증을 고치는 풀이라는 의미에서 붙여진 이름이다. 구절초·낭미파화·참룡검·구개초·윤엽파파납·시베리아냉초·숨위나물·수뤼나물·민냉초 등으로도 불린다. 생약명은 산편초(山鞭草)이다. 뿌리에서 줄기가 뭉쳐 나와 곧게 서서 자란다. 잎은 여러 개씩 돌려나며 여러 층을 이루는데 긴 타원형으로 끝이 뾰족하고 가장자리에 톱니가 나있다. 꽃은 7월경 자주색 총상 꽃차례를 이루며 원줄기 끝에서 핀다. 9월경 끝이 뾰족하고 달걀꼴의 열매가 달려 익는다. 어린순은 나물로 먹고, 관상용 및 약용으로 이용된다. 우리나라 중부 이북지방의 산지 습한 곳에 자생하는 현삼과의 여러해살이 쌍떡잎 속씨식물이다.

▶ 효능

- 위암, 만성 위염, 위궤양, 설사 등 위장병(속병)의 통증을 다스린다.
- 대하증, 난소암, 자궁암, 질 출혈, 요통, 생리통 등의 치료에 효능이 있다.
- 순환계 질환을 다스린다. 고혈압, 관절염, 편두통, 동맥경화증, 담, 변혈, 요혈 등의 치료에 효능이 있다.
- 감기, 해열, 소염, 지혈, 이뇨 등의 질환을 다스린다.
- 진통 및 염증 완화, 독소 제거에 효능이 있다.

▶ 처방 및 복용 방법

8월 전후 개화기에 전초와 뿌리를 채취하여 햇볕에 말려 약재로 쓴다.

- 생리불순, 설사, 소변불통, 진통 등에는 말린 냉초 뿌리를 여러 시간 진하게 달여서 여러 번 복용한다.
- 감기, 해열, 소염, 관절염, 염증, 다한증 등에는 냉초 잎과 줄기로 차처럼 진하게 달여서 수시로 복용한다.
- 두통, 숙취해소에는 냉초에 들어 있는 다량의 아스코르비산으로 처방한다.

▶ 용어 해설

- 총상(總狀) 꽃차례: 꽃 전체가 하나의 꽃처럼 보이는 꽃 모양.

059 노간주나무-노가자(老柯子)

▶ 식물의 개요

노간주나무는 노가주·노간주향나무·노송나무·노가지나무·두송(杜松)·노가지나무 등으로 불린다. 한방에서는 노가자(老柯子)라는 생약명을 쓴다. 잎은 좁고 가는 선형의 바늘잎이 한 마디에서 3개씩 돌려나는데, 끝이 뾰족하고 표면의 가운데에 흰색의 좁은 흠이 있다. 꽃은 5월경 녹색의 양성화가 잎겨드랑이에 달려 핀다. 열매는 10월경 육질로 된 자흑색의 구과가 동그랗게 달려 익는다. 전국 각지의 산기슭에 자생하는 측백나무과의 상록 침엽 교목으로, 열매는 향료·식용·약용으로 이용된다.

▶ 효능

• 노가자(열매)는 주로 비뇨기 질환을 다스린다. 즉, 소변불통, 전립선, 약한 오줌, 혈뇨 등을 치료한다.
• 몸에 쌓인 중금속 중독, 다른 약 중독을 다스린다.
• 관절염, 신경통 등 신경계 질환을 다스리는데 효과가 있다.

▶ 처방 및 복용 방법

노가자는 덜익은 상태로 채취하여 햇볕에 말려 약용으로 쓴다.

• 통풍·류머티즘 관절염·근육통·견비통·신경통 등에는 노간주열매 기름(두송유)을 환부에 바른다.
• 코막힘·소변불통·변비 등의 치료에는 두송주(노간주나무 열매로 담근 술)로 소주잔 한 잔씩 아침·저녁으로 복용한다.

• 신장염·심장성 신염 등에는 잎과 열매를 20분 정도 달여서 차처럼 복용한다.
• 중풍으로 인한 마비 현상에는 두송유를 온몸에 듬뿍 바르고 마사지를 한다.
• 어혈이나 근육을 풀어 몸속의 독소를 제거 하려면 노간주나무 줄기를 잘게 쪼개어 끓인 물로 목욕을 한다.

▶ 용어 해설

• 구과(毬果): 방울열매(솔방울, 잣송이).

060 노루귀-장이세신(獐耳細辛)

노루귀는 파설초(破雪草)·설할초(雪割草)·유페삼칠(幼肺三七)·뾰족노루귀·섬노루귀 등으로도 불린다. 한방에서 쓰는 생약명은 장이세신(獐耳細辛)이다. 노루귀란 이름은 이른 봄 잎이 나올 때 모양이 노루귀를 닮았다 하여 붙여진 이름이다. 뿌리는 비스듬히 뻗고 마디에서 검은색의 잔뿌리가 나와 사방으로 퍼진다. 잎은 뿌리에서 뭉쳐나고 삼각 모양의 심장형에 가죽질 잎몸이 3개로 갈라진다. 갈라진 조각은 달걀꼴이고 뒷면에 솜털이 있다. 꽃은 4월경 잎보다 먼저 흰색 또는 엷은 붉은색으로 피는데, 꽃줄기 끝에 1개씩 달린다. 열매는 7~8월경 작은 수과가 달려 익는다. 전국 각지(한라산, 가야산, 설악산)의 응달진 숲속에 자생하는 미나리아재비과의 여러해살이 쌍떡잎 속씨식물이다. 노루귀는 이른 봄 어린 새순은 나물로 먹고, 꽃이 아름다워 관상용, 그리고 약용으로 쓴다.

▶ 효능
• 노루귀는 주로 복통, 위장염, 장염, 위궤양 등을 다스리는 소화기계 질환을 치료하는데 효능이 있다.
• 창종, 치루, 치통, 치풍 등을 다스리는 운동계 질환을 치료하는데 효능이 있다.
• 심한 노동으로 인한 근육과 골격이 시리고 저린 증상의 치료에 효능이 있다.
• 풍습성 질환을 다스린다.
• 위장염, 장염, 복통, 설사 등의 소화기 질환을 다스린다.

▶ 처방 및 복용 방법
노루귀는 개화가 된 이후 꽃잎·줄기·뿌리 등 전초를 채취하여 햇볕에 말려 약재로 사용한다.

• 두통·치통·복통·해수 등의 질환에는 노루귀 전초를 달여 복용한다.
• 위장염, 장염, 복통, 설사 등의 소화기 질환에는 신선한 노루귀 전초의 생즙이나 말린 약재로 우려낸 차를 복용한다.
• 노루귀는 발산하는 성질이 있으므로 음허, 혈허, 기허다한 등에는 피한다.

▶ 용어 해설
• 음허: 손, 발, 가슴에 열이 나는 현상.
• 혈허: 영양불량, 만성 질병, 출혈 등으로 혈분이 부족한 현상.

061 노루발-녹제초(鹿蹄草)

▶ 식물의 개요

노루발은 녹함초(鹿銜草)·녹수초(鹿壽草)·파혈단(破血丹)·노루발풀·노루발금강초·노근방
초 등의 이름을 갖고 있다. 한방에서 사용하는 생약명은 녹제초(鹿蹄草)이다. 잎은 여러 개가
뿌리 부근에서 모여 나는데, 달걀 모양의 타원형이다. 질이 두꺼우며 가장자리에는 얕은 톱니
가 있다. 꽃은 6월경 흰 꽃이 총상 꽃차례로 달려 피는데, 꽃줄기는 비늘잎이 있다. 열매는 9월
경 둥그런 갈색의 삭과가 달리는데 익으면 여러 개로 갈라진다. 전국 각지의 깊은 산속 습기가
있는 그늘진 곳에 자생하는 노루발과의 상록 여러해살이 쌍떡잎 속씨식물이다.

▶ 효능

- 녹제초는 주로 비뇨기계 질환을 다스린다. 즉, 요도염, 요통, 이뇨 작용, 피섞인 오줌, 음낭습 등이 치료에 효과가 있다.
- 순환계·운동계 질환을 다스린다. 즉, 생리불순, 고혈압, 강장 작용, 응고된 혈전현상, 관절통, 금창, 해독 작용, 타박상 등의 치료에 효과가 있다.
- 간과 신경락의 질환을 다스린다.
- 토혈, 코피, 자궁출혈의 질환에 지혈 작용을 한다.

▶ 처방 및 복용 방법

노루발은 개화기인 7~8월경부터 꽃·잎·줄기·뿌리 등 전초를 채취하여 그늘에 말려 약재로 사용한다.

- 구내염·편도선염·잇몸부종·가래 등에는 노루발 달인 물로 여러 번 양치질한다.
- 절상이나 벌레에 물렸을 때는 노루발 생풀을 짓찧어 환부에 붙인다.
- 화상에는 잎과 줄기 달인 액으로 환부에 바른다.
- 생리불순, 고혈압, 응고된 혈전현상, 관절통, 금창 등에는 노루발 전초를 끓는 물로 달여서 차처럼 장기 복용한다.

▶ 용어 해설

- 비늘잎: 자연 변태로 비늘같이 생긴 잎.
- 혈전: 생물체의 혈관 속에서 피가 굳어서 된 조그마한 핏덩이.

062 누린내풀-화골단(化骨丹)

▶ **식물의 개요**

누린내풀은 풀에서 누린내 냄새가 난다 하여 붙여진 이름이다. 유월한(六月寒)·봉자초(蜂子草)·대풍한초(大風寒草)·노린재풀이라고도 하며 한방에서 쓰는 생약명은 화골단(化骨丹)이다. 전초에 짧은 털이 있고, 줄기는 모가 나며 많이 갈라진다. 잎은 마주나며 넓은 달걀꼴로 가장자리에는 톱니가 나 있다. 꽃은 7월경 하늘색(벽자색)으로 줄기 끝에 원뿔 모양으로 달려 핀다. 8월 전후 작은 열매가 달려 익으면 4개로 갈라지고 씨는 거꿀달걀꼴이다. 중남부지방(강원·충정·전라)의 야산 구릉지나 들판의 초원지대에 자생하는 마편초과의 여러해살이 쌍떡잎 속씨식물이다.

▶ **효능**

• 화골단은 주로 호흡기 계통의 질환 및 해열을
다스린다. 즉, 기관지염, 편두통, 유행성 감기,
두통, 해수, 해열 작용을 한다.

▶ **처방 및 복용 방법**

누린내풀은 개화기인 7~8월경 전초를 채취하여 그
늘에 말려 약재로 쓴다.

• 기관지염, 편두통, 유행성 감기, 두통, 해수 등
의 질환에는 전초를 달여 복용한다.
• 염증이나 오줌불통에는 누린내풀가루를 내어
따뜻한 물에 타서 마신다.

▶ **용어 해설**

• 마편초과: 쌍떡잎식물 통꽃류에 딸린 한 과로
주로 관상용으로 많이 키운다.

063 느릅나무-유백피(榆白皮: 나무껍질)

▶ 식물의 개요

느릅나무는 떡느릅나무·뚝나무·코나무·낭유피(郎楡皮)·추유피(秋楡皮)·춘유(春遊)·가유(家楡) 등의 이명(異名)이 있다. 한방에서 쓰는 생약명은 유백피이다. 원줄기가 곧게 자라서 많은 가지를 친다. 잎은 어긋나며 타원형으로서 일그러진 둥근 모양이고 가장자리에 겹톱니가 있다. 꽃은 3월경 취산 꽃차례로 가지 끝에 잎보다 먼저 황록색의 작은 꽃이 뭉쳐 달려 핀다. 꽃부리는 종 모양을 하고 있다. 열매는 5월경 타원형이 시과가 달려 익는데 막질이며 날개가 있다. 전국 각지의 산속 골짜기, 냇가 등지에 자생하는 느릅나무과의 낙엽 활엽 교목이다. 공업용·가로수·식용·약용으로 이용된다.

▶ 효능

느릅나무는 열매(유전)와 나무껍질을 약재로 쓰는데 주로 나무껍질(유백피)을 사용한다.

• 유백피는 인후염, 천식, 유행성 감기 등 호흡기 질환을 다스리는데 효과가 있다.
• 간염, 전립선암, 장염, 구강치암, 위염 등 종양을 다스린다.
• 근골동통, 두통, 치통 등 각종 통증을 중화시키는 작용을 한다.
• 토혈, 장출혈 등 각종 출혈을 막아주는 지혈 작용을 한다.

• 아토피 등 피부 질환에는 유근피 진액 또는 생뿌리껍질을 짓찧어 나온 즙으로 피부에 바른다.
• 축농증 비염 등에는 뿌리껍질로 우린 물과 죽염을 섞어 만든 물을 탈지면에 묻혀 콧속에 넣는다.
• 위궤양, 소장궤양, 위암, 직장암 등에는 유근피 가루와 율무가루를 섞어서 만든 떡을 먹든지 물로 우려서 차로 장기 복용한다.
• 소변불통에는 뿌리껍질과 옥수수염을 섞어 달여서 물을 마신다.
• 불면증에는 느릅나무 잎으로 국을 끓여 먹는다.

▶ 처방 및 복용 방법

느릅나무는 봄과 가을철에 나무껍질을 채취하여 약재로 사용한다.

• 부스럼, 종기, 종창 등에는 유근피 진액을 피부에 바른다.

▶ 용어 해설

• 취산 꽃차례: 꽃대 끝에 꽃이 피고 그 아래 가지에 차례대로 꽃이 피는 것.
• 시과: 열매껍질이 자라서 날개처럼 되어 흩어지기에 편리하게 된 열매.

064 다래나무-미후도(獼猴桃: 원숭이가 즐겨 먹는 과일)

▶ 식물의 개요

다래나무는 조인삼(揩人蔘)·등리(藤梨)·등천료(藤天蓼)·양도(陽桃)·공양도(公羊桃)·모도자(毛桃子)·홍등리(紅藤梨)·참다래 등으로 부르며, 생약명은 미후도(獼猴桃)이다. 줄기는 길게 뻗고 어린 가지에는 잔털이 있다. 잎은 어긋나며 타원형이다. 끝이 뾰족하고 가장자리에 잔톱니가 있다. 꽃은 5월경 꽃잎이 5개인 흰색의 오판화가 잎겨드랑이에서 나와 취산 꽃차례로 달려 핀다. 열매는 10월경 달걀 모양의 장과가 황록색으로 달려 익는다. 관상용 식용 약용으로 쓰인다. 전국 각지 깊은 산 숲속, 골짜기에 자생하는 다래나무과의 낙엽 활엽 덩굴나무이다.

▶ 효능

다래 열매는 맛이 달고 시며 당과 유기산이 함유되어 있다. 이른 봄 연한 순은 나물로 데쳐 먹고 열매와 줄기가 약재로 쓰인다.

- 이른 봄 잎이 피기 전에는 다래 줄기의 액즙을 내어 마시면 자주 토하거나 위장 장애에 좋다.
- 『동의보감』에는 '다래 덩굴 즙은 미끄럽기 때문에 생강즙을 조금 타서 마시면 비뇨기 결석에 효과가 있다'고 하였다. 또한 '소갈을 멎게 하고 서리 맞은 다래 과일을 따서 생것으로 먹거나 꿀과 함께 정과를 만들어 먹어도 좋다'고 하였다.
- 간경변증, 간염, 황달 등의 질환을 다스려 간장을 보하는 작용을 한다.

▶ 처방 및 복용 방법

다래나무는 연중 전초를 채취하여 생물이나 햇볕에 말려 약재로 쓴다.

- 위암, 식도암, 유방암 등 초기 암의 경우는 뿌리를 말려 10일 정도 차처럼 복용하고 일정 기간 쉰 다음 다시 복용한다.
- 식용 부진, 소화 불량인 경우 말린 열매나 뿌리를 달여 복용한다.
- 모유가 부족한 경우에는 뿌리를 끓여 차처럼 마신다.
- 비뇨기 결석인 경우는 다래 줄기의 즙을 생강즙과 섞어 마신다.

▶ 용어 해설

- 정과(正果): 한국 전통 당과의 하나. 과일 중에서 물기가 적은 것이나 채소 중세서도 엽채가 아닌 것을 꿀, 물엿을 넣고 쫄깃쫄깃하고 달게 조린 것.

065 다북떡쑥-시경향청(翅經香靑)

▶ 식물의 개요

다북떡쑥은 구름떡쑥·개괴쑥·다북산떡쑥·금떡쑥 등의 이명이 있다. 생약명은 시경향청(翅經香靑)이다. 다북떡쑥은 뿌리줄기에서 여러 대의 줄기가 함께 나와 곧게 서는데, 가지는 없고 좁은 날개가 있으며, 줄기가 잎 역할을 한다. 전초 전체에 흰색 솜털이 많이 나 있다. 잎은 어긋나고 거꿀피침형인데 끝이 둔하고 가장자리는 밋밋하다. 꽃은 7월경 연분홍색의 두상화가 산방꽃차례를 이루며 달려 핀다. 꽃받침 조각들은 5줄로 되어 있는데, 위쪽은 희고 밑 부분은 검다. 열매는 8월경 긴 타원형의 수과가 순백색으로 달려 익는다. 우리나라 중북부지방의 습기가 많은 논·밭둑 등에 자생하는 국화과의 여러해살이 쌍떡잎 속씨식물이다. 약용은 햇볕에 말린 전초 모두를 쓴다.

▶ 효능

- 시경향청(약명)은 소화기 질환의 치료에 효과가 있다. 즉, 위염, 건위, 위궤양, 위통 등을 다스리는 작용을 한다.
- 담, 이질, 장출혈, 해수 등의 치료에 효능이 있다.
- 만성기관지염, 감기, 폐렴 등 호흡기 질환을 다스린다.

▶ 처방 및 복용 방법

다북떡쑥은 개화기인 6월 전후에 전초를 채취하여 햇볕에 말려 사용한다.

- 위염, 건위, 위궤양, 위통 등의 소화기 질환에는 말린 전초를 끓여 우려낸 물을 차처럼 장기 복용한다.
- 만성기관지염, 감기, 폐렴 등의 호흡기 질환에는 신선한 생즙이나 차로 우려낸 물을 마신다.

▶ 용어 해설

- 수과(瘦果): 익어도 터지지 않는 열매.
- 산방 꽃차례: 꽃자루가 아랫것은 길고 윗것은 짧아 각 꽃이 가지런히 피는 형태.

066 달맞이꽃-월하향(月下香)

▶ 식물의 개요

달맞이꽃은 낮에는 노란 꽃잎이 시들어 접혔다가 저녁에 달이 뜨면 잎이 활짝 피어남으로 '야래향'(夜來香)이라고 한다. 한방에서 쓰는 생약명도 '월하향'(月下香)이다. 굵고 곧은 뿌리에서 여러 개의 대가 나와 자란다. 전초 전체에 흰색의 부드러운 털이 나 있다. 뿌리잎은 방석처럼 사방으로 퍼진다. 줄기잎은 어긋나며 선 모양의 댓잎피침형으로서 끝이 뾰족하고 가장자리에 불규칙한 톱니가 있다. 꽃은 7월경 노란 사판화가 잎겨드랑이에서 하나씩 달린다. 밤에 피었다가 아침 해가 비치면 시든다. 열매는 9월경 원기둥 모양의 삭과가 달려 익으면 4갈래로 갈라져 씨를 퍼뜨린다. 전국 각지 들판과 길가 등지에 군락으로 자생하는 바늘꽃과의 두해살이 쌍떡잎 속씨식물이다.

▶ 효능

• 고혈압, 유행성 감기, 독감, 인후염, 인후통, 기관지염 등 호흡기 질환을 다스리는데 효과가 크다.
• 신장병, 요통, 혈뇨, 소변불통, 이뇨 등 비뇨기 질환을 다스린다.
• 피부염 치료, 소염 작용, 해열 등을 다스린다.
• 생리불순, 생리통, 대하증 등 부인병 질환의 치료에 효능이 있다.

▶ 처방 및 복용 방법

달맞이꽃은 꽃, 열매, 뿌리 전초를 개화 이후 채취하여 햇볕에 말려 약재로 사용한다. 씨는 기름(달맞이꽃 오일)을 짜서 다양하게 쓰인다.

• 씨에는 감마리놀렌산이 풍부해 혈액을 맑게 하고 콜레스테롤 수치를 낮추고 당뇨병 치료에 쓰인다.
• 여드름, 습진, 무좀의 피부 질환에는 오일을 피부에 문질러 바른다.

• 면역력을 길러주며, 암세포 성장을 억제하기 위해서는 꽃차를 만들어 장기 복용한다.
• 성인병 예방, 심혈관 질환, 부인병 질환에는 전초를 우려서 나온 물을 차처럼 복용한다.
• 모유수유 여성에는 달맞이꽃 차를 우려 복용한다.

달맞이꽃 종자유- 씨앗에서 짜낸 식물성 기름으로 단맛이 나고 노란빛이다.

• 혈압계 질환 및 여성 호르몬 조절, 성인병 예방을 위해서는 달맞이꽃 오일을 복용한다.
• 아토피와 여드름, 건선 피부 질환에는 달맞이꽃 기름을 바른다.

▶ 용어 해설

• 사판화(四瓣花): 꽃잎이 4장인 꽃.
• 삭과: 익으면 열매 껍질이 떨어지면서 씨를 퍼뜨리는 여러 개의 씨방으로 된 열매(백합, 붓꽃).

067 닭의장풀-압척초(鴨跖草: 꽃잎이 오리발 닮았음)

▶ **식물의 개요**

닭의장풀은 벽죽초(碧竹草)·죽절초(竹節草)·압자채(鴨子菜)·달기씨개비·달개비·닭의밑씻개·계장초(鷄腸草) 등으로 불린다. 생약명은 압척초(鴨跖草)이다. 줄기는 둥글고 밑 부분이 옆으로 비스듬히 자라며 가지를 친다. 마디가 굵고 밑쪽 마디에서 뿌리가 나온다. 잎은 어긋나며 달걀꼴의 댓잎피침형으로 질이 두껍고 연하다. 꽃은 초여름인 7월경 하늘색으로 피는데 잎겨드랑이에서 나온 꽃대 끝의 턱잎에 덮여 총상 꽃차례를 이루며 달린다. 열매는 10월경 타원형의 삭과가 달려 익는다. 어린잎과 줄기는 나물로 먹고, 꽃은 염색용으로, 전초는 약재로 이용된다. 전국 각지의 들과 초원지대에 자생하는 닭의장풀과의 한해살이 외떡잎 속씨식물이며, 당뇨병 치료제로 쓰인다.

▶ **효능**

닭의장풀은 7월경 채취하여 전초를 햇볕에 말려서 약용으로 쓴다.

- 당뇨병이나 소변곤란, 신장염 치료에 효능이 있다.
- 감기로 인한 열을 강하시키는 해열 작용을 한다.
- 이질, 설사, 장염 등 위장병 질환의 치료에 효과가 있다.
- 혈뇨, 코피, 혈변, 자궁의 부정기적 출혈을 다스리는 지혈 작용을 한다.

▶ **처방 및 복용 방법**

- 심장병에는 닭의장풀 생즙을 사용하든지, 꽃을 녹차와 섞어 달여서 차처럼 수시로 장복한다.
- 소변으로 인한 통증이나 출혈에는 압척초와 팥을 달여서 마시고, 압척초 생것과 차전자를 섞어 생즙을 내어 꿀과 함께 복용한다.
- 고혈압에는 압척초와 누에콩의 꽃을 혼합하여 달여서 마신다.
- 치질에는 생잎을 찧어 환부에 붙이면 효과가 있다.

▶ **용어 해설**

- 삭과: 익으면 열매 껍질이 떨어지면서 씨를 퍼뜨리는 여러 개의 씨방으로 된 열매(백합, 붓꽃).

068 당귀(當歸)

▶ 식물의 개요

당귀는 건귀(乾歸)·대근(大芹)·당귀초(當歸草)·신감채(辛甘菜)·승암초(僧岩草)·왜당귀·은채고 등으로 부른다. 생약명은 당귀이다. 뿌리는 굵고 유즙을 함유하며 향기가 강하다. 줄기는 곧게 서서 자라며 털이 없고 자줏빛이 돈다. 잎은 겹잎으로 갈라진 잔잎은 긴 타원형으로 끝이 날카롭고 가장자리에 뾰족한 톱니가 있다. 꽃은 8~9월경 자주색으로 겹산형 꽃차례를 이루며 달려 핀다. 열매는 10월경 타원형의 장과가 달려 익는다. 어린순은 나물로 먹고, 뿌리는 약재로 쓰며, 관상용으로도 이용된다. 전국 각지의 깊은 산 습지에 군락 하는 미나리과의 여러해살이 쌍떡잎 속씨식물로 식용 및 보혈제의 약용으로 이용된다.

▶ 효능

당귀는 향이 짙고 맛이 쓰며, 이른 봄 새싹은 쌈이나 데쳐서 나물로 먹는다. 가을에 뿌리를 캐어 말려서 약제로 쓴다.

• 보혈과 지혈 작용을 하고 어혈을 풀어 주어 혈액순환을 촉진시킨다.
• 심장을 강화하고 기억력을 증진시키는 작용을 하며, 임신부에게도 효능이 있다. 또한 장 질환에 효능이 있으며 이뇨 작용도 한다.

▶ 처방 및 복용 방법

• 어지럼증, 생리불순, 불임증인 경우는 당귀와 지황을 섞어 가루를 낸 다음 알약을 빚어 공복에 미지근한 물로 복용한다.
• 생리 전 복통이 심한 경우는 당귀와 계피를 섞어 차처럼 끓여 마신다.
• 산후 조리에는 당귀, 천궁, 꿀을 배합하여 달여 꾸준히 마신다. 당귀 순은 끓는 물에 우려 꿀과 더불어 차로 마신다.

▶ 용어 해설

• 장과(漿果): 과육과 액즙이 많고 속에 씨가 들어 있는 과실(포도, 감).

069 대나물-은시호(銀柴胡)

▶ 식물의 개요

대나물은 토삼(土參)·은호(銀胡)·산채근(山菜根)·끈끈이대나물·백지초·압설초·소추·왕추 등으로 불리며, 한방에서 쓰는 생약명은 은시호(銀柴胡)이다. 전체에 털이 없고 뿌리가 굵다. 한 군데서 여러 대가 나와 곧게 서며 위쪽에서 가지가 많이 갈라진다. 잎은 마주나고 댓잎피침 형으로서 끝은 뾰족하고 밑 부분이 좁아져서 잎자루처럼 된다. 꽃은 6월경 줄기 끝에 흰색으로 피는데 산방 모양의 취산 꽃차례를 이루며 많은 꽃이 달린다. 꽃받침은 종처럼 생겼다. 열매는 8월경 삭과가 달려 익는다. 전국 각지(강원·경기·충북·경남)의 산과 들에 자생하는 석죽과의 여 러해살이 쌍떡잎 속씨식물로 식용·약용·관상용으로 쓴다.

▶ 효능

• 은시호의 효능은 인후염, 유행성 감기, 후두염, 기관지염 등 호흡기 질환을 다스리는데 효과가 크다.
• 담, 간질, 해열 작용에 효과가 있다.
• 해수, 해열 등의 질환을 다스린다.

▶ 용어 해설

• 취산 꽃차례: 꽃대 끝에 꽃이 피고 그 아래 가지 에 차례대로 꽃이 피는 것.

▶ 처방 및 복용 방법

대나물은 가을철에 뿌리와 전초를 채취하여 햇볕 에 말려 약재로 쓴다.

• 가래, 기침콜레스테롤 수치 저하에는 대나물 뿌 리를 말려 진하게 달여 복용한다.
• 학질, 폐결핵, 발열 증상에는 전초를 물로 우려 차처럼 복용한다.
• 타박상이나 외부의 상처는 신선한 잎과 꽃을 생 것으로 짓찧어 환부에 바르거나 붙인다.

070 대추나무-대조(大棗)

▶ 식물의 개요

대추나무는 한자로 조목(棗木: 대추나무)·백조아(白棗兒)·홍조아(紅棗兒: 대추를 말린 것)·조인(棗仁: 대추씨)·양조(良棗)·미조(美棗) 등이다. 생약명은 대조(大棗)이다. 줄기는 가늘고 길며 가시가 많다. 잎은 어긋나며 긴 달걀꼴로 윤택이 나고 가장자리에는 톱니가 있다. 꽃은 5월경 잎겨드랑이에서 여러 개의 작은 꽃이 나와 취산 꽃차례를 이루며 황록색으로 핀다. 열매는 9월경 육질이 핵과를 맺는데 익으면 적갈색이 된다. 전국적으로 분포하고 있는데 농가에서 재배하는 갈매나무과의 낙엽 활엽 교목이다.

▶ 효능

대추는 가을철에 붉게 익으면 채취하여 햇볕에 말려 '대조'라는 이름으로 약용으로 쓴다. 대조는 열매가 큰 것을 일컫고 작은 대추는 멧대추라 하는데 '산조인(酸棗仁)'이라고 한다.

• 위장 기능을 강화시키고 소화를 다스리며, 기혈이 부족한 것을 돕는다.
• 부족한 혈액을 보충시키고 저림증을 다스린다.
• 대조는 다른 약재와 조화를 이루어 약재의 독성을 약화시켜 준다.

▶ 처방 및 복용 방법

• 소화 기능이 약화될 경우는 대조와 백출, 건강 등을 혼합하여 가루로 떡을 빚어 먹든지 끓는 물에 달여서 물을 마신다.
• 기침이 심한 경우는 대추와 살구씨, 찐 콩을 가루를 내어 반죽하여 환을 만들어 사용한다.
• 설사에는 대추를 끓여 그 물을 마신다. 복용 중에는 민물고기·파·현삼을 금한다.

▶ 용어 해설

• 핵과(核果): 단단한 핵으로 쌓여 있는 열매(매실, 복숭아, 살구, 대추).
• 교목: 줄기가 곧고 굵으며 높이 자라는 나무(소나무, 향나무 등).

071 대황(大黃)-우이대황(牛耳大黃)

▶ 식물의 개요

대황은 황량(黃良)·화삼(火蔘)·야대황(野大黃)·우설근(牛舌根)·물송구지 등의 이름으로도 불린다. 생약명은 우이대황(牛耳大黃)이다. 뿌리는 굵고 긴 타원형으로 단단하다. 줄기는 속이 비어 있고 곧게 서서 자라며 자주색이다. 뿌리잎과 줄기잎은 긴 타원형의 달걀꼴 모양이다. 여름철 8월경 황백색 꽃이 피고 많은 꽃이삭들이 겹총상 꽃차례를 이룬다. 9월경 삼각형 모양의 열매가 달려 익는다. 복용 중에는 모란과 냉수를 금한다. 전국 각지의 산골짜기 습지에 자생하는 마디풀과 여러해살이 쌍떡잎 속씨식물이다. 요즈음은 농가에서 약용으로 많이 재배한다.

▶ 효능

• 건위제로 사용한다. 위염, 위통, 속쓰림 등의 질환에 효능이 있다.
• 열병을 다스린다. 두통, 감기, 오열, 신열, 허열증 등의 치료에 효능이 있다.
• 종독, 피부보습, 탕화창, 창종, 타박상 등을 다스린다.
• 사하 작용과 소변불통을 돕는다.

▶ 처방 및 복용 방법

9~10월경 뿌리와 전초를 채취하여 뿌리의 껍질을 벗겨 내고 불이나 햇볕에 말려 쓴다. 복용 중 모란과 냉수를 금한다.
• 위염, 위통, 속쓰림 등의 질환에는 대황가루를 내어 따뜻한 물에 타서 복용한다.
• 감기, 오열 등으로 인한 열병을 강하시키기 위해서는 탕제를 만들어 처방한다.
• 설사를 멈추어 건위하게 하는 사하 작용에는 환을 빚어 복용한다.
• 악성 종기 등 피부염에는 대황 전초를 달여서 그 물로 환부를 씻는다.

▶ 용어 해설
• 탕화창: 끓는 물이나 불에 데어서 생긴 상처.

072 댑싸리-지부자(地膚子)

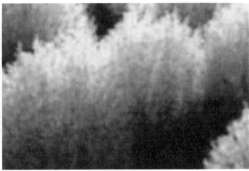

▶ **식물의 개요**

댑싸리는 공쟁이·대싸리·답싸리·비싸리·지부 등으로 불리며 한방에서는 지부자(地膚子)라는 생약명을 쓴다. 원줄기에 잔줄기 잎이 많이 나와 둥그런 모양을 하며, 가지를 많이 친다. 잎은 어긋나고 댓잎피침형으로 몇개의 맥이 있다. 꽃은 7월경 녹색의 작은 꽃이 피는데, 잎겨드랑이에서 몇 개씩 모여 달리는 수상 꽃차례를 이룬다. 열매는 9월경 둥근 포과가 달려 익는데 속에는 씨가 1개씩 들어 있다. 전국 각지의 들판이나 농가 부근에 자생하는 명아주과의 한해살이 쌍떡잎 속씨식물이다. 관상용·댑싸리 재료·식용·약용으로 이용된다.

▶ **효능**

- 지부자의 효능은 난소염, 난관염, 대하증, 방광염, 혈뇨, 변비, 전립성 비대증 등을 다스리는 데 효과가 있다.
- 체내의 중독으로 나타나는 외부 피부증을 다스리며, 여성의 유방암 치료에도 효과가 있다.
- 임신 중 소변을 적게 보거나 자주 보는 증상에 효능이 있다.
- 요실금과 방광염 치료에 효능이 있다.

▶ **처방 및 복용 방법**

댑싸리는 가을철(10월경)에 잎과 씨를 채취하여 햇볕에 말리거나 쪄서 약재로 사용한다.

- 요실금과 방광염 치료에는 댑싸리 전초를 삶아 달여서 마시거나 환부에 씻는다.
- 댑싸리 전초를 술에 적신 다음 다시 말려서 분말로 만들어 복용한다.
- 옴·버짐·음부습진에는 댑싸리 생즙을 바르거나 진하게 달여 낸 물로 환부를 문질러 바른다.

▶ **용어 해설**

- 수상 꽃차례: 한 개의 긴 꽃대 둘레에 여러 개 꽃이 이삭 모양으로 핀 꽃.
- 난관염: 자궁의 나팔관에서 생기는 염증.

073 댕댕이덩굴–목방기(木防己)

▶ 식물의 개요

댕댕이덩굴은 방기·목향(木香)·상춘등(常春藤)·청목향(靑木香)·댕강넝쿨·댕담이덩굴 등으로 부르며, 생약명은 목방기(木防己)이다. 뿌리는 원기둥 모양이고, 줄기는 단단하여 목질이며, 모양은 용의 비늘 같다 하여 용린(龍鱗)이라고 한다. 줄기와 잎은 주변의 물체를 감고 위로 올라가며 가는 털이 나 있다. 잎은 어긋나며 달걀꼴로 끝이 둔하고 둥글다. 6월경 황백색 꽃이 원추 꽃차례를 이루며 핀다. 열매는 10월경 둥근 핵과가 달려 익는다. 공업·재료·식용·약용으로 이용된다. 전국 각지 산지의 양지나 밭둑, 들판, 개울가 등지에 자생하는 방기과의 낙엽 활엽 덩굴식물이다.

▶ 효능

- 댕댕이덩굴은 중풍 치료제로 효능이 크다. 풍기와 습기로 입과 얼굴이 비뚤어졌거나 손발에 저림증, 통증이 있을 때 쓰인다.
- 부종(심부전증, 천식으로 인한 호흡 곤란, 각기, 요로 감염증 등)을 다스리는 이뇨 작용을 한다.
- 혈압 강하 작용이 있어 고혈압에 효과가 있고, 뱀에 물렸을 때 해독 작용을 한다.

▶ 처방 및 복용 방법

호흡 곤란을 동반하는 부종에는 목방기, 당삼, 계지, 생석고를 넣고 목방기탕을 만들어 사용하면 좋다고 하는데, 최근은 발암물질이 함유되어 있다고 해서 사용하지 않는다.

▶ 용어 해설

- 원추(圓錐) 꽃차례: 꽃차례의 축이 여러 번 가지가 갈라져 최종 분지(分枝)가 총상 꽃차례를 이루는 원뿔 모양이다.
- 핵과(核果): 단단한 핵으로 쌓여 있는 열매(매실, 복숭아, 살구, 대추).

074 더덕-사삼(沙蔘)

▶ 식물의 개요

더덕은『만선식물자휘』에서는 양유(羊乳)·노삼(奴蔘)·사엽삼(四葉蔘)·행엽(杏葉) 등으로 부른다고 하였다. 생약명은 사삼(沙蔘)이다. 뿌리는 도라지처럼 굵으며 향기가 진하게 난다. 잎은 4개가 서로 어긋나며 긴 타원형으로 털이 없다. 꽃은 8월경 가지 끝에서 자주색 꽃이 종 모양으로 밑을 향해 달려 핀다. 9월경 삭과가 원뿔형으로 달려 익는다. 관상용·식용·약용으로 이용된다. 전국 각지의 산기슭이나 그늘진 숲속에 자생하는 초롱꽃과의 여러해살이 쌍떡잎 덩굴식물이다.

▶ 효능

더덕은 위장과 폐의 기운을 채우고 고름이나 종기를 없앤다. 가을과 이른 봄에 뿌리를 채취하여 더덕구이 반찬 및 말려서 약용으로 사용한다.

- 『본초강목』에는 '더덕이 위장의 기능을 돕는다'라고 했다. 즉 더덕은 위장 기능을 보강하는데, 반찬으로 먹거나 마른 더덕을 달여 마셔도 효과가 있다.
- 심장을 튼튼히 하고 성인병 예방에도 효과가 있다. 침을 삼키기 힘든 경우나 고름과 종기를 삭히는 항진균 작용을 한다.
- 가래를 없애거나 폐 기능을 강화하는 등 호흡기 질환을 다스린다.

▶ 처방 및 복용 방법

더덕은 가을철에는 꽃을, 이른 봄에는 뿌리를 채취하여 생물 또는 햇볕에 말려 약재로 쓴다.

- 기침, 인후염, 임파선염 등 호흡기가 약할 때는 더덕을 끓여 물을 내어 여러 번 마시면 폐열을 없애고 폐에 이롭다.
- 모유가 부족한 경우는 더덕과 함께 돼지고기 또는 족발을 푹 삶아 먹으면 젖이 많이 나온다.
- 출혈, 혈뇨, 대하증, 음부 가려움증에는 말린 더덕을 끓여 마시거나 미음에 타서 마셔도 된다.
- 더덕 반찬으로는 껍질을 벗기고 생것으로 더덕구이, 더덕나물, 더덕생채, 더덕장아찌 등으로 조리해서 먹는다.

▶ 용어 해설

- 삭과: 익으면 열매 껍질이 떨어지면서 씨를 퍼뜨리는 여러 개의 씨방으로 된 열매(백합, 붓꽃).

075 더위지기-인진호(茵蔯蒿)

▶ 식물의 개요

'사철쑥'으로 더 잘 알려진 더위지기는 사인호(砂引蒿)·댕강쑥·부덕쑥·애기바위쑥·백호(白蒿)·석진호(石蔯蒿)·사철쑥 등으로 부르며, 생약명은 인진호(茵蔯蒿)이다. 줄기는 한 포기에 여러 대가 뭉쳐나고 밑동 부분이 목질화 되면서 윗부분으로 가지가 갈라진다. 잎은 개똥쑥처럼 가늘고 뾰족하다. 뿌리잎은 어긋나고 달걀꼴이며, 줄기잎은 댓잎피침형으로 가장자리에 톱니가 있다. 꽃은 8월경 노란색 두상화가 꽃대에 총상 두상화로 달려 핀다. 11월경 수과가 달려 익는다. 전국 각지 들판과 산기슭, 개울가 등지에 자생하는 국화과의 낙엽 활엽 관목이다.

▶ 효능

• 더위지기는 맛이 쓰고 이담 작용에 효능이 있다. 즉 담즙 분비를 촉진하고, 간장세포의 재생을 촉진하며 황달에도 유용하다.
• 해열 및 항균 작용으로 혈압을 떨어뜨리며 심장의 수축 리듬을 회복시킨다.
• 소변의 양을 증가시키는 이뇨 작용도 강하며, 혈청의 콜레스테롤을 낮추는데 효능이 있다.
• 소화기 질환을 다스리고 냉증을 치료한다.

▶ 처방 및 복용 방법

더위지기는 5~7월경 잎과 줄기를 채취하여 생물 또는 햇볕에 말려 약용으로 사용한다.

• 풍에 의한 피부 가려움증이 심한 경우는 인진호와 박하잎을 가루를 내어 꿀물과 함께 복용한다.
• 황달인 경우는 인진호와 백선피가루를 물에 끓여 식전에 1일 3회 정도 나누어 마신다. 또한 주자인진탕으로 만들어 먹기도 하고 습열성 황달에는 복령, 백출 등과 함께 달여 땀을 내도록 한다.

▶ 용어 해설

• 두상화(頭狀花): 꽃대 끝에 많은 꽃들이 뭉쳐 붙어 머리 모양을 이룬 꽃.

076 도라지—길경(桔梗 ; 귀하고 길한 뿌리)

▶ 식물의 개요

도라지는 목변(木便)·백약(白藥)·경초(梗草)·고경(苦梗)·도랏이라고도 부르며, 생약명은 길경(桔梗)이다. 뿌리는 굵고 원기둥 모양이다. 줄기는 곧게 서고 자르면 하얀 유즙이 나온다. 잎은 어긋나며 긴 타원형으로 가장자리에 톱니가 있다. 꽃은 8월경 흰색 또는 보라색 꽃이 꽃줄기나 가지 끝에 달려 통꽃이 핀다. 열매는 10월경에 삭과를 맺어 익는다. 전국 각지의 산기슭 양지바른 곳에 자생하거나 약초 농가에서 재배하는 초롱꽃과의 여러해살이 쌍떡잎 속씨식물이다.

▶ 효능

도라지는 맛이 쓰고 매우며 5년 이상 되어야 효능이 있다.

• 급성 기관지염, 폐렴, 천식, 결핵 등 호흡기 질환을 다스리는 거담·진해 작용을 한다. 또한 급성 인후염, 편도선염이 심할 때도 쓴다.

• 과음으로 인한 속쓰림을 다스리는데 효능이 있다.

• 고름을 삭혀 주고 상처를 아물게 하는데 효능이 있다.

▶ 처방 및 복용 방법

도라지는 뿌리(봄)와 꽃(여름)을 채취하여 생물 또는 햇볕에 말려 약재로 쓴다. 약으로 복용 중에는 뽕나무·산수유·자란을 금한다.

• 기관지염, 편도선염, 천식, 감기로 인해 목이 아픈 경우는 도라지 뿌리와 감초를 넣고 달인 물을 마신다.

• 과음으로 속이 쓰릴 때는 도라지와 칡뿌리를 함께 끓여 그 물을 마신다.

• 불면증이나 갑작스런 오한, 더위를 먹었을 경우는 도라지, 생강, 진피 등을 섞어 끓여 물을 내어 마신다.

• 치질에는 줄기와 잎을 찧어 나온 즙을 참기름과 섞어서 환부에 문지른다.

▶ 용어 해설

• 삭과: 익으면 열매 껍질이 떨어지면서 씨를 퍼뜨리는 여러 개의 씨방으로 된 열매(백합, 붓꽃).

077 도깨비바늘-귀침초(鬼針草)

▶ 식물의 개요

도깨비바늘은 귀침(鬼針)·참귀사리·남풍초(南風草)·육장초(育腸草) 등의 이명이 있다. 생약명은 귀침초(鬼針草)이다. 원줄기는 네모지며 털이 약간 있다. 잎은 마주나며 가운데 잎은 심장형으로 2회 깃털 모양으로 갈라진다. 꽃은 6월경 황록색 꽃이 줄기와 가지 끝에서 총상 꽃차례를 이루며 달려 핀다. 열매는 9월경 수과가 달려 익는데 갓털에 가시가 있어 동물이나 다름 물체에 붙어 번식한다. 전국 각지 들판과 길가, 초원지대에 자생하는 국화과의 한해살이 쌍떡잎속씨식물이다.

▶ 효능
- 귀침초는 급성 간염에 효능이 있다.
- 감기, 기관지염 등 호흡기 질환을 다스린다.
- 신장병, 당뇨병, 중독, 충수염, 황달을 다스린다.
- 복통 등으로 인한 발열을 강하시키는 해열 작용을 한다.

▶ 처방 및 복용 방법

도깨비바늘은 개화기인 8월경 열매가 익기 전 전초를 채취하여 생물이나 햇볕에 말려 약재로 이용한다.
- 독충, 독거미, 독사 등에 물린 경우는 도깨비바늘 생즙을 바르거나 짓찧어 반죽을 하여 환부에 붙인다.
- 백반증 환자는 도깨비바늘로 담근 술을 하루에 1잔씩 장기 복용한다.
- 신장병, 당뇨병, 중독, 충수염, 황달 등에는 말린 도깨비바늘 전초를 진하게 달여 장기 복용한다.
- 위통에는 도깨비바늘과 돼지고기를 섞어 끓여서 그 물만 복용한다.
- 타박상에는 생즙을 바르거나 전초로 달인 물을 차처럼 마신다.

▶ 용어 해설
- 백반증(白斑症): 피부의 한 부분에 멜라닌 색소가 없어져 흰색 반점이 생기는 질병.

078 도꼬마리-창이자(蒼耳子:쥐의 귀 같은 모양의 푸른 씨)

▶ **식물의 개요**

도꼬마리는 창이·지매(地賣)·시이자(菜耳子)·권이자(卷耳仔)·갈기래·양부래 등으로 부르며, 생약명은 창이자(蒼耳子)이다. 잎은 어긋나며 양면이 거칠고 끝이 뾰족하며 가장자리에 톱니가 있다. 꽃은 8월경 노란색으로 원추 꽃차례를 이루며 달려 핀다. 열매는 9월경 달걀 모양의 수과가 달려 익는데 열매 껍질에 가시가 있어 사람의 옷이나 짐승의 털에 잘 붙는다. 전국 각지의 들판, 길가, 초원지대에 자생하는 국화과의 한해살이 쌍떡잎 속씨식물이다.

▶ **효능**

도꼬마리는 이른 봄에는 연한 잎을 나물로 데쳐 먹고, 가을에 열매를 채취하여 햇볕에 말려 볶아 쓰거나 술에 쪄 약용으로 쓴다. 잎·줄기·열매·뿌리 등 전초가 약간 맵고 쓰며 독성이 있다.

- 잎과 줄기는 감기로 인한 두통, 출혈, 가래, 기침 등을 다스리는데 효능이 있다. 종기나 치질, 풍진에 의한 가려움증 치료에 좋다.
- 꽃은 이질 등 백리(白痢) 질환에 효능이 있다.
- 뿌리는 종기, 해수, 자궁경관염 등의 해독 작용에 효능이 있다.
- 열매는 두통, 눈병, 치통, 풍치, 관절염, 신경통, 피부병 등 다양한 질환의 치료에 효능이 있다.

▶ **처방 및 복용 방법**

도꼬마리는 9월 전후에 전초와 씨를 채취하여 생물 또는 햇볕에 말려 약재로 쓴다. 독성이 있어 한번에 다량으로 복용하면 구토, 복통, 호흡 곤란 등 중독 증세가 나타나므로 주의해야 한다. 또한 돼지고기 말고기 쌀뜨물을 금하고 몸에 열이 있는 사람도 금해야 한다.

- 감기에 의한 두통이나 축농증에는 창이자를 끓여 미지근한 물로 마신다.
- 피부 탈색증에는 도꼬마리 전초를 조청같이 만들어 소량씩 먹는다.
- 사지 통증에는 봄에 나물을 데쳐 먹어도 되고 찹쌀가루와 섞어 떡을 만들어 먹기도 한다.
- 고혈압이나 자궁경관염에는 도꼬마리 뿌리를 달여 1일 3회 정도 마신다.
- 알레르기성 비염인 경우는 씨를 다갈색이 되도록 볶아 물에 끓인 다음 마신다.

▶ **용어 해설**

- 백리(白痢): 이질의 하나로 백색 점액이나 백색 농액이 섞인 대변을 보는 증상.

079 독활(獨活)

▶ **식물의 개요**

독활은 독요초(獨搖草)·호경초(虎驚草)·토당귀(土當歸)·멧두릅·땃두릅·땅두릅나물 등으로 부르며, 생약명은 독활(獨活)이다. 원줄기는 갈라지지 않으며 바늘 모양의 가시가 많다. 잎은 어긋나고 깃꼴겹잎으로서 연한 갈색 털이 있다. 작은 잎은 타원형으로서 끝이 뾰족하고 가장자리에 톱니가 있다. 꽃은 7월경 연한 녹색으로 피는데 잎겨드랑이에서 원추 꽃차례를 이루며 달린다. 열매는 9월경 장과가 달려 검게 익는다. 어린순은 식용으로 쓰고 뿌리는 약재로 쓴다. 전국 각지의 산속 그늘진 곳에서 자생하는 두릅나무과의 여러해살이 쌍떡잎 속씨식물이다.

▶ **효능**

독활은 이른 봄 연한 잎과 줄기는 나물로 데쳐 먹고 (땅두릅) 뿌리는 채취하여 약용으로 쓰는데 맛은 달고 향기가 난다.

- 사지의 저림증이나 신체 각 부위에 통증이 심한 경우, 목에서 어깨까지 근육이 뭉치는 경우는 풍습을 없애주는 진통·진정 작용을 한다.
- 경락(經絡)을 통하고, 혈액순환을 촉진시켜 혈압을 떨어뜨리고 호흡을 안정시켜 준다.
- 관절염, 신경통 등 신경계통의 질환을 다스리는 데 효능이 있다.

▶ **처방 및 복용 방법**

독활은 이른 봄 뿌리를 채취하여 햇볕에 말려 약재로 쓴다. 강활과 함께 쓰면 신경계통의 치료에 효과가 크다.

- 관절염으로 환부가 심하게 붓는 경우는 독활을 술에 담가서 숙성(3주 정도)되면 꺼내어 1일 2회 정도 마신다.
- 고혈압, 위궤양에는 독활과 감초를 섞어 끓여 달인 물을 자주 마신다.
- 당뇨병과 신경통에는 독활 껍질을 말려 끓여서 차처럼 마신다.
- 만성 기관지염, 산후 중풍, 안면 중풍에는 독활, 생지황을 섞어 달여서 차처럼 마신다. 이른 봄 어린 독활 순은 삶아서 나물로 무쳐 먹거나 튀겨 먹어도 좋다.

▶ **용어 해설**

- 독활(獨活): 바람이 불지 않아도 혼자 움직인다는 뜻.
- 경락(經絡): 생체에서 피의 경로를 연결하여 기혈을 이루는 일정한 생체반응계통노선으로서 오장육부에서 피부까지 연관되는 반응선을 말한다.

080 동의나물-여제초(驢蹄草)

▶ 식물의 개요

동의나물은 동이나물·원숭이동이나물·작은알가지·입금화(立金花)·수호로(水胡蘆) 등으로 불린다. 한방에서 쓰는 생약명은 여제초(驢蹄草)이다. 뿌리줄기는 짧고 옆으로 길게 뻗으며 마디에서 뿌리를 내리고 잎이 뭉쳐 나온다. 잎은 심장 모양의 원형으로 가장자리에는 둔한 톱니가 있거나 밋밋하다. 꽃은 4월경 노란색으로 꽃줄기 끝에서 한 두 송이씩 달려 핀다. 열매는 9월경 타원형의 골돌과가 달려 익는다. 전국 각지의 초원이나 냇가의 습지 등지에 자생하는 미나리아재비과의 여러해살이 쌍떡잎 속씨식물이다.

▶ 효능

• 여제초는 몸에 나타나는 각종 통증을 중화시키는 역할을 한다. 즉, 담, 위통, 풍으로 인한 저림통 등을 다스리는데 효능이 있다.
• 골절상, 타박상의 치료에 효능이 있다.

▶ 처방 및 복용 방법

여름철에 전초와 뿌리를 채취하여 햇볕에 말려 약재로 쓴다.

• 골절상, 타박상, 화상의 치료에는 신선한 뿌리를 짓찧어 반죽을 한 후 환부에 붙이거나 진하게 달여 그 물로 바른다.
• 치질, 치루에는 생즙을 짜서 바르거나 전초 달인 물로 씻는다.
• 담, 위통, 풍으로 인한 저림통 등의 통증에는 전초를 진하게 달여 차처럼 장기 복용한다.

▶ 용어 해설

• 골돌과(蓇葖果): 여러 개의 씨방으로 된 열매로 익으면 열매 껍질이 벌어짐(바주가리).

081 두충(杜冲)나무

▶ 식물의 개요
두충나무는 두중(杜仲)·목면수(木綿樹)·사면목(絲綿木)·면피(綿皮)·옥사피(玉絲皮)·사선목(思仙木) 등으로 부르며, 생약명은 두충(杜冲)이다. 잎은 어긋나며 느릅나무 잎과 비슷한 타원형인데 가장자리에 톱니가 있고 끝이 뾰족하다. 꽃은 봄철에 암수딴그루로 잔잔한 녹색의 꽃이 핀다. 열매는 9월경 타원형의 열매가 달려 익는데 자르면 하얀 점액질이 나온다. 관상용과 약용으로 이용된다. 우리나라 중남부지방의 산지에 재배하는 두충과의 낙엽 활엽 교목이다.

▶ 효능
두충나무는 맛은 맵고 달며 기력을 회복하는 약재로 많이 알려져 있다.
- 정력강화제로 음부가 축축하고 소변이 약할 때 사용한다. 『본초강목』에는 '허리, 무릎의 통증을 가라앉히고, 속을 보완해 정기를 늘리며, 근육과 뼈를 튼튼히 하고 …노화를 방지할 수 있다'고 하였다.
- 습관성 유산이나 임신 중 나타나는 복통이나 출혈에 효과가 있다. 잎에
- 통증 치유에 효능이 있고, 고혈압 및 동맥경화를 완화시키는 작용을 한다.

▶ 처방 및 복용 방법
두충나무는 타닌과 비타민이 풍부한 보신강장제의 약용으로 쓰는데 두충나무 수령이 10년 이상 된 나무의 껍질을 벗겨 햇볕에 말려 사용한다.
- 요통이 있는 경우는 두충을 술에 한 달 정도 숙성시킨 후 걸러서 1일 1회 공복에 마신다.

- 허리가 아픈 경우는 당귀, 계심, 생강을 배합하여 가루로 낸 다음 데운 청주와 복용한다.
- 식은땀을 흘리거나 고혈압인 경우는 마른 두충 잎으로 차를 만들어 마신다.
- 습관성 유산인 경우는 찹쌀, 두충, 속단, 산약으로 환을 빚어 먹는다. 단, 두충은 독성은 낮지만 열이 많은 사람은 삼가는 게 좋고 냉한 체질인 소음인에게 효과가 크다.

▶ 용어 해설
- 본초강목: 중국 명나라 이시진이 편찬한 전 52권으로 편찬된 약학서.

082 둥굴레-위유(萎蕤: 말린 뿌리줄기)

▶ 식물의 개요

둥굴레는 쇠사슬에 매달린 종 같은 풀이란 뜻이다. 옥죽(玉竹)·죽네풀·괴불꽃·진황정(眞黃精)·토죽(菟竹) 등으로 불린다. 생약명은 위유(萎蕤)이다. 원기둥 모양의 뿌리줄기가 옆으로 뻗으면서 마디가 많이 생긴다. 줄기는 모가 나고 끝이 비스듬히 처진다. 잎은 어긋나며 한쪽으로 치우쳐 달린다. 타원형으로 앞면은 윤기가 난다. 꽃은 6월경 녹색으로 잎겨드랑이에서 나와 종 모양으로 밑을 향해 달린다. 9월경 둥근 장과가 달려 익는다. 관상용, 식용, 약용으로 이용된다. 전국 각지 산과 들의 그늘진 곳에 자생하는 백합과의 여러해살이 외떡잎 속씨식물이다

▶ 효능

둥굴레는 이른 봄 어린 잎은 나물로 데쳐 먹을 수 있고 차로 끓여 먹어도 된다. 뿌리는 껍질을 벗겨 약간 말린 후 볶아서 약용으로 쓴다.

• 『본초강목』에 둥굴레는 '모든 허약체질에 좋다'고 할 정도로 예로부터 인산 대용으로 사용했을 정도로 허약체질 개선에 효과가 있다.

• 장(腸)을 윤기 있게 해 주어 통변 작용에 쓰며, 저혈압의 혈압을 상승시키는 역할을 한다.

• 신진대사를 촉진시켜 기미, 주근깨, 검버섯을 없애주고 피부를 부드럽게 한다. 신경통, 관절염, 소갈증, 당뇨병에도 쓰인다.

▶ 처방 및 복용 방법

둥굴레는 가을~이듬해 봄에 뿌리줄기를 채취하여 증기에 쪄서 햇볕이나 약한 불에 말려 약재로 쓴다.

• 옥죽(둥굴레로 만든 약재)은 '보음(補陰)'의 약재로 쓰이는데 소화 장애가 없기 때문에 다량 복용해도 된다.

• 협심증 등 심장 질환에는 당삼(黨蔘)과 옥죽을 섞어 끓인 물을 차처럼 마시면 효과가 있다.

• 만성 피로, 허약체질에는 소주에 둥굴레를 담아서 3개월 정도 숙성시킨 후 1일 1회 정도 마시면 좋다.

▶ 용어 해설

• 보음(補陰): 허약체질로 몸에 부족한 음정을 보충하고 자양하는 일.

• 당삼(黨蔘): 초롱꽃과의 만삼의 뿌리로 만든 약재.

083 둥근바위솔-와송(瓦松)

▶ 식물의 개요

둥근바위솔은 응달바위솔·둔엽바위솔·암송(岩松)·석탑화(石塔花)·탑송(塔松) 등으로도 불린다. 한방에서 쓰는 생약명은 와송(瓦松)이다. 산의 바위 위나 바위 근처에서 자란다. 뿌리줄기는 짧고 굵으며 잎이 뭉쳐나고 꽃이 열매를 맺으면 죽는다. 잎은 육질이며 주걱 모양으로 끝은 둔하고 연한 녹색이다. 8월경 흰색 꽃이 총상 꽃차례를 이루며 달려 핀다. 달걀 모양으로 꽃잎은 오판화인 5개이다. 열매는 9월경 골돌과가 달려 익는다. 제주도 및 중부지방의 고산 지대 바위에 붙어사는 돌나물과의 여러해살이 쌍떡잎 속씨식물이다.

▶ 효능

• 와송은 폐와 간경을 다스리는 효능이 있다. 즉, 폐렴, 보폐, 청폐, 폐결핵, 강장보호, 지방간, 간경화. 간염 등의 치료에 효과가 크다.
• 옹종, 음종 등 종독을 풀어주는 해독 효능이 있다.
• 설사, 피설사에 효능이 크다.
• 대장암에 대한 항암 작용이 크다.
• 피를 맑게 하고 고지혈, 중성지방에 효능이 있다.
• 피부 질환, 혈압, 당뇨, 만성변비에 효능이 있다.

▶ 처방 및 복용 방법

여름철에 전초를 채취하여 생물 또는 효소, 햇볕에 말려 약재로 사용한다. 잎은 선인장처럼 두껍고 다육질이다. 잎을 사용하기 위해서는 열매 맺기 전 채취하여 써야 한다.

• 장염, 취장염, 신장염 등 장기의 각종 염증의 치료에는 와송 발효액을 만들어 장기 복용한다.

• 습진 등 각종 피부 질환에는 와송 생잎으로 즙을 짜서 마시거나, 짓찧어 반죽을 만들어 환부에 붙인다.
• 설사, 피설사의 치료에는 요구르트를 넣어 갈아 마신다.
• 화상, 외부상처에는 바위솔 생물을 갈아서 반죽하여 환부에 붙인다.

▶ 용어 해설

• 음종: 여자의 음부가 부어오르면서 나타나는 질병.
• 옹종: 신체 각 부위에 나타나는 작은 종기.

084 들깨풀-향여초(香茹草)

▶ 식물의 개요

들깨풀은 야형개(野荊芥)·오향초(五香草)·토형개(土荊芥)·쥐깨풀 등으로도 불린다. 한방에서는 향여초(香茹草)라는 생약명을 쓴다. 줄기는 네모지고 자주색으로 털이 있다. 잎은 마주나고 긴 타원형이며 끝이 뾰족하다. 앞면에는 잔털이 있고 뒷면에는 잔털이 있으며 가장자리에 톱니가 나 있다. 8월경 자주색 꽃이 가지 끝에 이삭으로 달리며 바소꼴이다. 열매는 9월경 분과가 달려 익는다. 어린순은 나물로 데쳐 먹고 전초는 말려 약재로 쓴다. 전국 각지의 들판과 초원지대 풀밭에 자생하는 꿀풀과의 한해살이 쌍떡잎 속씨식물이다.

▶ 효능

• 향여초는 거담, 기관지염, 감기, 폐렴 등의 호흡기 질환을 치료하는데 효능이 있다.
• 두통, 빈혈증, 중독, 자한, 해열 등의 질환을 다스린다.

▶ 처방 및 복용 방법

이른 봄 어린 잎은 나물로 쓰고, 개화기에 전초를 채취하여 햇볕에 말려 약재로 사용한다.

• 두드러기, 습진, 악성종기 등의 피부 질환의 치료에는 잎을 짓찧어 반죽을 하여 환부에 바르거나 전초 달인 물로 씻는다.
• 회충, 촌충 등의 구충에는 전초 달인 물을 여러 번 마신다.
• 감기, 기침, 두통, 더위 증에는 꽃을 달여서 복용한다.
• 빈혈증, 중독, 자한, 해열 등 순환계 질환 치료에는 전초를 진하게 달여 차처럼 여러 번 마신다.

▶ 용어 해설

• 바소꼴: 창처럼 생겼으며 길이가 너비의 몇 배가 되고 밑에서 1/3 정도 되는 부분이 가장 넓으며 끝이 뾰족한 모양.

085 등(藤)나무

▶ **식물의 개요**

조선등나무 등으로 불리며, 한방에서의 생약명도 등(藤)으로 쓴다. 줄기는 다른 물체의 오른쪽으로 감고 올라간다. 잎은 어긋나며 홀수 1회 깃꼴겹잎이다. 작은 잎은 달걀 모양의 타원형이고 끝이 뾰족하다. 잎의 앞뒤에 털이 있다. 꽃은 5월경 잎과 같이 피고 밑으로 처진 총상 꽃차례로 달리며 연한 자줏빛이다. 열매는 협과이며 꼬투리 겉에 털이 있고 9월경 익는다. 전국 각지의 야산과 들판, 집 부근에 자생하는 콩과의 쌍떡잎 낙엽 활엽 덩굴나무로 관상용으로 개인 가옥이나 관공서에 많이 심는다.

▶ **효능**
• 등은 오줌불통, 변혈증, 혈뇨 등 비뇨기 질환에 대한 이뇨 작용을 한다.
• 구내염, 자궁 종양, 부인병 등의 치료에 효능이 있다.

▶ **처방 및 복용 방법**
등은 열매가 익는 10월경 줄기, 씨, 뿌리 등을 채취하여 햇볕에 말려 약재로 쓴다.
• 대장염, 소장염 등의 장 치료에는 등나무 꽃차를 만들어 복용한다.
• 대장암, 간암, 위암 등의 악성 종양에는 볶은 등나무 열매를 가루를 내어 미지근한 물에 타서 복용한다. 또는 등나무에 난 혹이나 혹나방이 민간요법에서 특효약으로 알려져 있다.
• 근육통이나 노인들의 뼈 통증에는 등나무 꽃으로 술을 담가서 복용하든지 뿌리를 진하게 달여 마신다.

• 생리불순, 생리통 등의 부인병에는 등나무 뿌리를 진하게 달여 장기 복용한다.
• 소변불통, 변혈, 뇨혈증에는 등나무 꽃차를 우려 마신다.

▶ **용어 해설**
• 협과: 꼬투리로 맺히는 열매(팥, 콩, 완두 등).

086 디기탈리스(Digitalis)-모지황(毛地黃)

▶ **식물의 개요**

디기탈리스는 유럽에서 들어온 외래종으로 양지황(洋地黃) · 강심초(强心草) · 심장초(心腸草) · 조종화(弔鐘花) · 방울깨꽃 · 큰깨꽃 등으로 불린다. 생약명은 모지황(毛地黃)이다. 전초에 잔털이 나 있고 줄기는 곧게 선다. 꽃이 피고 나면 죽기 때문에 2년마다 옮겨 심는다. 심장병의 특효약으로 알려져 있는 유독 식물이다. 잎은 어긋나며 달걀 모양의 타원형으로서 가장자리에 톱니가 있다. 7월경 붉은색 꽃이 이삭 모양으로 줄기 끝에 길게 연달아 밑에서부터 위로 올라가면서 핀다. 열매는 8월경 원뿔 모양의 삭과가 달려 익는다. 지금은 농가에서 관상용으로 재배하는 현삼과의 여러해살이 쌍떡잎 속씨식물이며, 심장질환 치료제로 알려져 있다.

▶ **효능**

디기탈리스는 잎·꽃·뿌리의 전초를 약재로 사용할 수 있는데 독성이 강하여 한의사의 처방을 받아야 한다.

- 심장 치료에 효과가 크다.
- 비뇨기 질환, 심부전등 각종 부종 치료에 효과가 있다.

▶ **처방 및 복용 방법**

독성이 매우 강함으로 한의사의 처방을 받아 사용하여야 한다.

▶ **용어 해설**

- 삭과: 익으면 열매 껍질이 떨어지면서 씨를 퍼뜨리는 여러 개의 씨방으로 된 열매(백합, 붓꽃).

087 뚝갈-패장(敗醬)

▶ 식물의 개요

뚝갈은 흰미역취·녹사(鹿賜)·마초(馬草)·녹장(鹿醬)·택패(澤敗)·고채(苦菜)·녹수(鹿首) 등의 이름으로 불린다. 한방에서는 패장(敗醬)이란 생약명을 쓴다. 줄기는 곧게 서고 전초에 흰색의 떨이 나 있다. 밑 부분에서 가는 가지가 나와 위로 뻗으며 자란다. 잎은 마주나고 달걀 모양이며 깃꼴로 깊게 갈라지고 갈라진 조각의 끝은 뾰족하고 가장자리에 톱니가 있으며, 잎 표면은 녹색이고 뒷면은 흰색이다. 꽃은 7~8월에 흰색으로 피고 가지와 줄기 끝에 산방 꽃차례를 이루며 달린다. 열매는 건과이고 거꿀 달걀 모양이며 둘레에 날개가 있다. 전국 각지의 야산과 들판에 자생하는 마타리과의 여러해살이 쌍떡잎 속씨식물이며 약용과 식용으로 쓴다.

▶ 효능

• 패장은 주로 순환계 질환의 치료에 효과가 있다. 즉, 간염, 동맥경화, 어혈, 중독, 열병 등을 다스린다.
• 산후복통, 자궁염, 산후부종, 자궁 출혈 등 부인과 질환을 다스리는데 효과가 있다.
• 위궤양, 위염, 소화불량 등 소화기계 질환에 효과가 있다.

▶ 처방 및 복용 방법

뚝갈은 가을철 10월경 전초와 뿌리를 채취하여 햇볕에 말려 약재로 사용한다. 이른 봄에 어린 잎을 채취하여 나물로 먹는다.
• 위경, 대장경, 간경에는 뚝갈 뿌리를 물에 달여 차처럼 마신다.
• 폐농양, 산후 어혈성 복통의 치료에는 뚝갈 가루를 물에 타서 마신다.

• 탕화창, 종창, 치질, 종기, 외부 상처 등에는 신선한 뚝갈 뿌리를 짓찧어 환부에 붙인다.

▶ 용어 해설

• 산방 꽃차례: 꽃자루가 아랫것은 길고 윗것은 짧아 각 꽃이 가지런히 피는 형태.
• 종창: 염증이나 종양으로 인하여 인체의 국부가 부어오르는 현상.

088 띠-백모(白茅)

▶ 식물의 개요

띠는 여근(茹根)·모근(茅根)·삐비꽃·삘기·백모(白茅)·모초(茅草)·황근초(黃根草)·삐기초 등으로 불린다. 생약명은 백모(白茅)이다. 흰색의 뿌리줄기가 가늘고 길게 땅속에 옆으로 뻗으며 자란다. 잎은 뿌리줄기에 모여 나는데 가장자리가 거칠며 끝이 뾰족하다. 꽃은 5월경 원기둥 모양의 꽃차례를 이루며 잎보다 먼저 흰색의 꽃이삭이 줄기 끝에 달려 핀다. 열매는 6월경 익으면 깃털 모양으로 날려 간다. 공예용·식용·약용으로 이용된다. 전국 각지의 들판과 초원에 자생하는 화본과(벼과)의 여러해살이 외떡잎식물로 정혈제이다.

▶ 효능

띠꽃은 6월경 채취한 뿌리를 백모근이라 하여 그늘에 말려 약재로 쓴다.

- 여성의 생리불순으로 나타나는 발열을 다스리고 어혈을 풀어준다.
- 신장염, 방광염 등을 다스리는 이뇨 작용을 한다.
- 혈변, 혈뇨, 코피가 멈추지 않는 경우에 혈액 응고를 촉진시키는 효과가 크다.
- 열을 떨어뜨리는 청열 작용을 한다. 즉, 간염과 황달의 치료에 유용하다.

▶ 처방 및 복용 방법

- 복통이 심할 경우는 백모근 생즙을 내어 마시거나, 물에 끓여 차처럼 여러 번 나누어 마신다.
- 봄철 어린 꽃 싹은 뽑아서 씹어 단물을 빨아먹어도 되고, 나물로 무쳐 먹어도 된다.
- 황달 치료에는 백모근과 갈근(칡뿌리)을 섞어 달여 장복한다.

- 위암 치료에는 백모근을 설탕에 재웠다가 끓는 물에 달여서 장복한다.

▶ 용어 해설

- 정혈제: 피의 성분을 맑게 하는 약제.

089 마-산약(山藥)

▶ 식물의 개요

마는 서여(薯蕷)·산우(山芋)·옥정(玉廷)·산저(山藷) 등으로도 불린다. 한방에서는 산약이라는 생약명을 쓴다. 마는 전체가 자주색이다. 줄기는 다른 물체의 오른쪽으로 감아 올라간다. 덩이뿌리는 두꺼운 육질이며 모양이 다양하다. 잎은 마주나는데 삼각 모양의 달걀꼴로 끝이 뾰족하다. 꽃은 6월경 자주색 또는 흰색으로 피는데 수상 꽃차례를 이룬다. 열매는 9월경 황색의 삭과가 달려 익는다. 관상용·식용·약용으로 이용된다. 전국 각지의 산과 들, 밭둑, 냇가의 모래가 섞인 곳 등지에 자생하는 맛과의 여러해살이 외떡잎 덩굴식물이다. 약재로는 열매, 살눈(잎 아랫부분에 생김), 덩이뿌리를 쓴다.

▶ 효능

마는 여러 질환의 치료에 고루 효능이 있는 만병통치의 건강 약재이다.

• 위와 장을 보호하고 자양강장의 효과가 탁월하다.
• 풍습을 없애고 혈을 잘 돌게 하며 경락을 통하게 한다.
• 가래, 기침감기, 기관지염 등의 호흡기 질환에 효능이 있다.
• 관절 질환, 골다공증 등 뼈밀도를 높여 주는 효능이 있다.
• 변비 해소를 다스린다.

▶ 처방 및 복용 방법

마는 가을철에 덩이뿌리를 채취하여 생것을 먹거나 햇볕에 말려 약재로 쓴다.

• 소화성 위궤양 예방에는 마를 갈아서 생즙을 복용한다.
• 당뇨병 치료에는 마의 아릴라아제 효소를 복용한다.
• 대하증과 요실금에는 열매마를 쓴다.
• 고혈압 치료에는 마의 뿌리가루를 미지근한 물에 타서 복용한다.
• 타박상, 화상, 외부 상처의 치료에는 마의 생즙을 바르거나 환부에 붙인다.

▶ 용어 해설

• 수상 꽃차례: 한 개의 긴 꽃대 둘레에 여러 개 꽃이 이삭 모양으로 핀 꽃.

090 마가목-정공등(丁公藤)

▶ 식물의 개요

마가목은 마아목(馬牙木)·석남등(石南藤)·화초(花椒)·잡화추(雜花搴)·일본화추(日本花搴) 등으로 부르며, 생약명은 정공등(丁公藤)이다. 잎은 어긋나며 작은 잎으로 구성된 깃꼴겹잎이 댓잎피침형으로서 가장자리에 뾰족한 톱니가 있다. 꽃은 5월경 흰색으로 산방 꽃차례를 이루며 달려 핀다. 열매는 9월경 둥근 이과(梨果)가 많이 달려 붉게 익는다. 강원도 이남 지역의 표고 500m~1,200m의 고산에 자생하는 장미과의 낙엽 활엽 소교목이다. 잎과 줄기, 껍질, 열매를 모두 약용으로 쓴다.

▶ 효능

마가목의 줄기와 껍질은 맛이 쓰고, 열매는 달다. 쇠약한 노인들의 보혈·보양 강장제로 널리 쓰인다.

- 저림증, 마비증, 통증, 중풍 치료에 껍질을 쓰면 고 효과가 있다.
- 이뇨 작용과 진해거담 작용을 한다. 즉 해수를 멎게 하고 갈증을 제거하며 만성 기관지염이나 폐결핵에 좋다. 또한 몸이 약한 노인을 보혈하고 성기능도 강화시킨다.

▶ 처방 및 복용 방법

마가목은 가을철에 열매와 나무껍질을 채취하여 생물 또는 햇볕에 말려 쓴다.

- 각종 부종(몸이 붓는 증상)의 경우는 열매를 끓여 차처럼 마신다.
- 폐결핵의 경우는 줄기와 껍질을 달여 차처럼 장기 복용한다.

- 만성 기관지염은 줄기와 껍질로 환을 빚어 하루에 알약 6~7알 정도를 3회 먹는다.
- 풍습에 의한 통증이나 저림증인 경우는 껍질로 술을 담가 마신다.
- 음경 통증, 소변에 고름, 소변 불리 현상에는 마과목에 귤껍질을 섞어 차를 우려내어 마신다.

▶ 용어 해설

- 이과(梨果): 다육과의 일종으로 수분이 많은 육질 과피를 갖고 있어 익은 뒤에도 마르지 않고 부드러운 과피를 유지한다.

091 마디풀(扁竹)

▶ 식물의 개요

마디풀은 칠성초(七星草)·백절(百節)·저아채(猪牙茱)·편죽(扁竹)·도생초(道生草)·조료(鳥蓼)·돼지풀·매듭나물·말풀 등으로 부른다. 생약명은 편축(萹蓄)이다. 마디풀이라는 이름은 줄기가 마디로 이어져 있어 붙여진 것이다. 줄기는 옆으로 비스듬히 퍼진다. 잎은 어긋나고 선 모양의 타원형으로 잎몸과 사이에 관절이 있다. 꽃은 7월경 홍색의 작은 꽃이 모여 달려 핀다. 열매는 8월경 세모 모양의 수과가 달려 익는다. 어린순은 식용으로 쓰고 전초는 말려 약용으로 쓴다. 전국 각지의 들, 길가 풀섶, 밭둑, 제방둑 등지에 잘 자라는 마디풀과의 한해살이 현화식물이다.

▶ 효능

마디풀은 맛이 쓰고 떫지만 독은 없고 이뇨·지혈제로서 널리 쓰인다.

- 방광에 습열이 차서 오줌이 잘 나오지 않을 때 복용하면 효능이 있는 이뇨 작용을 한다.
- 유산이나 분만 후 자궁에 출혈이 있는 경우는 피를 멈추게 하는 지혈 작용을 한다.
- 순환계 질환을 다스리며, 특히 혈압을 강하시키는데 효능이 있다.

▶ 처방 및 복용 방법

마디풀은 개화기 전에 전초를 채취하여 햇볕에 말려 약재로 쓴다.

- 열로 인해 소변이 불통인 경우는 편축을 끓는 물에 우려내어 차처럼 복용한다.
- 몸에 기생충이 있는 경우나 어린아이가 항문에 요충이 있어 가려운 경우는 편축을 끓는 물에 달여서 마시면 효과가 있다.

- 갈증과 소변에 피가 나오는 경우는 편축에 치자인, 감초, 등심을 넣어서 끓여 물만 걸러서 마신다.
- 세균성 이질이 있는 경우는 편축차를 우려내어 식후에 마신다.

▶ 용어 해설

- 현화식물(顯花植物): 꽃이 피어 씨로 번식하는 식물.
- 요충(蟯蟲): 기생충의 하나로 어린아이들에게 많이 나타난다. 특히 항문 주위가 가려운 현상이 있다.

092 마름–능실(菱實)

▶ 식물의 개요

마름(열매가 마름모꼴이라 하여 붙여진 이름)은 연못 등지에 서식하는 수면 부유식물로 능·능초·사각(沙角)·수율(水栗)·기초(芰草)·말음풀·골뱅이 등의 이명이 있다. 생약명은 능실(菱實)이다. 뿌리는 물밑의 진흙 속에 있고 줄기는 수면 위로 길게 자란다. 잎은 줄기 끝 부분에서 뭉쳐나와 수면 위에 사방으로 퍼진다. 잎면은 광택이 나고 가장자리에는 톱니가 있다. 잎자루 아래쪽에 공기 주머니가 있어 잎이 물 위에 항상 떠서 자란다. 꽃은 7월경 흰색 또는 연한 붉은색의 십자화가 잎겨드랑이에 달려 핀다. 꽃은 해를 등지고 피는데 낮에는 꽃봉오리를 움츠리고 있다가 밤이 되면 달을 따라 돌면서 꽃을 피운다. 열매는 9월경 역삼각형의 핵과(核果)가 달려 익는데 속에는 다육질의 흰색 씨가 1개씩 들어 있다. 열매는 생것으로 먹을 수 있고, 가루를 만들어 쓰기도 한다. 전국 각지 저수지 늪 연못 등지에 자생하는 마름과의 한해살이 수면 부유 식물이다.

▶ 효능

마름은 잎, 줄기, 열매 등 전초가 약용으로 쓰인다. 열매는 밤 맛을 낸다고 하여 수율(水栗)이라고도 한다.

- 위암, 유선암, 자궁암, 복수암, 간암 등 항종양 약효가 있다. 특히 자궁암을 치료하는데 효능이 크다.
- 마름 열매를 익혀 먹으면 비·위장을 튼튼히 하며 오장을 보하는데 효과가 있다. 날것으로 먹으면 갈증을 해소해 주는 청열 효과가 있다. 줄기나 열매꼭지도 설사, 이질, 대변출혈에 효과가 있다.

▶ 처방 및 복용 방법

마름은 열매가 익은 10월 전후에 씨와 줄기를 채취하여 생물 또는 가루를 내어 사용한다.

- 설사, 대변출혈, 위궤양, 위암, 식도암, 자궁경부암에는 열매껍질(능각, 능체)을 달여서 차처럼 계속 마신다.
- 숙취 제거에도 마름 열매를 달여 마시고 얼굴이 부을 때는 씨를 볶아 가루를 내어 따뜻한 물에 타서 마신다.

▶ 용어 해설

- 핵과(核果): 씨가 굳어서 된 단단한 핵으로 쌓여 있는 열매로 외과피는 얇고 중과피는 다육질이며 내과피는 두껍고 단단하다(매실, 복숭아, 살구, 대추).
- 유선암(乳腺癌): 여성 유방의 젖샘에 생기는 암으로 폐경기, 독신녀, 모유를 수유하지 않는 여성에 흔히 생긴다.

093 마타리−패장(敗醬: 꽃에서 썩은 콩장 냄새가 난다 하여 붙여진 이름)

▶ 식물의 개요

마타리는 패장초(敗醬草)·고채(苦菜)·가얌취·미역취·황화용아(黃花龍牙)·마초(馬草)·뚝
갈·여랑화(女郎花) 등으로 부르며, 생약명은 패장(敗醬)이다. 굵은 뿌리줄기가 옆으로 뻗는다.
줄기는 곧게 위로 자라고 가지가 많이 갈라진다. 뿌리잎은 모여 나며 타원형으로 톱니가 있고, 줄
기잎은 잎자루가 없고 깃모양이다. 꽃은 초가을인 8월경 노란색으로 피는데 산방 꽃차례로 잔 꽃
이 많이 모여 달린다. 열매는 10월경 건과(乾果)가 달려 익는다. 관상용·밀원·식용·약용으로 이
용된다. 전국 각지 산과 들의 양지에 자생하는 마타리과의 여러해살이 쌍떡잎 속씨식물이다.

▶ 효능

마타리는 썩은 콩장 냄새가 나며 화농성 질환(化膿
性疾患) 치료제로 잘 알려져 있다.

- 『동의보감』에는 '여러 해 동안 계속된 어혈을 풀
  고 고름을 삭히며, 산모의 여러 가지 병을 낫게
  하고…'로 설명되어 있다. 즉 산후 어혈로 인한
  복통 등에 효능이 있다.
- 충수염, 폐농양, 간염, 위장염, 장염, 이질, 자궁
  경부염 등 각종 화농성 질환 치료에 좋다.

▶ 처방 및 복용 방법

마타리는 개화기에 꽃과 뿌리를 채취하여 햇볕에
말려 쓰는데 약재는 주로 패장이라 하여 뿌리를
쓴다.

- 대하증, 산후 어혈로 인한 복통에는 패장을 달
  여서 차처럼 마신다.
- 산후 요통에는 패장에 당귀, 천궁, 작약, 생지황
  등을 함께 넣고 끓여서 마신다.

- 설사 등 대장허증(大腸虛症)일 경우는 인삼, 백
  출을 함께 넣고 끓여 마신다.
- 이른 봄에는 연한 뚝갈잎을 채취하여 데쳐서 나
  물로 먹거나 나물밥을 해서 먹으면 식욕이 살
  아난다.

▶ 용어 해설

- 건과(乾果): 열매 껍질이 육질이 아닌 목질로 단
  단한 것.
- 화농성 질환(化膿性疾患): 몸에 고름이 생기는
  질환으로 다핵 백혈구가 스며나와 염증이 생기
  는 질환이다.
- 대장허증(大腸虛症): 대장의 기혈이 부족하거나
  기능이 약화되어 나타난 질환.

094 만병초(萬病草)-석남엽(石南葉: 잎)

▶ 식물의 개요

만병초는 홍수엽(紅樹葉)·천상초(天上草)·만년초(萬年草)·풍약(風藥)·만병엽(萬病葉)·향수(香樹) 등으로 불린다. 한방에서 쓰는 생약명은 석남엽(石南葉)이다. 잎은 어긋나지만 가지 끝에서 모여 나고 타원 모양의 댓잎피침형이다. 앞면은 녹색이며 주름이 지고 뒷면은 연한 갈색 털이 많이 나 있다. 꽃은 여름철 7월경 흰색으로 여러 개씩 깔대기 모양을 하고 가지 끝에 산방 꽃차례로 달려 핀다. 열매는 9월경 타원형 삭과가 달려 익는다. 우리나라 중남부지방 특히 울릉도·지리산·설악산 등 고산지대에 서식하는 진달래과의 쌍떡잎 상록 활엽 관목이다.

▶ 효능

• 관절염, 관절통, 신경통, 풍, 풍비 등 운동계 질환의 치료에 효과가 있다.
• 요통, 생리불순, 이뇨, 불임증 등 비뇨기 질환을 다스린다.
• 여성들의 불감증 치료에 효능이 있다.
• 무좀, 습진, 건선 피부염 질환에는 효능이 있다.

▶ 처방 및 복용 방법

만병초는 결실기에 전초를 채취하여 햇볕에 말려서 약재로 쓴다. 특히 만병엽을 가장 중요한 약재로 취급한다.

• 피부에 반점이 생기는 백납의 치료에는 만병초 달인 물을 환부에 바른다.
• 무좀, 습진, 건선 피부염 질환에는 만병엽을 짓찧어 환부에 붙인다.
• 여성들의 불감증, 간경화, 당뇨병에는 만병초 잎과 뿌리를 진하게 달여서 복용한다.

• 위통, 두통, 관절통 등 각종 통증에는 만병초 달인 물을 차처럼 장기간 복용한다.
• 허리통증, 양기부족에는 만병초 잎으로 담근 술을 하루 한 잔씩 1개월 정도 마신다.

▶ 용어 해설

• 산방 꽃차례: 꽃자루가 아랫것은 길고 윗것은 짧아 각 꽃이 가지런히 피는 형태.

095 만삼(蔓蔘 : 덩굴인삼)

▶ **식물의 개요**

만삼은 황삼(黃蔘)·더덕·양각채(羊角菜)·당삼(黨蔘) 등으로 부르며, 생약명은 만삼(蔓蔘)이다. 전체 가는 흰 털이 나 있고 더덕과 흡사하다. 만삼 뿌리는 도라지와 비슷하며 자르면 흰 유액이 나온다. 줄기는 덩굴을 이루어 다른 물체에 붙어 위로 올라가며 자란다. 잎은 어긋나며 달걀 모양의 타원형이다. 꽃은 7월경 종 모양의 자줏빛 꽃이 곁가지 끝이나 잎겨드랑이에서 핀다. 열매는 10월경 삭과가 달려 익는다. 우리나라 중북부 지방에 자생하는 초롱꽃과의 여러해살이 쌍떡잎 덩굴식물이다.

▶ **효능**

만삼은 이른 봄에 채취한 뿌리는 나물로 무쳐 먹고 가을에 채취한 것은 해독제나 보신제로 사용한다. 약으로 쓰려면 10년 이상 된 것이라야 효능이 있다고 한다.

- 식은땀이 나고 기력이 허약할 때 기운을 돋우는 데 효과가 있다.
- 보혈 작용과 비·위장을 튼튼히 하는데 좋다.
- 신장의 염증을 치료하고, 약한 체력 보강에 좋으며, 혈압을 강하시키는데 효과가 있다. 그 외에 기침, 가래, 천식 등 거담·호흡기를 다스리는데 쓰인다.

▶ **처방 및 복용 방법**

만삼은 가을철에 뿌리를 채취하여 햇볕에 말려 약재로 쓴다.

- 비·위장이 약할 경우 당삼, 백출, 복령, 감초를 섞어 물에 달인 후 차처럼 마신다.

- 빈혈이 심할 경우는 만삼을 사물탕(숙지황, 당귀, 천궁, 백작약)과 함께 달여 1일 3회 공복에 마신다.
- 소화 불량, 구토, 설사 등 복통이 있는 경우 만삼, 백출, 감초, 생강을 섞어 달인 물을 차처럼 마신다. 또한 산후 조리에도 기운을 돋우는 효과가 있다.
- 신장염이나 몸이 허하고 기운이 없는 경우는 만삼가루를 설탕이나 꿀에 타서 장기 복용하면 좋다.

▶ **용어 해설**

- 삭과(삭과): 익으면 열매 껍질이 떨어지면서 씨를 퍼뜨리는 여러 개의 씨방으로 된 열매(백합, 붓꽃).

096 메미꽃-하청화근(荷靑花根: 뿌리)

▶ 식물의 개요

메미꽃은 노랑매미꽃·피나물·봄매미꽃 등으로 불리며, 한방에서 하청화근이란 생약명을 쓴다. 잎에는 붉은 유액을 담고 있다. 뿌리잎은 뭉쳐나고 줄기잎은 어긋난다. 작은 잎은 타원형으로 끝이 뾰족하고 가장자리에 톱니가 있다. 꽃은 6월경 노란색의 4개 꽃잎이 둥근 달걀꼴로 타원형으로 핀다. 열매는 8월 전후 원기둥 모양의 삭과가 달려 익는다. 씨는 갈색이고 돌기가 있다. 관상용·식용·약용으로 이용된다. 우리나라 고산지대인 한라산, 지리산, 태백산 등지에 자생하는 양귀비과의 여러해살이 쌍떡잎 속씨식물이다.

▶ 효능

- 관절염, 신경통, 옹창, 습진, 어혈통, 근육통 등
  운동계 질환을 다스리는데 효과가 있다.
- 타박상, 화상, 외부 상처의 치료에 효능이 있다.

▶ 처방 및 복용 방법

개화기에 꽃과 뿌리를 채취하여 그늘에 말려 약재로 쓴다.

- 신경통, 관절염에는 매미꽃으로 환을 빚어 복용한다.
- 타박상, 화상, 습진, 외부 상처의 치료에는 뿌리를 짓찧어 반죽을 하여 환부에 붙인다.
- 소종양, 옹창, 행혈, 어혈통, 근육통 등의 치료에는 전초를 진하게 달여서 차처럼 복용한다.

▶ 용어 해설

- 행혈: 약의 힘으로 피를 돌게 함.

097 매실(梅實)나무

▶ 식물의 개요

매실나무는 매목·매화·매자·일지춘(一枝春)·군자향(君子香)·춘고초(春告草)·호문목(好文木) 등으로 부른다. 생약명은 매실(梅實)이다. 잎은 어긋나는데 달걀꼴로서 끝이 뾰족하고 가장자리에 잔 톱니가 있다. 꽃은 4월경 잎보다 먼저 붉은색 또는 흰색으로 피는데 향기가 진하다. 열매는 7월 전후 녹색의 둥근 핵과가 달려 익는다. 매실 효소를 담글 때는 익지 않는 푸른 매실을 채취하여 생물로 쓴다. 제주도에 자생하던 매실은 현재 전국적으로 밭둑에 재배하거나 농촌의 집 주변에 기르는 장미과의 상록 활엽 소교목이다.

▶ 효능

매실은 맛이 시며 독이 없고 신경통 치료제이며 열을 떨어뜨리는 해열 작용을 한다.
- 간 기능을 강화하고 담즙 분비를 촉진하여 간장 질환에 사용한다.
- 해독 작용과 살균 작용을 한다.(대장균, 장티푸스균, 콜레라균, 결핵균 등)
- 여름에 더위를 먹은 경우 피로 회복에 좋다.
- 위장 작용(설사, 식욕 부진, 소화 장애, 구토 등)을 활발하게 하고 정장 작용도 한다.

▶ 처방 및 복용 방법

매실은 6월경 익지 않은 열매를 채취하여 생물, 소금에 절이거나 불에 말린 것을 약재로 쓴다.
- 속이 울렁거림, 구내염, 설사에는 매실장아찌를 사용한다.
- 매실주를 담가서 3개월 정도 숙성 후 걸러서 1일 2회 정도 마시면 기력 회복에 좋다.

- 매실 엑기스나 초를 만들어 요리에 사용하고, 설사, 폐렴, 기관지염 등에는 물에 타서 마신다.

▶ 용어 해설
- 핵과(核果): 단단한 핵으로 쌓여 있는 열매(매실, 복숭아, 살구, 대추).

098 맥문동(麥門冬)

▶ 식물의 개요

맥문동은 뿌리를 말린 모양이 마치 껍질이 두꺼운 보리의 수염뿌리 같기 때문에 붙여진 이름이다. 불사약(不死藥)·문동(門冬)·맥동(麥冬)·계전초(階前草)·양구(羊韭)·오구(烏韭)·맥문동초·겨우살이풀 등의 이명이 있으며, 약명을 맥문동(麥門冬)으로 쓴다. 뿌리줄기는 옆으로 뻗지 않으며 짧고 굵다. 잎은 뿌리줄기에서 뻗어 나와 하나의 포기를 형성한다. 잎은 부추와 비슷하며 선형이다. 꽃은 6월경 자주색으로 총상 꽃차례를 이루며 달려 핀다. 열매는 10월경 둥근 장과가 달려 익는다. 약재로 쓸 때는 무, 파, 마늘, 오이풀의 사용을 금한다. 우리나라 중부 이남 지역 산지의 그늘진 숲속에 자생하는 백합과의 상록 여러해살이 외떡잎 속씨식물이다.

▶ 효능

맥문동은 약간 달면서도 쓴맛이 난다. 봄, 가을에 뿌리를 캐어 가운데 심을 빼내고 그늘에 말려 자양강장제의 약으로 쓴다.

- 『동의보감』에는 '맥문동은 오래 복용하면 몸이 가벼워지고 천수를 누릴 수 있다'고 했듯이 자양강장제의 효과가 크다.
- 기침을 가라앉히고 가래를 제거하는 거담 작용을 하며, 해열 작용에도 좋다.
- 이뇨, 항균 작용에도 효과가 있으며, 기력이 약한 노인이나 회복기 환자의 보신에도 효능이 있다.
- 주로 순환기·호흡기 질환을 다스리는데 효능이 있다.

▶ 처방 및 복용 방법

맥문동은 봄과 가을철에 채취하여 덩이뿌리를 햇볕에 말려 약재로 쓴다.

- 더위를 먹었다든가 기력이 없을 때 맥문동, 인삼, 생지황(삼재탕)을 끓는 물에 달여 1일 2~3회 정도 마신다.
- 맥문동 뿌리를 차로 만들어 수시로 마시면 강장, 강심, 거담, 해열 작용 및 몸을 보신하는데 좋다.
- 노인성 기침 등 호흡기 질환에는 맥문동 뿌리를 술에 담가 숙성시킨 후 식전에 마시면 효능이 있다.

▶ 용어 해설

- 자양강장제(滋養强壯劑): 몸의 영양을 좋게 하여 허약한 체질을 건강하게 만들고, 체력을 좋게 하는 약제 .

099 맨드라미-계관화(鷄冠花: 수탉 벼슬 모양)

▶ 식물의 개요

계관(鷄冠)·계관초(鷄冠草)·계두(鷄頭)·계공화(鷄公花) 등이 맨드라미의 이명이고, 한방에서는 계관화라는 생약명을 쓴다. 줄기는 곧게 자라고 붉은색이다. 잎은 어긋나며 난상 피침형으로 끝이 뾰족하고 가장자리가 밋밋하다. 여름철 원줄기 끝에 수탉의 벼슬처럼 생긴 꽃이 흰색, 홍색, 황색 등 다양한 색으로 핀다. 9월경 달걀꼴의 개과(蓋果)로 익으면 열매 뚜껑이 열리면서 속에서 검은 씨가 나온다. 전국 각지의 농가 주변에 서식하는 비름과의 한해살이 쌍떡잎 속씨 식물이다. 약재는 전초를 말려 쓰지만 씨(청상자)를 주로 사용한다.

▶ 효능

• 중독된 피부염, 백전풍, 습진, 외상 등 피부 질환 치료에 효과가 있다.
• 요로결석, 요혈, 종창, 치루, 옹종, 방광염 등 비뇨기 질환을 다스린다.
• 산후 복통, 자궁 출혈, 빈혈 등 산후 질환을 다스린다.
• 치루출혈, 장출혈, 자궁출혈 등에 대한 지혈 작용에 효능이 있다.

▶ 처방 및 복용 방법

맨드라미는 열매를 맺는 9월경 채취하여 전초 및 씨를 햇볕에 말려 약재로 사용한다.

• 요로결석, 요혈, 방광염 등 비뇨기 질환의 치료에는 맨드라미 전초를 진하게 달여 차처럼 복용한다.
• 치루출혈, 장출혈, 자궁출혈 등에 대한 지혈 작용의 치료에는 꽃과 줄기로 만든 효소를 복용한다.

• 습진, 종기 등의 치료에는 맨드라미 끓인 물로 환부를 닦거나 생맨드라미 꽃을 짓찧어 환부에 붙인다.
• 노환, 야맹증 등 안과 질환의 치료에는 씨앗으로 볶아 만든 가루를 미지근한 물에 타서 마신다.

▶ 용어 해설

• 개과(蓋果): 열매가 완전히 익은 뒤 껍질이 저절로 벌어져 위쪽이 뚜껑처럼 되는 열매.

100 머위—봉두채(峰斗菜)·관동화(款冬花: 겨울을 깨고 나오는 꽃)

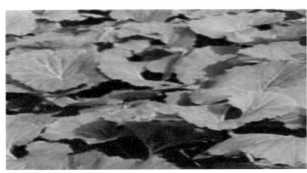 

▶ 식물의 개요

머위는 흑남과(黑南瓜)·사두초(蛇頭草)·관동초·관동·봉즙채·머윗대 등으로 부르며, 생약명은 봉두채(峰斗菜)이다. 땅속줄기가 사방으로 뻗어 나가면서 새순이 나와 줄기가 형성된다. 잎은 꽃이 진 다음 뿌리줄기에서 뭉쳐나는데 심장형으로 가장자리에 톱니가 있다. 꽃은 4월경 잎이 나오기 전에 뿌리줄기 끝에서 꽃대가 나와 산방 꽃차례를 이루며 황백색의 두상화가 핀다. 열매는 5월경 원통 모양의 수과가 달려 익는다. 잎과 잎자루는 나물로 먹고 꽃봉오리는 약재로 쓰인다. 전국 각지 농가 근처 담장 밑이나 냇가, 논·밭둑, 초원의 습지 등에서 자생하는 국화과의 여러해살이 쌍떡잎 속씨식물이다.

▶ 효능

머위는 맛이 맵고 달며 독성은 없는 봄기운을 가장 먼저 전하는 식물이다.

- 기관지염, 천식, 기침으로 인해 나오는 가래를 삭이는 거담 효과가 크다.
- 위액 분비를 촉진하고 간 기능을 강화한다.
- 생선으로 인한 식중독의 해독 작용에 효능이 있다.
- 야뇨, 전립선염, 빈뇨 등 비뇨기 질환을 다스린다.

▶ 처방 및 복용 방법

머위는 봄철에 꽃봉오리를, 가을철에는 뿌리를 채취하여 생물 또는 햇볕에 말려 약재로 쓴다.

- 기침, 천식에는 머위 꽃봉오리를 자완(개미취)과 함께 약탕기에 달여 마시면 가래, 해소에 좋다.
- 생선 식중독에는 머위 생잎으로 즙을 짜서 먹는

다. 등 푸른 생선이나 조개류를 요리할 때 머위 잎과 함께 하면 비린내 및 생선 식중독을 예방할 수 있다.

- 연한 새순과 줄기는 데쳐 나물로 무쳐 먹으면 이른 봄 입맛을 돋우게 하며, 비타민 등 영양가도 풍부하다. 단 머위는 꽃이 절반쯤 핀 것(꽃봉오리)이 약효가 있고 완전 만개한 것은 약효가 적거나 없다.

▶ 용어 해설

- 두상화(頭狀花): 꽃대 끝에 많은 꽃들이 뭉쳐 붙어 머리 모양을 이룬 꽃.

101 멍석딸기-산매(山莓)

▶ 식물의 개요

멍석딸기는 백사파(白蛇波)·홍매소(紅梅消)·멍두딸기·덤불딸기·산딸기 등으로 불린다. 한방에서 쓰는 생약명은 산매이다. 줄기는 옆으로 비스듬히 자라는데 가시가 있다. 잎은 어긋나며 작은 잎이 3개씩 달리는 겹잎인데 달걀 모양의 원형이다. 앞면과 뒷면에는 잔털이 있고 가장자리에는 톱니가 나 있다. 꽃은 5월경 붉게 피는데 산방 꽃차례 또는 총상 꽃차례를 이룬다. 열매는 7월경 장과가 무리지어 달려 붉게 익는다. 전국 각지의 야산 기슭이나 밭둑, 풀밭 등지에 자생하는 장미과의 덩굴성 낙엽 활엽 관목이다.

▶ 효능

• 강장, 건위, 소화불량, 보간, 청간, 복통, 식욕부진, 위염 등 소화기 계통의 질환을 다스리는데 효과가 크다.
• 인후통, 인후염, 임파선염, 편도선염 등 호흡기 계통의 질환을 다스린다.
• 어혈, 토혈, 종독, 중독 등 각종 독을 풀어주는 해독 작용을 한다.

▶ 처방 및 복용 방법

멍석딸기는 꽃이 피는 6월부터 결실하는 8월까지 꽃과 딸기를 채취하여 약재로 사용한다.

• 당뇨, 천식 등의 치료에는 말린 뿌리와 줄기를 끓는 물에 달여서 마신다.
• 간 질환, 오줌소통, 자양강장제로 쓰기 위해서는 익지 않은 열매를 채취하여 물로 달여서 복용한다.
• 류머티즘 관절염, 치질에는 뿌리를 잘게 썰어 말려서 끓는 물로 진하게 달여 마신다.
• 눈 질환, 기침감기, 생리불순, 동맥경화에는 잎·열매·뿌리를 달여 복용한다.
• 각종 피부염에는 뿌리로 진하게 우려 낸 물로 환부를 바른다.

▶ 용어 해설

• 종독: 종기에서 나오는 독성이나 기운.
• 중독: 독성이 있는 물질을 먹거나 마시어 목숨이 위험한 병 증상.

102 멧꽃-선화(旋花)·속근근(續筋根)

▶ 식물의 개요

멧꽃은 면근초(面根草)·미초(美草)·돈장초(㹠腸草)·고자화(鼓子花)·천지연·광엽미초·원미초 등으로 부르며, 생약명은 선화(旋花)·속근근(續筋根)이다. 땅속줄기가 사방으로 뻗어 자라면서 덩굴성 줄기가 나와 다른 물체를 휘감아 올라가며 자란다. 잎은 어긋나는데 타원 모양의 댓잎피침형으로 잎자루는 길다. 꽃은 6월경 연한 홍색으로 피는데 꽃 모양이 나팔꽃과 비슷하지만 꽃 색깔과 피는 시간이 다르다(나팔꽃은 아침, 멧꽃은 낮에 핌). 열매는 잘 맺지 않는데 결실할 경우는 8월경 삭과가 달려 익는다. 어린순과 뿌리줄기는 식용으로 사용한다. 전국 각지 야산, 들판, 호숫가 모래밭에 자생하는 메꽃과의 여러해살이 쌍떡잎 덩굴식물이다.

▶ 효능

멧꽃은 5월경에 꽃을 따서 말려 잎, 줄기, 뿌리 등과 함께 전체를 약용으로 쓴다.

• 멧꽃의 뿌리는 희고 사람의 힘줄과 비슷해서 속근근이라 부르는데 각종 근육 질환 치료에 효과가 있다.
•『동의보감』에 '오래 먹으면 주림을 모르고 기를 늘려 허약한 곳을 보한다'라고 할 정도로 정력 보호 및 강정 작용에 뛰어나다.
• 방광염, 신장염 등 비뇨기 질환의 치료에 도움을 주며, 혈당과 혈압을 떨어뜨려 당뇨병, 중풍 예방 치료에 효능이 있고, 감기 천식 등도 다스린다.

▶ 처방 및 복용 방법

멧꽃은 가을철에 씨·꽃·뿌리줄기를 채취하여 생물 또는 햇볕에 말려 약재로 쓴다.

• 감기 등 호흡기 질환에는 멧꽃을 달여 차처럼 마신다.
• 고혈압, 당뇨병 등 순환계 질환에는 멧꽃 전초를 달여 1일 2회 정도 마신다.
• 식용으로는 잎은 쌈이나 나물로 먹고, 뿌리는 생즙을 내서 먹으며, 쌀과 함께 멧밥을 해서 먹어도 밥이 달며 영양가도 좋다.

▶ 용어 해설

• 선화(旋花): 긴 덩굴성 줄기가 다른 물체에 왼쪽으로 감아 올라가는 풀꽃.

103 며느리밑씻개-자료(刺蓼)

▶ 식물의 개요

며느리밑씻개는 사불고(蛇不鈷)·낭균·가시덩굴여뀌·사광이아재비 등으로 불리고, 한방에서 쓰는 생약명은 자료(紫蓼)이다. 줄기는 사각형이고 가지가 많이 갈라지며 가시가 있다. 잎은 어긋나며 끝이 뾰족하고 양면에 털이 있다. 7월경 붉은색 꽃이 가지 끝에 모여 달려 핀다. 꽃잎은 없고 꽃받침은 여러 개이다. 열매는 9월경 수과가 달려 검은색으로 익는다. 식용과 약용으로 이용된다. 전국 각지의 들판이나 길가의 습지에 자생하는 마디풀과의 한해살이 덩굴식물이다.

▶ 효능

• 간염, 건위, 소화불량, 구토 등의 소화기 계통의 질환을 다스린다.
• 옹종, 종독, 중독, 치질, 행열, 어혈 등 순환계 질환을 다스리는데 효과가 있다.
• 부인의 냉대하증, 자궁탈수, 음부가려움증, 습진, 버짐 등의 질환에 효능이 있다.
• 항문 질환의 치료에 효능이 있다.

▶ 처방 및 복용 방법

8월 전후에 전초를 채취하여 햇볕에 말려 약재로 사용한다.
• 냉대하증, 자궁탈수, 음부가려움증, 습진, 버짐 등의 부인병 질환 치료에는 잎으로 삶은 물로 환부를 씻는다.
• 간염, 건위, 소화불량, 구토 등의 소화기 계통의 질환 치료에는 말린 전초를 끓는 물에 진하게 달여 차처럼 복용한다.
• 항문 가려움증이나 통증에는 말린 잎과 줄기를 삶은 물로 환부를 씻는다.
• 타박상, 외부 종기에는 신선한 생잎과 줄기를 짓찧어 환부에 붙인다.

▶ 용어 해설

• 어혈: 몸에 피가 제대로 돌지 못하여 한 곳에 맺혀 있는 증세.

104 명아주-려(藜)

▶ 식물의 개요

명아주는 낙려(落藜)·연지채(胭脂菜)·학항초(鶴項草)·장이·공쟁이대·도투라지·붉은잎능쟁이·청여장 등으로 불린다. 한방에서 쓰는 생약명은 려(藜)이다. 줄기는 위로 곧게 서고 모가져 있으며 녹색의 줄무늬가 있다. 잎은 어긋나고 삼각형 모양의 달걀꼴로서 가장자리에 물결의 톱니가 있다. 꽃은 7월경 황록색으로 피며 원추 꽃차례를 이룬다. 꽃잎이 없고 꽃받침은 5개이고, 씨방은 원형이며, 2개의 암술대가 달려 있다. 9월경 꽃받침으로 싸인 포과가 달려 익는데 검은 씨가 들어 있다. 전국 각지 빈터나 들판의 풀밭에 자생하는 명아주과의 한해살이 쌍떡잎 속씨식물이다.

▶ 효능
- 피부염, 백전풍, 습진, 외상풍, 풍열 등을 다스리는 피부과 질환의 치료에 효과가 있다.
- 강장, 위염, 장염, 중풍 등을 다스리는데 효능이 있다.
- 충치염, 치통, 치조농루, 치은염 등을 다스리는데 효능이 있다.
- 심장마비와 고혈압 예방에 효능이 있다.
- 이뇨 작용과 해독 작용을 한다.

▶ 처방 및 복용 방법

명아주는 개화하는 5~6월경 전초를 채취하여 햇볕에 말려 약재로 쓴다.
- 독충, 독사에 물렸을 때는 명아주 생즙을 환부에 바른다.
- 충치, 치은염, 치통에는 명아주 삶은 물로 양치질한다.

- 가려움증이나 두드러기의 치료에는 명아주 태운 재를 환부에 바른다.
- 어린아이의 두피에 생긴 염증에는 볶은 씨로 가루를 만들어 참기름에 개어서 환부에 붙인다.
- 위염과 장염에는 명아주를 진하게 달여 차처럼 1주일 정도 복용한다.
- 심장마비와 고혈압 예방에는 전초 달인 물을 차처럼 복용하거나 생즙을 내어 복용해도 효능이 있다.

▶ 주의

복용 중에는 황금의 사용을 금한다.

▶ 용어 해설
- 포과(苞果): 얇고 마른 껍질 속에 씨가 들어 있는 것(명아주씨).
- 백전풍: 피부에 흰 반점이 생기는 증상.

105 모란-목단(牧丹)

▶ 식물의 개요

모란은 목단피·목단초·목작약·부귀화(富貴花) 등으로 부르며, 생약명은 목단이다. 잎은 어긋나며 깃꼴겹잎인데 달걀꼴 모양으로 댓잎피침형이다. 꽃은 5월경 여러 겹의 꽃이 피는데 품종에 따라 백색·황색·홍색·담홍색·주홍색·녹색·자색 등 다양하다. 적갈색 꽃이 피는 겹자리 목단을 최고의 약효로 친다. 꽃 중의 왕이라고 칭하는데, 열매는 9월경 둥근 분과가 달려 익는데 열매가 익으면 터져 씨가 밖으로 나온다. 우리나라 전역에 분포되어 있는 미나리아재비과의 낙엽 활엽 관목이다.

▶ 효능

모란꽃은 향기가 없으나 뿌리의 껍질은 향기가 있다. 뿌리와 껍질은 혈액순환 촉진제로 널리 알려져 있다.

- 진정·진통 작용을 하며 해열 작용도 한다. 목단피는 간울화왕증(열이 심하고 땀이 많이 나며 눈이 충혈되고 생리가 불순하여 오는 현상)에 효과가 있다.
- 대장균, 장티푸스균 등에 대하여 강한 항균 작용을 한다.
- 부종을 억제하는 작용을 하며 혈관의 투과성을 저하시킨다. 혈액순환을 촉진하면서 어혈도 풀어주고 연꽃과 함께 사용하면 치질 치료에 효과가 있다.

▶ 처방 및 복용 방법

모란은 가을철에 꽃과 뿌리껍질을 채취하여 꽃은 생물로 쓰고, 뿌리껍질은 햇볕에 말려 약재로 쓴다.

- 여성의 생리불순에는 목단피, 작약, 계피, 토과근을 함께 넣고 달여서 그 물만 걸러 차처럼 여러 번 복용한다.
- 임신 중 코피가 날 때에는 목단피를 포황, 백작 등과 배합하여 환을 빚어 알약으로 공복에 사용한다.
- 간울화증에는 목단과 치자를 섞어 끓여 차처럼 마신다.

▶ 주의

복용 중에는 하눌타리·대황·새삼·패모 등을 금한다.

▶ 용어 해설

- 분과: 여러 개의 씨방으로 된 열매로 익으면 벌어진다(작약).

106 모시대-제니(薺苨: 뿌리)

▶ **식물의 개요**

모시대는 모싯대·모시잔대·매삼(梅蔘)·취소(臭蘇) 등으로 불린다. 한방에서는 제니라는 생약명을 쓴다. 줄기는 곧게 서고 뿌리는 굵으며 자르면 흰 유즙이 나온다. 잎은 어긋나고 달걀꼴의 심장형으로 가장자리에 톱니가 있다. 꽃은 9월경 자주색으로 종처럼 생긴 꽃이 원추 꽃차례를 이루며 달려 핀다. 10월경 삭과가 달려 익는다. 어린 잎은 나물로 먹고 뿌리는 약재로 쓴다. 전국 각지의 깊은 숲속 그늘진 곳에 자생하는 초롱꽃과의 여러해살이 쌍떡잎 속씨식물로 식용과 약용으로 쓴다.

▶ **효능**

- 호흡기 질환을 다스리는데 효과가 있다. 즉, 기관지염, 유행성 감기, 인후염, 폐렴, 갑상선 질환, 거담 등의 질환을 치료한다.
- 피부과 계통의 질환을 다스리는데 효과가 있다. 즉, 중독된 피부염, 습진, 두드러기, 화상, 탈피 현상 등의 질환을 치료한다.
- 순환계 질환을 다스리는데 효과가 있다. 즉, 고혈압, 신장염, 어혈, 불면증, 중풍, 편두통 등의 질환을 치료한다.
- 눈을 밝게 하고, 해독 작용을 하며 통증을 치료하는 효능이 있다.

▶ **처방 및 복용 방법**

모시대는 이른 봄과 가을철에 뿌리를 채취하여 생물 또는 햇볕에 말려 약재로 사용한다.

- 거담, 간염, 간암 등의 치료에는 모시대 생즙을 사과와 함께 섞어 복용한다.
- 종독, 중독, 창종, 옹종 등의 해독에는 모시대 뿌리를 달여서 마신다.
- 기관지염의 치료에는 모시대 뿌리를 가루로 만들어 복용한다.

▶ **용어 해설**

- 원추(圓錐) 꽃차례: 꽃차례의 축이 여러 번 가지가 갈라져 최종 분지(分枝)가 총상 꽃차례를 이루는 원뿔 모양이다.

107 무릇-면조아(綿棗兒)

▶ 식물의 개요

무릇은 야자고(野茨菰)·전도초(剪刀草)·흥거(興渠)·지조(地棗)·지란(地蘭)·물굿·물구 등으로 불린다. 한방에서 쓰는 생약명은 면조아(綿棗兒)이다. 땅속에 알처럼 둥근 쪽파 모양의 비늘줄기가 있다. 뿌리는 비늘줄기 밑에서 수염뿌리 모양으로 나온다. 잎은 뿌리에서 봄과 가을 두 차례에 걸쳐 나오는데 마주난다. 잎몸은 선형으로서 끝이 뾰족하고 털이 없다. 꽃은 8월 전후 자주색 육판화가 총상 꽃차례를 이루며 달려 핀다. 잎 모양과 꽃 색깔이 맥문동과 비슷하다. 열매는 9월경 타원형의 삭과가 달려 익는다. 속에는 검은색 종자가 들어 있다. 어린순과 동그란 비늘줄기는 식용으로, 비늘줄기와 전초는 약재로 이용한다. 전국 각지 습기가 있는 들판이나 냇가, 초원지대에 자생하는 백합과의 여러해살이 외떡잎식물이다.

▶ 효능

• 건위, 위염, 간염, 신경통, 장염, 강장, 중독증, 치질, 응혈, 근골무력증 등 순환계 질환을 다스리는데 효과가 있다.

• 무좀, 반점, 기미, 주근깨, 탈피증, 종기, 습진 등 피부과 질환의 치료에 효과가 있다.

• 유방염, 유종, 젖몸살 등을 다스린다.

• 타박상, 요통, 근육통, 옹저 등의 치료에 효능이 있다.

▶ 처방 및 복용 방법

무릇은 봄과 가을에 전초와 비늘줄기를 두 번 채취하여 생물 또는 그늘에 말린 것을 식용 및 약용으로 쓴다.

• 강심 작용과 이뇨 작용에는 비늘줄기와 잎으로 술을 담가서 복용한다.

• 위염, 간염, 신경통, 장염, 강장, 중독증, 치질, 응혈 등 순환계 질환의 치료에는 비늘줄기와 전초를 진하게 달여서 복용한다.

• 피부에 난 종기, 습진, 무좀, 유방염, 타박상, 근육통의 치료에는 비늘줄기 생물을 짓찧어 환부에 붙인다.

▶ 용어 해설

• 비늘줄기: 짧은 줄기 둘레에 양분을 저장하여 두껍게 된 잎이 많이 겹친 형태(파, 마늘, 백합, 수선화).

• 육판화: 꽃잎이 여섯 장인 꽃.

108 물봉선화-야봉선(野鳳仙)

▶ **식물의 개요**

물봉선화는 가봉선화(假鳳仙花)·물봉숭·물봉숭아·털물봉숭·좌나초·가봉선 등으로 불린다. 한방에서는 야봉선(野鳳仙)의 생약명을 쓴다. 물봉선화는 습기 진 곳에 군락을 이루어 자란다. 줄기는 곧게 서고, 많은 가지가 갈라지며, 물기가 많은 육질이다. 잎은 어긋나고 넓은 바소꼴이며 끝이 뾰족하고 가장자리에 톱니가 있다. 꽃은 8월경 자주색 꽃이 피고 가지 윗부분에 총상 꽃차례를 이루며 달린다. 열매는 삭과이고 익으면 터지면서 종자가 밖으로 튀어 나온다. 전국 각지 들판이나 집 주변의 습지에 자생하는 봉선화과의 한해살이 쌍떡잎 속씨식물이다.

▶ **효능**

• 주로 종기를 다스리는데 효과가 있다. 즉, 옹종, 수종, 위궤양, 종독, 중독증 등의 질환을 치료한다.
• 피부 질환의 치료에 효능이 있다.

▶ **처방 및 복용 방법**

물봉선화는 잎줄기·꽃·열매를 여름과 가을철에 채취하여 생물 또는 햇볕에 말려 사용한다.
• 독사에 물렸거나 각종 종기의 치료에는 신선한 잎과 줄기를 채취하여 짓찧어서 환부에 붙이거나 즙을 짜서 바른다.
• 멍이 든 피부에는 생뿌리로 즙을 짜서 환부에 바른다.
• 신장결석, 요도결석의 치료에는 꽃과 씨앗을 술에 담갔다가 하루에 한 잔씩 마신다.

▶ **용어 해설**

• 수종: 신체조직의 틈 사이에 조직액이 괸 상태.

109 물옥잠-우구(雨韭)

▶ 식물의 개요

물옥잠은 우구화·부장(浮薔)·곡초(鵠草) 등으로 불리고 한방에서는 우구라는 생약명을 쓴다. 줄기는 물속에서 자라며 속이 비어 있다. 잎몸은 심장 모양이고 끝이 뾰족하다. 잎은 어긋나며 반들반들하게 윤기가 난다. 꽃은 8월경 청자색으로 원추 꽃차례를 이루며 달려 핀다. 열매는 10월경 긴 타원형의 삭과가 달려 익는다. 전국 각지 호수, 늪, 연못 등지에 자생하는 물옥잠과의 한해살이 외떡잎 속씨 수생식물이다.

▶ 효능
- 창종, 화상으로 손상된 피부, 피부염, 습진 등 피부과 질환을 다스리는데 효과가 있다.
- 천식, 해수로 인한 발열, 유행성 감기, 기관지염, 폐렴 등 호흡기 질환의 치료에 효과가 있다.

▶ 처방 및 복용 방법

물옥잠은 가을철에 뿌리를 제외한 전초(우구)를 채취하여 생물이나 햇볕에 말려 약재로 쓴다.
- 천식, 해수, 해열의 치료에는 뿌리를 제외한 전초를 햇볕에 말려 진하게 달여서 복용한다.
- 타박상, 종기 등의 치료에는 생잎을 짓찧어 환부에 붙이거나 말린 가루를 이겨서 복용한다.
- 해수, 천식, 고열 등에 대한 청열 작용에는 물옥잠 전초를 말려 달여서 차처럼 복용한다.

▶ 용어 해설
- 청열 작용: 몸의 열을 내리는 작용.

110 미나리-근채(芹菜)

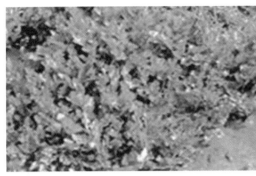 

▶ 식물의 개요

미나리는 수근채(水芹菜)·수근(水芹)·수점(水蘄)·수영(水英)·한근(旱芹) 등으로 부르며, 생약명은 근채(芹菜)이다. 줄기는 길게 진흙 속에 뻗는데 원기둥 모양이고 속이 비어 있다. 잎은 어긋나고 달걀꼴로 끝이 뾰족하며 가장자리에 톱니가 있다. 꽃은 7월경 오판화가 줄기 끝에 산형 꽃차례를 이루며 달려 핀다. 열매는 8월경 분과로 달려 익는다. 전국 각지의 습지, 연못가, 웅덩이 등지에 자생하는 미나리과의 여러해살이 쌍떡잎 속씨식물이다.

▶ 효능

미나리는 우리의 입맛을 돋우어 기를 보하고 허약 체질을 강하게 하며 순환계 질환을 다스리는 보혈 제로 알려져 있다.

- 어린아이가 백일해에 걸렸거나 감기로 열이 많은 경우 사용하면 효과가 크다.
- 대·소변을 원활하게 하고 소변 출혈, 자궁 출혈, 생리 과다증상에 지혈 작용을 하고, 간경화나 간염의 해독 작용에 좋다.
- 『동의보감』에는 '갈증을 풀고 머리를 맑게 해주며 술 마신 뒤 숙취를 해소한다'고 하였다.
- 고혈압과 동상을 다스리는데 효능이 있다.

▶ 처방 및 복용 방법

미나리는 가을철에 잎과 줄기를 채취하여 생물 또는 그늘에 말려 약재로 쓴다.

- 비만증, 혈뇨, 하혈에는 미나리 줄기만으로 생즙을 내어 1일 3회 정도 식전에 마신다.
- 배뇨통이 있을 경우는 미나리 뿌리로 생즙을 만

들어 사용한다.

- 생리불순이나 무생리증에는 미나리 줄기와 뿌리를 달여 그 물을 수시로 마신다.
- 고혈압, 설사 등에는 미나리 생즙을 내어 마신다.
- 동상, 땀띠, 두드러기에는 미나리 생즙을 환부에 바르면 효과가 있다.

▶ 용어 해설

- 분과: 여러 개의 씨방으로 된 열매로 익으면 벌어진다.(작약)
- 산형 꽃차례: 많은 꽃꼭지가 꽃대 끝에서 방사형으로 나와 그 끝마디에 꽃이 하나씩 붙는 꽃차례.

111 미나리아재비-모간(毛茛: 뿌리를 제외한 전초)

▶ **식물의 개요**

미나리아재비는 놋동우·자래초·모근(毛茛)·자구(自灸)·수간(水茛)·노호초(老虎草) 등으로 불린다. 한방에서는 모간이란 생약명을 쓴다. 줄기는 곧게 서고 윗부분에서 가지가 여러 개 갈라지며 흰색 털이 나 있다. 뿌리에서 나온 잎자루가 길고 깊게 3개로 갈라지며 가장자리에는 톱니가 있다. 줄기에서 나온 잎은 자루가 없고 3개로 갈라지며 갈라진 조각은 줄 모양이다. 꽃은 6월경 노란색이며 취산 꽃차례를 이루며 꽃자루에 1개씩 달려 핀다. 꽃잎과 꽃받침은 5개이며 거꿀 달걀형이다. 열매는 수과이고 여러 개가 모여 별사탕 모양의 덩어리를 이룬다. 독성이 약간 있지만 식용과 약용으로 쓴다. 전국 각지 들판과 초원지대 풀숲의 습한 곳에 자생하는 미나리아재비과의 여러해살이 쌍떡잎 속씨식물이다.

▶ **효능**

- 개창, 피부염, 습진, 화상으로 손상된 피부, 건성 피부 등 피부과 질환을 다스리는데 효과가 크다.
- 복통, 편두통, 황달 등 진통·소종 작용을 다스리는데 효능이 있다.

▶ **처방 및 복용 방법**

여름과 가을철에 잎·줄기·꽃·열매·뿌리 등 전초를 채취하여 어린순은 식용으로 쓰고 햇볕에 말린 재료는 약용으로 쓴다.

- 유선암, 자궁경부암, 피부암의 치료에는 뿌리의 기름을 추출하여 복용한다.
- 관절염, 종창, 옹저 개선(옴) 등의 환부 치료에는 잎과 줄기를 짓찧어 붙인다.
- 황달, 학슬풍에는 생모간으로 환을 빚어 복용한다.

- 치통에는 전초 삶은 물로 양치질한다.
- 창, 피부염, 습진, 화상으로 손상된 피부, 건성 피부 등 피부과 질환의 질환에는 미나리아재비의 잎과 줄기, 뿌리를 짓찧어서 환부에 바른다. 또는 말린 재료를 삶아서 피부에 씻는다.

▶ **용어 해설**

- 수과(瘦果): 익어도 터지지 않는 열매.
- 학슬풍: 무릎 관절이 아프고 부으며, 다리 살이 여위어 학의 다리처럼 된 병증.
- 옹저: 피부에 나는 종기를 통칭하는 용어.

112 미역취–일지황화(一枝黃花: 미역취 전초)

▶ 식물의 개요

미역취는 꽃취·메역취·돼지나물·야황채(野黃茱)·황화자(黃花仔)·대패독(大敗毒) 등으로도 불린다. 한방에서 쓰는 생약명은 일지황화이다. 줄기는 곧게 자라며 위쪽에서 가지가 갈라진다. 잎은 어긋나며 긴 타원형의 댓잎피침형으로 가장자리에는 톱니가 있다. 8월 전후 노란색 꽃이 뭉쳐 피며 산방 꽃차례를 이룬다. 열매는 10월경 둥근 삭과가 달려 익는다. 전국 각지 야산의 구릉지나 들판의 풀밭에 자생하는 국화과의 여러해살이 쌍떡잎 속씨식물이다.

▶ 효능
- 종독, 중독, 청열, 감기, 간염, 편도선염, 폐렴, 피부염, 황달, 전립성암, 해수, 해열 등으로 나타난 염증 및 열증을 다스리는데 효능이 있다.
- 감기두통, 인후동통 등 호흡기 질환에 효능이 있다.
- 각종 종기 및 피부염 질환에 효능이 있다.

▶ 처방 및 복용 방법

미역취는 개화기인 10월 전후에 꽃·잎·줄기를 채취하여 햇볕에 말려 약재로 사용한다.
- 감기 치료에는 전초 달인 물을 장기 복용한다.
- 신장염, 방광염, 청열, 간염, 편도선염 등 각종 염증의 치료에는 전초를 진하게 달여 차처럼 복용한다.
- 각종 피부염의 치료에는 신선한 미역취 잎과 줄기를 짓찧어 환부에 붙이거나 액즙을 짜서 바른다.

▶ 용어 해설
- 인후동통: 풍열로 인하여 목구멍이 부어서 아픈 증상.

113 미치광이풀-낭탕근(莨□根)

▶ 식물의 개요

미치광이풀은 미친풀·당충(唐充)·낭탕초·초우엉·이빨사풀·광대작약 등의 이명이 있다. 한방에서 쓰는 생약명은 낭탕근(莨蓉根)이다. 독이 있어 잘못 먹으면 미친 증상이 나타난다. 뿌리줄기는 옆으로 뻗으며 마디가 생겨 줄기가 나온다. 잎은 어긋나며 끝이 뾰족하고 가장자리에 톱니가 있다. 꽃은 봄철인 4월경 자주색으로 피는데 밑으로 쳐진다. 열매는 8~9월경 둥근 삭과가 달려 익는데 씨가 사방으로 퍼져 나간다. 약재는 주로 열매를 쓴다. 우리나라 중남부 지역의 깊은 산속 습지나 그늘에 자생하는 가지과의 여러해살이 쌍떡잎 속씨식물이다.

▶ 효능

미치광이풀은 독성이 강하지만 진통제로서의 효능이 크다고 한다.

- 『동의보감』에 '치통을 멎게 하며 거기에서 벌레가 나오게 한다'고 했을 정도로 진통 효과 및 치료 효과도 있다.
- 씨는 광증, 간질을 안정시키고 천식, 위통, 복통 등을 진정시킨다.
- 설사, 이질 등을 치료하는 지사 작용에 효능이 있다.
- 감기, 천식 등의 호흡기 질환을 다스린다.

▶ 처방 및 복용 방법

미치광이풀은 가을철에 뿌리와 열매를 채취하여 햇볕에 말려 약재로 쓴다.

- 이질과 탈항에는 씨를 볶아 가루를 내어 물에 타서 먹는다.
- 학질에는 뿌리를 태워 재로 만들어 그 잿가루를

먹는다. 단 한의사 전문의에 상담 후 사용해야 한다.

▶ 용어 해설

- 학질: 몸을 벌벌 떨며 주기적으로 열이 나는 질병.

114 민들레-포공영(蒲公英)

▶ 식물의 개요

민들레는 무슨들레·복공영(僕公英)·금잠초(金簪草)·지정(地丁)·문둘레·안진방이·구유초(狗乳草) 등으로 부른다. 생약명은 포공영(蒲公英)이다. 줄기와 잎은 겨울철에 죽지만 이른 봄 뿌리에서 다시 싹이 나온다. 잎은 원줄기 없이 뭉쳐 나와 옆으로 퍼진다. 털과 더불어 가장자리에 톱니가 나 있다. 4월경 꽃은 노란색 또는 흰색으로 꽃차례를 이루며 달려 핀다. 열매는 5월경 갈색의 수과가 달려 익는다. 갓털이 삿갓 모양으로 붙어서 바람에 날려 퍼진다. 어린순은 식용으로, 뿌리는 약용으로 쓴다. 전국 각지의 산과 들, 초원 지대에 군락을 이루는 국화과의 여러해살이 쌍떡잎 속씨식물이다.

▶ 효능

민들레는 이른 봄에 꽃, 줄기, 뿌리 등을 통째로 잘 씻어 데쳐서 나물로 먹으면 입맛을 돋우고 햇볕에 말려서는 약용으로 쓴다.

- 소염·소종 작용에 효능이 크다(황달성 감염, 급성 당낭염, 편도성염, 충수염, 여성 냉증, 생리불순, 젖몸살 등).
- 구토, 식욕부진, 만성위염, 위궤양, 위암 등 소화기 계통의 질환을 다스려 건위정장의 효능이 있다.
- 항균 해독 작용을 한다. 사람 몸에 침입한 유해균, 식중독, 혈독 등을 제거하는데 유용하다.

▶ 처방 및 복용 방법

민들레는 봄철에 줄기와 잎, 가을철에 뿌리를 채취하여 생물 또는 햇볕에 말려 약재로 쓴다.

- 남성의 정력이 약화되고 기력이 허약해지면 민들레로 술을 만들어 한 달 정도 숙성 후 걸러서 1일 2회 정도 소량으로 복용한다.
- 소화 장애 및 여성들의 젖몸살에는 민들레 뿌리를 끓여 차처럼 마신다. 그 외에 여성의 생리불순이나 냉증, 위통, 변비 등에도 끓여서 마신다.

▶ 용어 해설

- 갓털: 씨방의 맨 끝에 붙은 솜털 같은 것.
- 소종: 종기를 삭히며 해독을 한다는 의미.
- 당낭염: 쓸개에 세균이 침입하여 생기는 염증.

115 민솜대-녹약(鹿藥)

▶ 식물의 개요

민솜대는 편두칠(偏頭七)·구층루(九層樓)·가는잎솜죽대·민솜때 등으로도 부르며, 한방에서는 녹약이란 생약명을 쓴다. 뿌리줄기가 옆으로 뻗으며 끝에서 한 개의 원줄기가 나온다. 원줄기는 곧게 서고 잎집이 싸고 있다. 잎은 어긋나고 달걀 모양의 타원형으로 가장자리에는 돌기가 나 있다. 꽃은 6월경 흰색으로 총상 꽃차례를 이루며 핀다. 열매는 7월경 둥근 장과가 달려 붉은색으로 익는다. 관상용·사료용·식용·약용으로 이용된다. 전국 각지 산기슭 양지에 자생하는 백합과의 여러해살이 외떡잎 뿌리식물이다.

▶ 효능

• 생리불순, 자궁암, 유선염, 자궁출혈 등 여성병 질환을 다스리는데 효과가 있다.
• 두통, 소종, 풍습동통, 타박상, 위통, 중독증 등 각종 통증을 다스리는 작용을 한다.

▶ 용어 해설

• 장과(漿果): 과육과 액즙이 많고 속에 씨가 들어 있는 과실(포도, 감).
• 풍습동통: 풍사(바람기)와 습사(습기)로 인해 몸이 쑤시고 아픈 병증.

▶ 처방 및 복용 방법

민솜대는 9월 전후에 뿌리줄기와 전초를 채취하여 햇볕에 말려 약용으로 쓰는데 뿌리줄기를 많이 사용한다.

• 생리불순, 자궁암, 자궁출혈 등의 질환에는 전초 달인 물을 차처럼 장기 복용한다.
• 두통, 풍습동통, 위통, 중독증 등 각종 통증의 치료에는 말린 뿌리줄기와 잎을 끓는 물에 진하게 달여 마신다.
• 타박상, 각종 종기 등의 피부 질환에는 신선한 민솜대 잎을 찧어서 즙을 내어 환부에 바른다.

116 밀나물-노룡수(老龍須)

▶ 식물의 개요

밀나물은 마미신근(馬尾伸根)·용수초(龍須草)·우미절(牛尾節)·우미채(牛尾茱)·과강결·초발계 등의 이명과 한방에서 노룡수(老龍須)라는 생약명을 쓴다. 뿌리줄기에서 많은 수염뿌리가 나오며 원줄기에서 많은 가지가 갈라진다. 잎겨드랑이에서 나온 덩굴손이 다른 물체를 감고 올라간다. 잎은 어긋나며 달걀 모양으로 끝이 뾰족하고 밑 부분은 심장형이다. 꽃은 5월경부터 황록색 꽃이 산형 꽃차례를 이루며 달려 핀다. 열매는 8월경 동그란 장과가 달려 검게 익는다. 관상용·식용·약용으로 이용된다. 전국 각지 야산이나 개울가, 들판 등지에 자생하는 백합과의 여러해살이 외떡잎 덩굴식물이다. 잎은 나물로 먹고 우미채(뿌리)를 약용으로 쓴다.

▶ 효능

• 소화불량, 위염, 위통, 건위, 식욕부진, 식도염 등 소화기 질환을 다스리는데 효과가 있다.
• 신경계와 순환계 질환을 다스리는데 효과가 크다. 즉, 결핵, 신경통, 중풍, 고혈압, 담, 구토, 어혈, 두통, 설사, 소갈증 등의 치료에 쓰인다.

▶ 처방 및 복용 방법

밀나물은 여름과 가을철에 줄기와 뿌리를 채취하여 햇볕에 말려 약재로 쓴다.

• 설사, 소화불량, 혈액응고, 근골통의 치료에는 밀나물 줄기와 뿌리로 술을 담가 하루에 소주잔 한 잔씩 복용한다.
• 사지마비증, 폐결핵, 관절동통의 질환에는 말린 전초를 달여서 마신다.
• 골수염에는 밀나물 줄기와 뿌리를 진하게 달여 복용한다.

• 타박상, 각종 종기 등에는 잎과 줄기를 짓찧어 즙을 내어서 바른다.

▶ 용어 해설

• 심장형(心臟形): 동물의 염통을 닮은 하트 모양의 형태.
• 장과(漿果): 과육과 액즙이 많고 속에 씨가 들어 있는 과실(포도, 감).

117 바디나물—일전호(日前胡: 뿌리)

▶ 식물의 개요

바디나물은 연삼·개당귀·금죽나물·까막발나물·전호(前胡)·만호(滿胡)·사향채(射香菜) 등으로 불리고, 한방에서는 일전호라는 생약명을 쓴다. 뿌리줄기는 짧고 굵다. 원줄기는 곧게 서며, 윗부분에서 가지가 갈라진다. 당귀잎 모양을 한 톱니 모양의 잎은 넓적하고, 어긋나며 깃꼴로 갈라진다. 작은 잎은 여러 개로 가장자리에 톱니가 나 있다. 꽃은 8월경 자주색으로 산형꽃차례를 이루며 달려 핀다. 열매는 10월경 둥근 분과가 달려 익는다. 잎·열매·뿌리를 약재로 쓴다. 전국 각지 산지의 숲속이나 들판, 냇가 등지에 자생하는 미나리과의 여러해살이 쌍떡잎 속씨식물이다.

▶ 효능
• 치통, 치조농루, 구강출혈, 대하증, 산후증, 불임증, 자궁출혈, 생리불순 등 치과·부인과 질환을 다스린다.
• 구토, 담, 발열, 빈혈증, 중풍, 건위, 위경련, 위염, 편두통 등 순환계 질환의 치료에 효능이 있다.

▶ 처방 및 복용 방법

바디나물은 식용과 약용으로 쓰인다. 봄과 가을철에 잎·열매·뿌리를 채취하여 어린순은 나물로 먹고, 열매와 뿌리를 약재로 쓴다.
• 해열, 진해, 거담 작용에는 전호 뿌리를 달여 복용한다.
• 생리불순, 생리통, 대하증의 부인병 질환에는 전호 뿌리와 줄기를 달여 마시거나 가루를 만들어 복용한다.

• 치통, 구강염, 구역증 등 치과 질환의 치료에는 전호 뿌리를 삶아 그 물로 양치질한다.
• 천식, 감기로 인한 발열, 해수 두통 등의 치료에는 전초를 진하게 우려서 차처럼 장기 복용한다.

▶ 용어 해설
• 치조농루: 치아를 턱뼈에 보호시키는 치주조직의 질환.

118 바랭이-마당(馬唐)

▶ 식물의 개요

흔히 잡초로 여기는 바랭이는 천금초(千金草)·우근초(牛筋草)·가마당(假馬唐)·계조자초(鷄爪子草)·홍수초(紅水草) 등의 이명을 쓰며, 한방에서의 생약명은 마당이다. 줄기의 밑 부분이 땅 위를 기어 뻗으면서 마디에서 뿌리가 내리고 줄기가 나와 곧게 서서 자란다. 잎은 어긋나며 선형의 댓잎피침형으로 양면에 털이 조금 있다. 꽃은 7월경 이삭으로 된 녹색 꽃이 수상 꽃차례를 이루며 달려 핀다. 꽃이삭은 여러 개 가지가 손가락처럼 갈라져 비스듬히 퍼진다. 열매는 10월경 영과가 달려 익는다. 사료용·퇴비용·약용으로 이용된다. 전국 각지의 밭에서 잡초로 크며 벼과의 한해살이 외떡잎식물이다.

▶ 효능
• 방광결석, 신장결석의 치료에 효능이 있다.
• 일사병, 열사병, 중풍, 황달 등의 질환을 다스린다.

▶ 처방 및 복용 방법

8~9월경 전초를 채취하여 햇볕에 말려 약재로 쓴다.
• 방광결석, 신장결석의 치료에는 바랭이 전초를 우려서 장기가 복용한다.
• 눈을 맑게 하고 소화력을 증진시키기 위해서는 바랭이 전초를 달여서 마신다.
• 일사병, 열사병, 중풍, 황달 등의 질환에는 말린꽃과 열매를 포함한 전초를 달여서 복용한다.

▶ 용어 해설
• 수상 꽃차례: 한 개의 긴 꽃대 둘레에 여러 개

꽃이 이삭 모양으로 핀 꽃.
• 영과(穎果): 껍질이 얇고 씨껍질에 달라붙어 있어 하나처럼 되어있는 열매(벼, 보리).

119 바위솔-와송(瓦松)

▶ 식물의 개요
바위솔은 암송(岩松)·향천초(向天草)·일년송(一年松)·석탑화(石塔花)·와연화(瓦蓮花)·와화·범발자국·지붕지기 등으로 부르는데, 『동의보감』에 '오랜 기와집 위에서 난다. 멀리서 바라보면 소나무 비슷하다고 하여 일명 와송이라 한다'고 하였다. 한방에서 쓰는 생약명은 와송(瓦松)이다. 줄기는 곧게 자란다. 꽃대가 나타나면 잎들이 모두 위로 올라가면서 느슨해진다. 잎은 육질이고 두꺼우며 분백색을 내면서 어긋나서 기왓장을 포갠 것처럼 보인다. 꽃은 6월경 꽃자루가 없는 흰 꽃이 수상 꽃차례로 줄기 끝에 빽빽이 달려 핀다. 10월경 골돌과가 달려 익는다. 전국 각지의 산속 바위 위나 옛 사찰의 기와지붕에서 자라는 돌나물과의 여러해살이 쌍떡잎 속씨식물이며, 암 치료제로 사용된다.

▶ 효능
바위솔은 맛이 시고 쓰며 독성은 없으나 초산을 함유하고 있다. 예로부터 암 치료제로 널리 알려져 있다.

- 발암 물질을 죽이고 암세포를 파괴하는 항암 작용에 효능이 크다. 특히 각종 암세포의 증식을 막아 주는 역할을 한다(간암, 췌장암, 위암, 식도암, 유방암, 자궁암 등).
- 설사나 이질 치료에 쓰이며, 심장과 혈관 수축에도 효과가 있다. 토혈, 코피, 피설사 등에 지혈 작용을 한다.

▶ 처방 및 복용 방법
바위솔은 가을철에 전초를 채취하여 햇볕에 말려 약재로 쓴다.

- 토혈, 코피가 나올 경우는 와송과 돼지고기를 달여 복용한다.
- 소아가 경기를 한다든가 폐렴인 경우는 와송을 달이든가 생즙을 내어 여러 번 복용한다.
- 각종 암은 증식을 막기 위해 와송을 달여서 차처럼 장복한다.
- 치질, 종기, 부스럼, 화상, 습진, 가려움증 등에는 와송을 찧어 환부에 고루 바른다.

▶ 용어 해설
- 골돌과(骨葖果): 여러 개의 씨방으로 된 열매로 익으면 열매 껍질이 벌어짐(바주가리).

120 바위취-호이초(虎耳草)

▶ 식물의 개요

바위취는 범의귀·홍전초(紅錢草)·등이초(橙耳草)·석하엽(石荷葉)·불이초(佛耳草)·천하엽 (天荷葉) 등의 이명이 있고, 한방에서 쓰는 생약명은 호이초이다. 땅속줄기가 옆으로 뻗으며 새 싹이 나와 번식한다. 원줄기는 곧게 서고 전체에 적갈색의 긴 털이 난다. 잎은 땅속줄기에서 모 여 나는데 신장 모양이며 가장자리에 톱니가 있다. 꽃은 5월경 흰 꽃이 원추 꽃차례에 달려 핀 다. 꽃받침과 꽃잎은 각각 5개이다. 열매는 7월경 둥근 삭과가 달려 익는다. 씨는 열매가 익으 면 터져서 밖으로 튀어 나온다. 우리나라 중남부지방의 야산 구릉지나 그늘진 습지에 자생하는 범의귀과의 여러해살이 쌍떡잎 속씨식물이다.

▶ 효능
• 피부염, 습진, 탕화창(화상), 중독, 창종, 탈피증 등 피부과 질환을 다스린다.
• 호흡기, 신경계 질환에 효과가 있다. 즉, 감기, 거담, 결핵, 편두통, 풍열, 고혈압, 관절염, 신경 통, 담, 중풍 등을 다스린다.

▶ 처방 및 복용 방법
바위취는 가을철에 전초를 채취하여 햇볕에 말려 약재로 쓴다.
• 감기, 거담, 결핵, 편두통, 풍열 등의 호흡기 질 환에는 말린 바위취 전초를 달여서 복용한다.
• 고혈압, 관절염, 신경통, 담, 중풍 등 신경계 질 환의 치료에는 바위취가루나 달인 물을 차처럼 복용한다.
• 이질, 경련, 간질 등이 질환에는 생잎을 짓찧어 즙을 만들어 복용한다.

• 종기, 습진, 피부염, 동상, 독충에 물린 경우는 불에 찐 생잎을 환부에 붙인다.

▶ 용어 해설
• 신장 모양: 콩팥으로 강낭콩처럼 생긴 모양.

121 박새(꽃)-여로(藜蘆: 뿌리줄기)

▶ 식물의 개요

박새는 동운초(東雲草)·총규(蔥葵)·산총(山蔥)·묏박새 등으로도 불린다. 한방에서 쓰는 생약명은 여로이다. 굵고 짧은 뿌리 밑에서 긴 수염뿌리가 나와 퍼진다. 원줄기는 곧게 서는데 속이 비어 있다. 잎은 어긋나며 비비추 모양의 넓은 타원형으로 원줄기를 감싸고 있다. 꽃은 8월경 황백색 꽃이 원추 꽃차례를 이루며 핀다. 열매는 9월경 타원형의 삭과가 달려 익는다. 독성이 강하여 살충제로 쓰이고, 약재로 쓸 때는 한의사의 조언이 필요하다. 전국 각지 깊은 산골짜기 또는 냇가 습지에 자생하는 백합과의 여러해살이 외떡잎 속씨식물이다.

▶ 효능

- 축농증, 인후염, 편도선염, 비열, 임파선염 등 이비인후과 질환의 치료에 효능이 있다.
- 순환계 질환을 다스리는데 효과가 있다. 즉, 감기, 간질, 고혈압, 위염, 소갈증, 어혈, 중풍, 중독 등의 질환을 치료한다.

▶ 용어 해설

- 원추(圓錐) 꽃차례: 꽃차례의 축이 여러 번 가지가 갈라져 최종 분지(分枝)가 총상 꽃차례를 이루는 원뿔 모양이다.

▶ 처방 및 복용 방법

박새는 꽃이 피기 전 뿌리를 채취하여 햇볕에 말려 약재로 쓴다. 독성이 강하기 때문에 한의사의 조언을 받아 사용해야 된다.

- 피부병에는 마른 박새 잎과 줄기를 삶아 그 물로 환부를 씻는다.
- 가래를 삭이는 데는 박새 우려낸 물을 복용한다 (한의사 조언 요함).
- 박새 뿌리는 독성이 강하여 구더기, 파리 등을 죽이는 살충 작용을 한다.

122 박주가리-나마자(蘿藦子)

▶ **식물의 개요**

박주가리는 세사등(細絲藤)·고환(苦丸)·교등(交藤)·구진등(九眞藤)·작표자(雀瓢子)·새박덩굴·환란·쪽박 등으로 부른다. 한방에서 쓰는 생약명은 나마자(蘿藦子)이다. 땅속줄기가 길게 뻗어 번식하고 여기서 자란 덩굴이 다른 물체를 감아 올라간다. 줄기와 잎을 자르면 하얀 유액이 나오는데 곤충이 먹으면 마비될 정도로 독성이 강하다. 잎은 마디마다 서로 마주나며 심장형으로서 끝이 뾰족하고 매끈하다. 자주색 꽃이 꽃대 끝에 달려 핀다. 열매는 9월경 표주박처럼 생긴 골돌과를 맺는데 익으면 씨가 터져 사방으로 날아간다. 전국 각지 산과 들의 양지 바른 언덕에 자생하는 박주가리과의 여러해살이 쌍떡잎 덩굴식물이다.

▶ **효능**

박주가리는 잎, 열매, 줄기, 뿌리 전체를 약용으로 사용한다.

- 정액, 골수, 기혈을 보하는데 효능이 있다. 즉, 몽정·조루증 치료에 쓰이며 머리를 검게 한다.
- 젖을 잘 나오게 하는 통유 작용을 하며, 야윈 어린아이의 보혈에 효능이 있다.
- 해독 작용에도 효과가 있다. 옹종, 대하증, 창종, 백전풍 등의 질환을 다스리는데 쓰인다.

▶ **처방 및 복용 방법**

박주가리는 개화기 때 전초와 열매를 채취하여 생물 또는 햇볕에 말려 쓴다.

- 신장염에 의한 부종, 모유가 부족한 경우는 말린 박주가리 전초를 약탕관에 넣고 달여서 그 물을 차처럼 마신다.
- 허약한 어린아이는 박주가리가루를 설탕과 섞어 미지근한 물로 먹인다.
- 골관절 결핵에는 박주가리 뿌리를 끓는 물에 달여 청주와 함께 장기 복용한다.
- 타박상으로 피멍이 들었을 때는 줄기와 잎으로 생즙을 내어 공복에 마신다.

▶ **용어 해설**

- 창종: 헌데가 붓거나 곪은 종기.

123 반하(半夏)

▶ **식물의 개요**

반하는 절반의 여름이란 뜻으로 여름철 기온이 높아지면 잎이 말라 죽는다. 수옥(水玉)·치모읍(雉毛邑)·천마우(天麻芋)·소천남성(小天南星)·열도채(裂刀茱)·끼무릇·무심채·꿩의밥·메누리목쟁이 등으로 부른다. 생약명은 반하이다. 땅속에는 알줄기가 있다. 잎은 겹잎으로 선 모양의 댓잎피침형이며 잎자루는 거의 없다. 꽃은 6월경 황백색 꽃이 육수 꽃차례를 이루며 달려 핀다. 열매는 8월 전후에 녹색의 장과가 달려 익는다. 전국적으로 낮은 구릉지에 자생하는 독성이 강한 천남성과의 여러해살이 쌍떡잎 속씨식물로 진해거담제로 쓰인다.

▶ **효능**

반하는 꽃이 피는 여름에 줄기와 뿌리를 채취하여 말린 후 사용할 때는 소금물에 담가 독성이 있는 쓴맛을 제거하고 써야 한다.

- 천식, 기관지염, 진폐증 등으로 가래가 심할 경우 삭히는 거담 진해 작용에 효과가 크다.
- 구토 억제 및 해독 작용을 한다.
- 위장관 내 비생리적인 체액을 제거하여 소화 기능을 강화시킨다.

▶ **처방 및 복용 방법**

반하는 여름철에 알줄기를 채취하여 햇볕에 말려 약재로 쓴다.

- 천식이 심한 경우는 반하에 맥문동, 인삼, 감초, 대추 등을 섞어 끓는 물에 달인 후 복용한다.
- 구토가 심한 경우는 반하, 생강, 인삼을 섞어 달인 물에 꿀을 넣어 마신다.
- 가래가 심하거나 기관지 폐렴, 과다한 위산이 있을 경우는 반하와 황련을 섞어 끓는 물에 달여서 충분히 차처럼 마신다.

▶ **용어 해설**

- 육수(肉穗) 꽃차례: 꽃대 주위에 꽃자루가 없는 꽃들이 빽빽하게 모여 피는 꽃차례.

124 방가지똥-고거채(苦苣茱)

▶ **식물의 개요**

방가지똥은 방가지풀·자고채(紫苦茱)·속단국(續斷菊)·천향채(天香茱)·청채(靑茱) 등의 이명이 있으며, 한방에서는 고거채라는 생약명을 쓴다. 줄기는 곧게 서고 속이 비어 있으며, 자르면 흰색 유액이 나온다. 줄기잎은 어긋나고 잎자루가 없이 좌우로 갈라진다. 잎몸은 댓잎피침형으로 가장자리에 가시 같은 톱니가 있다. 꽃은 5월경 노란색 또는 흰색 꽃이 한송이씩 핀다. 열매는 10월경 갈색의 수과가 달려 익는다. 전국 각지의 야산이나 구릉지, 들판 등에 자생하는 국화과의 한해살이 쌍떡잎 속씨식물이다.

▶ **효능**

• 피부염, 창종, 화상, 탈피증, 부스럼, 종기 등 피부과 질환의 치료에 효능이 있다.
• 대하증, 악창, 어혈, 중독 등의 질환을 다스린다.

▶ **처방 및 복용 방법**

방가지똥은 여름에서 가을 사이에 전초와 뿌리를 채취하여 햇볕에 말려 약재로 사용한다.

• 대하증, 악창, 어혈 등의 질환에는 말린 전초를 진하게 달여 마신다.
• 화상과 , 부스럼, 종기, 피부염에는 신선한 전초를 짓찧어서 즙을 내어 바르거나 반죽을 하여 환부에 붙인다.
• 황달증 치료에는 방가지똥 꽃으로 고운 가루를 만들어 달여서 복용한다.

▶ **용어 해설**

• 악창: 고치기 힘든 헌데로 악성 부스럼증이다.

125 방아풀-연명초(延命草)

▶ **식물의 개요**

방아풀은 회채화(回菜花) · 향다채(香茶菜) · 도근야소(倒根野蘇) · 산소자(山蘇子) · 방아오리방
풀 이라고도 하며, 생약명은 연명초이다. 줄기는 곧게 서고 가지를 많이 낸다. 잎은 들깨 잎과
비슷하며, 마주나고 넓은 달걀 모양이며 가장자리에 톱니가 있다. 색깔은 녹색이며 맥 위에 잔
털이 나 있다. 꽃은 8월경 자주색으로 원추 꽃차례를 이루며 달려 핀다. 꽃받침은 5개이고 화관
은 입술 모양이다. 열매는 10월경 타원형의 분열과가 달려 익는다. 전국 각지의 야산 구릉지나
들판의 양지 바른 풀밭 등지에 자생하는 꿀풀과의 여러해살이 쌍떡잎 속씨식물이다.

▶ **효능**

- 피부염, 창종, 화상, 탈피증, 부스럼, 종기 등 피
  부과 질환의 치료에 효능이 있다.
- 위통, 위염, 위궤양, 구토, 위암 등 위장병 치료
  에 효능이 있다.

▶ **처방 및 복용 방법**

꽃이 피는 8월경부터 전초를 채취하여 그늘에 말
려 약재로 쓴다.

- 위통, 위염, 위궤양, 구토, 위암 등 위장병 치료
  에는 방아풀 전초를 달여 복용한다.
- 피부염, 화상, 탈피증, 부스럼, 종기 등 피부과 질
  환의 치료에는 신선한 방아풀 잎과 줄기를 짓찧
  어 액즙을 내어 바르든지 반죽을 하여 붙인다.

▶ **용어 해설**

- 화관: 식물의 꽃을 구성하는 요소로 꽃부리라고
  도 하는데 생식에는 관계 없음.

126 배초향(排草香)

▶ 식물의 개요

배초향은 곽향(藿香) · 합향(合香) · 소단라향(小旦羅香) · 방아 · 방애잎 · 중개풀 등으로도 불리며, 한방에서 쓰는 생약명은 배초향이다. 줄기는 뭉쳐나며 네모지고 가지가 많이 달린다. 잎은 마주나며 달걀꼴 모양의 심장형으로 향기가 난다. 꽃은 7월경 자주색으로 윤산 꽃차례를 이루며 달려 핀다. 열매는 9월경 타원형의 분과가 달려 익는다. 관상용 · 식용 · 약용으로 쓰인다. 전국 각지 개울가나 제방둑 등지에 자생하는 꿀풀과의 여러해살이 쌍떡잎 속씨식물이다.

▶ 효능
• 소화기 질환을 다스린다. 즉, 건위, 설사, 소화
  불량, 위염, 장염 등의 치료에 효능이 있다.
• 종독, 중풍, 풍습, 습비 등의 질환을 다스린다.

▶ 처방 및 복용 방법

배초향은 7~8월경 개화기 때 전초를 채취하여 생
물 또는 그늘에 말려 약재로 쓴다.
• 건위, 설사, 소화불량, 위염 등의 치료에는 배초
  향 전초를 달여서 차처럼 복용한다.
• 종독, 중풍, 풍습, 습비 등의 질환에는 신선한
  배향초 잎과 줄기를 짓찧어 생즙을 만들어 복
  용한다.

▶ 용어 해설
• 윤산 꽃차례: 많은 꽃이 줄기마디를 둘러싸고
  피는 꽃차례.

127 배풍등(排風藤)

▶ 식물의 개요

배풍등은 백초(白草)·백채(白菜)·백모등(白毛藤)·촉양천(蜀羊泉)·백영(白英)·천등룡(天燈龍) 등으로 불리고 한방에서 쓰는 생약명도 배풍등이다. 줄기는 가늘고 덩굴성이며 연한 샘털이 나 있다. 잎은 어긋나고 달걀 모양으로 끝이 뾰족하며 가장자리는 밋밋하다. 꽃은 양성화이며 8월경 흰색으로 핀다. 가지가 갈라져 원뿔 모양의 취산 꽃차례에 달리고 마디 사이에서 난다. 꽃받침은 톱니가 있고 5개의 꽃잎은 뒤로 젖혀져서 수평으로 퍼진다. 열매는 9월경 둥근 장과가 달려 붉게 익는다. 열매에는 독성이 있기 때문에 사용에 주의가 필요하다. 우리나라 남부지방 산지의 양지쪽 바위 사이에 자생하는 가지과의 쌍떡잎 덩굴성 반관목이다.

▶ 효능

• 관절염, 관절통 등 운동계 질환을 다스리는데 효능이 있다.
• 종독, 중독 등의 열을 내리고, 소변을 잘 통하게 하는 신장병 치료제로 효능이 크다.

▶ 처방 및 복용 방법

배풍등은 개화기에 전초를 채취하여 햇볕에 말려 약재로 사용한다. 약재는 주로 열매와 뿌리를 쓴다.

• 관절염, 관절통 등 운동계 질환에는 전초를 달여 바르든지 생즙으로 치료한다.
• 신장염, 요도염 등 비뇨기 질환에는 전초를 달여 복용하든지 술을 담가서 복용한다.
• 치통, 백내장, 안질 치료에는 배풍등 열매로 가루를 내어 복용한다.
• 옹종 등의 종기나 타박상에는 배풍등 신선한 잎과 줄기로 액즙을 만들어 환부에 바른다.

▶ 용어 해설

• 양성화(兩性花): 하나의 꽃 속에 수술과 암술을 모두 갖고 있는 꽃.

128 백리향(百里香: 향기가 백리를 감)

▶ 식물의 개요

백리향은 선향초(癬香草)·사향초(麝香草)·지초(地椒) 라고도 하며, 생약명은 백리향이다. 원줄기는 덩굴져 퍼져 나가고 가지를 많이 친다. 전초에서 향기가 난다. 잎은 마주나고 긴 타원형이거나 바소꼴이다. 가장자리에는 물결 모양의 톱니가 있고 털이 난다. 꽃은 6월경 분홍색으로 가지 끝에서 모여 핀다. 꽃받침에 10개의 능선이 있고 화관은 자주색으로 겉에 잔털이 있다. 열매는 9월경 작고 둥근 견과가 달려 갈색으로 익는다. 전국 각지의 고산 지대 숲속이나 해변 바위틈에서 자생하는 꿀풀과의 낙엽 활엽 반관목 식물이다. 관상용·밀원·식용·향료용·약용으로 이용된다.

▶ 효능

• 기관지염, 천식, 유행성 독감, 폐렴, 폐결핵 등 호흡기 질환을 다스리는데 효과가 있다.
• 복통, 소화불량, 위염, 이질, 장염, 설사 등 소화기 질환을 다스리는데 효과가 있다.
• 입 냄새, 몸에서 나는 역한 냄새를 잡아주는 효능이 있다.

▶ 처방 및 복용 방법

백리향은 개화기인 5월경 꽃과 함께 전초를 채취하여 생물을 쓰거나 햇볕에 말린 후 약재로 사용한다.

• 기침, 가래, 기관지염 등 호흡기 질환의 치료에는 백리향 잎줄기를 달여서 복용한다.
• 진해, 진경, 구풍의 치료에는 전초의 정유를 채취하여 복용한다.
• 치통에는 말린 전초를 삶아 그 물로 양치질한다.

• 피부 가려움증에는 줄기와 잎으로 달인 물을 이용하여 자주 씻는다.

▶ 용어 해설

• 바소꼴: 창처럼 생겼으며 끝이 뾰족한 모양.
• 진경: 위장 질환으로 인한 복통을 말함.
• 구풍: 인체의 풍기를 제거함.

129 백목련-신이(辛夷)

▶ 식물의 개요

백목련은 '신이'라고 하는데 '신이'의 '신'은 맵고 향기가 있다는 뜻이고 '이'는 소멸시킨다는 뜻이다. 또한 영춘화(迎春化)·신치(辛雉)·방목(房木)·생정(生庭)·목필(木筆)·신이포(辛夷苞) 등으로도 불린다. 생약명은 신이(辛夷)이다. 줄기는 곧게 서고 가지를 많이 낸다. 어린 가지와 겨울눈에 많은 털이 있다. 잎은 어긋나고 달걀꼴의 긴 타원형으로서 광택이 있다. 꽃은 3월경 향기가 짙은 종 모양의 흰 꽃이 가지 끝에서 잎보다 먼저 핀다. 꽃잎은 6장으로 두껍다. 열매는 9월경 둥근 모양의 골돌과가 달려 갈색으로 익는다. 우리나라 전국 각지에 서식하는 목련과의 쌍떡잎 낙엽 활엽 교목으로 꽃봉오리가 축농증 치료제로 사용된다.

▶ 효능

백목련은 꽃망울이 터지기 전에 채취하여 그늘에 말려 약재로 쓴다.

- 축농증, 비염 등 콧물이 흐르는 것을 다스리는 데 효과가 크다.
- 풍기를 없애고 얼굴의 부기를 다스리며, 주근깨를 없애는데 사용된다.
- 치통에 사용되고 항균 작용도 한다.

▶ 처방 및 복용 방법

- 코가 막히고 콧물이 많이 흐르면 신이화가루와 파, 녹차를 섞어 달여서 마신다.
- 잇몸이 붓고 치통이 있을 때는 신이, 사상자가루를 섞어 양치질로 치료한다.
- 꽃이나 열매로 술을 담가 먹고, 열매껍질은 맵고 향기가 좋기 때문에 향신료로 쓴다.

▶ 용어 해설

- 골돌과(膏葖果): 여러 개의 씨방으로 된 열매로 익으면 열매 껍질이 벌어짐(바주가리).

130 백부자(白附子)

▶ **식물의 개요**

백부자는 관부자(關附子)·관백부(關白附)·흰바곳·노랑돌쩌귀풀 등의 이명이 있고, 한방에서 쓰는 생약명도 백부자이다. 뿌리는 마늘쪽 같은 방추형으로 백색이다. 꽃이삭 이외에는 털이 없으며 줄기는 곧게 선다. 잎은 어긋나고 여러 개로 갈라지는데 끝이 뾰족한 바소꼴이다. 꽃은 8월경 노란색 또는 자주색으로 총상 꽃차례를 이루며 핀다. 꽃받침은 5개이고 씨방은 3개이다. 열매는 10월경 골돌과로 맺어 익는데 속에는 타원형의 씨가 들어 있다. 우리나라 중북부 지방의 초원지대 풀밭이나 습한 산골짜기에 자생하는 미나리아재비과의 여러해살이 쌍떡잎 속씨식물이다.

▶ **효능**

• 주로 운동계 질환을 다스리는데 효능이 있다. 즉, 골절증, 관절염, 타박상, 어혈, 신경통, 중풍 등을 치료한다.
• 간질, 구안와사, 통풍, 진경, 진통 등을 다스리는데 효과가 있다.

▶ **처방 및 복용 방법**

백부자는 개화기에 꽃과 뿌리를 채취하여 햇볕에 말려 약재로 쓴다. 유독성 약초이기 때문에 한의사의 조언을 듣고 사용해야 한다.
• 백전풍 등 피부 질환에는 백부자가루를 생강즙에 개어 환부에 바른다.
• 진경, 두통, 신경통 등 진통 작용의 치료에는 뿌리를 약재로 복용한다.
• 독충, 독사에 물린 경우는 백부자 뿌리를 가루를 내어 복용한다. 열이 심한 사람은 금한다.

▶ **용어 해설**

• 방추형: 물레의 가락 비슷한 모양으로 원기둥 끝의 뾰족한 모양.

131 백선(白鮮)

▶ 식물의 개요
백선은 백양선(白羊鮮)·백전(白膻)·지양선(地羊鮮)·백선피(白鮮皮)·야화초(野花椒)·금작아초(金雀兒椒)·취근피(臭根皮)·자래초 등으로 부른다. 생약명은 백선(白鮮)이다. 줄기는 곧게 서며 단단하고 위쪽에서 털이 퍼져 난다. 잎은 마주나며 깃꼴잎으로 타원형이며 가장자리에 톱니가 있다. 꽃은 5월경 홍자색의 오판화가 총상 꽃차례를 이루며 달려 핀다. 열매는 8월경 삭과를 맺어 익으면 5개로 갈라진다. 꽃에서는 향기가 난다. 관상용·향료·약용으로 이용된다. 전국 각지 산과 들의 그늘지고 습기 있는 곳에 자라는 운향과의 여러해살이 쌍떡잎 속씨식물로 뿌리를 피부병 치료제로 사용한다.

▶ 효능
백선은 여름철에 뿌리를 채취하여 껍질을 벗긴 흰 뿌리를 '백선피'라는 이름으로 약용한다. 맛이 쓰고 독은 없다.
- 일반적으로 습진, 두드러기 등 피부 감염증 치료에 효과가 크다(피부 살균·소독 작용).
- 소변을 다스리는 이뇨 작용도 하고, 풍습으로 인한 저림증, 통증의 치료에 효과가 있다.

▶ 처방 및 복용 방법
백선의 뿌리줄기는 예부터 피부병 치료제로 널리 알려져 있다.
- 황달에는 백선피와 인진을 섞어서 끓는 물에 달여 차처럼 복용한다.
- 고름이 나오는 각종 피부병에는 백선피를 끓인 물로 환부를 세척한다.
- 산후에 중풍이 왔을 때 백선피를 물에 끓여 차처럼 마신다. 단, 오한과 두통이 심한 경우는 사용하지 않는다.

▶ 용어 해설
- 총상(總狀) 꽃차례: 꽃 전체가 하나의 꽃처럼 보이는 꽃 모양.
- 삭과: 익으면 열매 껍질이 떨어지면서 씨를 퍼뜨리는 여러 개의 씨방으로 된 열매(백합, 붓꽃).

132 백작약(白灼藥)

▶ 식물의 개요

백작약은 관방(冠芳)·하리(何離)·금작약·산작약·강작약·함박꽃 등으로 부르며, 생약명은 백작약(白灼藥)이다. 뿌리는 희고 굵은 두툼한 육질이며 원추형이다. 원줄기의 밑 부분이 비늘 같은 잎으로 싸여 있다. 잎은 어긋나고 달걀 모양의 타원형이며 끝은 둥글고 밋밋하다. 꽃은 6월경 흰 꽃이 줄기 끝에 한 개씩 달려 핀다. 열매는 9월 전후 긴 타원형의 골돌과가 달려 익는데 속에는 검은 씨가 있다. 순은 먹지 않고 관상용과 약용으로 쓴다. 우리나라 내륙 깊은 산지에 자생하는 미나리아재비과의 여러해살이 쌍떡잎 속씨식물로 진경·진통·부인병 치료제로 쓰인다.

▶ 효능

백작약은 맛이 쓰고 시며 약간의 독성이 있다. 진통·진경 작용이 있다.

- 소화성 궤양, 간염으로 인한 통증, 생리통 등의 질환을 다스리며 치료에 효능이 있다.
- 중추신경계를 억제하며, 보혈·보음 작용 및 항균 작용(황색포도구균·적리균·대장균·녹농균)도 한다.

▶ 처방 및 복용 방법

백작약은 여름과 가을철에 뿌리와 꽃을 채취하여 햇볕에 말려 약재로 쓴다.

- 어깨 관절이 아픈 경우는 작약에 강황을 섞어 물에 끓여서 차로 마신다.
- 신경통 및 근육 경련에는 작약과 녹각가루를 섞어서 소주로 숙성시킨 후 빈속에 조금씩 마신다.
- 위장장애로 인한 복통에는 작약, 감초, 박하를 적당한 비율로 섞어 차처럼 끓여 마신다.
- 생리통과 대하에는 작약과 건강을 섞어 볶아 가루를 내어 따뜻한 물에 타서 마신다.

▶ 용어 해설

- 보음 작용(補陰作用): 음정이 부족한 것을 강화하고 자양하는 활동.
- 적리균: 세균성 간균.
- 녹농균: 호흡기, 소화기, 상처 등에 감염을 일으키는 세균.
- 진경 작용: 해경이라고도 하며 몸이나 손발이 떨리는 경련을 진정시키는 작용.

133 백화등(白花藤)-낙석(絡石)

▶ 식물의 개요

백화등은 대만낙석·대백화등·석혈(石血)·내동(耐冬)·마삭줄 등으로 불리고, 한방에서 쓰는 생약명은 낙석이다. 줄기에서 뿌리가 내려 다른 물체에 잘 달라붙는다. 줄기와 잎에는 백색의 유즙이 있다. 잎은 달걀 모양의 타원형으로 마디마다 서로 마주난다. 잎 앞면은 윤기가 나고 잎 자루의 길이는 짧다. 꽃은 5월경 노란색 양성화로 취산 꽃차례를 이루며 달려 핀다. 열매는 9월 경 골돌과가 달려 익는다. 제주도와 남부지방의 산기슭 고목이나 바위틈에 붙어 자생하는 협죽 도과의 상록 활엽 덩굴나무이다.

▶ 효능

- 천식, 유행성 감기, 기관지염, 폐렴 등 호흡기 질환을 다스리는 효능이 있다.
- 종기, 화상, 피부염, 부스럼, 종독 등 피부과 질환의 치료에 효능이 있다.

▶ 처방 및 복용 방법

백화등은 줄기와 잎을 채취하여 말려서 약용으로 쓴다.

- 천식, 유행성 감기, 기관지염, 폐렴 등 호흡기 질환의 치료에는 백화등으로 달인 물을 차처럼 복용한다.
- 종기, 화상, 피부염, 부스럼, 타박상 등 피부과 질환의 치료에는 백화등 줄기와 잎을 달여서 그 물로 환부를 깨끗이 씻는다.
- 외상의 출혈을 막아 주는 지혈 작용에는 신선한 백 화등 잎과 줄기를 짓찧어 반죽하여 환부에 붙인다.

▶ 용어 해설

- 양성화(兩性花): 하나의 꽃 속에 수술과 암술을 모두 갖고 있는 꽃.
- 종독: 종기 또는 헌데의 독으로 잘 곪지 않아 통 증이 심함.
- 취산 꽃차례: 꽃대 끝에 꽃이 피고 그 아래 가지 에 차례대로 꽃이 피는 것.

134 벌노랑이-금화채(金花菜)

▶ **식물의 개요**

벌노랑이는 벌들이 좋아하는 노란 꽃이란 의미이고 노랑돌콩·황금화·일미약(一味藥)·탄두자 (炭豆紫)·백맥근(百脈根) 등의 이명이 있다. 한방에서는 금화채라는 생약명을 쓴다. 굵은 뿌리 에서 나온 가지는 비스듬히 자란다. 잎은 어긋나는데 5개의 작은 잎으로 끝이 뾰족하고 가장자 리가 밋밋하다. 꽃은 7월경 노란색으로 산형 꽃차례를 이루며 달려 핀다. 꽃받침은 5개로 갈라 지고 바소형이다. 열매는 10월경 협과가 달려 익으면 속에 있는 검은색 씨가 터져 나온다. 전국 각지 야산과 들, 길가 등지에 자생하는 콩과의 여러해살이 쌍떡잎 속씨식물이다.

▶ **효능**

- 감기, 인후염, 인후통, 후두염, 편도선염 등 이 비인후과 질환을 다스린다.
- 고혈압, 장염, 출혈, 빈혈증 등 순환계 질환의 치료에 효능이 있다.
- 신경통, 심장병, 신경쇠약, 심장판막증 등 신경 계 질환에 효능이 있다.

▶ **처방 및 복용 방법**

개화기에 뿌리 및 전초를 채취하여 햇볕에 말려 약 재로 쓴다.

- 고혈압, 장염, 출혈, 빈혈증 등 순환계 질환의 치료에는 전초를 달여서 복용한다.
- 강장 및 해열제로는 뿌리를 달여서 복용한다.
- 감기, 인후염, 인후통, 후두염, 편도선염 등의 치료에는 꽃, 잎, 줄기를 달여서 쓰든지, 가루 를 내어 환을 빚어 복용한다.

▶ **용어 해설**

- 산형 꽃차례: 많은 꽃꼭지가 꽃대 끝에서 방사 형으로 나와 그 끝마디에 꽃이 하나씩 붙는 꽃차례.
- 협과: 꼬투리로 맺히는 열매로 익으면 말라서 심피가 붙은 자리를 따라 터져 버림(콩과 식물).

135 범부채-사간(射干)

▶ 식물의 개요

범부채는 노란색 바탕에 자주빛 반점이 있는 꽃이 마치 범의 얼룩무늬 같다 하여 붙여진 이름이다. 황원(黃遠)·야간(夜干)·편죽란(扁竹蘭)·호선초(虎扇草)·오선(烏扇)·범의 부채 등으로 부른다. 생약명은 사간(射干)이다. 줄기는 곧게 서서 자라며 위쪽에서 가지가 여러 개로 갈라진다. 잎은 어긋나고 댓잎피침형으로 부채살 모양을 이룬다. 꽃은 7월경 황적색 바탕에 적색 반점이 있는 육판화를 이루며 가지 끝에 달려 핀다. 열매는 9월경 달걀 모양의 삭과가 달려 익는다. 전국 각지의 산과 들, 바닷가에 자생하는 붓꽃과의 여러해살이 외떡잎 속씨식물이다.

▶ 효능

범부채는 봄과 가을에 채취하여 전초와 잔뿌리를 제거하고 햇볕에 말려 해수 치료제로 이용된다.

• 인후가 아프고 가래를 제거해 주는데 효과가 있다.
• 열을 떨어뜨리고 해독 작용도 한다.
• 어혈을 없애며 응어리를 풀어 준다. 즉, 종양, 생리불통, 종기, 임파선염, 간장과 비장 등의 질환을 다스린다.

▶ 처방 및 복용 방법

범부채는 가을철에 뿌리줄기를 채취하여 햇볕에 말려 약재로 쓴다.

• 인후가 붓고 아플 경우는 사간을 잘게 썰어 끓인 물에 달여 꿀을 타서 차처럼 목에 넣어 복용한다.
• 심장과 폐장의 열로 목이 마르고 입안이 헌 경우는 사간, 황백, 치자, 대추 등을 함께 넣고 달여 지황, 꿀을 넣어 다시 조청을 만들어 복용한다.
• 임파선염은 사간, 연교, 하고초 등을 같은 분량으로 섞어 가루를 내어 따뜻한 물로 복용한다.

▶ 용어 해설

• 비장: 왼쪽 신장과 횡경막 사이에 있는 장기로 적혈구를 파괴시킨다.

136 범꼬리-권삼(卷蔘: 뿌리줄기)

▶ 식물의 개요

범꼬리는 꽃이삭의 모양이 범의 꼬리 같다 하여 붙여진 이름이다. 자삼(紫蔘)·회두삼(回頭蔘)·만주범꼬리·중루·도근초 등으로도 불리며, 한방에서는 권삼(卷蔘)이라는 생약명을 쓴다. 짧고 굵은 뿌리에는 잔뿌리가 많다. 줄기는 가늘고 길며 위로 갈라지지 않고 곧게 선다. 뿌리에 달린 잎은 어긋나고 잎자루가 길며 달걀 모양이다. 줄기에 달린 잎은 잎자루가 짧다. 꽃은 6월 경 분홍색 또는 흰색으로 범꼬리 모양의 꽃이삭으로 피고, 수상 꽃차례를 이룬다. 꽃잎은 없고 꽃받침은 5개로 갈라진다. 열매는 10월경 수과가 달려 익는다. 관상용·식용·약용으로 이용된다. 전국 각지 깊은 숲속에 자생하는 마디풀과의 여러해살이 쌍떡잎 속씨식물이다.

▶ 효능
• 파상풍, 피부염, 화상, 종기, 피부소양증 등 피부과 질환을 다스리는데 효과가 있다.
• 언어 장애, 우울증, 정신분열증 등 정신과 질환을 다스린다.

▶ 처방 및 복용 방법
봄철에 어린순과 줄기를 채취하여 나물로 먹고, 가을철 뿌리줄기를 채취하여 햇볕에 말려 약재로 사용한다.
• 파상풍, 피부염, 화상, 종기, 피부소양증 등 피부과 질환의 치료에는 마른 범꼬리 전초를 진하게 달여 환부에 복용한다.
• 우울증, 정신분열증 등의 질환에는 전초 달인 물을 차처럼 복용한다.
• 옹종, 상처, 독충에 물린 경우 등의 치료에는 신선한 범꼬리 잎과 줄기를 짓찧어서 환부에 붙

이거나 말린 약재로 삶은 물을 바른다.

▶ 용어 해설
• 수상 꽃차례: 한 개의 긴 꽃대 둘레에 여러 개 꽃이 이삭 모양으로 핀 꽃대.
• 수과(瘦果): 익어도 터지지 않는 열매.
• 피부소양증: 피부 가려움증이 주증상인 만성 피부 질환.

137 벼룩나물-작설초(雀舌草)

▶ **식물의 개요**

벼룩나물은 개미바늘·나락냉이·벌금자리·개벼룩·벼룩이자리·설성화(雪星花)·한초(寒草)·천봉초(天蓬草) 등으로 불린다. 한방에서 쓰는 생약명은 작설초이다. 털이 없고 밑에서 가지가 많이 갈라져서 퍼지기 때문에 커다란 하나의 포기처럼 보인다. 잎은 마주나고 잎자루가 없으며, 긴 타원형의 바소꼴로 가장자리가 둥글며 밋밋하다. 꽃은 4월경 흰색의 양성화가 취산 꽃차례를 이루며 달려 핀다. 꽃잎과 꽃받침은 5개이다. 열매는 5월경 타원형의 삭과가 달려 익는다. 식용과 약용으로 쓰인다. 전국 각지의 논둑, 밭둑, 공터 등지에 자생하는 석죽과의 두해살이 쌍떡잎 속씨식물이다.

▶ **효능**

- 순환기계의 질환을 다스리는데 효능이 크다. 즉, 어혈, 고혈압, 뇌출혈, 심장마비, 중풍, 동맥경화 등의 치료를 한다.
- 소화기계 질환을 다스리는데 효과가 크다. 즉, 변비, 설사, 위염, 구토, 소화불량, 속쓰림, 식체, 위산과다증 등의 치료에 효능이 있다.
- 몸속의 각종 독소를 해독하고 지혈의 효능이 있다.

▶ **처방 및 복용 방법**

꽃이 피는 4월경 전초를 채취하여 어린순은 나물로 먹고 약재는 그늘에 말려서 쓴다.

- 고혈압, 뇌출혈, 심장마비, 중풍, 동맥경화 등의 질환에는 말린 전초를 진하게 우려서 차처럼 복용한다.
- 변비, 설사, 위염, 구토, 소화불량 등의 질환에는 말린 가루나 우려낸 물을 복용한다.

- 종기, 상처, 치루, 타박상의 치료에는 신선한 잎과 줄기를 짓찧어서 환부에 붙이거나 즙을 내어 바른다.

▶ **용어 해설**

- 삭과: 익으면 열매 껍질이 떨어지면서 씨를 퍼뜨리는 여러 개의 씨방으로 된 열매(백합, 붓꽃).

138 보리장나무-우내자(牛乃子)

▶ 식물의 개요

보리장나무는 설감조(舌甘棗)·양춘자(陽春子)·반춘자(半春子)·덩굴볼레나무·볼레나무 등
으로 부른다. 한방에서 쓰는 생약명은 우내자이다. 덩굴성 줄기가 길게 뻗으며 자란다. 가지가
많이 갈라지고 가시가 많이 있다. 잎은 어긋나며 긴 타원형의 댓잎피침형으로서 끝이 뾰족하
다. 잎몸은 두꺼우며 잎 앞면은 윤기가 나며 뒷면은 비늘털이 나 있다. 꽃은 5월경 흰색으로 잎
겨드랑이에서 몇 개씩 뭉쳐 핀다. 열매는 10월경 팥알만 한 열매가 붉게 익는다. 나무는 관상용
으로, 열매는 식용과 약용으로 쓴다. 전국 각지 계곡이나 냇가에 주로 자생하는 보리수나뭇과
의 상록 활엽 덩굴나무이다. 지금은 개량 품종이 나와 열매가 콩알만 하게 커졌다.

▶ 효능

• 소화기 계통의 질환을 다스리는데 효과가 있
  다. 즉, 위염, 설사, 이질, 장염, 변비, 소화불
  량, 변비, 대변불통, 속쓰림, 식체 등을 치료
  한다.
• 기침과 천식의 호흡기 질환을 다스린다.

▶ 처방 및 복용 방법

보리장나무 열매(우내자)를 11월경 채취하여 식용
및 약용으로 쓴다.

• 기침과 천식의 치료에는 익은 열매로 효소를 담
  가서 복용한다.
• 설사, 장염의 치료에는 열매를 달여서 복용
  한다.
• 소화불량, 변비, 대변불통 등의 질환에는 열매
  를 차처럼 달여서 복용한다.

▶ 용어 해설

• 잎몸: 잎의 넓은 부분.
• 잎겨드랑이: 식물의 줄기나 가지에 잎이 붙은
  부분으로 눈이 생김.

139 복령(茯笭)

▶ 식물의 개요
복령은 솔풍령·송령(松笭)·복토(茯菟)·운령(云笭) 등의 이명을 쓰며 한방에서는 꼭 필요한 약재이다. 죽은 소나무 뿌리에 균(菌)으로 기생하는 버섯의 일종으로 복신, 적복령, 백복령으로 구분된다. 복령의 속살은 흰색이며, 속살을 꿰뚫고 있는 소나무 뿌리를 복신목이라 한다. 복신은 소나무 뿌리를 내부에 감싸고 기생하고, 백복령은 육지 적송의 뿌리에 기생하며, 적복령은 바닷가에 있는 해송의 뿌리에 기생한다. 소나무를 벌목한 지 3년 정도 지나면 복령이 기생하기 시작한다. 약용으로 좋은 품질은 기생 시작 1년 전후의 것이 좋다. 전국 각지의 벌목한 이후 10여 년 동안 죽은 소나무 뿌리에서 기생하며, 가을에서 봄 사이에 채취하여 껍질을 벗기고 속살을 말려 약재로 사용한다.

▶ 효능
- 신장염, 방광염, 요도염 등에 이뇨 작용을 한다.
- 거담 작용이 있어 가래가 많은 기관지염의 치료에 효능이 있다.
- 만성 위장염 등에 대한 건위 작용에 이용된다.
- 초조, 불안등 정신 질환에 대한 진정 작용을 한다.
- 위암, 신장암, 폐암 등에 대한 항암 작용이 높다.
- 골다공증, 류머티즘 관절염 등 뼈질환을 예방하는데 효능이 있다.
- 고혈압, 심장병, 행혈, 간경변증 등의 치료에 효능이 있다.

▶ 처방 및 복용 방법
복령은 약으로 쓸 때는 산제(가루), 환제(알약) 또는 술에 담가서 이용한다.
- 위암 등 항암치료에는 복령 껍질(파키닌 성분 함유)을 달여서 복용한다.
- 여성의 갱년기 증상에는 복령의 가루나 환을 빚은 알약을 복용한다.
- 기미, 주근깨를 없애고 피부 미용에는 가루를 꿀에 발라 얼굴에 바른다.
- 신장염, 방광염, 요도염 등에 대한 이뇨 작용에는 가루를 따뜻한 물에 타서 차처럼 복용한다.

▶ 주의
복령은 뽕나무, 오이풀, 인삼 등과 맞지 않아 함께 사용하는 것은 금하는 게 좋다.

▶ 용어 해설
- 행혈: 어혈증 등 혈액의 순환을 촉진하는 방법.

140 복사나무-도인(桃仁: 복숭아 속씨)

▶ 식물의 개요

복사는 복숭아와 함께 열매를 일컫는 말이다. 도(桃)·도수(桃樹)·도핵인(桃核仁)·백도(白桃)·야도(野桃)·화도(花桃)·선과수(仙果樹)·복숭아나무 등으로 불린다. 생약명은 도인(桃仁)이다. 잎은 어긋나며 달걀 모양의 댓잎피침형으로서 털이 없고 가장자리에 톱니가 있다. 꽃은 4월경 흰색 또는 붉은색의 오판화가 잎보다 먼저 핀다. 열매는 7월경 녹색의 둥근 핵과가 달려 과육의 홍색으로 익는다. 관상용·공업용·식용·약용으로 이용된다. 전국 각지에서 과수로 재배하는 장미과의 낙엽 활엽 소교목으로 한방에서는 혈액순환제로 알려져 있다.

▶ 효능

복사나무는 도인(복사씨)을 약재로 사용한다.
- 도인은 혈액을 만들거나 응고된 혈을 풀어주는 작용을 한다.
- 타박상으로 인한 어혈을 풀어주고, 치질이나 변비에 효과가 있다.
- 잔기침, 천식 등 기침을 완화시키는데 효능이 있다.

▶ 처방 및 복용 방법
- 산후 뭉친 어혈을 다스리는 데는 도인과 홍화를 섞어 끓여 물을 마신다.
- 천식이나 오래된 기침에는 도인을 술에 담갔다가 건져 말려 가루를 낸 다음 따뜻한 물에 타서 마신다.
- 여성의 생리가 불순한 경우는 도인과 대황을 섞어 가루를 내어 반죽한 후 환을 빚어 사용한다.

- 변비나 대변이 시원치 않는 경우는 도인과 잣으로 죽을 쑤어 먹기도 하고, 환을 빚어 써도 된다.

▶ 용어 해설
- 핵과(核果): 단단한 핵으로 쌓여 있는 열매(매실, 복숭아, 살구, 대추).

141 복수초(福壽草)

▶ 식물의 개요

복수초는 설련화(雪連花)·장춘화(長春花)·빙리화(氷里花)·원일초(元日草)·땅꽃·얼음새꽃·눈색이꽃 등의 이명을 쓰며 한방에서 쓰는 생약명도 복수초이다. 뿌리줄기가 짧고 굵으며 잔뿌리가 많이 나온다. 줄기는 윗부분에서 갈라지며, 밑 부분의 잎은 줄기를 감싼다. 잎은 위로 올라갈수록 어긋나며 삼각형 모양의 달걀꼴이다. 작은 잎은 댓잎피침형으로 깃 모양으로 갈라진다. 꽃은 4월경 노란 꽃이 원줄기와 가지에서 한 송이씩 잎보다 먼저 달려 핀다. 열매는 6월경 둥근 수과가 꽃턱에 모여 달린다. 전국 각지 깊은 산 숲속에서 자생하는 미나리아재비과의 여러해살이 쌍떡잎 속씨식물이다. 관상용, 약용으로 쓰이는데 뿌리줄기가 약재로 많이 쓰인다. 독성이 매우 강해 한의사의 조언과 상담을 받고 주의해서 사용해야 한다.

▶ 효능

- 신경계 질환을 다스리는데 효과가 있다. 즉, 심장병, 심신허약, 심장판막증 등을 치료한다.
- 운동계의 각종 진통을 다스린다. 즉, 관절염, 근육통, 골다공증 등의 치료에 효능이 있다.
- 신장 질환, 방광 질환, 복수증, 심장병 등의 질환에 효능이 있다.

▶ 처방 및 복용 방법

전초 및 뿌리를 개화기인 3월 전후에 채취하여 햇볕에 말려 약재로 쓴다.

- 강심 작용과 이뇨 작용에는 꽃을 끓는 물에 우려낸 다음 복용한다.
- 심부전증, 심근경색, 심장 두근거림 등의 질환에는 열매, 잎줄기, 뿌리의 전초를 진하게 달여 복용한다.

▶ 용어 해설

- 강심 작용: 심장을 강하게 하는 작용.

142 부들-포황(蒲黃 : 꽃가루)

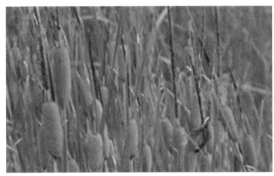

▶ 식물의 개요

부들은 향포(香蒲)·감포(甘蒲)·포화(蒲花)·포이화분(蒲厘花粉) 등의 이명을 쓰며, 한방에서 쓰는 생약명은 포황이다. 부들은 잎이 부들부들하다는 의미에서 붙여진 명칭이다. 뿌리줄기가 옆으로 뻗으면서 작은 뿌리가 많이 난다. 잎은 줄 모양으로 줄기의 밑부분을 둘러싼다. 물에서 살지만 뿌리만 진흙에 박고 있을 뿐 잎과 꽃줄기는 밖으로 드러나 있다. 꽃은 6월경 노란색으로 피고 단성화이며 원주형의 꽃 이삭에 달린다. 위에는 수꽃이삭, 밑에는 암꽃이삭이 달리며, 꽃 떡잎은 2~3개이다. 열매는 10월경 긴 타원형의 열매이삭이 갈색으로 익는다. 우리나라 중남부 지방의 늪지, 연못, 호수, 논 등지에 자생하는 부들과의 여러해살이 외떡잎 속씨식물이다. 꽃가루를 약용으로 쓴다.

▶ 효능
- 산후복통, 산후출혈, 대하증, 난산, 생리불순, 불임증, 자궁내막염 등 부인병 질환을 다스리는데 효능 있다.
- 순환계통의 질환을 다스린다. 즉, 혈뇨, 변혈, 토혈, 신경통 등의 치료 작용을 한다.
- 비뇨기과 질환을 다스린다. 즉, 방광염, 요도염, 요통, 변혈증 등의 치료 작용을 한다.

▶ 처방 및 복용 방법

7월 전후 부들 전초와 꽃대에 붙어 있는 꽃가루를 채취하여 약용으로 쓴다.
- 부인병과 비뇨기계 질환의 치료에는 전초와 꽃가루로 달인 물을 차처럼 복용한다.
- 토혈, 장출혈 등에 대한 지혈의 치료는 꽃가루를 달여서 복용한다.

- 타박상, 습진, 피부염에는 부들 꽃가루를 환부에 뿌린다.

▶ 용어 해설
- 단성화(單性花): 암술이나 수술 중 어느 한쪽만 있는 꽃(홀성꽃).

143 부처손–권백(卷柏)

▶ **식물의 개요**

부처손은 건조하면 안으로 오그라들고 축축해지면 다시 벌어지는 가지가 마치 부처의 손과 같다고 하여 붙여진 이름이다. 교시(交時)·석련화(石蓮花)·만년송(萬年松)·장생초(長生草)·불로초(不老草)·석화(石花)·편백(扁柏)·바위손·풀푸시 등으로 부른다. 생약명은 권백(卷柏)이다. 뿌리줄기는 단단하고 짧으며, 털뿌리가 엉켜 만들어진 끝에서 많은 가지가 나와 편평하게 갈라진다. 잎은 갈라진 줄기 끝에서 작은 비늘 모양으로 달리는데 끝이 실처럼 길어지고 가장자리에 잔 톱니가 있다. 7월경 꽃 대신 갈색의 포자낭이 생기고 포자주머니 이삭이 잔가지 끝에 하나씩 달리는데 포자 잎은 삼각형 모양의 달걀꼴이다. 전국 각지 건조한 산의 나무 위나 바위 표면에서 자생하는 부처손과의 상록 여러해살이 양치식물이다.

▶ **효능**

부처손은 봄과 가을에 채취하여 수염뿌리를 제거하고 폐암 치료제의 약용으로 쓴다.

- 여성의 생리 불통으로 인한 불임증에 부처손 생것을 쓰면 혈액순환을 촉진시킨다.
- 몸속의 응어리를 풀어준다(종양, 염증성 응어리, 인후암, 폐암 등).
- 『동의보감』에는 '물의 장기(신장)를 덥게 한다'고 했는데 이는 음기를 강하게 하고 정력을 돋운다는 것이다.
- 부처손 생것을 불에 태워서 쓰면 코피, 출혈, 탈항 등의 지혈 작용을 한다.

▶ **처방 및 복용 방법**

부처손은 가을철에 전초를 채취하여 생물이나 불에 태워 약재로 쓴다.

- 각종 종양(특히 폐암)의 치료에는 권백과 돼지고기를 함께 넣고 푹 끓인 후 물만 걸러서 여러 번 차처럼 마신다.
- 어혈과 불임증에는 권백, 당귀, 백출, 목단피, 백작약, 천궁의 가루를 섞어서 물에 타서 마신다.
- 위통, 타박상에는 권백 말린 것을 끓여 달인 물을 차처럼 마신다.
- 장출혈이나 자궁출혈에는 권백과 측백, 황기 등을 섞어 우려내어 차처럼 마신다.

▶ **용어 해설**

- 양치식물(羊齒植物): 관다발(수분이나 양분의 이동 통로)식물 중에서 꽃이 피지 않고 포자로 번식하는 식물.

144 부처꽃-천굴채(千屈菜)

▶ 식물의 개요

부처꽃은 대아초(對牙草)·일본천굴채·패독초·대렵련·털두렁꽃·철릉각 등으로 부르며, 생약명은 천굴채(千屈菜)이다. 뿌리줄기가 옆으로 길게 뻗고 원줄기가 곧게 자라며 가지가 많이 갈라진다. 잎은 마주나고 피침형이며 잎자루가 거의 없다. 꽃은 7월경 홍자색의 육판화가 층층이 달려 핀다. 열매는 8월경 삭과를 맺어 익는다. 독성은 없으나 식용으로는 쓰지 않고 관상용과 약용으로 이용된다. 전국의 습지와 냇가, 제방둑 등지에 자생하는 부처꽃과의 여러해살이 쌍떡잎 속씨식물로 꽃을 차로 이용하며 항균·해독 작용을 한다.

▶ 효능

부처꽃은 맛이 쓰고 성질이 서늘하다.

• 열을 떨어뜨리는 창열 작용을 한다.
• 항균·해독 작용도 한다. 즉, 포도상구균과 대장균 등의 성장을 억제한다.
• 체내에 습기를 조절하고, 몸속의 부종을 내리는 데 효과가 있다.

▶ 처방 및 복용 방법

부처꽃은 가을철에 꽃과 전초를 채취하여 햇볕에 말려 약재로 쓴다.

• 이질, 설사, 대변 출혈, 자궁 출혈의 경우는 부처꽃을 적당량 끓는 물에 우려내어 차처럼 여러 번 마신다.
• 결막염, 방광염이 있는 경우는 부처꽃에 치자, 천굴채, 감초를 섞어 끓는 물에 달여서 차처럼 마신다.
• 당뇨병에는 말린 부처꽃을 끓는 물에 달여

차로 마신다.

▶ 용어 해설

• 포도상구균: 화농(고름)과 식중독을 일으키며 몸의 피부와 창자에 있다.

145 부추-구채(韭菜)

▶ 식물의 개요

부추는 구(韭)·구백(韭白)·구채자(韭菜子)·난총(蘭葱)·분추·편채·정구지·부취·염지·가구·파옥초 등의 이명이 있다. 생약명은 구채이다. 땅속에서 비늘줄기가 자라는데 그 밑의 짧은 뿌리줄기에서 선 모양의 잎이 뭉쳐 나온다. 꽃은 7월경 흰색 꽃을 피우고 9월경에 검은색 씨를 맺는다. 전국 농가에서 재배하는 백합과의 여러해살이 외떡잎 속씨식물이며 잎과 줄기는 식용, 씨는 약재로 이용된다.

▶ 효능

- 부추는 자율 신경을 자극하여 기력을 회복시키는데 효능이 있다.
- 위와 장의 기능을 강화하고 촉진한다.
- 혈액순환을 좋게 하며 묵은 피를 배출한다.

▶ 처방 및 복용 방법

부추는 9월 전후에 전초 씨, 비늘줄기를 채취하여 생물 또는 햇볕에 말려 약재로 쓴다.

- 기력을 회복하고 정력을 증진시키고자 할 때는 생부추로 즙을 내서 마시거나 사과즙을 같이 타서 마신다.
- 허리가 아프고 다리에 힘이 없어 허약체질인 경우는 생부추로 즙을 내어 감초식초와 섞어 마신다.
- 성기능이 저하되고 허리가 아픈 '신허요통'인 경우는 부추술을 만들어 마시거나 생 부추즙을 청주와 함께 섞어 마신다.

▶ 용어 해설

- 신허요통: 신장기능이 약해져서 나타나는 허리의 통증.
- 비늘줄기: 짧은 줄기 둘레에 양분을 저장하여 두껍게 된 잎이 많이 겹친 형태(파, 마늘, 백합, 수선화).

146 분홍바늘꽃 – 유엽채(柳葉菜)

▶ 식물의 개요

분홍바늘꽃은 유란(柳蘭)·두메바늘꽃·수와와·수정향·수난화 등으로 부른다. 생약명은 유엽채(柳葉菜)이다. 땅속줄기가 옆으로 길게 뻗으면서 군집을 형성하며 작은 가지는 크게 퍼지지 않는다. 잎은 마주나고 피침형이며 가장자리에 잔 톱니가 있다. 꽃은 7월경 홍자색으로 총상 꽃차례를 이루며 원줄기에 많이 달려 핀다. 8월경 삭과가 달려 익는데 속에 있는 씨에는 털이 있다. 우리나라 대관령 이북의 초원 지대에서 자생하는 바늘꽃과의 여러해살이 쌍떡잎 속씨 군락 식물로 꽃·뿌리·줄기를 혈액 순환 촉진제의 약용으로 사용한다.

▶ 효능

분홍바늘꽃은 맛이 떫고 싱거우며 주로 꽃과 뿌리를 약재로 쓴다.

- 혈액순환 촉진 및 각종 출혈성 질환이 지혈 작용에 효과가 있다.
- 인후염, 방광염 등 각 종 염증에 항균 및 소염 작용을 한다.
- 수술 후 새살을 돋게 하는 데 쓰이며, 각종 통증성 질환에 진통 작용을 한다.
- 위염, 설사, 이질 등 각종 부종의 치료인 건위 작용 및 이뇨·지사 작용에도 효과가 있다.
- 부인병 질환인 생리불순, 생리통, 대하증 등 여성 생리 치료에 효능이 있다.

▶ 처방 및 복용 방법

- 여성의 생리가 없는 경우는 분홍바늘꽃 뿌리를 끓여 설탕을 넣어서 차처럼 마신다.
- 생리불순, 치통, 결막염, 이질, 설사 등에는 분홍바늘꽃을 끓는 물에 달여 설탕과 함께 차처럼 복용한다.
- 외상 출혈이 있는 경우는 뿌리를 가루로 내어 환부에 바른다.

▶ 용어 해설

- 삭과: 익으면 열매 껍질이 떨어지면서 씨를 퍼뜨리는 여러 개의 씨방으로 된 열매(백합, 붓꽃).

147 붓꽃-마린(馬藺)

▶ **식물의 개요**

붓꽃은 마린화(馬藺花)·려실(蠡實)·계손(溪蓀)·극초·관초·난초·한포·수창포(水菖蒲) 등으로 부른다. 생약명은 마린이다. 뿌리줄기가 옆으로 뻗으면서 싹이 나오고 줄기가 뭉쳐서 곧게 자란다. 잎은 긴 칼 모양으로 곧게 자라는데 창포잎과 비슷하다. 꽃은 6월 전후 자주색의 육판화가 꽃줄기에 2~3개씩 달려 핀다. 열매는 9월경 검게 윤이 나는 삭과가 달려 익는다. 익은 열매는 스스로 터져 갈색 씨가 나온다. 식용으로는 쓰지 않고 관상용과 약용으로 이용된다. 전국 각지의 산과 들 약간 습기 있는 초원에 자생하는 붓꽃과의 여러해살이 외떡잎 속씨식물이다.

▶ **효능**

붓꽃의 씨(마린자)는 말려서 약으로 사용하는데 지혈 작용과 해독 작용에 효과가 있다.

- 잎(마린엽)은 후비증, 비뇨기 결석, 대변불통 등의 질환에 효과가 있다.
- 꽃은 해독, 지혈, 이뇨 작용을 한다.
- 뿌리는 해독 작용을 하며 저리고 아픈 류머티즘 치료에 좋다.

▶ **처방 및 복용 방법**

- 급성 전염성 간염은 마린자 물을 달여 1일 3회 정도 따뜻한 물로 차처럼 마신다.
- 설사가 나는 경우는 마린자, 황련의 가루를 섞어 따뜻한 물에 타서 먹는다.
- 생리 과다에는 마린화, 마린자, 석류피를 섞어 가루를 내어 1일 3회 복용한다.
- 소변 불통인 경우는 마린화를 볶아 가루를 내어 따뜻한 물에 타서 마신다.

- 코피, 토혈, 종기, 만성 기관지염에는 마린자, 마린화, 마린근의 가루를 내어 끓여서 차처럼 마셔 처방한다.

▶ **용어 해설**

- 토혈: 소화관 내에서 대량의 출혈이 발생하여 피를 토하는 질환.

148 비름-야현(野莧)

▶ **식물의 개요**

비름은 참비름·현채(莧菜)·백현(白莧)·세현(細莧)·녹현(綠莧)·비듬나물·새비름 등의 이명을 쓰며, 한방에서는 야현이라는 생약명을 쓴다. 원줄기에서 굵은 가지가 많이 뻗는다. 잎은 어긋나고 삼각형의 넓은 달걀 모양으로 가장자리가 밋밋하다. 꽃은 양성화로 7월경 백록색의 잔꽃이 잎겨드랑이에 모여 달리고 전체가 원추 꽃차례를 이룬다. 열매는 8월경 타원형이 개과를 맺어 익는다. 속에는 흑갈색의 윤기가 나는 씨가 들어 있다. 비름잎은 수은이 들어 있어 식용으로 쓸 때는 다량으로 복용하면 중독될 수 있으니 주의가 필요하다. 전국 각지의 농가 주변, 밭, 빈터, 거름더미 등지에 자생하는 비름과의 한해살이 쌍떡잎 속씨식물이다.

▶ **효능**

• 설사, 복통, 대변불통, 소화불량, 장염, 이질 등 소화기 질환을 다스린다.
• 안 질환, 야맹증 등 안과 질환과 중독, 종독을 다스리는데 효과가 있다.

▶ **처방 및 복용 방법**

비름은 개화기인 7월경 꽃, 잎, 줄기를 채집하여 생물이나 햇볕에 말려 약재로 쓴다. 어린 새순은 나물로 먹는다.

• 안과 질환과 피부병의 염증을 다스리기 위해서는 비름 전초를 달여서 복용한다.
• 세균성 만성대장염의 치료에는 비름을 넣은 쌀죽을 복용한다.
• 이뇨 작용, 지사 작용(설사를 멈춤), 부종 치료에는 비름 씨앗을 복용한다.
• 독충, 벌에 쏘였을 경우는 신선한 생비름을 짓찧어 환부에 붙인다.

▶ **용어 해설**

• 이뇨 작용: 오줌량을 증가시켜서 요중으로 물질의 배설을 촉진시키는 작용.

149 비비추-자옥잠근(紫玉簪根: 뿌리)

▶ 식물의 개요

비비추는 장병옥잠(長柄玉簪)·장병백합(長柄百合)·자옥잠화(紫玉簪花)·지부·자부·좀비비추·주걱비비추·일월비비추 등의 이명이 있다. 한방에서 쓰는 생약명은 자옥잠근이다. 땅속줄기는 짧고 단단한 털 모양의 섬유가 둘러싼다. 잎은 뿌리에서 나와 달걀꼴로 퍼져 자란다. 앞면에는 맥이 있으며 끝이 뾰족하다. 7월경 자주색 꽃이 총상 꽃차례를 이루며 대롱 모양으로 달려 핀다. 열매는 10월 전후 긴 타원형의 삭과가 달려 익으면 검은 씨가 갈라져 튀어 나온다. 어린잎은 나물로 먹고, 꽃(자옥잠화)과 잎(자옥잠엽)이 약재로 쓰인다. 중남부 지방 산골짜기, 개울가, 들판의 습한 곳에 자생하는 백합과의 여러해살이 외떡잎 속씨식물이다.

▶ 효능
• 비염, 인후염, 임파선염, 후두염 등 이비인후과 질환에 효능이 있다.
• 잇몸 통증, 치통, 구강내 출혈 등 치과 질환의 치료에 효과가 있다.

▶ 처방 및 복용 방법

비비추는 봄·가을에 자옥잠화(꽃)와 자옥잠엽(잎)을 채취하여 햇볕에 말려 약재로 쓴다. 이른 봄 어린순은 나물로 먹는다.

• 심한 콧물, 비염, 인후염, 편도선염 등 이비인후과 질환에는 뿌리줄기와 씨를 달여서 복용한다.
• 위통, 치통, 인후통, 혈변의 치료에는 뿌리와 줄기를 달여서 복용한다.
• 위궤양, 대하증에는 잎을 달여서 복용한다.
• 젖앓이, 중이염, 피부궤양 등의 상처 치료에는 생잎 즙을 내어 환부에 바른다.

• 잇몸 통증, 치통, 구강내 출혈 등 치과 질환의 치료에는 비비추 잎과 줄기를 삶아서 그 물로 양치질한다.

▶ 용어 해설
• 중이염: 중이강(외이와 내이 사이) 내에서 발생한 모든 염증성 귓병.

150 비수리−야관문(夜關門)

▶ 식물의 개요

비수리는 공쟁이대·삼엽초(三葉草)·백마편(白馬鞭)·천리광(千里光) 등의 이명을 쓴다. 생약명은 야관문이다. 줄기는 곧게 자라서 옆가지가 많이 갈라진다. 잎은 어긋나며 3출 겹잎이다. 작은 잎은 많은 잔가지에 뾰족한 댓잎 모양을 하고, 잎자루와 뒷면에 털이 많이 나 있다. 꽃은 8월경 흰색 꽃이 잎겨드랑이에서 나와 총상 꽃차례로 달려 피는데 양성화이다. 열매는 10월경 달걀 모양의 협과가 달려 익는데 속에는 씨가 1개씩 들어 있다. 공업용·사방용·밀원·퇴비·식용·약용 등 다양하게 이용된다. 전국 각지의 야산 기슭, 제방둑, 냇가의 초원지 등지에 자생하는 콩과의 여러해살이 쌍떡잎 속씨식물로 전초와 뿌리를 모두 약재로 쓴다.

▶ 효능
• 정력을 보충시키며 기를 보하는 작용을 한다.
• 간 기능 회복, 간경화, 간염 등의 질환을 다스린다.
• 폐렴, 기관지염, 기침 등의 호흡기 질환을 다스린다.
• 당뇨 개선 및 눈 건강 치료에 효능이 높다.

▶ 처방 및 복용 방법

비수리는 8월경 개화기 때 전초와 뿌리를 채취하여 햇볕에 말려 약재로 쓴다.
• 남성의 정력을 보충시키며 기를 보하기 위해서는 비수리 말린 전초를 진하게 달여서 차처럼 복용한다.
• 간경화, 간염 등의 간 질환에는 전초로 만든 가루를 미지근한 물에 타서 복용한다.
• 폐렴, 기관지염, 기침 등의 호흡기 질환과 당뇨 개선 및 눈 건강 치료에 는 천초와 뿌리를 잘 우려서 복용한다.

▶ 용어 해설
• 총상(總狀) 꽃차례: 꽃 전체가 하나의 꽃처럼 보이는 꽃 모양.
• 잎겨드랑이: 식물의 줄기나 가지에 잎이 붙은 부분으로 눈이 생김.

151 비자나무(榧子 : 열매의 겉껍질)

▶ 식물의 개요

비자나무는 적과(赤果)·옥산과(玉山果) 등으로도 불리며, 방향성이 있다. 한방에서 쓰는 생약명은 비자(榧子)이다. 잎은 마주나며 주목나무 잎과 비슷한 뾰족한 침 모양을 한다. 꽃은 4월경 암수딴그루의 단성화로 녹갈색의 꽃이 핀다. 열매는 꽃이 핀 다음해 9월경 타원형의 핵과가 달려 육질의 적자색으로 익는다. 우리나라 남부 지방의 고산 지대 산기슭이나 골짜기에 자생하는 주목과의 상록 침엽 교목이다. 관상수, 공업용, 식용, 약용으로 두루 쓰이는데 약용의 재료는 열매 겉껍질인 비자이다.

▶ 효능

• 위염, 소화불량, 변비, 건위, 속쓰림, 위산과다증 등 소화기 질환을 다스리는데 효과가 있다.
• 야뇨증, 생리불순, 요실금, 혈뇨 등 비뇨기 질환을 치료한다.
• 회충, 촌충 등 구충제로서 효능이 있다.

▶ 용어 해설

• 핵과(核果): 단단한 핵으로 쌓여 있는 열매(매실, 복숭아, 살구, 대추).

▶ 처방 및 복용 방법

열매가 익는 10월경 나무껍질, 열매를 채취하여 열매 겉껍질을 씨와 분리하고 햇볕에 말린 후 약재로 사용한다.

• 소화불량, 변비, 건위, 속쓰림, 위산과다증 등의 치료에는 열매에서 짠 기름이나 가루를 복용한다.
• 야뇨증, 요실금, 혈뇨 등 비뇨기 질환의 치료에는 열매로 환을 빚어 알약을 복용해도 효능이 있다.

152 뻐꾹채-누로(漏蘆)

▶ 식물의 개요

뻐꾹채는 야란(野蘭)·북루(北漏)·귀유마(鬼油麻)·화상두(和尙頭)·대화계(大花薊)·독화산중방(獨花山中蒡) 등으로 불린다. 생약명은 누로(漏蘆)이다. 굵고 비대한 뿌리가 땅속 깊이 들어간다. 줄기가 곧게 자라는데 흰색의 털로 덮여 있다. 뿌리잎은 꽃이 필 때까지 남아 있고 양면에 흰털이 많고 톱니가 있다. 줄기잎은 어긋나며 위로 올라갈수록 잎이 작아진다. 꽃은 7월경 자주색 꽃이 줄기 끝에 한 개씩 달려 피는데 대롱꽃이다. 열매는 9월경 타원형의 수과가 달려 익으면 바람에 날려 퍼진다. 전국 각지의 산지나 양지 바른 언덕에 자생하는 국화과의 여러해살이 쌍떡잎 속씨식물이다.

▶ 효능

뻐꾹채는 꽃·잎·줄기를 약용으로 쓸 수 있으나 뿌리를 주로 쓴다.

- 저혈압 환자의 혈압을 다스리며, 혈관성 영양 불량 환자의 강장 작용을 한다.
- 고혈압 환자의 혈압을 강하시키고 심장 질환을 다스린다.
- 열독을 다스리며 중추 신경의 마비를 치료하는 데 효과가 있다.
- 산후 여성의 젖이 잘 나오지 않는 경우 유즙 분비를 촉진한다.

▶ 처방 및 복용 방법

- 중추 신경의 마비가 오거나 근육통 및 관절통에는 누로가루와 청주를 함께 복용한다.
- 설사나 대하증에는 누로를 식초에 졸여 가루와 함께 환을 빚어 먹는다.

- 젖이 잘 나오지 않는 경우는 누로의 가루를 청주와 함께 복용한다.
- 어린아이들의 설사는 누로가루를 꿀에 개어서 환을 빚어 사용한다.

▶ 용어 해설

- 뿌리잎: 뿌리나 땅속줄기에서 나는 잎(고사리).
- 줄기잎: 줄기에서 나온 잎(경엽: 莖葉).
- 수과(瘦果): 익어도 터지지 않는 열매.

153 뽕나무-상백피(桑白皮)

▶ **식물의 개요**

뽕나물 껍질의 흰살 부분을 약재로 쓰기 때문에 상백피(桑白皮)라는 약명을 쓴다. 상근피(桑根皮)·포화(蒲花)·상목(桑木)·상토(桑土)·상심자(桑椹子)·백상(白桑)·오디나무 등이 이명이다. 잎은 어긋나며 달걀 모양의 원형으로 가장자리에 둔한 톱니가 있다. 잎과 가지에는 자르면 유액이 나온다. 꽃은 6월경 황록색의 꽃이삭이 미상(尾狀) 꽃차례로 달려 핀다. 열매는 액질의 핵과가 달려 자주색으로 익는데 이를 오디라고 한다. 양잠·공업용·식용·약용으로 이용된다. 전국 각지의 밭둑에 많이 서식하며, 과거에는 누에를 치기 위해 농가에서 밭에 재배하였다. 뽕나무과의 낙엽 활엽 관목으로 열매는 식용, 속껍질은 부종 치료제의 약재로 사용한다.

▶ **효능**
• 급성 기관지염, 호흡 곤란 등에 나타나는 폐열을 떨어뜨리는데 쓰인다.
• 알레르기성 부종 등 각종 부종을 다스리는데 효과가 있다.
• 관절 류머티즘, 각종 관절통을 치료하는데 쓰인다.
• 냄새가 심한 고기 종류의 잡내를 잡아주는데 뽕나무 줄기가 효능이 있다.

▶ **처방 및 복용 방법**
• 소변 불통 및 만성 신장염, 혈압 상승에는 상백피와 옥수수 수염을 섞어 끓여서 그 물을 마신다.
• 관절통, 타박상, 눈의 충혈이 심할 경우는 뽕나무 뿌리를 달여 마신다.
• 임신 중독증에는 상백피, 붉은 팥을 달여서 먹는다.
• 소변 지림이 심할 경우는 상백피, 복령, 택사 등을 혼합하여 끓여서 물을 여러 번 마신다.

▶ **용어 해설**
• 미상(尾狀) 꽃차례: 수상 꽃차례의 하나로 가늘고 긴 주축에 다수의 단성화가 밀집하여 달리고, 마치 동물 꼬리처럼 아래로 늘어진 꽃차례
• 핵과(核果): 단단한 핵으로 쌓여 있는 열매(매실, 복숭아, 살구, 대추)

154 사마귀풀─수죽채(水竹茱 : 말린 사마귀풀)

▶ **식물의 개요**

사마귀풀은 애기달개배·애기닭의밑씻개·사마귀약풀·수죽채(水竹茱)·수죽초(水竹草)·죽두초(竹頭草) 등의 이명을 쓰며, 한방에서는 수죽채를 생약명으로 쓴다. 잎은 어긋나며 달개비잎과 비슷한 뾰족한 모양이다. 꽃은 8월경 달걀 모양의 홍자색 꽃이 잎겨드랑이에서 한 개씩 달려 핀다. 열매는 10월경 타원형의 시과가 달려 결실하여 익으면 씨가 터져 밖으로 나온다. 전국 각지의 연못이나 호수, 웅덩이 등의 습지에 자생하는 닭의장풀과의 한해살이 외떡잎 속씨식물이다. 이 풀을 사람 몸에 나 있는 사마귀에 찧어 붙이면 사마귀가 떨어진다고 하여 '사마귀풀'이라 하였다. 어린순은 식용으로, 말린 전초는 약용으로 쓴다.

▶ **효능**

- 인후염, 폐렴, 구내염, 기관지염, 임파선염, 기침, 천식, 유행성 독감, 폐결핵 등의 호흡기 질환을 치료하는데 효능이 있다.
- 고혈압, 소종양, 옹종, 어혈, 위열, 청열, 해수 등 각종 열통을 다스리는데 효능이 있다.

▶ **처방 및 복용 방법**

가을철에 전초를 채취하여 햇볕에 말린 것을 약재로 쓴다.

- 고혈압, 소종양, 옹종, 어혈, 위열, 청열, 해수 등 각종 열통의 치료에는 달이거나 즙을 내어 복용한다.
- 악성 종기에는 생잎을 짓찧어서 환부에 붙인다.
- 인후염, 폐렴, 구내염, 기관지염, 임파선염, 기침, 천식 등의 호흡기 질환에는 말린 사마귀풀 잎과 줄기를 진하게 달여 마신다.

▶ **용어 해설**

- 시과: 씨방의 벽이 늘어나 평평한 섬유질의 날개가 달린 열매.
- 구내염: 세균의 감염으로 인해 입안 점막에 염증이 생기는 질환.

155 사상자(蛇床子 : 살모사의 침대)

▶ 식물의 개요

사상자는 뱀도랏·사상실(蛇床實)·사미(謝米)·사익(思益)·사주(蛇珠)·개회향·동회향·훼상
자 등의 이명을 쓰며, 한방에서 쓰는 생약명도 사상자이다. 잎은 어긋나며 3출 겹잎으로서 댓잎
피침형으로 가장자리에 톱니가 있다. 꽃은 6월경 흰색 꽃이 피는데 겹산형 꽃차례 줄기 끝에서
나온 작은 오판화가 무리지어 달린다. 9월 전후 열매를 맺는데 익으면 열매에 붙어 있는 가시털
이 짐승의 몸에 붙어 다른 곳으로 퍼져나간다. 관상용·식용·약용으로 이용되며, 전국 각지의
낮은 언덕 또는 초원지대 풀밭에 자생하는 미나리과의 두해살이 쌍떡잎 속씨식물이다.

▶ 효능
• 비염, 콧물, 인후염, 임파선염, 후두염, 편도선
  염 등 이비인후과 질환을 다스린다.
• 산후복통, 산후 자궁출혈, 냉병, 대하증, 난산,
  생리불순, 불임증, 자궁내막염 등 부인과 질환
  을 다스리는데 효능이 있다.
• 습진, 파상풍, 화상풍, 풍비, 피부소양증 등을
  다스린다.

▶ 용어 해설
• 겹산형 꽃차례: 산형 꽃차례가 몇 개 모여서 이
  루어진 꽃차례(어수리).

▶ 처방 및 복용 방법
사상자는 열매가 익는 9월경 씨(사상자)를 채취하여
햇볕에 말려 분말을 만들어 약재로 쓴다.
• 음부, 피부가려움증, 습진의 치료에는 사상자
  열매 달인 물로 환부를 세척하거나 가루를 빻
  아 뿌린다.
• 비염, 콧물, 인후염, 임파선염, 후두염 등 이비
  인후과 질환에는 사상자 말린 열매를 진하게
  달여서 복용한다.

156 사위질빵-여위(女萎)

▶ 식물의 개요

사위질빵은 질빵풀·만초(蔓草)·백목통(白木通)·백근초(白根草)·산목통(山木通) 등으로도 불리고, 한방에서 쓰는 생약명은 여위이다. 잎은 마주나고 3출 겹잎이며 잎자루가 길다. 작은 잎은 달걀형으로 끝이 뾰족하고 댓잎피침형이다. 덩굴에 붙어 있는 달걀 모양으로 톱니가 있다. 꽃은 7월경 유백색 꽃이 피며, 취산 꽃차례를 이루며 달린다. 열매는 10월 전후 수과가 여러 개씩 모여 달려 익는다. 관상용·식용·약용으로 이용된다. 전국 각지의 낮은 야산과 들판에 자생하는 미나리과의 다년생 쌍떡잎 낙엽 덩굴식물이다.

▶ 효능

• 소화기 계통의 질환을 다스리는데 효능이 있다. 즉, 설사, 복통, 대변불통, 소화불량, 장염, 이질, 위염, 변비, 건위, 속쓰림, 위산과다증 등의 치료에 효능이 있다.
• 개창, 경련, 근골동통, 복통, 파상풍, 천식, 위통 등 각종 통증을 다스리는데 효능이 있다.

▶ 처방 및 복용 방법

봄철과 가을철에 어린순과 줄기를 채취하여 햇볕에 말려 약재로 쓴다.
• 근골동통, 복통, 파상풍, 천식, 위통 등 각종 통증의 치료에는 말린 전초를 진하게 달여 마시든지 환을 빚어 복용한다.
• 설사, 복통, 대변불통, 소화불량, 장염, 이질, 위염, 변비, 속쓰림 등의 치료에는 햇볕에 말린 전초를 끓는 물에 잘 달여 복용한다.

▶ 용어 해설

• 취산 꽃차례: 꽃대 끝에 꽃이 피고 그 아래 가지에 차례대로 꽃이 피는 것.
• 개창: 피부가 몹시 가려운 전염성 피부염(옴).

171

157 사철쑥-인진호(茵蔯蒿)

▶ **식물의 개요**

사철쑥은 인진(茵蔯)·애탕쑥·취호(臭蒿)·면인진(綿茵蔯) 등으로도 불리며, 한방에서 쓰는 생
약명은 인진호이다. 원가지에서 작은 가지가 많이 갈라져 달린 잎이 뭉쳐 있고, 8월경 둥근 두
상화가 원추 꽃차례를 이루며 노란꽃이 핀다. 열매는 9월 전후 수과가 달려 익는다. 전국 각지
의 냇가 모래밭에 많이 자생하는 국화과의 여러해살이 쌍떡잎 속씨식물이다. 식용, 약용, 산사
태를 막는 사방(砂防)용으로 쓴다.

▶ **효능**

- 간장을 다스리는데 효능이 있다. 즉, 간염, 간경
  변증, 간열, 담낭염, 담석증 등을 질환을 치료
  한다.
- 피부과 계통의 질환을 다스린다. 즉, 피부암, 습
  진, 피부염증, 파상풍, 화상풍, 풍비, 피부소양
  증 등을 다스린다.
- 이뇨제 또는 황달의 치료에 효능이 있다.

▶ **용어 해설**

- 원추(圓錐) 꽃차례: 꽃차례의 축이 여러 번 가지
  가 갈라져 최종 분지(分枝)가 총상 꽃차례를 이
  루는 원뿔 모양이다.

▶ **처방 및 복용 방법**

6월 전후에 전초를 채취해 햇볕에 말려 약재로 쓴다.

- 이뇨제 또는 황달의 치료에는 그늘에 말린 줄기
  와 잎을 진하게 달여서 복용한다.
- 피부염, 습진, 파상풍, 화상풍, 풍비, 피부소양
  증 등의 치료에는 달인 물로 씻거나 생쑥을 짓
  찧어 복용한다.
- 간염, 간경변증, 간열, 담낭염, 담석증 등의 치
  료에는 잘 말린 잎과 줄기로 진하게 달인 물을
  복용한다.

158 산달래-해백(薤白)

▶ 식물의 개요

산달래는 돌달래·큰달래·야산(野蒜)·소산(小蒜)·해근(薤根) 등으로 불리며, 한방에서는 해백(薤白)이라는 생약명을 쓴다. 잎은 꽃줄기를 감싸고 뾰족한 유선형 모양으로 뭉쳐 있고, 5월경 홍자색 꽃이 피는데 10여 개의 잔꽃이 줄기 끝에 모여 산형 꽃차례를 이루며 달린다. 열매는 7월경 삭과를 맺는데 속에 있는 씨는 검은색이다. 땅속의 뿌리줄기는 하얀 공 모양으로 늦가을 잎이 나와 겨울을 보낸다. 포기 전체에서 마늘향이 나는데 식용과 약용으로 이용된다. 전국 각지 산속이나 들판에 자생하는 백합과 여러해살이 외떡잎 속씨식물이다.

▶ 효능

• 이비인후과 질환을 다스린다. 즉, 비염, 인후염, 임파선염, 후두염, 편도선염 등의 질환을 치료하는 작용을 한다.
• 심장병, 중독, 피로증, 진통 등을 치료하는데 효과가 있다.
• 노화방지, 피부미용, 주근깨 등에 효능이 있다.

▶ 처방 및 복용 방법

봄, 가을에 잎, 줄기, 뿌리인 비늘줄기를 채취하여 생물로 식용과 약용으로 쓴다.

• 독충에 물렸거나 피부 질환에는 생비늘줄기를 짓찧어 환부에 처방한다.
• 비염, 인후염, 임파선염, 후두염, 편도선염 등의 질환에는 산달래 줄기와 뿌리를 갈아서 가루를 만들어 복용한다.
• 심장병, 중독, 피로증, 진통의 예방 및 치료에는 산달래 뿌리로 생즙을 만들어 장기 복용한다.

▶ 용어 해설

• 산형 꽃차례: 많은 꽃꼭지가 꽃대 끝에서 방사형으로 나와 그 끝마디에 꽃이 하나씩 붙는 꽃차례.
• 비늘줄기: 짧은 줄기 둘레에 양분을 저장하여 두껍게 된 잎이 많이 겹친 형태(파, 마늘, 백합, 수선화).

159 산마늘-각총(茖蔥)

▶ **식물의 개요**

산마늘은 전초에서 강한 마늘 냄새가 나므로 붙인 이름이다. 격총(格蔥)·산총(山蔥)·명이·맹이·망부추·땅이풀·맹이풀 등의 명칭으로도 불리며 한방에서 쓰는 생약명은 각총이다. 비늘줄기에 달걀 모양의 넓적한 잎이 비비추와 비슷한 달려 자란다. 꽃은 5~6월경 꽃대에 타원형모양의 흰색 꽃이 산형 꽃차례를 이루며 한 송이씩 달려 핀다. 9월경 열매가 맺혀 익으며 속에는 검은 씨가 있다. 울릉도에 집중적으로 분포하며, 중북부 고산지대에(설악산·태백산·지리산)자생하는 백합과의 외떡잎 덩이뿌리 식물이다. 과거에는 울릉도에서 구황작물로 많이 이용되었다. 지금은 밭에서 많이 재배한다.

▶ **효능**

- 주로 소화기 질환을 다스린다. 즉, 소화불량, 위경련, 위산과다, 건위, 위염, 복통, 대변불통, 장염, 설사, 이질, 변비, 속쓰림 등의 치료에 효능이 있다.
- 항균 작용이 뛰어나고 면역력을 강화시켜 주는 데 효능이 있다.
- 눈 건강 예방 및 성인병 예방에 효능이 있다.

▶ **처방 및 복용 방법**

산마늘은 봄부터 가을까지 전초를 채취하여 생물 및 햇볕에 말려 식용 및 약용으로 쓴다.

- 소화불량, 위경련, 위산과다, 위염, 복통, 대변불통, 설사, 변비, 속쓰림 등의 소화기 질환의 치료에는 산마늘가루나 달인 물, 뿌리를 복용한다.
- 항균 작용과 면역력 강화를 위해서는 산마늘 장아찌를 장기 복용한다.
- 눈 건강 예방 및 성인병 예방에는 산마늘 뿌리로 갈은 가루를 복용한다.

▶ **용어 해설**

- 덩이뿌리: 녹말을 저장하기 위해 배대해진 뿌리 (고구마, 무).
- 덩이줄기: 덩이 모양을 이룬 땅속줄기(감자, 돼지감자).

160 산사(山楂)나무

▶ 식물의 개요

산사나무는 산표자(山票子)·적조자(赤棗子)·산리홍(山里紅)·적과자(赤瓜子)·산조홍(山棗紅)·찔광나무·애광나무·동배나무 등으로 부른다. 생약명은 산사(山楂)이다. 나무껍질은 잿빛이고 줄기와 가지에는 가시가 나 있다. 잎은 어긋나며 넓은 달걀꼴로 가장자리에 톱니가 있다. 꽃은 5월경 가지에서 나온 흰색의 오판화가 산방 꽃차례를 이룬다. 열매는 9~10월경 둥근 이과가 달려 붉게 익는다. 관상용·정원수·조경수·식용·약용으로 이용된다. 우리나라 중부 이북지방에 분포하는 장미과의 낙엽 활엽 소교목으로 열매가 혈액 순환을 돕는 기혈제로 쓰인다.

▶ 효능

산사자는 맛이 시고 달며 독성은 없다.

• 고지혈증, 관상동맥경화증, 콜레스테롤 등의 질환에 대한 어혈과 지방 제거 작용을 한다.
• 혈관을 확장하여 동맥의 혈류량을 증가시켜 혈압 강하 작용을 한다.
• 건위와 소화 작용을 하여 위산 과다증에 쓰인다.
• 항균 작용과 여성들의 자궁 수축 작용에도 효과가 있다.

▶ 처방 및 복용 방법

산사나무는 열매가 익는 10월경 열매를 채취하여 햇볕에 말려 약재로 쓴다.

• 속이 냉하고 소화 장애, 산후 어혈이 있는 경우는 산사자, 계피를 끓는 물에 달여 설탕과 함께 차처럼 마신다.
• 급성 장 질환에는 산사자 씨를 끓는 물에 달여 마신다.
• 요통이 있는 경우는 산사육과 녹용을 가루로 만들어 꿀로 0.3g 크기의 환을 만들어 알약을 복용한다.

▶ 용어 해설

• 이과(梨果): 수분이 많은 육질 과피를 갖고 있는 과실.
• 고지혈증: 혈액 내에 필요 이상으로 지방 성분이 많아 염증을 일으키는 질환.

161 산수유(山茱萸)

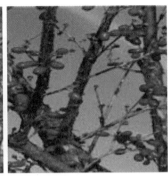

▶ 식물의 개요

산수유는 석조(石棗: 돌대추)·촉조(蜀棗)·육조(肉棗)·계족나무 등으로 부르고, 생약명은 산수유(山茱萸)이다. 잎은 마주나는데 달걀 모양이 댓잎피침형으로 뒷면에 털이 나 있다. 꽃은 3월경 잎보다 먼저 노란색의 사판화가 산형 꽃차례를 이루며 달려 핀다. 열매는 8월경 긴 타원형의 핵과가 달려 붉게 익는다. 산수유나무는 우리나라 중남부 지역에 널리 분포하고 있는 층층나무과의 낙엽 활엽 소교목이다. 경남 하동 지방이 산수유 생산지로 유명하다.

▶ 효능

산수유는 가을에 채취하여 그늘에 말리거나 술에 쪄서 말려 약용(자양강장제)으로 이용한다.

• 간장과 신장의 기능을 강화하고 몸을 보익하는 데 효과가 있다.
• 여성의 자궁출혈, 대하증, 생리 과다 등을 다스린다.
• 땀을 멈추게 하고 유정, 몽정 등을 다스린다.

▶ 처방 및 복용 방법

• 풍기로 어지럼증이 있으면 산수유, 산약, 감국, 인삼, 천궁, 복신을 배합하여 가루를 내어 따뜻한 청주에 타서 복용한다.
• 기운이 없고 빈혈이 있으면 산수유, 인삼, 당귀를 배합하여 끓는 물에 달여서 자주 마신다.
• 조루증에는 산수유, 감인, 연화수, 복분자, 연골 등을 섞어 가루를 내어 환을 빚어 알약을 장기 복용한다.
• 소변이 시원찮을 경우는 산수유, 인삼, 오미자,

굴껍질을 섞어 끓여 차처럼 마신다.
• 이명에는 산수유 술을 만들어 공복에 소주잔 반 정도로 1일 2회 마신다.
• 잠잘 때 식은땀을 흘리면 산수유, 숙지황, 구기자, 복령을 넣어 끓인 물을 차처럼 마신다.

▶ 주의

복용 중에는 도라지, 방기의 사용을 금한다.

▶ 용어 해설

• 핵과(核果): 단단한 핵으로 쌓여 있는 열매(매실, 복숭아, 살구, 대추).

162 산뽕나무-상백피(桑白皮)

▶ 식물의 개요

산뽕나무는 참뽕나무·메뽕나무·산뽕·산상(山桑) 등으로도 불린다. 한방에서는 상백피(桑白皮)라는 생약명을 쓴다. 산뽕나무는 잎이 개량종보다 크기가 작고 달걀 모양으로 가장자리에 톱니가 있다. 꽃은 5월경 단성화가 피어 아래로 쭉 늘어진다. 6월경 타원형 장과가 달려 검은 자주색으로 익는데 육질의 열매가 익는데 이게 오디이다. 전국 각지 깊은 산속의 양지에 자생하는 뽕나무과의 낙엽 활엽 소교목이다. 열매인 오디는 식용으로, 뿌리의 속껍질을 약용으로 쓴다.

▶ 효능

- 소화기 질환을 다스린다. 즉, 복통, 대변불통, 장염, 위염, 변비, 건위, 속쓰림, 위산과다증 등의 치료에 효능이 있다.
- 호흡기 질환을 다스린다. 즉, 폐렴, 기관지염, 기침, 천식, 유행성 독감 등을 치료하는데 효능이 있다.
- 고혈압, 장염, 장출혈, 빈혈증, 중풍 통증 등 순환계 질환의 치료에 효능이 있다.
- 신경통, 심장병, 신경쇠약, 심장판막증 등 신경계 질환의 치료에 효능이 있다.

▶ 처방 및 복용 방법

산뽕나무는 잎, 열매, 뿌리줄기 등을 수시로 채취하여 햇볕에 말려 약재로 쓴다.

- 풍열, 혈열, 출혈, 눈병을 낫게 하고 고혈압의 치료에는 산뽕나무 뿌리를 말려 달여서 복용한다.
- 폐열로 기침이 나고 혈담, 부종, 소변불통, 기관지염 등에는 뽕나무 잎과 껍질로 가루를 내어 복용한다.
- 피부염이나 상처에는 달인 물로 씻는다.
- 대변불통, 장염, 위염, 변비, 건위, 속쓰림 등의 치료에는 오디로 만든 효소를 장기간 복용한다.

▶ 주의

약 처방 중에는 도라지, 복령, 지네를 금한다.

▶ 용어 해설

- 단성화(單性花): 암술이나 수술 중 어느 한쪽만 있는 꽃(홑성꽃).
- 장과(漿果): 과육과 액즙이 많고 속에 씨가 들어 있는 과실(포도, 감).

163 산오이풀-지유(地楡)

▶ 식물의 개요

산오이풀은 옥찰(玉札)·백지유(白地楡)·근엽지유(根葉地楡)·마후조(馬候棗)·호자(胡子)·
야생마(野生麻)·외나물수박풀·외순나물·가는오이풀 등으로 부른다. 생약명은 지유(地楡)이
다. 뿌리줄기는 굵고 옆으로 뻗는다. 줄기는 곧게 서서 자라며, 잎은 깃꼴겹잎으로 타원형으로
가장자리에 거친 톱니가 있다. 꽃은 8월경 홍자색으로 수상 꽃차례를 이루며 다닥다닥 달려 핀
다. 열매는 10월 전후 네모진 수과가 달려 익는다. 독성은 없으나 식용으로는 쓰지 않고 관상
용·밀원·약용으로 이용된다. 우리나라 지리산, 설악산 등지의 고산 지대에 자생하는 장미과의
여러해살이 쌍떡잎 속씨식물로 뿌리를 지혈제로 쓴다.

▶ 효능

산오이풀은 맛이 쓰고 달며 시다. 뿌리를 이른 봄
싹이 돋기 전이나 가을 잎이 마른 후 채취해 검은
껍질을 벗기고 붉은 속뿌리를 햇볕에 말려 약용으
로 쓴다.

- 여성의 대하증, 산후 어혈, 각종 출혈 등에 대한
  지혈 작용을 한다.
- 지유가루를 화상을 입은 환부에 바르면 치료 효
  과가 있고, 지유 꽃 즙액은 항균 작용에 효과가
  있다.

▶ 처방 및 복용 방법

산오이풀은 뿌리와 꽃을 채취하여 햇볕에 말려 약
재로 쓴다.

- 피 설사, 거품이 일어나는 묽은 변에는 지유, 감
  초, 산사를 배합하여 끓는 물에 달여 차처럼 복
  용한다.

- 자주 혈변이 있으면 지유와 창출을 혼합하여 달
  여서 1일 3회 정도 빈속에 복용한다.
- 오줌에 피가 나면 생지유에 마편초, 대추를 넣
  고 끓여 마시면 효능이 있다.
- 여성의 대하증에는 식초를 탄 지유를 끓여 달여
  서 공복에 여러 번 마신다.
- 소아의 장티푸스에는 지유와 백화사설초를 2:1
  로 섞어 끓여서 그 물을 복용하면 치료가 된다.
- 뱀에 물린 경우, 지유가루를 따뜻한 물에 타 먹든지,
  지유 뿌리 생즙을 환부에 바르면 효과가 있다.

▶ 용어 해설

- 수상 꽃차례: 한 개의 긴 꽃대 둘레에 여러 개
  꽃이 이삭 모양으로 핀 꽃.
- 수과(瘦果): 익어도 터지지 않는 열매.
- 대하증: 여성의 생식기에서 나오는 분비물(냉)
  이 많은 경우를 말한다.

164 산옥매(山玉梅)−욱리인(郁李仁)

▶ 식물의 개요
산옥매는 산매화(山梅花)·옥매(玉梅)·옥매화(玉梅花)·욱자(郁子)·산매자(山梅子) 등의 이름으로 불리며, 한방에서 쓰는 생약명은 욱리인(郁李仁)이다. 잎은 어긋나고 넓은 댓잎피침형으로 가장자리에는 잔 톱니가 나 있다. 잎의 뒷면에는 잔털이 있고 끝은 뾰족하다. 꽃은 5월경 흰색 또는 붉은색의 꽃이 우산 모양으로 피고, 7월경부터 둥근 핵과가 달려 붉게 익는다. 우리나라 중부지방의 야산 구릉지나 산골짜기에 자생하는 장미과의 쌍떡잎 낙엽 활엽 관목이다. 관상용·식용·약용으로 쓰인다.

▶ 효능
- 소화기 계통의 질병을 다스린다. 즉, 소화불량, 위염, 위통, 복통, 위산과다증, 속쓰림, 대변불통, 설사, 장염, 변비 등의 치료에 효능이 있다.
- 황달, 살균, 사독, 조갈증, 통증 등을 다스린다.

- 조갈증: 입안이나 목이 몹시 말라 물을 자꾸 마시는 증세.
- 사독: 사창(여름철 오한이나 열이 나는 현상)을 일으키는 독기.

▶ 처방 및 복용 방법
6~7월경 열매를 채취하여 햇볕에 말려 약재로 쓴다.
- 소화기 계통의 질환(소화불량, 위염, 대변불통, 설사, 장염, 변비)에는 산옥매 열매를 가루로 만들어 복용한다.
- 황달, 살균, 사독, 조갈증, 통증 등에는 산옥매 꽃잎으로 차를 만들어 복용하든지 열매를 채취하여 달여서 복용한다.

▶ 용어 해설
- 핵과(核果): 단단한 핵으로 쌓여 있는 열매(매실, 복숭아, 살구, 대추)

165 산초나무-산초(山椒)

▶ **식물의 개요**

산초나무는 대초(大椒)·화초(花椒)·남초(南椒)·당의(蕭薮)·분지나무 등으로 불린다. 한방에서 사용하는 생약명은 산초(山椒)이다. 잎은 초피나무와 비슷한 모양이지만 표면이 윤기가 나고 잎자루 밑부분에 가시가 있다. 8월경 흰색 또는 녹색의 꽃이 피고, 10월경 둥근 삭과가 결실하여 검게 익는다. 열매는 약재로도 쓰이고 가정에서 기름을 짜서 식용으로도 사용한다. 전국 각지 야산 기슭 야지나 냇가 등지에 자생하는 운향과의 쌍떡잎 낙엽 활엽 관목이다. 관상용·식용·약용으로 쓰인다.

▶ **효능**

* 통증을 약화시키는 작용을 한다. 즉, 심복통, 구토, 복통, 치통, 중독증, 산통, 화상풍, 토혈, 어혈, 치질 등을 다스리는데 효능이 있다.
* 위를 튼튼하게 하는 건위제 작용을 한다.
* 독특한 향기가 음식의 맛을 다스리는 향미료로 쓰인다.
* 기침, 해수, 기관지염에 효능이 있다.

▶ **처방 및 복용 방법**

10월 전후에 열매·뿌리껍질·잎줄기를 채취하여 햇볕에 말려 쓴다.

* 기침, 해수, 기관지염에는 산초 열매 껍질과 귤 껍질을 섞어 달여서 복용한다.
* 위를 튼튼하게 하는 건위제에는 열매로 담근 약술을 3개월 정도 숙성시킨 후 조금씩 복용한다.
* 습진, 버짐, 음부가려움증 등의 피부 질환에는

열매로 짠 기름을 환부에 바른다.

▶ **용어 해설**

* 낙엽관목(落葉灌木): 갈잎 떨기나무(사람 키보다 작고 밑동에서 가지를 많이 치는 나무).

166 살구나무-행인(杏仁)

▶ **식물의 개요**

살구는 한자어로 행(杏)이라 하고, 행핵자(杏核子)·초금단(草金丹)·행목·행자·행화·첨행인(甛杏仁) 등으로 불린다. 생약명은 행인(杏仁)이다. 잎은 어긋나며 넓은 타원형으로서 끝이 뾰족하고 가장자리에 톱니가 있다. 꽃은 4월경 잎보다 먼저 연분홍색의 오판화가 꽃자루가 없이 핀다. 열매는 7월경 둥근 핵과가 달려 노란색으로 익는데 육질이며 잔털이 덮여 있다. 열매 속에 들어 있는 알맹이를 '행인'이라 하고 이를 약용으로 쓴다. 우리나라는 농촌의 가옥에 살구나무가 한두 그루 정도씩 있었고 지금은 과수 농가에서 재배하는데, 장미과의 낙엽 활엽 소교목이며, 진해 거담제로 쓰인다.

▶ **효능**

- 행인은 감기로 인한 기침 및 가래를 삭혀주는 진해·거담 작용을 한다.
- 대장 운동을 도와 변비에 효능이 있고, 화장품 재료로도 사용된다.
- 피를 맑게 하여 피부에 윤기가 나게 하는 작용을 한다.

▶ **처방 및 복용 방법**

- 천식과 기침이 심한 경우는 행인을 갈아 가루를 내어 꿀과 함께 식전에 복용하든지 환을 빚어 알약으로 먹어도 된다.
- 감기 몸살이 심한 경우는 행인을 찹쌀과 함께 죽을 쑤어서 먹는다.
- 편도선염, 인후통에는 행인과 계피를 섞어 가루를 내어 목에 넘겨 삼킨다.
- 치질 출혈, 자궁 출혈 등에는 행인 가루를 내어

따뜻한 물에 타서 마신다.

▶ **주의**

복용 중에는 황기, 황금, 칡의 사용을 금한다.

▶ **용어 해설**

- 낙엽소교목(落葉小喬木): 갈잎 작은키나무.
- 핵과(核果): 단단한 핵으로 쌓여 있는 열매(매실, 복숭아, 살구, 대추).

167 삼-대마초(大麻草)

▶ 식물의 개요

삼은 마(麻)·화마(火麻)·산우(山芋)·백마자(白麻子)·마자인(麻子仁) 등의 이명을 쓰며, 한방에서는 사용하는 생약명은 대마초(大麻草)이다. 삼잎은 어긋나며 3개의 잔잎으로 갈라진다. 표면이 거칠고 톱니와 잔털이 있다. 7월경 녹색 꽃이 피는데 암꽃은 잎겨드랑이에 짧은 수상 꽃차례를 이루며 달리고, 수꽃은 원추 꽃차례를 이루며 달린다. 9월 전후 둥근 수과가 달려 결실하는데 속에 있는 씨는 회백색으로 딱딱하다. 허가 받은 농가에서 재배하며 삼과의 한해살이 쌍떡잎 속씨식물이다. 줄기껍질은 삼베의 원료로, 씨는 제유(製油) 및 식용, 약용으로 쓰인다.

▶ 효능

• 순환계 질환을 다스린다. 즉, 협심증, 고지방혈증, 고혈압, 장출혈, 빈혈증, 동맥경화, 해수, 중풍 등의 치료에 효능이 있다.
• 피부 질환을 다스린다. 즉, 건성피부증, 기미, 주근깨, 피부암, 습진, 피부염증, 파상풍, 화상풍, 피부소양증 등을 다스린다.
• 유산, 조산, 생리불순 등 부인병 질환에 효능이 있다.

▶ 처방 및 복용 방법

열매가 익는 9월 전후에 열매를 채취하여 씨를 약재로 쓴다. 대마는 정부 차원에서 규제하는 식물이기에 전문 한의사의 조언을 받아 약재로 써야 한다.

▶ 용어 해설

• 수상 꽃차례: 한 개의 긴 꽃대 둘레에 여러 개 꽃이 이삭 모양으로 핀 꽃.
• 협심증: 가슴이 아프거나 통증이 나타나는 질환.

168 삼백초(三白草)

▶ 식물의 개요

삼백이란 잎·뿌리·꽃이 모두 백색이란 의미이다. 잎은 꽃이 피면 꽃잎 밑에 있는 2~3개의 잎이 녹색에서 흰색으로 변한다. 송장풀·전삼백(田三白)·오엽백(五葉白)·백화련(白花蓮) 등의 이명을 쓰며, 한방에서도 생약명을 삼백초(三白草)라 한다. 잎은 어긋나며 달걀 모양의 타원형으로서 끝이 뾰족하다. 앞면은 녹색이고 뒷면은 흰색이다. 꽃은 8월경 긴 꽃자루에 흰색 꽃이 수상 꽃차례를 이루면 달려 핀다. 열매는 9월 전후 둥근 삭과를 맺어 익으면 위에서 갈라진다. 우리나라 중남부지방과 제주도의 습지에 주로 자생하는 삼백초과 여러해살이 쌍떡잎 속씨식물이다.

▶ 효능
- 소화기 계통의 질병을 다스린다. 즉, 소화불량, 구토증, 위염, 위산과다증, 속쓰림, 대변불통 등의 치료에 효능이 있다.
- 불면증, 두통, 중풍, 신경통, 정신분열증, 신경쇠약, 심장판막증 등 신경계 질환의 치료에 효능이 있다.
- 산후복통, 산후출혈, 유두풍, 난산, 생리불순, 냉병, 불임증, 자궁내막염 등 부인과 질환을 다스리는데 효능이 있다.

▶ 처방 및 복용 방법

삼백초는 꽃, 잎줄기, 뿌리 등 전초를 8~9월경 채취하여 약재로 쓴다.
- 생리불순, 냉병, 불임증, 자궁내막염 등 부인과 질환에는 삼백초 잎과 줄기를 달여 복용한다.
- 소화기 계통의 질병(소화불량, 구토증, 위염, 위산과다증) 등의 치료에는 달인 물이나 생즙을 복용한다.
- 불면증, 두통, 중풍, 신경통, 정신분열증, 신경쇠약, 심장판막증 등 신경계 질환의 치료에는 삼백초 달인 물을 차처럼 복용한다.

▶ 용어 해설
- 수상 꽃차례: 한 개의 긴 꽃대 둘레에 여러 개 꽃이 이삭 모양으로 핀 꽃.

169 삼지구엽초(三枝九葉草)—음양곽(淫羊藿)

▶ 식물의 개요

삼지구엽초는 3개의 가지에서 각각 3개의 잎이 달려 붙여진 이름으로 선령비(仙靈脾)·천냥금(千兩金)·폐경초(肺經草)·방장초(放杖草) 등으로 불린다. 생약명은 음양곽(양의 정력)이다. 잎은 심장 모양으로 줄기에서 나온 가지에 9개의 작은 잎이 달린다. 잎 가장자리에는 톱니가 있다. 꽃은 5월경 황백색 꽃이 총상 꽃차례를 이루며 달려 피고, 7월경 골돌과가 달려 익으면 터진다. 우리나라 중북부지방 고산지대 숲속이나 계곡에 자생하는 매자나무과 여러해살이 쌍떡잎 속씨식물이다.

▶ 효능

- 자양강장, 갱년기 장애, 양기부족, 원기부족 등을 다스린다.
- 빈뇨증, 야뇨증, 대하증, 요혈, 소변불통 등 비뇨기계의 질환을 다스리는데 효능이 있다.
- 불면증, 두통, 중풍, 신경통, 정신분열증 신경쇠약 등 신경계 질환의 치료에 효능이 있다.

▶ 처방 및 복용 방법

삼지구엽초는 잎과 줄기를 여름철에 채취하여 술에 하룻밤 담갔다가 불에 말려 약재로 쓴다. 삼지구엽초로 담근 약술은 선령비주, 영패주가 있다.

- 자양강장, 갱년기 장애, 양기부족, 원기부족 등에는 음양곽으로 담근 약술을 복용한다.
- 빈뇨증, 야뇨증, 대하증, 요혈, 소변불통 등의 질환에는 음양곽 잎과 줄기를 차로 우려서 복용한다.
- 불면증, 두통, 중풍, 신경통, 신경쇠약 등 신경계 질환의 치료에는 약술이나 차로 우려 복용한다.

▶ 용어 해설

- 총상(總狀) 꽃차례: 꽃 전체가 하나의 꽃처럼 보이는 꽃 모양.
- 골돌과(骨突果): 여러 개의 씨방으로 된 열매로 익으면 열매 껍질이 벌어짐(바주가리).

170 삽주-백출(白朮: 어린 뿌리) · 창출(蒼朮: 오래된 뿌리)

▶ 식물의 개요

삽주는 마계·산강·산계·선출·천정·적출 등으로 불린다. 한방에서는 창출과 백출이란 생약 명을 쓴다. 줄기는 곧게 서서 자라며 위쪽에서 가지가 여러 개 갈라진다. 포기 전체에서 향기가 나며 관상용·식용·약용으로 이용된다. 잎은 뿌리잎과 줄기잎으로 자라는데 톱니와 잔털이 있고 반들반들하게 윤기가 난다. 7월경부터 여러 개 작은 줄기에 자주색을 띤 흰색 꽃이 총상 꽃차례를 이루며 한 개씩 달려 핀다. 열매는 9월경 수과가 달려 갈색으로 익는데 갓털이 있다. 전국 각지의 산지와 구릉지, 양지 바른 능선에 자생하는 국화과의 여러해살이 쌍떡잎 속씨식물이다.

▶ 효능

- 주로 소화기계통의 질환을 다스린다. 즉, 과식, 소화 불량, 건위, 구토증, 위염, 복부팽만, 위통, 복통, 위산과다증, 식도염, 속쓰림, 복수, 대변 불통, 설사 등의 치료에 효능이 있다.
- 냉병, 냉한, 대하증, 당뇨병, 신장병 등을 다스린다.
- 풍, 풍습, 관절염 등의 치료에 효능이 있다.

▶ 처방 및 복용 방법

줄기와 어린 잎은 이른 봄에 채취하여 나물로 먹고, 잎과 줄기가 마른 11월경 뿌리를 캐어 햇볕에 말려 약재로 쓴다.

- 소화불량, 구토증, 위염, 복부팽만, 위통, 식도염, 속쓰림 등의 치료에는 백출 또는 창출 뿌리를 달여 복용한다.
- 냉병, 대하증, 당뇨병, 신장병 등의 치료에는 뿌리로 가루를 내어 환을 빚어 양약으로 복용한다.

- 관절염, 피부 질환, 외부상처에는 뿌리로 생즙을 만들어 환부에 복용한다.

▶ 주의

복용 중 복숭아, 자두, 고등어를 금한다.

▶ 용어 해설

- 냉한: 몸이 차면서 나는 식은 땀. 주로 평소에 양이 허하고 위기가 부족한 때 찬 기운을 받아 생긴다.
- 갓털: 민들레, 엉겅퀴, 미나리과 등의 열매 윗부분에 생기는 털 모양의 돌기.

171 삿갓나물-조휴(蚤休: 뿌리줄기)

▶ **식물의 개요**

삿갓나물은 삿갓풀·자주삿갓나물·삼층초·왕손(王孫)·중루(重樓)·백사차(白河車)·중태차(重台車) 등으로 불리고, 생약명은 뿌리줄기인 조휴이다. 줄기와 잎은 우산나물과 비슷한 길쭉한 타원형이다. 줄기는 갈라지지 않고 곧게 자란다. 6월경 꽃대에 한 개의 꽃이 피는데 녹색이다. 8월경 둥근 삭과가 결실하여 검게 익는다. 식용과 약용으로 이용하는데 독성이 있어 식용 때는 우려내어 먹어야 한다. 전국 각지 고산지대 숲속에 자생하는 백합과의 여러해살이 외떡잎속씨식물이다.

▶ **효능**

- 호흡기계통의 질환을 다스린다. 즉, 편도선염, 폐렴, 인후염, 기관지염, 기침, 천식, 유행성 독감, 충수염 등을 치료하는데 효능이 있다.
- 피부암, 건성피부증, 피부소양증, 습진, 피부염증, 파상풍, 화상풍 등 피부과 질환을 다스리는데 효능이 있다.

▶ **처방 및 복용 방법**

봄철에 채취한 삿갓나물은 독성이 있으므로 우려서 복용해야 한다. 가을철에 채취한 뿌리줄기도 독성이 있으므로 전문가의 조언을 받아 이용해야 한다.

- 습진, 피부염증, 파상풍, 화상풍 등 피부과 질환에는 말린 재료를 엷게 우려서 그 물로 환부를 씻는다. 과다 복용은 금해야 한다.
- 호흡기계통의 질환(편도선염, 폐렴, 인후염, 기관지염, 기침, 천식)에는 독성이 있으므로 전문가의 조언을 받아 처방해야 한다.

▶ **용어 해설**

- 파상풍: 상처 부위에서 자란 균이 만들어 내는 신경 독소에 의해 몸이 쑤시고 아프며 근육 수축이 나타나는 감염성 질환.

172 상사화(相思花)

▶ 식물의 개요

상사화는 꽃이 피면 잎이 말라 없어진다. 꽃무릇·개가재무릇·개난초·철색전(鐵色箭) 등으로 불리며 생약명은 상사화 또는 석산(石蒜)이다. 이른 봄 비늘줄기에서 길쭉한 잎이 모여 나오는데 수선화 잎과 비슷하다. 7월경 잎이 마르면서 꽃대에서 여러 개의 홍자색 꽃이 산형 꽃차례를 이루며 달려 핀다. 열매는 결실하지 못한다. 우리나라 중남부지방의 산과 들판에 자생하는 수선화과 여러해살이 쌍떡잎 속씨식물이다. 식용으로는 쓸 수 없고 관상용과 약용으로 이용한다.

▶ 효능
• 감기, 충수염, 편도선염, 폐렴, 인후염, 기관지
  염 등 호흡기계통 질환 치료에 효능이 있다.
• 종독, 위통, 발열, 치통, 해수 등 각종 통증을 다
  스리는데 효능이 있다.

▶ 처방 및 복용 방법

여름과 가을철에 비늘줄기를 채취하여 햇볕에 말려 약재로 쓴다.
• 감기, 충수염, 편도선염, 폐렴, 인후염, 기관지
  염 등 호흡기계통의 질환에는 상사화 알부리를
  물과 함께 달여서 복용한다.
• 외부 상처나 피부염에는 알부리로 즙을 내어 환
  부를 씻는다.

▶ 용어 해설
• 비늘줄기: 짧은 줄기 둘레에 양분을 저장하여
  두껍게 된 잎이 많이 겹친 형태(파, 마늘, 백합,
  수선화).

173 상수리나무-상실(橡實: 열매)

▶ 식물의 개요
상수리나무는 참나무·상완수·청강수·보춤나무·상목·도토리나무·상자(橡子)·상두자(橡斗子) 등의 이명을 쓰며, 한방에서 쓰는 생약명은 상실이다. 잎은 어긋나며 연한 녹색의 긴 타원형으로 밤나무잎 모양이고 엽록체가 없다. 꽃은 5월경 잎겨드랑이에서 녹황색 꽃이삭이 달려 미상 꽃차례를 이루며 핀다. 열매는 이듬해 10월경 둥근 견과가 결실하여 익는데, 열매를 도토리 또는 상수리라고 한다. 전국 각지 산기슭의 양지 바른 능선에 자생하는 참나무과의 낙엽 활엽 교목이다. 공업용·관상용·식용·약용으로 쓰인다.

▶ 효능
• 위장을 보호하는 작용을 한다. 즉, 소화불량, 위염, 구토, 속쓰림, 위통 등을 다스리는데 효능이 있다.
• 어혈, 혈뇨, 혈변, 각혈, 치질 등 혈증을 다스린다.

▶ 처방 및 복용 방법
상수리나무는 도토리가 익는 10월 전후에 채취해 햇볕에 말려 분말을 만들어 식재 및 약재로 쓴다.
• 탈항, 치질, 혈변 등의 치료에는 도토리 밑받침(상실각)을 우려서 환부에 처방한다.
• 아토피 치료에는 도토리 껍질을 삶아서 그 물로 처방하든지 가루를 환부에 붙여 처방한다.
• 소화불량, 위염, 구토, 속쓰림, 위통 등을 다스리는데 는 도토리 열매를 우려서 복용한다.

▶ 용어 해설
• 견과(堅果): 껍질이 단단한 열매(밤, 도토리, 은행).
• 미상 꽃차례: 비교적 부드러우며 가늘고 긴 수상 꽃차례에 단성화가 달리며 밑으로 늘어지는 꽃차례.

174 상황(桑黃)버섯-호손안(胡孫眼), 상황(桑黃)

▶ 식물의 개요

상황버섯은『동의보감』에 '상이(桑耳)·상목이(桑木耳)·상신(桑臣) 등으로 기록되어 있다.' 또한 뭉쳐진 덩어리가 자라서 나무 그루터기에 혓바닥을 내민 모습 같다 하여 수설(樹舌)이라 하였다. 그 외 상황고(桑黃菇)·매기생(梅寄生) 등의 이름으로도 부른다. 상황버섯의 크기는 대략 지름 12cm 전후, 두께 10cm 전후로 반원 모양, 말굽 모양 등 다양하다. 가장자리는 노란색이고 표면과 속살을 황갈색이다. 상황버섯은 침엽수나 활엽수 등 여러 나무에 기생하여 자라는데 산뽕나무에서 자란 것을 으뜸으로 친다. 버섯의 나이는 나이테 비슷한 경계가 있어 알 수 있다. 자연산 상황버섯은 희귀하여 찾아보기 힘들지만 지금은 농가에서 재배하고 있어 대량으로 생산되고 있다. 상황버섯은 생물이나 그늘에 말려 끓는 물로 달여 차처럼 복용하는데 엷은 황색을 띠며 향이 없어 마시기 편하다. 또한 가루를 내어 환을 빚어 쓰기도 한다.

▶ 효능

• 주로 항암에 효능이 있으며, 혈증을 다스린다. 즉, 위암, 대장암, 폐암, 자궁암, 후두암, 췌장암, 간암, 혈뇨, 혈변 등의 치료에 효능이 크다.
• 여성들의 냉증, 대하증, 자궁출혈 등의 부인병 질환에 효능이 크다.
• 고혈압, 심장병 치료에 효능이 있다.

▶ 처방 및 복용 방법

• 간암, 위암, 대장암 등에 대한 항암 작용의 치료에는 상황버섯을 우려서 복용하든지, 가루를 내어 처방한다. 우린 상황버섯을 복용할 때는 한꺼번에 많이 마시지 말고 소량으로 여러 번 처방한다.
• 냉증, 대하증, 자궁출혈, 생리불순 등의 여성병 질환에는 상황버섯을 진하게 달여서 환부를 씻는다.
• 혈관의 염증, 심혈관 질환 예방에는 상황버섯으로 환을 빚어 장기 복용한다.

▶ 용어 해설

• 혈증: 혈액에 직접 관련되어 일어나는 각종 질병 징후(토혈, 각혈, 하혈 등).

175 생강(生薑: 덩이줄기)

▶ 식물의 개요
생강은 새앙·새양·생이·건강(乾薑)·강근(薑根)·모강(母薑) 등의 이름으로 불리고 한방에서 쓰는 생약명도 생강이다. 뿌리줄기는 옆으로 자라고 다육질이며 덩어리이고 황색이다. 매운맛과 향기가 난다. 잎은 대나무잎 모양으로 길고 뾰족하다. 열대지방에서는 8월경 황록색 꽃이 피지만 우리나라는 꽃을 보기 힘들다. 땅속에서 황색의 덩이줄기가 향신료·식용·약용으로 쓰인다. 우리나라 중 남부지방의 농가에서 재배하는 생강과의 여러해살이 외떡잎 속씨식물이다. 건강(乾薑)은 생강을 물에 불렸다 말린 것, 흑강(黑薑)은 불에 검게 구운 것, 건생강(乾生薑)은 햇볕에 말린 것을 말한다.

▶ 효능
- 호흡기계통의 질환(급성 폐렴, 편도선염, 인후염, 기관지염, 기침, 천식, 유행성 독감)을 다스린다.
- 소화기계통의 질환을 다스린다. 즉, 딸꾹질, 소화불량, 구토증, 위염, 위통, 위궤양, 위산과다, 속쓰림, 식체 등의 치료에 효능이 있다.
- 위암, 대장암, 간암 등 항암 작용에 효능이 있다.
- 피부염, 습진, 타박상, 출혈 등의 치료에 효능이 있다.
- 육류와 생선의 잡내를 잡아주는 향신료로의 효능이 크다.
- 심장병, 동맥경화 등 혈관 질환 예방에 효능이 있다.

▶ 처방 및 복용 방법
생강은 약용으로 쓸 때는 당귀, 현삼, 황금, 황련, 하눌타리 등과 함께 복용하는 것은 금해야 한다.
- 메스꺼움, 딸꾹질, 소화불량, 구토증, 위염, 위통, 위산과다, 속쓰림, 식체 등의 치료에는 생강차를 우려서 처방한다.
- 생리불순, 수족냉증, 생리통 등의 여성병 질환에는 생강차, 생강분말, 생강절임의 약재로 처방한다.
- 심장병, 고혈압, 동맥경화 등 혈관 질환의 치료에는 생강차, 생강주를 복용해도 효능이 있다.
- 급성 폐렴, 편도선염, 인후염, 기관지염, 기침, 천식, 유행성 독감 등의 호흡기 질환에는 생강분말과 귤껍질을 섞은 생강차를 우려서 여러 번 복용한다.

▶ 용어 해설
- 뿌리줄기: 땅속이나 지표를 옆으로 타고 올라온 뿌리(연근, 버섯, 머위).

176 석결명(石決明)-망강남(望江南)

▶ 식물의 개요

석결명은 천리광(千里光)·환동자(還瞳子)·초결명(草決明)·강남두·긴강남차·되팥·마제초 등의 이명을 쓴다. 한방에서 쓰는 생약명은 망강남(望江南)이다. 잎은 어긋나고 잎자루가 길며 옻나무 잎과 비슷한 깃꼴겹잎이다. 작은잎은 타원모양이며 끝이 뾰족하다. 꽃은 6월경부터 잎 겨드랑이에서 나온 꽃대에 여러 개씩 달려 황색 꽃이 핀다. 열매는 9월경 마름모꼴의 말굽 모양의 열매가 결실하여 황갈색으로 익는다. 전국 각지 약초 농가에서 재배하는 콩과의 한해살이 쌍떡잎 속씨식물이다.

▶ 효능

• 간경변증, 간염, 청간, 보간, 고혈압, 열독중 등 간장 질환을 다스리는데 효능이 있다.
• 위염, 식도염, 구토, 복통, 위궤양, 속쓰림, 설사 등 소화기 질환을 다스리는데 효과가 있다.
• 결막염, 야맹증, 안구건조증 등 눈 질환에 효능 이 있다.

▶ 처방 및 복용 방법

9월 전후에 씨가 익으면 채취하여 약재로 쓴다.

• 습관성 변비, 대변불통에는 석결명 씨로 차를 달여 마신다.
• 결막염 등 눈이 아프고 출혈될 때는 결명자와 감국꽃을 섞어 분말을 만들어 처방한다.
• 독충에 물린 경우나, 상처가 났을 때는 결명자 잎을 짓찧어 환부에 붙이거나, 또는 생즙을 내어 바른다.
• 식도염, 구토, 복통, 위염, 속쓰림, 설사 등 소화

기 질환에는 석결명 씨앗으로 차를 우려 복용 한다.

▶ 주의

약으로 복용할 때는 삼(대마)의 사용을 금해야 한다.

▶ 용어 해설

• 보간: 간의 기능을 보호하는 것.

177 석곡(石斛)

▶ **식물의 개요**

석곡은 따뜻한 지방의 바위 표면이나 고목에 붙어 자란다. 금생(禁生)·임란(林蘭)·천년윤(千年潤)·장생초(長生草)·염주상석곡(念珠狀石斛)·맥곡(麥穀) 등으로 부른다. 생약명은 석곡(石斛)이다. 줄기의 마디가 대나무와 비슷하다. 줄기는 뿌리줄기에서 여러 개가 뭉쳐 나와 곧게 서서 자란다. 잎은 어긋나고 댓잎피침형으로서 윤택이 있다. 꽃은 5월경 묵은 원줄기 끝에서 흰색 또는 연분홍색으로 달려 핀다. 열매는 잘 맺지 않는데 9월경 달걀 모양의 바소꼴로 달려 익는다. 남부지방의 바위 곁이나 고목의 가지 사이에 붙어서 자라는 난초과의 상록성 다년생 외떡잎 속씨식물이며, 건위 강장제로 쓰인다.

▶ **효능**

석곡은 맛이 달고 독성은 없으며 건위·강장제로 널리 알려져 있다.

- 위장 연동운동을 촉진하고 위액 분비를 늘려 소화를 돕는 건위작용에 효능이 있다.
- 뼈를 강하게 하고 몸에 기력을 돋우며 심장과 신장에 효과가 있다.
- 정액을 늘리고 생식기와 음기를 강하게 한다.
- 해열·진통 작용에도 효능이 있다. 즉, 발열성 질환으로 인한 탈수를 막고 산후 부종, 소갈증 등의 치료에 쓰인다.

▶ **처방 및 복용 방법**

석곡은 연중 뿌리를 제외한 전초를 채취하여 햇볕에 말려 약재로 쓴다.

- 만성 위염에는 석곡, 맥문동, 천화분, 사삼 등을 끓여 차처럼 자주 마신다.

- 야맹증에는 석곡, 선령비, 창출의 가루를 내어 공복에 미지근한 물에 타서 먹는다.
- 열병으로 혀가 검게 변하는 경우는 석곡, 생지황, 맥문동, 인삼 등을 섞어서 달여 마신다.
- 땀이 많이 나면 석곡과 부소맥을 혼합하여 끓여 차처럼 마신다.

▶ **용어 해설**

- 바소: 약(藥)과 먹거리로 쓰이는 우리나라 자원 식물. 창처럼 생겼으며 길이가 너비보다 긴 끝이 뾰족한 모양.

178 석류(石榴)

▶ 식물의 개요

석류는 산류피(酸榴皮)·유개백자(榴開百子)·감석류·산석류·석류목·석류피·석류화 등의 이름으로 불린다. 생약명은 석류(石榴)이다. 잎은 마주나며 잎자루가 짧으며 표면에 윤기가 난다. 꽃은 5월경 가지 끝에서 붉은색의 육판화가 달려 핀다. 꽃잎과 꽃받침은 6개로 육질이고 포개진다. 열매는 9월경 홍색으로 달려 익는데 껍질이 두껍고 육질이다. 속에는 빨간 과육이 씨를 둘러싸고 있다. 유럽에서 들어온 외래종으로 우리나라에는 중남부지방에서 심고 있으며, 석류과의 낙엽소교목이며, 설사치료제로 쓰인다.

▶ 효능

석류는 맛이 달면 '감석류', 시면 '산석류'라 하는데 열매와 껍질을 약용으로 쓴다.

- 설사, 이질, 복통 등의 질환을 치료하는 데는 감석류와 산석류가 효능이 있다.
- 항균 작용, 피부진균 및 인플루엔자 바이러스균의 억제 작용을 한다.
- 석류피는 구충 작용 및 위액 분비를 조절하고 장을 다스린다.

▶ 처방 및 복용 방법

- 설사에는 석류피를 달여 마시거나 가루를 내어 미음에 타서 마신다. 또는 석류 열매로 생즙을 내서 설사가 멈출 때까지 마신다.
- 장에 기생충이 있는 경우는 석류 껍질을 달여서 마시면 효과가 있다.
- 탈항, 치질에는 석류피를 끓여 그 물로 환부를 씻는다.

▶ 용어 해설

- 낙엽소교목(落葉小喬木): 갈잎 작은키나무.

179 석송(石松)

▶ 식물의 개요

석송은 애기소나무·신근초(伸筋草)·소신근(小伸筋)·통신초(通伸草) 등으로 불린다. 생약명은 석송이다. 원줄기는 지면에서 길게 뻗어 가면서 가지가 갈라져 사방으로 퍼진다. 잎은 모여나고 줄기와 가지 위에 촘촘히 붙어 달린다. 석송은 양치식물이기 때문에 꽃 대신 9월경 황색의 포자가 달린다. 포자주머니 이삭은 가지 끝에 달리는데 원기둥 모양이며 대가 있다. 포자잎은 넓은 달걀꼴로서 가장자리는 투명한 막질이며 물결 모양의 톱니가 있고 끝에 실 같은 것이 달린다. 우리나라 고산지대인 설악산, 한라산, 울릉도 등지 산기슭이나 양지 바른 곳에 자생하는 여러해살이 석송과의 상록 양치식물이다. 관상용·약용으로 쓰인다.

▶ 효능

- 운동계통의 질환을 다스린다. 즉, 타박상, 골절, 근골무력증, 좌골신경통, 관절염, 어혈 등의 치료에 효능이 있다.
- 산후 부종, 소종양, 풍 등의 질환을 다스린다.
- 마비통증, 관절통, 신경통 등 진통, 거풍, 이뇨 등의 효능이 있다.

▶ 처방 및 복용 방법

석송은 여름부터 가을 사이 포자를 비롯해 전초를 채취하여 햇볕에 말려 약재로 쓴다.

- 마비통증, 관절통, 신경통 등에는 말린 석송 줄기를 진하게 달여서 차처럼 복용한다.
- 산후 부종, 소종양, 풍 등의 질환에는 약재를 술에 담가 6개월 정도 숙성 후 하루 세 번 정도 소량으로 복용한다.
- 타박상, 골절, 근골무력증, 좌골신경통, 관절염, 어혈 등의 치료에는 석송 전초로 생즙을 만들어 환부에 문질러 바른다.

▶ 용어 해설

- 양치류(羊齒類): 줄기는 땅속에 있고 잎은 거의 우상복엽으로 자낭에 포자를 갖고 있음.
- 포자(胞子): 포자식물의 생식세포로 홀씨라고 함.
- 포자낭(胞子囊): 포자를 만들고 그것을 싸고 있는 주머니 모양의 생식기관.

180 석잠풀−초석잠(草石蠶)

▶ 식물의 개요
석잠풀은 향소(香蘇)·야자소(野紫蘇)·개조·새석잠풀·털석잠풀 등으로 불리고 한방에서 쓰는 생약명은 초석잠(草石蠶)이다. 흰색의 땅속줄기가 길게 옆으로 뻗으며 자라고 마디에서 잔뿌리가 여러 개 생긴다. 잎은 마주나고 댓잎피침형으로서 끝이 뾰족하고 밑이 둥글며 가장자리에 잔톱니와 털이 있다. 꽃은 8월경 홍색의 꽃이 가지와 줄기의 마디에서 피고, 9월 전후 둥근 수과가 달려 결실한다. 전국 각지의 야산이나 들판의 습지에 자생하는 꿀풀과의 여러해살이 쌍떡잎 속씨식물이다. 방향성이 있으며, 밀원·식용·약용으로 이용된다.

▶ 효능
- 담, 변혈, 요혈, 어혈 등 응고된 피를 다스리는 데 효과가 있다.
- 감기, 기관지염, 충수염, 폐렴, 후두염 등 호흡기 질환을 다스리는데 효능이 있다.
- 자궁염, 대상포진, 종기 치료에 효능이 있다.

▶ 처방 및 복용 방법
석잠풀은 개화기에 전초를 채취하여 햇볕에 말려 약재로 쓴다.
- 담, 변혈, 요혈, 어혈 등 응고된 피를 다스리는 데는 말린 석잠풀 전초를 달이거나 분말을 내어 하루에 3번 정도 복용한다.
- 자궁염, 대상포진, 종기 치료 등의 외부 염증에는 생잎을 찧어 붙이거나 약재 달인 물로 환부를 깨끗이 씻는다.
- 감기, 기관지염, 충수염, 폐렴, 후두염 등 호흡기 질환에는 석잠풀을 진하게 달여 차처럼 복용한다. 또는 환을 빚어 처방해도 좋다.

▶ 용어 해설
- 밀원(蜜源): 꿀벌이 모이는 근원이 되는 식물.

181 선인장(仙人掌)

▶ 식물의 개요

선인장은 백년초(百年草)·패왕수(覇王樹)·용설(龍舌)·선파장(仙巴掌)·손바닥선인장·부채선인장 등의 이명을 쓴다. 한방에서 생약명은 선인장이다. 선인장도 종류가 다양하지만 주로 줄기와 가지가 넓은 것을 취급한다. 선인장은 둥글넓적한 잎처럼 보이는 것은 잎이 아니고 경절(莖節)이라 하는 줄기와 가지이다. 잎은 다육질로서 잘록한 마디로 연결되어 있는데, 자라면서 가시로 변한다. 7월경 노란색 또는 흰색의 꽃이 피고, 8월경 열매를 맺는데 많은 씨가 들어 있고 즙이 많아 식용이 가능하다. 백년초는 한겨울 야외에서 얼었다가도 이듬해 봄에 다시 살아난다. 전국 각지 밭이나 모래땅에서 재배하는 선인장과의 여러해살이 관목성 다육식물이다. 제주도에서는 특히 백년초라 부르면서 야외에서 자생하는 것도 있지만, 실내에서 다량으로 재배하고 있다. 줄기와 열매는 관상용·식용·약용으로 쓰인다.

▶ 효능

- 호흡기 질환을 다스린다. 즉, 폐렴, 편도선염, 인후통, 기관지염, 기침, 천식, 유행성 독감, 축농증 등을 치료하는데 효능이 있다.
- 식도염, 구토, 복통, 위궤양, 속쓰림 등 소화기 질환을 다스리는데 효과가 있다.
- 이비인후과 질환(비염, 콧물, 인후염, 임파선염, 후두염, 편도선염)을 다스린다.
- 변비에도 효능이 있다.
- 소염과 해열제로도 효능이 있다.

▶ 처방 및 복용 방법

선인장은 연중 줄기와 열매를 채취하여 생것으로 사용한다.
- 식도염, 구토, 복통 등의 위통을 다스리는 데는

백련초즙으로 처방한다.
- 타박상, 화상, 종기 등의 외상 치료에는 생즙으로 처방한다.
- 비염, 콧물, 인후염, 후두염, 기관지염에는 생즙이나 차를 우려서 처방한다.

▶ 용어 해설

- 다육질: 물기가 많고 살이 두툼하며 잎, 열매, 줄기에 즙이 있다.(선인장, 쇠비름 등).

182 섬대-죽엽(竹葉)

▶ 식물의 개요

섬대는 산죽류로서 기주조릿대·섬조릿대·담죽엽(淡竹葉) 등으로 불린다. 생약명은 죽엽이다. 조릿대는 키가 작은 대나무로 우리나라 곳곳에서 흔히 볼 수 있다. 잎은 가지 끝에서 나오는데 끝이 뾰족하고 가장자리와 뒷면이 흰빛으로 된다. 꽃은 여름철 꽃이삭에 자주색 꽃이 피고, 열매는 거의 맺지 않으며, 꽃과 열매는 몇 년에 한 번 보기가 힘들다. 공예품, 관상용, 약용으로 쓰인다. 우리나라 완도, 내장산, 백양산에 자생하는 벼과 상록 여러해살이 목본이다.

▶ 효능
• 독감, 인후통, 인후염, 임파선염, 편도선염 등 호흡기 계통의 질환을 다스린다.
• 신경계 질환을 다스린다. 즉, 심장쇠약, 불면증, 두통, 중풍, 신경통, 신경쇠약 등의 치료에 효능이 있다.

▶ 처방 및 복용 방법

섬대는 연중 잎을 채취하여 그늘에 말려 약재로 쓴다.
• 중풍, 불면증 등 신경계 질환에는 잎과 뿌리를 달여서 처방한다.
• 해수, 천식, 결핵 등의 치료에는 죽순으로 달인 물로 죽을 쑤어 복용한다.
• 독감, 인후통, 인후염, 가래, 편도선염 등 호흡기 질환에는 죽순으로 차를 달여 복용한다.

▶ 용어 해설
• 조릿대는 '조리를 만드는 대나무'라는 의미에서

붙여진 이름으로 조리는 곡식이 들어 있는 이물질을 걸러내는 도구이다. 조리로 쌀을 떠서 이듯이 복도 그렇게 뜨라는 의미로 복조리라는 이름이 나왔다.

183 세뿔석위–석위(石葦)

▶ **식물의 개요**

세뿔석위는 잎이 3갈래로 갈라진 모양이 3개의 뿔처럼 생겼다 하여 붙여진 이름이다. 석검(石劍)·석란(石蘭)·석피(石皮)·금성초·기생초·비도검 석위초 등으로 불린다. 한방에서 쓰는 생약명은 석위(石葦)이다. 바위틈이나 그 주변에 붙어서 자란다. 잎은 서로 접근하여 자라며 잎자루가 길다. 잎은 두껍고 단단한 가죽질로서 앞면은 녹색이고 뒷면은 갈색의 털이 나 있다. 세뿔석위는 양치식물이기 때문에 꽃이 없고 포자가 있다. 6월경 포자가 형성되어 자라서 9월에 익으면 터진다. 중남부지방 산지의 바위틈에 자생하는 고란초과의 상록 여러해살이 양치식물이다. 관상용과 약용으로 쓰며, 식용으로는 쓰지 않는다.

▶ **효능**

- 종기, 신장염, 옹저, 요혈, 변혈, 각혈 등 혈증을 다스리는데 효과가 있다.
- 호흡기 질환을 다스린다. 즉, 폐렴, 기관지염, 기침, 천식, 유행성 독감, 폐결핵 등을 치료하는데 효능이 있다.

▶ **처방 및 복용 방법**

여름과 가을에 뿌리·잎·줄기를 채취하여 햇볕에 말려 달여 마시던지 산제(가루)로 쓴다.

- 만성기관지염, 자궁출혈, 혈뇨, 토혈, 요도결석 등에는 말린 전초를 진하게 달여 처방한다.
- 신장염, 종기, 해수 등의 치료에는 분말을 미지근한 물에 타서 복용한다.

▶ **용어 해설**

- 양치류(羊齒類): 줄기는 땅속에 있고 잎은 거의

우상복엽으로 자낭에 포자를 갖고 있음.
- 옹저: 잘 낫지 않는 피부병으로 악성 종기임.

184 소경불알–작삼(鵲蔘)

▶ 식물의 개요

소경불알은 오소리당삼·소경불알더덕·알더덕·만삼아재비·적과(赤果)·옥산과(玉山果) 등으로 불린다. 한방에서는 작삼이란 생약명을 쓴다. 잎은 더덕잎과 유사한 달걀 모양의 타원형이며 흰 유액이 들어 있다. 7월경 자주색 꽃이 피고, 9월 전후 타원형 삭과를 맺어 익으면 3개로 갈라진다. 뿌리는 더덕보다 작은 주먹만 한 둥근 형태로 잎과 더불어 뿌리를 자르면 하얀 유액이 나온다. 전국 각지 산지의 숲속에 자생하는 도라지과의 여러해살이 쌍떡잎 덩굴식물이다.

▶ 효능
• 호흡기 질환을 다스린다. 즉, 청폐, 인후염, 폐렴, 기관지염, 기침, 천식, 유행성 독감, 편도선염 등을 치료하는데 효능이 있다.
• 비염, 콧물, 임파선염, 후두염 등 이비인후과의 질환을 다스리는데 효능이 있다.

▶ 처방 및 복용 방법

가을철에 덩이뿌리를 채취하여 생물 또는 햇볕에 말려 약재로 쓴다.
• 비염, 콧물, 임파선염, 후두염 등에는 작삼 뿌리로 생즙을 만들어 처방한다.
• 기관지염 등 호흡기 질환에는 말린 작삼으로 가루를 만들어 복용한다.

▶ 용어 해설
• 청폐: 열기에 의해 손상된 폐기를 맑게 식혀 폐를 깨끗하게 함.

185 소귀나물-자고(慈姑 : 덩이뿌리)

▶ 식물의 개요

소귀나물은 우이채(牛耳茱)·속고나물·망우(芒芋)·수사(水瀉) 등의 이명을 쓴다. 한방에서 쓰는 생약명은 자고(慈姑)이다. 소귀를 닮은 잎은 뿌리에서 나와 달걀 모양으로 뭉쳐 자란다. 잎자루가 길며 잎몸은 끝이 뾰족하다. 4월경 백색 바탕에 적색 실무늬가 있는 꽃이 층층이 피고, 6월경 녹색의 삭과가 달려 익으면 지상으로 떨어진다. 전국 각지 농가에서 재배하는 택사과의 여러해살이 식물로 관상용·식용·약용으로 쓴다.

▶ 효능

• 운동계통의 질환을 다스린다. 즉, 타박상, 골절, 근골무력증, 좌골신경통, 관절염, 어혈 등의 치료에 효능이 있다.
• 타박상, 종창, 화상, 피부염 등 외상 치료에 효능이 있다.

▶ 용어 해설

• 종창: 신체의 일부분에 염증이나 종양 등으로 인하여 곪거나 부어오른 상처.

▶ 처방 및 복용 방법

가을에서 봄까지 전초와 덩이줄기(뿌리)를 채취하여 햇볕에 말려 약재로 쓴다.
• 산후조리, 가래에 피가 섞여 나오는 경우는 소귀나물 덩이줄기를 달여서 차처럼 복용한다.
• 타박상, 종창, 화상, 피부염 등 외상 치료에는 소귀나물 잎을 찧어서 환부에 바른다.
• 골절, 근골무력증, 좌골신경통, 관절염, 어혈 등의 치료에는 소귀나물 전초를 달여서 복용한다.

186 소나무–송화(松花)

▶ 식물의 개요

은행나무와 함께 오래 사는 소나무는 십장생의 하나로 솔·솔나무·송(松)·송수(松樹)·적송(赤松)·육송(陸松)·청송(靑松)·송유송(松油松) 등으로 부르며, 한방에서 쓰는 생약명은 송화(松花)이다. 소나무의 종류는 밑 부분에서 여러 가지가 나오는 반송(盤松), 줄기가 곧게 자라는 금강송(金剛松: 춘향송), 가지가 밑으로 처지는 처진소나무, 바닷가에 자라는 해송(海松: 곰솔) 등이 있다. 잎은 바늘 모양으로 뾰족하며 짧은 가지에 두 개씩 뭉쳐 나와 자라다가 다음 해 가을철 낙엽으로 떨어진다. 꽃은 5월경 암수 한 그루로 피는데, 노란 꽃가루가 멀리 날아간다. 열매는 이듬해 9월경 달걀꼴의 구과가 달려 황갈색으로 익는다. 이 열매가 송자(솔방울)이다. 솔방울 속에는 날개가 달린 씨가 들어 있다. 전국 각지의 야산에 많이 가장 많은 수종으로 자생하는 소나무과의 여러해살이 상록 침엽 교목이다. 공업용·관상용·식용·약용으로 이용된다.

▶ 소나무의 용도

우리의 일상생활에 소나무가 주는 혜택은 너무나 많다.

- 백피(줄기 속껍질): 과거 보릿고개 때 구황 식량
- 송화·송황(송화가루): 음식의 종류에서 다식의 재료.
- 송모(솔잎): 송편의 재료.
- 송진: 불쏘시개 및 장식재.
- 약술: 햇순, 잎, 솔방울로 빚음(송순주, 송엽주, 송실주).

▶ 효능

- 강경변증, 간염, 간암 등 간기능 질환을 다스리는데 효능이 있다.
- 건비, 건위, 건치 등의 질환에 효능이 있다.
- 거담, 고혈압, 경련 등을 다스린다.
- 골절, 관절염, 근골동통, 근육통 등의 질환에 효능이 있다.
- 습진, 부종, 풍비, 피부염 등의 질환을 다스린다.
- 위염, 위경련, 위통, 위궤양 등의 소화기 질환을 다스린다.
- 치은염, 치통, 충치 등의 질환에 효능이 있다.

▶ 처방 및 복용 방법

- 혈액순환, 혈압뇌경색, 고혈압 등에 대한 치료에는 소나무 옹이로 빚은 송절주를 처방한다.
- 노화방지, 암 예방, 콜레스테롤 조절에는 솔잎 새순으로 효소를 담가 장기 복용한다.
- 5월경 채취한 솔방울로 송실주나 효소를 담가 복용하면 위통, 만성대장염, 중풍, 심장병, 신

경통에 큰 효능이 있다.

- 습진, 부종, 풍비, 피부염 등의 질환에는 솔잎으로 생즙을 짜서 처방한다.
- 치은염, 치통, 충치 등의 질환에는 솔잎으로 달인 물을 잎에 물거나 양치로 치료한다.

▶ 용어 해설
- 구과(毬果): 방울열매(솔방울, 잣송이).

187 소리쟁이-양제(羊蹄)

▶ 식물의 개요

소리쟁이는 열매가 익으면 바람에 흔들려 소리가 난다 하여 붙여진 이름이다. 독채(禿菜)·소루쟁이·송구지·양제초, 야대황(野大黃) 등으로 불린다. 생약명을 양제(羊蹄)이다. 줄기는 여러해살이로 황색의 굵은 뿌리에서 곧게 자라며 자줏빛이다. 줄기잎은 어긋나며 시금치 모양의 가늘고 긴 타원형으로 가장자리에 주름이 나 있다. 뿌리잎은 댓잎피침형으로 잎자루가 길다. 꽃은 6월경 연한 녹색 꽃이 층층이 뭉쳐 원추 꽃차례를 이루며 핀다. 열매는 9월경 세모진 수과가 달려 갈색으로 익는다. 전국 각지의 습지 있는 들판이나 가옥 주변에 자생하는 마디풀과의 여러해살이 쌍떡잎 속씨식물이다. 사료용·식용·약용으로 이용된다.

▶ 효능

• 위염, 대장염, 속쓰림, 위경련, 헛배부름 등 소화기 질환을 다스린다.
• 아토피성 피부염, 무좀, 두부백선, 피부소양증 등 피부과 질환에 효능이 있다.
• 변혈증, 토혈, 장출혈, 코피, 외부 상처 등의 출혈을 막아 주는 지혈 작용을 한다.
• 관절염, 근골동통, 신경통 등의 질환을 다스린다.
• 산후복통, 산후증, 생리불순, 유방염, 대하증 등 여성병 질환에 효능이 있다.

▶ 처방 및 복용 방법

• 아토피성 피부염, 습진, 무좀, 두부백선, 피부소양증 등 피부과 질환에는 소리쟁이 뿌리로 생즙을 내서 식초와 섞어서 발라준다.
• 변혈증, 토혈, 장출혈, 코피, 외부 상처 등의 출혈을 막아 주는 지혈 작용에는 말린 소리쟁이 뿌리와 전초를 달여서 처방한다.
• 관절염, 근골동통, 신경통 등의 질환에는 장기 복용해야 효과를 보기 때문에 효소를 담가서 처방한다.
• 위염, 대장염, 속쓰림, 위경련, 헛배부름 등 소화기 질환에는 소리쟁이 뿌리 말린 것을 차로 우려 처방한다.

▶ 용어 해설

• 두부백선: 백선균이 머리털에 기생하여 일으키는 피부병.

188 소철(蘇鐵)─철수과(鐵樹果)

▶ 식물의 개요

소철은 철수(鐵樹)·피화초(避火焦)·풍미초(風尾焦) 등으로 불린다. 한방에서는 철수과(鐵樹果)라는 생약명을 쓴다. 원기둥 모양의 굵은 원줄기가 하나로 자라며 곁가지는 없다. 원줄기 윗부분에 깃 모양의 겹잎이 둥글게 무리지어 사방으로 젖혀있다. 잎은 1회 깃꼴겹잎인데 가늘고 길며 잎면에 윤기가 난다. 꽃은 8월경 암수꽃이 모두 원줄기 끝에서 황갈색 꽃이삭이 달리고, 10월 전후에 달걀 모양의 열매가 맺혀 붉은색으로 익는다. 씨는 식용한다. 열대지방에서 들어온 외래종으로 제주도에서는 야외에 심어 자라고, 그 외 지방에서는 온실이나 집안에서 키우는 소철과의 겉씨식물 상록 관목이다. 관상용·식용·약용으로 이용된다.

▶ 효능
• 운동계 질환을 다스린다. 즉, 타박상, 골절, 근골무력증, 류머티즘 관절염 등을 다스린다.
• 늑막염, 폐렴, 독감, 해수, 인후통, 편도선염 등을 치료하는데 효능이 있다.
• 위염, 위산과다 등 소화기 질환에 효능이 있다.

▶ 처방 및 복용 방법
10월 전후에 열매 속에 있는 씨, 줄기에 있는 녹말, 건조한 잎을 채취하여 약재로 쓴다.
• 설사, 요통, 지혈제로는 건조한 소철 잎을 우려서 처방한다.
• 통경, 중풍, 늑막염, 임질 등의 치료에는 소철 씨를 달여 차처럼 복용하든지, 기름(지방유)을 채취하여 처방한다.
• 해독, 거풍, 난산, 타박상 등의 치료에는 소철 잎을 달여서 복용한다. 또는 가루를 내어

쓰기도 한다.

▶ 용어 해설
• 깃꼴겹잎: 잎자루 좌우에 작은 잎이 깃털 모양으로 배열되어 있는 잎.
• 늑막염: 결핵균에 의해 감염되어 생기는 경우가 많고 기침과 가래가 심하게 나타난다.

189 속단(續斷)

▶ **식물의 개요**

속단은 남초(南草)·용두(龍豆)·상산(常山)·산지마(山芝麻)·산소자(山蘇子)·등황(燈黃)·멧속단 등이 이명이며, 생약명은 속단이다. 뿌리에는 방추형의 굵은 덩이뿌리가 있으며, 줄기는 곧게 서고 전체에 잔털이 있다. 잎은 마주나고 심장 모양의 달걀꼴로서 가장자리에 톱니가 나 있다. 꽃은 7월경 자주색으로 피는데 가지에서 여러 개씩 층층으로 올라가면서 원추 꽃차례를 이룬다. 열매는 9월경 달걀꼴의 분과가 달려 익는다. 우리나라 심산 지역의 산지나 그늘진 숲속에 자생하는 꿀풀과의 다년생 쌍떡잎 속씨식물이다.

▶ **효능**

속단은 맛이 쓰고 매우며 독성은 없다. 근골 강화와 부인병 치료제로 널리 알려져 있다.

- 타박상, 금창, 절골 등의 치료에 효능 있고, 혈맥을 이어주는 기능도 있다.
- 토혈, 코피, 자궁출혈, 혈변, 혈뇨 등의 치료에 효과가 있다.
- 임신 중 자궁 출혈, 대하증 등 부인병 질환의 치료제로 효능이 있다.
- 새 혈액을 생성하고 어혈을 없애며 치루, 부스럼 등의 치료에 효과가 있다.

▶ **처방 및 복용 방법**

속단은 가을에 뿌리 및 줄기를 채취하여 그늘에 말려 약용으로 쓴다. 말린 뿌리를 가마에 볶아 쓰는 것을 '초속단', 소금을 넣어 볶은 것을 '염속단', 술에 적셔 볶은 것을 '주속단'이라 한다.

- 사고로 인한 타박상 등 근골이 상한 경우는 우슬가루와 혼합하여 따뜻한 청주에 타서 공복에 복용한다.
- 산후 어지러움, 오한, 열 등이 있으면 속단을 끓는 물에 달여 차처럼 마신다.
- 모유가 적을 경우는 속단, 당귀, 천궁, 마황을 함께 섞어 달여서 식후에 복용한다.
- 습관성 유산은 속단, 토사자의 가루를 내어 환을 빚어 알약으로 복용한다.

▶ **용어 해설**

- 덩이뿌리: 녹말을 저장하기 위해 배대해진 뿌리 (고구마, 무).
- 분과: 여러 개의 씨방으로 된 열매로 익으면 벌어진다(작약).
- 원추(圓錐) 꽃차례: 꽃차례의 축이 여러 번 가지가 갈라져 최종 분지(分枝)가 총상 꽃차례를 이루는 원뿔 모양이다.

190 소태나무-고목(苦木)

▶ 식물의 개요

소태나무는 나무에서 나오는 진이 소의 태처럼 쓰다 하여 붙여진 이름이다. 고담목(苦膽木)·고수(苦樹)·산웅담(山熊膽)·고련(苦楝)·쇠태·고수피·고피 등의 이명을 쓴다. 한방에서는 고목(苦木)이란 생약명을 쓴다. 잎은 옻나무 잎과 비슷한 달걀 모양으로 끝이 뾰족하고 가장자리에 톱니가 있다. 잎면은 윤기가 나며 깃꼴겹잎이다. 6월경 황록색 꽃이 잎겨드랑이의 꽃대에서 산방 꽃차례를 이루며 달려 핀다. 9월경 둥근 달걀 모양의 열매가 달려 붉은색으로 익는다. 전국 각지의 산지 숲속에 자생하는 소태나무과의 낙엽 활엽 소교목이다. 공업용·관상용·약용으로 이용된다.

▶ 효능

• 열을 내리고 해독 작용을 한다.
• 위염, 위장염, 소화불량 등 위경을 다스린다.
• 외상, 옹종, 종독, 알레르기 피부염 등을 다스린다.
• 항균, 소염 작용을 한다.

▶ 처방 및 복용 방법

소태나무는 가을철에 나무껍질, 뿌리, 줄기 등을 채취하여 햇볕에 말려서 복용한다.

• 위염, 위장염, 소화불량 등에는 껍질로 진하게 달인 약물을 처방한다.
• 간암, 간경화, 지방간 등의 치료에는 전초로 만든 분말을 미지근한 물에 타서 처방한다.
• 외상, 옹종, 종독, 알레르기 피부염 등의 치료에는 소태나무 껍질로 달인 물로 환부를 씻는다.

▶ 용어 해설

• 깃꼴겹잎: 잎자루 좌우에 작은 잎이 깃털 모양으로 배열되어 있는 잎.
• 산방 꽃차례: 꽃자루가 아랫것은 길고 윗것은 짧아 각 꽃이 가지런히 피는 형태.
• 지방간: 간세포 안에 지방이 축적되는 질환.

191 속새-목적(木賊)

▶ **식물의 개요**

속새는 찰초(擦草)·절골초(節骨草)·목적초(木賊草)·좌초·상자풀·주석초 등으로 불린다. 생약명은 목적(木賊)이다. 주로 습한 그늘에서 자라며 땅속줄기가 옆으로 뻗으면서 모여 나와 군락을 이룬다. 양치식물이기 때문에 대나무처럼 곧게 뻗은 마디 줄기에 톱니 모양의 잎집이 있다. 꽃 대신 포자낭 이삭이 원줄기에 달려 원뿔 모양을 하고 있다. 강원도와 제주도에 많이 자생하는 속새과 상록 여러해살이 양치식물이다.

▶ **효능**

• 유행성결막염, 급성출혈성결막염(아폴로 눈병), 세균성결막염 등 안과 질환을 다스리는데 효능이 있다.
• 담. 고혈압, 중풍, 치질, 탈항 등 순환계 질환의 치료에 효능이 있다.
• 장출혈과 지혈 작용에 효능이 있다.
• 풍열, 해열 작용에 효능이 있다.

▶ **처방 및 복용 방법**

여름과 가을철에 줄기와 잎을 채취하여 그늘에 말려 약재로 사용한다.

• 악성 종기, 치질, 탈항에는 속새 분말을 내어 반죽을 하여 환부에 바른다.
• 풍열, 해열 작용에는 건조한 속새 줄기를 달여서 복용하든지 가루를 내어 처방한다.
• 유행성결막염, 아폴로 눈병, 세균성결막염 등 안과 질환에는 속새 달인 약물로 씻고 환을 빚어 복용한다.

• 장출혈, 지혈, 해열 등에 대한 치료에는 건조한 속새를 진하게 달여 복용한다.

▶ **용어 해설**

• 양치류(羊齒類): 줄기는 땅속에 있고 잎은 거의 우상복엽으로 자낭에 포자를 갖고 있음.
• 포자낭(胞子囊): 포자를 만들고 그것을 싸고 있는 주머니 모양의 생식기관.
• 풍열: 질병을 일으키는 원인 중의 하나로 열이 심하고 혀가 붉어지며 간에 열이 오른다.

192 손바닥난초-수장삼(手掌蔘: 손바닥 모양의 삼)

▶ **식물의 개요**

손바닥난초는 뿌리의 일부가 굵어져서 손바닥 모양을 보인다고 하여 붙여진 이름이다. 장삼(掌蔘)·불수삼(佛手蔘)·손뿌리난초·부리난초 등으로 불린다. 한방에서 쓰는 생약명을 수장삼이다. 손바닥난초는 넓은 부채 모양을 하고 끝이 뾰족하다. 줄기는 털이 없으며 곁가지를 치지 않고 곧추선다. 잎은 어긋나고 바소꼴의 끝이 뾰족한 잎이 줄기에서 나와 어우러져 자란다. 꽃은 7월경 많은 자색 꽃이 꽃대에 이삭을 이루어 피며 열매를 맺어 익는다. 우리나라 한라산 및 중북부 고산지대의 습지에 자생하는 난초과의 여러해살이 외떡잎식물이다. 관상용과 약용으로 이용된다.

▶ **효능**

- 비장과 위장 질환을 다스린다. 즉, 설사, 소화불량, 위염, 속쓰림 등의 치료에 효능이 있다.
- 폐결핵, 해수, 유행성독감, 폐렴, 갑상선염 등 호흡기 계통의 질환을 다스린다.
- 신체허약, 소갈증, 신경불안, 심기증 등의 치료에 효능이 있다.

▶ **처방 및 복용 방법**

손바닥난초는 가을철에 덩이뿌리를 채취하여 햇볕에 말려 약재로 쓴다.

- 폐결핵, 해수, 유행성독감, 폐렴, 갑상선염 등 호흡기 질환의 치료에는 달이거나 분말, 즙으로 처방한다.
- 보혈과 강장을 위해서는 전초에 들어 있는 정유를 추출하여 복용한다.
- 신체허약, 소갈증, 신경불안, 심기증 등에는 전초로 달인 약물을 차처럼 장기 복용한다.

▶ **용어 해설**

- 손바닥난초는 뿌리가 손바닥 모양이라 하여 붙여진 이름이다.
- 바소꼴: 창처럼 생겼으며 길이가 너비의 몇 배가 되고 끝이 뾰족한 형태.

193 솔나물-봉자채(蓬子菜)

▶ 식물의 개요

솔나물은 황미화(黃米花)·황우미(黃牛尾)·큰솔나물·송엽초(松葉草) 등의 이명을 쓴다. 잎은 10여개 정도씩 줄기를 중심으로 돌려나는데 끝이 뾰족하다. 6월경 황색 꽃이 여러 개 뭉쳐 원추 꽃차례를 이루어 피고, 9월경 결실한다. 전국 각지의 초원이나 들판에 자생하는 꼭두서니과 여러해살이 쌍떡잎 속씨식물이다. 관상용·식용·약용·밀원(꿀벌 먹이)으로 쓴다.

▶ 효능
• 피부과 계통의 질환을 다스린다. 즉, 창종, 습진, 피부염증, 파상풍, 화상풍 등에 효능이 있다.
• 자궁암, 대하증, 산후증, 불임증, 자궁출혈, 생리불순 등 부인과 질환을 다스린다.

▶ 처방 및 복용 방법

솔나물은 개화기인 6~8월경 전초를 채취하여 약재로 사용한다.
• 자궁암 치료에는 건조한 전초를 진하게 달여 수시로 마신다. 또는 뿌리에 들어 있는 알코올을 추출하여 복용한다.
• 산후 질환, 생리불통에는 뿌리를 달여서 처방한다.
• 피를 응고시키고 동맥경화 및 종양 등의 치료에는 잎과 꽃가루로 처방한다.
• 화상, 외치질, 종기, 각종 피부염 등의 치료에는 달인 물로 씻어주고, 뿌리와 잎을 찧어서 붙인다.

• 고서(古書)『임원경제지』에는 '어린 눈, 싹, 잎을 채취하여 삶아서 익히고, 물에 담가 깨끗이 씻어 쓴맛을 제거하고, 기름과 소금으로 조리해 먹으면 좋다'고 할 정도로 과거에 식재료로서 크게 이용되었다.

▶ 용어 해설
• 원추(圓錐) 꽃차례: 꽃차례의 축이 여러 번 가지가 갈라져 최종 분지(分枝)가 총상 꽃차례를 이루는 원뿔 모양이다.

194 솜방망이-구절초(狗舌草)

▶ 식물의 개요

솜방망이는 식물 전체가 거미줄 같은 흰 솜털로 덮여 있어 붙여진 이름이다. 동교배(銅交杯)·정미청(精米靑)·풀솜나물·들솜쟁이·산방망이·소곰쟁이 등의 이명을 쓴다. 생약명은 구설초(狗舌草)이다. 줄기는 곧게 서며 가지를 치지 않고 전체에 하얀 솜털이 촘촘히 나 있다. 잎은 어긋나며 긴 주걱 모양의 타원형으로 가장자리에 톱니가 있고, 잎 전체에 솜털이 있다. 5월경 우산 모양의 노란색의 혀꽃이 피고, 8월경 원통형 열매가 달려 익는다. 전국 각지 산과 들의 양지에 자생하는 국화과의 여러해살이 쌍떡잎 속씨식물이다. 식용·약용·관상용·사료용으로 쓴다.

▶ 효능

- 유행성 감기, 기관지염, 인후염, 폐렴 등을 다스리는데 효능이 있다.
- 종독, 습진, 피부염증, 파상풍, 화상풍 등 피부과 질환을 다스린다.
- 거담제, 백혈병 치료에 효능이 있다.

▶ 처방 및 복용 방법

솜방망이는 개화기인 5~6월경 전초와 뿌리를 채취하여 햇볕에 말려 약재로 사용한다.

- 꽃은 거담제로 쓰고, 전초는 우려서 약물을 백혈병 예방 및 치료제로 이용한다.
- 옹종, 개창, 종독, 피부염, 습진 등의 질환에는 전초 분말을 살포하거나, 생물을 짓찧어 생즙을 만들어 바르거나, 환부에 붙인다.
- 유행성 감기, 기관지염, 인후염, 폐렴 등의 호흡기 질환에는 전초를 진하게 달여서 여러 번 복용한다.

- 이뇨 작용과 해독 작용에는 뿌리를 달여 차처럼 복용한다.

▶ 용어 해설

- 개창: 피부가 몹시 가려운 전염성 피부병으로 옴을 말한다.
- 혀꽃: 꽃잎이 혀처럼 가늘고 길어서 설상화라고 함.

195 송이풀-마선호(馬先蒿)

▶ 식물의 개요

송이풀은 옆으로 비틀어져 핀 꽃이 줄기 끝에 송이를 이루기 때문에 붙여진 이름이다. 마주송이풀·수송이풀·송호·마미호(馬尾蒿)·마신호(馬新蒿)·연석초(練石草)·마뇨소(馬尿燒) 등으로 불린다. 한방에서는 마선호(馬先蒿)를 생약명으로 쓴다. 줄기는 밑에서 여러 대가 나와 가지가 갈라진다. 잎은 어긋나며 댓잎피침형으로 두껍고 잎자루가 짧으며, 가장자리에 겹톱니가 있다. 꽃은 8월경 자색으로 총상 꽃차례를 이루며 달려 핀다. 열매는 9월경 달걀꼴의 삭과가 결실하여 익으면 바람에 날려 떨어진다. 전국 각지의 깊은 산 숲속에 자생하는 현삼과의 여러해살이 쌍떡잎 속씨식물이다. 관상용·식용·약용으로 쓴다.

▶ 효능
- 방광염, 소변불통, 요로결석, 전립성비대증 등 방광 질환을 다스리는데 효능이 있다.
- 종기, 풍습, 악창, 소종양, 피부병 등의 치료에 효능이 있다.
- 류마티즘 관절염 치료에 효능이 있다.

▶ 처방 및 복용 방법

송이풀은 개화기인 8~9월경 꽃·잎·줄기의 전초를 채취하여 약재로 쓴다.
- 방광염, 소변불통, 요로결석 등 방광 질환에는 뿌리 및 전초를 달여 차처럼 복용한다.
- 종기, 풍습, 악창, 소종양, 피부병 등의 질환에는 송이풀 전초를 달여 그 약물로 씻거나 짓이겨 환부에 붙인다.
- 류머티즘 관절염, 거풍, 이뇨 작용에는 송이풀 전초를 환으로 빚어 알약을 복용한다. 차로 우려 마셔도 좋다.

▶ 용어 해설
- 총상(總狀) 꽃차례: 꽃 전체가 하나의 꽃처럼 보이는 꽃 모양.
- 삭과: 익으면 열매 껍질이 떨어지면서 씨를 퍼뜨리는 여러 개의 씨방으로 된 열매(백합, 붓꽃).
- 거풍: 외부로부터 들어오는 풍을 없앰.

196 쇠뜨기-문형(問荊)

▶ 식물의 개요
쇠뜨기는 소가 잘 뜯어 먹는 풀이라 하여 붙여진 이름이다. 뱀풀·필두채(筆頭茱)·필두엽(筆頭葉)·접속초(接續草)·공심초(空心草) 등의 이명을 쓴다. 한방에서는 문형(問荊)이란 생약명을 쓴다. 잎은 생식줄기의 마디에서 솔잎 같은 비늘잎이 돌려 나온다. 쇠뜨기는 양치식물이기 때문에 꽃이 없고 포자가 있다. 3월경 포자주머니(포자낭) 이삭이 달려 포자잎이 나오고 포자가 형성되어 익으면 튕겨 나와 퍼진다. 전국 각지의 밭둑·들판·논둑·구릉지 등지에 자생하는 속새과의 여러해살이 양치식물이다.

▶ 효능
- 신경계통의 질환을 다스린다. 즉, 심장쇠약, 불면증, 중풍, 신경통, 정신분열증, 심장병 등의 치료에 효능이 있다.
- 소화기 계통의 질환을 다스리는데 효능이 있다. 즉, 대변불통, 소화불량, 장염, 위염, 변비 등의 치료에 효능이 있다.
- 장출혈, 치질, 탈항, 칠창 등의 치료에 효능이 있다.
- 코피, 토혈, 생리과다 등에 지혈제로서 사용한다.
- 여드름, 피부습진, 건선피부염을 다스린다.

▶ 처방 및 복용 방법
봄철에 잎·줄기·뿌리를 채취하여 그늘에 말려 약재로 쓴다.
- 심장쇠약, 불면증, 중풍, 신경통, 정신분열증, 심장병 등에는 쇠뜨기 달인 물을 차처럼 복용한다.
- 여드름, 피부습진, 건선피부염 등에는 쇠뜨기 생즙을 짜서 환부에 바른다.
- 대변불통, 소화불량, 장염, 위염, 변비 등에는 달여 마시든지 환을 빚어 알약을 복용한다.
- 장출혈, 치질, 탈항, 칠창 등의 치료에는 달인 약물로 환부를 씻거나 달여서 장기 복용한다.

▶ 용어 해설
- 비늘잎: 자연 변태로 비늘같이 생긴 잎.
- 포자(胞子): 홀씨.
- 포자낭(胞子囊): 포자를 만들고 그것을 싸고 있는 주머니 모양의 생식기관.
- 칠창: 옻독이 올라 생기는 피부병.

197 쇠무릎-우슬(牛膝)

▶ 식물의 개요

쇠무릎은 우석(牛夕)·산현채(山莧菜)·백배(百倍)·접골초(接骨草)·대절채(對節菜)·쇠무릎지기 등으로 부른다. 생약명은 우슬(牛膝)이다. 뿌리는 황토색이며 인삼과 비슷한 향기가 난다. 원줄기는 네모지고 가지가 많이 갈라진다. 마디가 많으며 높아서 소의 무릎처럼 보여 '쇠무릎'이라 한다. 잎은 마주나며 타원형으로 잎자루는 짧다. 꽃은 8월경 녹색의 오판화가 수상 꽃차례를 이루며 달려 핀다. 열매는 9월경 긴 타원형의 포과가 여러 개 달려 익는다. 전국 각지의 낮은 산지나 구릉지, 집 주변에서 자생하는 비름과의 여러해살이 쌍떡잎 속씨식물로 잎과 줄기는 주로 약차로, 말채찍처럼 생긴 뿌리를 주로 약용으로 쓴다.

▶ 효능

쇠무릎은 전초를 약재로 쓰지만 뿌리의 약효가 가장 크다.

- 산후에 손·발·얼굴 등 전신이 붓는 산후 부종증을 다스린다.
- 노인들의 성 기능 쇠퇴와 노인성 요통 등에 효능이 있다.
- 타박상, 류머티즘 통증 등 통증을 다스리는데 효능이 있다.
- 강정 작용, 자궁수축 작용, 생리불순 등 여성병 치료에 효과가 있다.
- 고혈압으로 인한 혈압을 떨어뜨리고, 소변불리·요도염·신장결석 등의 질환을 다스리는 이뇨 작용에도 효과가 있다.

▶ 처방 및 복용 방법

- 산후 부종에는 우슬, 백작약, 천궁, 계지를 배합하여 물 1리터 정도 넣고 끓는 물에 달여 1일 3회 정도 차처럼 복용한다.
- 요도염, 신장염, 비뇨기 이상 등에는 우슬, 당귀를 배합하여 가루로 만든 다음 따뜻한 물에 타서 1일 3회 정도 먹는다.
- 여성의 하복부가 어혈로 뭉친 경우는 우슬을 소주와 섞어 달여 1일 3회 정도 복용한다.
- 신경통, 관절통에는 말린 쇠무릎 뿌리를 소주로 찐 다음 다시 말려 끓는 물에 달여서 차처럼 마신다.

▶ 용어 해설

- 포과(胞果): 삭과(익으면 씨가 떨어지는 과실)의 하나로 얇고 마른 껍질 속에 씨가 들어 있는 과실 또는 열매.

198 쇠별꽃-우번루(牛繁縷)

▶ 식물의 개요

쇠별꽃은 아아장(鵝兒腸) · 아장초(鵝腸草) · 자초(滋草) · 번루(繁縷) · 계아장(鷄兒腸) · 콩버무리 등으로 불린다. 한방에서는 우번루(牛繁縷)라는 생약명을 쓴다. 줄기는 밑 부분이 옆으로 기면서 자라다가 위로 올라가면서 곧게 선다. 잎은 마주나며 달걀꼴로서 표면의 잎맥이 들어가며 가장자리가 밋밋하다. 꽃은 6월경 별 모양의 흰색 꽃이 꽃줄기에 한 송이씩 피고, 9월경 달걀 모양의 열매를 맺는다. 전국 각지 산과 들판의 약간 습한 곳에 자생하는 석죽과의 여러해살이 쌍떡잎 속씨식물이다. 관상용 · 식용 · 약용으로 쓴다. 어린순과 줄기는 나물 · 김치 · 쌈으로 먹는다.

▶ 효능

비장·신장·대장경 등의 질환을 다스리는데 효능이 있다. 즉, 백혈병, 적혈구 증가증, 비장암, 빈혈, 소화불량, 위염, 속쓰림, 헛배부름, 신결석, 신부전증, 급성신우신염, 장폐색, 궤양성 대장염 등을 치료하는 작용을 한다.

▶ 처방 및 복용 방법

쇠별꽃은 개화기인 7~8월경 전초를 채취하여 생즙, 가루, 차(茶)로 쓴다.
- 위염, 속쓰림, 헛배부름 등의 치료에는 잎과 줄기로 생즙을 짜서 처방한다.
- 백혈병, 적혈구 증가증, 비장암, 빈혈 등에는 줄기와 잎을 차처럼 우려서 처방하든지 생즙을 짜서 복용한다.
- 신결석, 신부전증, 급성신우신염, 대장염 등에는 전초를 태워서 가루로 만들어 미지근한 물로 처방한다.

▶ 용어 해설
- 잎맥: 잎몸 안에 분포하는 관다발로 수분과 양분의 통로 역할을 함.
- 잎몸: 잎의 넓은 부분.

199 쇠비름-마치현(馬齒莧)

▶ 식물의 개요

쇠비름은 오행초(五行草)·작명현(長命莧)·쇠비름나물·돼지풀·말비름·안락채 등으로 부른다. 생약명은 마치현(馬齒莧)이다. 줄기는 육질이고 붉은색이며 털이 없이 윤기가 난다. 줄기에서 가지가 많이 갈라지며 비스듬히 옆으로 퍼지면서 자란다. 잎은 댓잎피침형으로 끝이 뾰족하고 잎자루가 짧고 반들반들 하다. 꽃은 7월경 노란 두상화가 줄기 끝에서 달려 핀다. 열매는 10월경에 수과가 달려 결실한다. 관상용·사료용·식용·약용으로 두루 이용 된다. 전국의 집터 부근 밭이나 공터, 길가 등지에서 자생하는 쇠비름과의 한해살이 쌍떡잎 속씨식물로 해독제로 많이 쓰인다.

▶ 효능

쇠비름은 맛이 시며 전초에 수분이 많다. 초여름에 채취하여 잎·줄기·씨(마치현자)·뿌리를 말려서 약용으로 쓴다.

- 음창, 종창 등 여러 종기를 다스리는 항균 작용을 한다.
- 소변을 원활하게 한다. 즉, 소변 불리, 신장염, 방광염, 임질, 요도염, 대하증에 효능이 크다.
- 산후에 출혈이 심한 경우는 차처럼 우려 마신다.
- 청맹, 백내장, 녹내장 등 눈 질환에는 마치현자(씨)를 가루를 내어 미지근한 물에 타서 마신다.

▶ 처방 및 복용 방법

쇠비름은 결실기에 씨와 전초를 채취하여 약간 쪄서 햇볕에 말려 약재로 쓴다. 각종 질환에 대한 해독제로서 효능이 크다.

- 방광염과 설사에는 쇠비름 생것을 물에 끓여 차처럼 복용한다.

- 대하증 등 부인병 치료에는 쇠비름과 민들레를 섞어 끓여서 복용한다.
- 산후 조리에는 쇠비름 잎과 줄기로 생즙을 내어서 마신다.
- 치질에는 쇠비름을 나물처럼 데쳐서 여러 번 무쳐먹으면 좋다.
- 청맹, 백내장 등 눈의 질환에는 쇠비름 씨로 가루를 내어 대파를 넣고 끓여 공복에 마신다.

▶ 용어 해설

- 오행초: 뿌리는 흰색, 줄기는 붉은색, 잎은 푸른색, 꽃은 노란색, 씨는 검은색으로 5가지 색을 가지고 있는 풀.
- 청맹(靑盲): 흑맹이라고도 하며 점차 눈이 잘 보이지 않아 밝고 어두운 것도 가려 볼 수 없는 병증.
- 두상화: 꽃대 끝에 많은 꽃들이 뭉쳐 붙어 머리 모양을 이룬 꽃.
- 수과: 익어도 터지지 않는 열매.

200 쇠채-선모삼(仙毛蔘)

▶ 식물의 개요

쇠채는 수방풍(水防風)·모초칠(毛草七)·미역꽃·멱쇠채 등으로 불린다. 생약명은 선모삼(仙毛蔘)이다. 줄기는 곧추서며 가지가 갈라지고 전체에 백색 털이 덮여 있다. 잎은 원추형 뿌리에서 곧게 나온 털이 덮인 줄기에서 뭉쳐 나오는데, 뾰족한 댓잎 모양이다. 잎의 앞뒷면 모두 털로 덮여 있다. 꽃은 7월경 노란색 꽃이 꽃줄기에 여러 개씩 오전에만 달려 핀다. 열매는 10월경 노란 수과가 결실하여 익는데 갈색의 갓털이 있다. 전국 각지(특히 정선, 단양, 제천, 경주, 영천, 제주 등지) 산기슭 양지 또는 바닷가 모래 풀밭에 자생하는 여러해살이 국화과의 쌍떡잎 속씨식물이다. 관상용·식용·약용·사료용으로 쓴다.

▶ 효능

- 신경통, 편두통, 안면 마비, 구강 마비, 후각 마비 등의 질환을 치료하는 작용을 한다.
- 호흡기 질환을 다스린다. 즉, 청폐, 인후염, 폐렴, 기관지염, 기침, 천식 등을 치료하는데 효능이 있다.
- 풍한, 발열두통, 타박상, 혈류 막힘증 등의 치료에 효능이 있다.

▶ 처방 및 복용 방법

10월 전후에 가을철에 뿌리 및 전초를 채취하여 햇볕에 말려 약재로 쓴다.

- 기관지염, 기침, 천식 등에는 말린 전초를 분말로 만들어 처방한다.
- 풍한, 발열두통, 타박상, 혈류 막힘증 등에는 생즙이나 약술을 담가 처방한다.
- 신경통, 편두통, 안면 마비, 구강 마비, 후각 마비 등의 질환에는 말린 쇠채 전초를 약한 물에 달여서 차처럼 복용한다.

▶ 용어 해설

- 청폐: 맑고 깨끗한 폐.
- 풍한: 풍사와 한사가 겹치는 것.
- 갓털: 민들레, 엉겅퀴, 미나리과 등의 열매 윗부분에 생기는 털.

201 수련(睡蓮: 잠자는 연꽃)

▶ 식물의 개요

수련은 자우련(子牛蓮)·수련채(睡蓮菜) 등으로 불리고 생약명은 수련(睡蓮)이다. 굵고 짧은 땅속줄기에서 많은 잎자루가 자라서 물 위에서 잎이 나온다. 잎은 말발굽 모양으로 물 위에 떠있고, 잎몸은 질이 두꺼운 달걀 모양이고 밑 부분은 깊게 갈라진다. 6월경 물속뿌리에서 나온 꽃줄기 끝에 흰 꽃이 한 송이씩 달려 핀다. 꽃은 낮에 피었다가 밤에는 오므라들기에 잠자는 연꽃, 수련이라 하였다. 8월 전후 달걀 모양의 열매가 달려 익는데 속에는 검은 씨가 있다. 중남부 지역의 늪이나 연못에서 자생하는 수련과의 여러해살이 쌍떡잎 속씨 수생식물이다. 관상용과 약용으로 이용된다.

▶ 효능

• 불면증을 다스리는데 효능이 있다. 즉, 흡연, 음주, 카페인 음료, 항암제, 갑상선 치료제, 울혈성 심부전 등으로 나타나는 불면증을 치료하는 작용을 한다.
• 어린아이들의 경풍, 소화불량, 체기에 효능이 있다.

▶ 처방 및 복용 방법

부엽성 수생식물인 수련은 개화기인 여름철에 물속의 뿌리와 열매를 채취하여 햇볕에 말려 약재로 쓴다.

• 흡연, 음주, 항암제, 갑상선 치료제로 인한 불면증 치료에는 수련 씨와 줄기로 달인 약물을 복용한다. 또는 생즙을 마셔도 좋다.
• 어린아이들의 경풍, 소화불량, 체기에는 전초를 달여서 복용한다.

▶ 용어 해설

• 부엽성 수생식물: 잎몸이 수면에 떠 있는 수중식물.
• 울혈성 심부전: 심장이 점차 기능을 잃으면서 폐나 다른 조직으로 혈액이 모이는 질환.
• 뿌리줄기: 땅속이나 지표를 옆으로 타고 올라온 뿌리(연근, 버섯, 머위).

202 수염가래꽃-반변련(半邊蓮)

▶ 식물의 개요
수염가래꽃은 반변란(半邊蘭)·세미초(細米草)·급해색(急解索)·사리초·과인초(瓜仁草)·반변하화(半邊荷花) 등의 이명을 쓴다. 생약명은 반변련(半邊蓮)이다. 줄기가 땅을 기어 자라며 마디에서 뿌리를 내리고 가지와 잎이 나온다. 잎은 어긋나고 잎자루가 없다. 바소꼴로서 가장자리에 톱니가 있고 줄기와 더불어 털이 없다. 꽃은 6월경 한 개의 꽃자루에 한 개의 자주색 꽃이 핀다. 꽃받침 조각은 5개이다. 9월경 열매를 맺는데 적갈색의 씨가 있다. 전국 각지 논두렁·밭둑·습지·냇가 등지에 자생하는 숫잔대과의 여러해살이 쌍떡잎 속씨식물이다. 관상용과 약용으로 이용된다.

▶ 효능
- 악성 종양을 다스린다. 즉, 간암, 직장암, 위암, 폐암 등의 치료에 효능이 있다.
- 방광계 질환을 다스린다. 즉, 방광염, 소변불통, 요로결석 등의 치료에 효능이 있다.
- 간경변증, 급성간염 등 간경에 효험이 있다.
- 독충에 물렸거나 옹종 등 피부염에 효능이 있다.

▶ 처방 및 복용 방법
개화기인 여름철에 전초를 채취하여 약재로 쓴다.
- 간암, 직장암, 위암, 폐암, 갑상선암, 췌장암 등의 항암치료에는 전초를 다른 항암제와 섞어서 처방한다.
- 독사, 독충, 말벌 등에 물렸을 경우 해독에는 전초를 짓이겨 환부에 붙인다.
- 간경변증, 급성간염 등 간경에는 달인 물을 차처럼 복용한다.
- 방광염, 소변불통, 요로결석 등의 치료에는 생즙이나 달인 약물로 처방한다.

▶ 용어 해설
- 간경: 간의 기능이 실조된 질환.
- 바소꼴: 창처럼 생겼으며 끝이 뾰족한 모양.

203 순비기나무–만형자(蔓荊子)

▶ 식물의 개요

순비기나무는 대형자(大荊子)·육속환(陸續丸)·단엽만형(單葉蔓荊)·황형(黃荊)·소형(小荊)·보형(甫荊)·만형자나무·풍나무 등이 이명이다. 생약명은 만형자(蔓荊子)이다. 땅속줄기가 옆으로 뻗으면서 덩굴처럼 퍼진다. 전체에 회백색의 부드러운 잔털이 있다. 줄기에서 뿌리를 내려 많은 잔가지가 나와 군락을 이루며 자란다. 잎은 마주나며 타원형의 가죽질이다. 꽃은 7월경 자줏빛 꽃이 원추 꽃차례를 이루며 달려 핀다. 열매는 9월경 딱딱하고 둥근 자주색 핵과가 달려 익는다. 경상북도 및 황해도 이남 지역의 바닷가 모래밭에 자생하는 마편초과의 상록 또는 낙엽 활엽 관목이다.

▶ 효능

순비기나무는 맛이 쓰고 열매에는 정유가 들어 있다.

- 잎과 열매는 두통과 이명(耳鳴: 귀울림)을 다스리는 두통 치료제로 쓴다. 즉, 귀를 울리는 이명과 뇌를 흔들게 하는 뇌명증에 효과가 있다.
- 풍열에 의한 감기나 두통, 치통, 저림증, 마비증을 치료한다.
- 눈을 맑게 하고 풍기를 없애 주며, 피부와 모발에도 영향을 준다.

▶ 처방 및 복용 방법

순비기나무는 가을철에 열매와 잎을 채취하여 햇볕에 말려 약재로 쓴다.

- 두통, 이명증이 심한 경우는 만형자 가루를 술에 1주일 정도 담갔다가 하루 한 잔씩 공복에 복용한다.

- 고혈압에는 만형자, 국화, 백지, 박하 등을 넣고 끓여 차처럼 마셔도 된다.
- 어지럼증이나 눈이 침침할 경우는 만형자, 황기, 인삼, 감초, 항백, 백작약를 배합하여 끓는 물에 달여서 1일 2~3회 정도 나누어 복용한다.
- 풍한으로 눈물이 자주 나면 만형자, 방풍, 감초, 백질려, 형개, 시호 등을 배합하여 달여 1일 3회 정도 차처럼 마신다.

▶ 용어 해설

- 핵과(核果): 단단한 핵으로 쌓여 있는 열매(매실, 복숭아, 살구, 대추).

204 숫잔대-산경채(山梗菜)

▶ 식물의 개요

숫잔대는 무병엽산경채·반변연·잔대아재비·진들도라지·습잔대·고채(苦菜)·수현채(水莧菜) 등의 이명을 쓴다. 한방에서 쓰는 생약명은 산경채(山梗菜)이다. 뿌리줄기는 짧고 굵다. 줄기는 곧게 서서 자라고 잎은 어긋나며, 가장자리에 톱니가 있고 길쭉하며 짧다. 꽃은 8월경 자주색으로 잎겨드랑이에 한 개씩 달려 총상 꽃차례를 이루며 양성화이다. 꽃받침은 씨방이 붙어 있고 끝이 5개로 갈라진다. 10월 전후 열매를 맺어 익으면 씨가 터져 나온다. 전국 각지 산과 들판의 습지에서 자생하는 초롱꽃과의 여러해살이 쌍떡잎 속씨식물이다. 관상용·식용·약용으로 이용된다.

▶ 효능

- 간염, 간경변증, 심부전증, 지방간, 간경화 등 간 질환을 다스리는데 효능이 있다.
- 호흡기 질환을 다스린다. 즉, 호흡곤란, 해수, 폐열, 비염, 폐렴, 기관지염, 기침, 천식 등을 치료하는데 효능이 있다.
- 종기, 부종, 변비, 피부염증 등의 질환을 다스린다.
- 위장병, 식도염에 효능이 있다.

▶ 처방 및 복용 방법

여름과 가을철에 전초와 뿌리를 채취하여 생것 또는 햇볕에 말려 약재로 쓴다.

- 위장병, 식도염에는 숫잔대 씨를 채취하여 볶아서 달여 복용한다.
- 호흡곤란, 해수, 폐열, 비염, 폐렴, 기관지염, 기침, 천식 등의 치료에는 말린 전초를 진하게 달여 복용한다.
- 각종 독성의 해독에는 뿌리를 채취하여 말려서 진하게 달여 처방한다.
- 종기, 부종, 피부염증 등의 질환에는 생즙으로 환부를 깨끗이 씻는다.

▶ 용어 해설

- 총상(總狀) 꽃차례: 꽃 전체가 하나의 꽃처럼 보이는 꽃 모양.
- 양성화(兩性花): 하나의 꽃 속에 수술과 암술을 모두 갖고 있는 꽃.

205 쉽싸리-택란(澤蘭)

▶ 식물의 개요

쉽싸리는 쉽사리·호란(虎蘭)·지순(地筍)·사왕초(蛇王草)·지삼(地蔘)·지과인묘(地瓜人苗)·개조박이·털쉽싸리 등의 이명이 있다. 한방에서는 택란(澤蘭)이란 생약명을 쓴다. 쉽싸리 줄기는 땅 속에서 옆으로 뻗으면서 그 끝에서 새순이 나온다. 잎은 마주나고 가장자리에 톱니가 나 있다. 박하향이 나며 잎자루는 거의 없다. 꽃은 7월경 흰색으로 잎겨드랑이에서 잔꽃이 모여 나와 피며, 9월경 각이 진 열매를 맺어 익는다. 전국 각지의 냇가나 습지에 자생하는 꿀풀과의 여러해살이 쌍떡잎 속씨식물이다. 관상용·식용·약용으로 쓴다.

▶ 효능

• 대하증, 산후증, 불임증, 자궁출혈, 생리불순 등 부인과 질환을 다스린다.
• 부정맥, 협심증, 혈전증, 색전증, 경색, 동맥경화증, 담, 변혈, 요혈 등 순환계 질환을 다스리는데 효과가 있다.
• 부종, 종독, 타박상, 피부염 등의 질환을 다스린다.

▶ 처방 및 복용 방법

5~8월경 전초를 채취하여 그늘에 말려 약재로 사용한다.

• 활혈, 혈전증, 색전증, 경색, 동맥경화증, 담 등의 치료에는 뿌리줄기(지순)를 달여서 복용한다.
• 부종, 종독, 타박상, 피부염 등의 치료에는 생 잎과 줄기를 짓이겨 생즙을 만들어 환부에 바른다.

• 대하증, 산후증, 불임증, 자궁출혈, 생리불순 등 부인과 질환에는 줄기와 뿌리를 갈아서 가루나 환을 만들어 처방한다. 『동의보감』에서는 '산전산후에 여러 가지 병과 복통 등에 효능이 있으며, 다산한 여성이 혈기가 쇠약하고 여윈 증상에 좋고, 파상풍이나 타박상으로 생긴 어혈을 풀어 준다'고 하였다.

▶ 용어 해설

• 색전증: 혈류에 의해 혈관 속으로 운반되어 온 여러 부유물이 혈관강을 막은 상태.
• 경색: 동맥이 막혀 일어나는 함몰되는 병변.

221

206 승검초-당귀(當歸: 뿌리)

▶ 식물의 개요
승검초는 승엄초·목귀초(目貴草)·당적(當赤)·신감채(辛甘菜)·문귀(文歸)·건귀(乾歸) 등으로 불린다. 생약명은 당귀(當歸)이다. 뿌리는 굵고 육질이며 자르면 흰 즙이 나온다. 잎은 줄기와 함께 짙은 향기가 나고 원줄기에 여러 개의 가지 잎이 달려 있다. 잎의 앞면은 녹색이고 뒷면은 흰 빛이 난다. 꽃은 8월경 오판화의 자주색 꽃잎이 피고, 10월경 타원형의 열매를 맺는다. 뿌리는 주로 약재로 쓰이고, 잎과 줄기는 향이 진해 약차로 이용한다. 중북부 지방의 서늘하고 습한 산지에 자생하는 미나리과의 여러해살이 쌍떡잎 속씨식물이다. 약초 농가에서도 다량으로 재배한다. 관상용·식용·약용으로 이용된다.

▶ 효능
당귀는 여성에게 좋은 약초로 알려져 있다. 특히 강장 효과 및 피를 맑게 해주는 약초이다.
- 자궁암, 산후복통, 난소암, 대하증, 생리불순, 불임증, 자궁출혈 등 부인과 질환을 다스리는데 효과가 있다.
- 운동계 질환을 다스린다. 즉, 관절염, 인대파열, 타박상, 골절, 근골무력증 등을 치료하는데 효능이 있다.
- 고혈압, 간염, 빈혈증 등의 치료에 효능이 있다.

▶ 처방 및 복용 방법
승검초는 여름과 가을철에 잎·줄기 뿌리를 채취하여 생물 및 햇볕에 말려 약재로 쓴다. 봄철에는 어린순과 줄기를 나물로 먹는다.
- 자궁염증, 산후복통, 난소암, 대하증, 생리불순, 자궁출혈 등 부인과 질환에는 차를 우려 마시든지, 중탕을 내려 처방한다.
- 고혈압, 간염, 빈혈증 등의 치료에는 가루나 환을 만들어 처방한다.
- 관절염, 인대파열, 타박상, 골절, 근골무력증 등에는 줄기와 잎을 찧어서 즙을 내어 환부에 바른다.

▶ 주의
복용 중에는 생강, 해조류(김·다시마·미역)를 금한다.

▶ 용어 해설
- 중탕: 가열하고자 하는 물체가 담긴 용기를 직접 가열하지 않고 물이나 기름과 같은 용매가 담긴 용기에 넣어 간접적으로 열을 가하여 데우거나 끓이는 방법.

207 승마(升麻)

▶ 식물의 개요

승마는 주마(周馬)·계골승마(鷄骨升麻)·끼절가리·끼멸가리·주승마(周升麻)·흑사근(黑蛇根) 등으로 불리며, 한방에서 쓰는 생약명은 승마(升麻)이다. 뿌리는 굵고 검은 자주색이며 줄기는 곧게 서서 자란다. 끝이 뾰족하고 톱니가 있는 잎은 어긋나며, 마(麻)잎과 비슷하다. 8월경 흰색 꽃이 원줄기 윗부분에 꽃이삭을 이루며 피고, 9월경 골돌과가 달려 익는다. 우리나라 중북부지방의 깊은 산 숲속이나 분지 등지에 자생하는 미나리아재비과의 여러해살이 쌍떡잎 속씨식물이다.

▶ 효능

각종 염증성 질환 및 열병 증세를 다스리는데 효능이 있다. 즉, 편도성염, 구내염, 류머티즘 관절염, 여드름, 피부염, 대장염, 위염, 혈뇨, 변혈, 한열, 홍역 등을 치료한다.

▶ 처방 및 복용 방법

가을철에 뿌리를 채취하여 햇볕에 말려 약재로 쓴다.

• 수면장애, 고혈압, 항염증 작용, 오줌불통에는 승마 뿌리줄기의 알코올 추출액을 복용한다.
• 설사, 소화불량, 구토 등 소화기 장애에는 중탕 및 승마차를 우려서 복용한다.
• 구강 질환에는 승마로 달인 물을 입안에 넣어 치료한다.
• 치질, 탈항, 피부염 등의 치료에는 승마 전초로 달인 물을 환부에 처방한다.

▶ 용어 해설

• 골돌과(蓇葖果): 여러 개의 씨방으로 된 열매로 익으면 열매 껍질이 벌어짐(바주가리).

208 시로미-암고자(岩高子)

▶ 식물의 개요
시로미는 맛이 달지도 시지도 않는 불로장생의 열매라는 의미이다. 암고란(岩高蘭)·오리(烏李: 까마귀의 자두)·불로초 등의 이명을 쓰며, 한방에서 쓰는 생약명은 암고자(岩高子)이다. 줄기는 옆으로 뻗고 줄기는 곧게 자란다. 잎은 뭉쳐 나고 선 모양이며 두껍고 윤기가 난다. 꽃은 7월경 자주색 꽃이 양성화로 잎겨드랑이에서 달려 핀다. 9월 전후 콩알만 한 검은색 열매가 익는다. 이 열매는 불로장생의 과일로 알려져 있으며 생것으로 먹을 수 있다. 제주도 한라산에 자생하는 시로미과의 상록 쌍떡잎 속씨식물 소관목이다. 관상용·식용·약용으로 이용된다.

▶ 효능
- 방광 질환을 다스린다. 즉, 방광염(오줌소태), 혈뇨, 배뇨통, 빈뇨, 요실금, 야간뇨, 방광게실, 방광암 등의 치료에 효능이 있다.
- 비경을 다스린다. 즉, 비장암, 신부전, 용혈성 빈혈, 백혈병 등의 치료에 효능이 있다.
- 자양강장제, 당뇨 예방, 혈액순환 증진에 효능이 있다.

▶ 처방 및 복용 방법
시로미는 열매가 익는 9월 이후 줄기·잎·열매를 채취하여 생물이나 햇볕에 말려 쓴다.
- 자양강장, 당뇨 예방, 혈액순환 증진에는 열매(암고자)로 약술을 담가서 하루에 소량씩 장기 복용한다.
- 방광염, 신장염, 설사, 위통 등의 치료에는 시로미 열매로 차를 우려 마시든지 중탕을 제조하여 처방한다.

- 결막염이나 눈병에는 시로미 뿌리를 달여서 눈을 씻는다.

▶ 용어 해설
- 양성화(兩性花): 하나의 꽃 속에 수술과 암술을 모두 갖고 있는 꽃.

* 시로미와 관련된 이야기
중국 진시황이 서시라는 미인과 선남선녀 수백 명에게 동쪽의 삼신산에 가서 불로초를 구해오라고 명하였다. 이들이 다녀간 제주도 지역의 정방폭포 바위에는 서시과차(徐市過此)라는 글씨가 남아 있는데, 이때 시로미 열매(암고자)를 가져갔을 것으로 추측한다.

209 시호(柴胡)

▶ 식물의 개요

시호는 시초(柴草)·산채(山菜)·북시호(北柴胡)·죽엽시호(竹葉柴胡)·마책퇴(螞蚱腿) 멧미나리 등으로 부르며, 생약명은 시호이다. 뿌리줄기는 굵으며 짧고 원줄기는 가늘고 길며 위쪽에서 가지가 약간 갈라진다. 잎은 어긋나고 선형이며 끝이 뾰족하다. 꽃은 8월경 노란색 오판화가 겹산형 꽃차례로 달려 핀다. 열매는 9월경 타원형의 분과가 달려 익는다. 전국의 산과 들 초원 지대에 자생하는 미나리과의 여러해살이 쌍떡잎 속씨식물로 뿌리를 해열·진정제의 약용으로 이용한다.

▶ 효능

시호는 맛이 쓰고 독성은 없다.

• 뿌리가 약용으로 쓰는데 오한이나 발열이 날 때 해열 작용을 한다.
• 진정·진통 작용 및 항염증 작용을 한다. 인플루엔자 바이러스에 대하여 강력한 억제 작용도 있다.

▶ 처방 및 복용 방법

시호는 가을철에 뿌리를 채취하여 햇볕에 말려 약재로 쓴다.

• 감기, 급성 기관지염, 임파선염 등의 질환으로 인한 발열에는 시호와 갈근을 섞어 끓는 물에 달여 차처럼 자주 마신다.
• 열사병인 경우는 시호와 감초를 혼합하여 달여서 마신다.
• 수면 중 땀을 많이 흘리는 경우는(도한) 시호와 호황련을 가루를 내어 꿀에 넣어서 환을 만들어 먹든지 알약을 술에 넣어 녹인 다음 달여서 마신다.
• 황달이 올 경우는 시호와 감초를 섞어서 차처럼 끓여 마신다.

▶ 용어 해설

• 분과: 여러 개의 씨방으로 된 열매로 익으면 벌어진다(작약).

210 실새삼-토사자(免絲子 : 씨)

▶ 식물의 개요

실새삼은 황등자(黃藤子)·용수자(龍須自)·토사초(免絲草)·새삼씨·화염초(火焰草)·옥녀초(玉女草) 등이 이명이며, 생약명은 토사자(免絲子)이다. 뿌리는 없고 콩과식물에 기생하여 줄기는 왼쪽으로 감아 올라간다. 잎은 어긋나며 비늘 같은 작은 잎이 드문드문 달리는데 노란색이다. 꽃은 7~8월경 흰색 꽃이 가지의 각 부분에서 총상 꽃차례를 이루면서 달려 핀다. 열매는 9월경 둥근 삭과가 달려 황갈색으로 익는데, 한 개의 방에 두 개의 황백색 씨가 들어 있다. 전국 각지의 산과 들에 자생하는 메꽃과의 한해살이 기생식물이며 덩굴을 이루고 있다.

▶ 효능

토사자는 흔히 산자락의 콩밭에서 많이 자라고 칡덩굴에도 기생한다.

• 골수를 충실하게 하며 정액의 양을 늘려 주는 강정 효과가 있다.
• 소변의 배설을 돕는다. 즉, 소변이 잦거나 소변 줄기에 힘이 없으며, 소변에 출혈이 있는 경우에 치료제로 쓰인다.

▶ 처방 및 복용 방법

실새삼은 열매 성숙기인 가을철에 씨와 전초를 채취하여 햇볕에 말려 약재로 쓴다.

• 약으로 복용할 경우는 술에 담가 먹으면 효능이 있다고 기록되어 있다. 『동의보감』에는 '소주에 적셔 햇볕에 말린 다음 찜통에 쪄서 가루로 만든 다음 청주와 함께 복용한다'라고 하였다.
• 정력이 쇠약해지면 토사자와 숙지황을 혼합하여 쌀풀로 반죽하여 환을 만들어 공복에 먹는다.

• 몽정, 조루, 이명증에는 토사자, 오미자, 복분자, 백복령 등을 혼합하여 환을 만들어 알약으로 복용한다.
• 발기부전, 정액 부족, 소변 빈약 등에는 실새삼을 말려 차로 만들어 수시로 복용한다.

▶ 용어 해설

• 비늘잎: 자연 변태로 비늘같이 생긴 잎.
• 비늘조각잎: 땅 위 줄기에서 나는 잎이나 땅 속 줄기에서 나는 비늘잎을 통틀어 일컫는 말.

211 싱아-산모(酸募)

▶ 식물의 개요

싱아는 숭애·넓은잎싱아·당약(當藥)·산탕채(酸湯菜)·산대황(山大黃) 등의 이명이 있으며, 한방에서는 산모(酸募)라는 생약명으로 쓴다. 원줄기에서 가지가 많이 갈라지고 가지에 달린 잎은 막질이고 털이 있으며 잎자루는 짧다. 꽃은 8월경 흰색의 잔 꽃이 잎겨드랑이와 가지 끝에서 원추 꽃차례를 이루며 달려 핀다. 열매는 10월경 세모진 수과가 결실한다. 사료용·밀원·식용·약용으로 이용한다. 어린순과 줄기는 나물로 먹는다. 전국 각지의 야산·들판·초원지·길가·제방둑 등지에 자생하는 마디풀과의 여러해살이 쌍떡잎 속씨식물이다.

▶ 효능
• 고혈압, 개창(옴), 일사병, 열사병 등 열증을 다스리는데 효능이 있다.
• 농양, 부스럼, 창종 등 각종 악성 종기에 효능이 있다.
• 치질, 황달을 다스린다.

▶ 처방 및 복용 방법

여름과 가을철에 전초와 뿌리를 채취하여 생물 또는 햇볕에 말려 약재로 쓴다.
독성이 있으므로 사용에 주의가 필요하다.
• 건위, 해열, 일사병, 열사병 등의 치료에는 싱아 말린 꽃을 달여 차처럼 복용한다.
• 농양, 부스럼, 창종 등 각종 악성 종기에는 신선한 뿌리와 줄기를 짓이겨서 환부에 바른다.
• 어린아이의 열을 다스리는 데는 싱아 어린 싹으로 즙을 내어 복용한다.
• 치질, 황달에는 전초 달인 물을 차처럼 복용하든지 환부를 씻는다.

▶ 용어 해설
• 원추(圓錐) 꽃차례: 꽃차례의 축이 여러 번 가지가 갈라져 최종 분지(分枝)가 총상 꽃차례를 이루는 원뿔 모양이다.
• 수과(瘦果): 익어도 터지지 않는 열매.

212 싸리-형조(荊條)

▶ 식물의 개요
싸리는 호지자(胡枝子)·야화생(野花生)·야합초(夜合草)·싸리나무·산싸리 등의 이명을 쓴다. 생약명은 형조(荊條)이다. 줄기는 곧게 서고 가늘며 가지가 많이 갈라진다. 잎은 어긋나며 둥글고 잎 끝에 바늘 모양의 돌기가 있다. 꽃은 8월경 자주색 꽃이 총상 꽃차례를 이루며 달려 피고, 10월경 달걀 모양의 열매를 맺어 익는다. 전국 각지의 산과 들판에 자생하는 콩과의 낙엽 활엽 관목이다. 사방용·밀원용·세공용·약용으로 이용한다.

▶ 효능
- 호흡기 질환을 다스린다. 즉, 비염, 천식, 폐렴, 독감, 인후염 등의 치료에 효능이 있다.
- 무기력증, 구강내 악취, 소화불량, 빈뇨, 옆구리 통증, 혈뇨 등이 나타나는 신장 질환을 다스리는데 효능이 있다.
- 아토피피부염, 만성피부염 등의 치료에 효능이 있다.

▶ 처방 및 복용 방법
7~8월에 뿌리와 잎, 줄기를 채취하여 생물이나 햇볕에 말린 것을 약재로 이용한다.
- 신장 질환의 치료에는 싸리나무 뿌리와 씨앗을 우려 차로 복용한다.
- 아토피피부염, 부종 등의 피부염 치료에는 싸리나무 씨앗의 기름을 추출하여 환부에 바른다.
- 비염, 천식, 폐렴, 감기, 인후염 등의 치료에는 꽃과 씨앗으로 차를 만들어 장기 복용한다.

▶ 용어 해설
- 부종: 신체 조직의 틈 사이에 조직액이 괸 상태.

213 쑥-애호(艾蒿)

▶ **식물의 개요**

쑥은 황초(黃草)·향애엽(香艾葉)·백호(白蒿)·의초(醫草)·봉호(蓬蒿)·봉애(蓬艾)·다북쑥·
약쑥 등으로 불린다. 생약명은 애호(艾蒿)이다. 뿌리줄기가 옆으로 뻗으면서 싹이 나와 무리를
이룬다. 줄기는 곧게 서서 자라고 많은 가지가 갈라지는데 전체에 털이 나 있다. 줄기잎은 어긋
나며 타원형으로서 깃 모양으로 갈라진다. 꽃은 7~8월경 분홍빛 두상화가 원추 꽃차례를 이루
며 달려 핀다. 열매는 10월경 수과가 달려 익는다. 전국 각지의 들판과 초원지대에 자생하는데
꽃의 크기나 잎 모양에 따라 참쑥·약쑥·양쑥·뜸쑥·개똥쑥·인진쑥 등 다양하고 국화과의 여
러해살이 쌍떡잎 속씨식물이다.

▶ **효능**

• 쑥은 단오철에 채취한 것을 으뜸으로 치는데 전
  초를 말려서 약용으로 쓴다.
• 위장을 튼튼히 하며, 식욕을 돕고 소화를 다스
  린다.
• 임신 중 자궁의 피를 원활하게 하고 지혈 작용
  도 한다.

▶ **처방 및 복용 방법**

• 임신 중 하혈이 심한 경우는 쑥과 생강을 섞어
  달여 마신다.
• 생리불순에는 쑥잎과 당귀를 섞어 가루를 만들
  어 꿀에 개어 환을 빚어 사용한다.
• 소화불량, 복부 통증, 정력 감퇴에는 쑥술을 만
  들어 장기 복용한다.
• 이른 봄에 어린 쑥은 쑥국, 쑥떡 등을 해서 먹으
  면 식욕이 왕성해진다.

▶ **용어 해설**

• 두상화(頭狀花): 꽃대 끝에 많은 꽃들이 뭉쳐 붙
  어 머리 모양을 이룬 꽃.
• 수과(瘦果): 익어도 터지지 않는 열매.

214 쑥방망이-참룡초(斬龍草)

▶ 식물의 개요

쑥방망이는 쑥 모양의 잎과 방망이를 닮은 꽃이라 하여 붙여진 이름이다. 금채초(金釵草)·야국
화(野菊花)·천리광(千里光) 등으로 불리며, 한방에서 쓰는 생약명은 참룡초이다. 잎은 달걀 모
양의 타원형으로 뾰족한 톱니가 있다. 뿌리잎은 털이 없고 줄기잎은 뒷면에 거미줄 같은 털이 있
다. 꽃은 8월경 국화 모양의 황색 꽃이 산방 꽃차례를 이루며 달려 피고, 9월 이후 원뿔 모양의 수과
가 달려 익으면 씨앗이 바람에 날려 흩어진다. 우리나라 중부지방·제주도의 산지·구릉지·풀밭에
자생하는 국화과의 여러해살이 쌍떡잎 속씨식물이다. 관상용·사료용·약용으로 이용된다.

▶ 효능

- 간 질환을 다스린다. 즉, 바이러스성 간염(A
  형·B형·C형), 알콜성 간염, 약물성 간염, 간암,
  지방간, 간경화 등의 치료에 효능이 있다.
- 비염, 천식, 폐렴, 독감, 인후염, 인후통 등의 호
  흡기 질환을 다스리는데 효능이 있다.
- 습진, 옹종, 완선, 피부염 질환을 다스린다.

▶ 용어 해설

- 산방 꽃차례: 꽃자루가 아랫것은 길고 윗것은
  짧아 각 꽃이 가지런히 피는 형태.
- 완선: 오래 가면서 잘 낫지 않는 만성버짐.

▶ 처방 및 복용 방법

개화기인 8월 전후에 꽃·잎·줄기 등 전초를 채취하
여 햇볕에 말려 약재로 쓴다.

- 천식, 비염, 인후염, 폐렴, 감기, 인후통 등의
  질환에는 말린 전초를 진하게 달여 차처럼 복
  용한다.
- 간염, 간암, 지방간, 간경화 등의 질환에는 전초
  로 중탕을 만들어 처방한다.
- 습진, 옹종, 완선, 피부염 질환에는 전초 달인
  물로 씻는다. 또는 생즙을 짜서 환부에 바른다.

215 씀바귀-황과채(黃瓜菜)

▶ 식물의 개요

씀바귀는 토끼풀·쓴나물·씀배나물·싸랑부기·활혈초(活血草)·은혈단(隱血丹)·고채(苦菜)·유동(遊冬) 등의 이명을 갖고 있다. 한방에서 쓰는 생약명은 황과채(黃瓜菜)이다. 잎, 뿌리, 줄기 모두 쓴 맛이 나는 흰 액을 갖고 있다. 잎은 댓잎피침형으로 가늘고 끝이 뾰족하며 가장자리에 이빨 모양의 톱니가 있다. 꽃은 6월경 노란색 꽃이 줄기 끝에 여러 개가 산방 꽃차례를 이루어 피고, 9월경 달걀 모양의 수과가 달려 익는다. 전국 각지의 들판과 밭둑, 집가, 제방둑 등지에 자생하는 국화과의 여러해살이 쌍떡잎 속씨식물이다.

▶ 효능

• 식욕부진, 위염, 건위, 강장보호, 불면증, 심신허약, 폐열, 간염 등 각종 질환을 다스려 건강한 생활을 하는데 도움이 된다.
• 씀바귀에 들어 있는 이눌린 성분이 위암, 간암 등 각종 암에 대한 예방과 면역력 강화에 효능이 있다.
• 당뇨 및 구강건조증 완화에 효능이 있다.

▶ 처방 및 복용 방법

봄에 채취한 어린순과 줄기·뿌리는 나물로 데쳐 먹든지 쌈으로 먹고, 가을에 채취한 것은 햇볕에 말려 약재로 이용한다.

• 담석증에는 씀바귀의 전초를 깨끗이 씻어 생즙을 만들어 복용한다. 또는 전초를 우려 차처럼 장기 처방한다.
• 시력 향상 및 암세포 증식을 막기 위해서는 씀바귀 뿌리로 중탕을 내려 처방한다.

• 당뇨 및 구강건조증 완화에는 씀바귀 전초를 우려서 차처럼 장기 복용한다.

▶ 용어 해설

• 수과(瘦果): 익어도 터지지 않는 열매.
• 이눌린: 국화과의 땅속줄기나 달리아의 알뿌리 등에 저장되어 있는 다당류의 일종.

231

216 앉은부채-지용금련(地湧金蓮)

▶ 식물의 개요

앉은부채는 잎이 땅에 붙어 있고 우엉처럼 넓은 잎이 부채 같다 하여 붙여진 이름이다. 금련(金蓮)·수파초(水芭草)·지룡(地龍)·우엉취·삿부채풀·삿부채잎 등의 이명이 있다. 한방에서 쓰는 생약명은 지용금련(地湧金蓮)이다. 전초에서 불쾌한 냄새가 나며 줄기는 없다. 꽃을 피울 때 스스로 열을 내며 온도를 조절한다는 신비한 식물이다. 잎은 꽃이 지면서 뿌리에서 부채 모양으로 나온다. 끝이 뾰족하고 밑은 심장 모양이며 잎자루가 길다. 꽃은 잎이 나오기 전 3월 전후 자주색 꽃이 육수 꽃차례를 이루며 달려 피고, 이후 활 모양으로 굽은 열매가 달려 빨갛게 익는다. 잎과 줄기, 뿌리 모두 독성이 있어 주의가 필요하다. 전국 각지 깊은 산 숲속에 자생하는 천남성과의 여러해살이 외떡잎 속씨식물이다. 관상용·식용·약용으로 이용된다.

▶ 효능

• 소화기 질환을 다스린다. 역류성식도염, 위염, 위 십이지장궤양, 속쓰림 등의 치료에 효능이 있다.
• 악성 피부 종창에 효능이 있다.

▶ 처방 및 복용 방법

뿌리·줄기·잎을 봄~가을 햇빛에 말려 쓴다. 독성이 있어 한의사 조치를 받아 사용해야 한다.
• 심장병, 고혈압 등의 질환에는 잎과 뿌리를 달여 복용한다.
• 악성 피부염에는 신선한 잎과 뿌리를 짓찧어 환부에 붙인다.

▶ 용어 해설

• 육수(肉穗) 꽃차례: 꽃대 주위에 꽃자루가 없는 꽃들이 빽빽하게 모여 피는 꽃차례.

217 약모밀−어성초(魚星草)

▶ 식물의 개요

약모밀은 멸·중약(重藥)·십약(十藥)·어린초(魚鱗草)·취질초·즙채·밀나물 등으로 부른다. 생약명은 어성초(魚星草)이다. 뿌리는 흰색이며 옆으로 길게 뻗는다. 원줄기는 잎과 더불어 털이 없고 곧게 선다. 잎은 어긋나는데 심장형으로 가장자리가 밋밋하다. 꽃은 6월경 노란색으로 피는데 작은 꽃들이 수상 꽃차례를 이루며 달려 핀다. 열매는 8월경 둥근 삭과를 맺어 익으면 갈라져 갈색의 씨가 나온다. 잎과 줄기에서는 생선 비린내 냄새가 나서 어성초라 하였고, 관상용과 약용으로 이용된다. 제주도·거제도·울릉도에 많이 분포하고 육지는 중부지방의 낮은 습지에서 자생하는 삼백초과의 여러해살이 쌍떡잎 속씨식물이다.

▶ 효능

약모밀은 약재로 쓸 때는 뿌리까지 전초를 말려 사용하며, 폐암치료제로 널리 쓰인다.

• 몸의 각 부분에 나타나는 곰팡이 및 무좀균을 막아주는 항균 작용을 한다.
• 폐렴, 폐 질환, 기관지염, 폐농양 등 폐기관의 질환에 효능이 있다. 폐암에 대한 항암 작용이 강하며, 소변이 원활치 못할 경우 이뇨 작용을 한다.

▶ 처방 및 복용 방법

• 만성 기관지염에는 말린 어성초를 달여 차처럼 복용한다.
• 폐암, 폐렴 등 폐기관 질환에는 어성초 전탕액을 만들어 마신다.
• 간염, 황달, 여드름이 심한 경우는 어성초와 인진, 토복령, 생강, 대추 등을 섞어 달여서 복용한다.

▶ 용어 해설

• 수상 꽃차례: 한 개의 긴 꽃대 둘레에 여러 개 꽃이 이삭 모양으로 핀 꽃.

218 양지꽃-번백초(翻白草)

▶ 식물의 개요

양지꽃은 치자연(雉子筵)·만산홍(滿山紅)·계퇴자(鷄退子)·소시랑개비 등으로 부른다. 생약명은 번백초(翻白草)이다. 뿌리에서 돋는 잎은 옆으로 퍼지면서 모여 나와 작은 잎들로 구성된 깃꼴겹잎이다. 작은 잎은 뱀 딸기잎과 비슷하며 타원형으로 가장자리에 톱니가 있다. 꽃은 4월경 노란색의 오판화가 줄기 끝에서 취산 꽃차례를 이루며 여러 송이가 달려 핀다. 열매는 6월경 달걀꼴의 수과가 달려 익는다. 관상용·식용·약용으로 이용된다. 전국의 산과 들판, 밭둑의 양지바른 곳에 자생하는 장미과의 다년생 쌍떡잎 속씨식물이다. 번백초라는 이름은 잎의 앞면이 푸르고 뒷면이 흰색이어서 '눈의 흰자위를 까뒤집고 부라리다'라는 뜻에서 붙여진 것이다.

▶ 효능

양지꽃은 맛은 쓰고 독성은 없으며 수렴성 지혈제로서 널리 쓰인다.

- 장염, 이질, 폐렴 등에서 나타나는 열을 떨어뜨리고 억균 작용을 한다.
- 위궤양, 자궁 출혈, 코피, 대변출혈 등의 질환에 대한 지혈 작용을 한다.
- 종기나 종양을 삭히는데 효능이 있다.

▶ 처방 및 복용 방법

양지꽃은 뿌리까지 캐어서 잎, 줄기, 꽃 모두를 말려 약초로 사용한다.

- 설사에는 번백초를 생즙으로 내어 복용한다.
- 종기가 있거나 천식에는 번백초 말린 것을 차처럼 우려 마신다.
- 토혈, 혈우병, 자궁출혈 등에는 말린 번백초 전초를 달여서 여러 번 마신다.

▶ 용어 해설

- 혈우병: 유전자의 돌연변이로 인해 혈액 내 응고인자가 부족하게 되어 발생하는 출혈성 질환.

219 애기풀-과자금(瓜子金)

▶ 식물의 개요

애기풀은 아기풀·영신초(靈神草)·원지초(遠志草)·신사초(神砂草) 등의 이명을 갖고 있다. 한
방에서는 과자금(瓜子金)이란 생약명을 쓴다. 뿌리는 가늘고 단단하며, 줄기는 뿌리에서 나와
여러 대가 모여 나와 가지가 갈라져 자란다. 잎은 줄기 가지에서 어긋나게 나오며 끝이 뾰족하
고 잎자루는 짧고 털이 있다. 5월경 자주색 꽃이 잎겨드랑이에 총상 꽃차례를 이루며 달려 피
고, 9월경 결실한다. 관상용·식용·약용으로 이용한다. 전국 각지 산과 들판의 양지에 자생하
는 원지과의 여러해살이 쌍떡잎 속씨식물이다.

▶ 효능

• 진물이 나는 접촉성 피부염이나 염증성 피부염
  을 다스리는데 효능이 있다.
• 신진대사 촉진에 효능이 있다.
• 혈액순환을 활발히 하고 지혈 작용을 한다.
• 치질, 탈항, 혈변 등을 치료하는 효능이 있다.
• 가래를 삭이고 기침을 멈추게 하는 효능이 있다.

▶ 처방 및 복용 방법

여름~가을에 전초를 채취하여 햇볕에 말려 약재(영
신초)로 쓴다.
• 치질, 탈항, 혈변 등의 치료에는 말린 전초를 삶
  아 그 물로 환부를 깨끗이 씻는다.
• 접촉성 피부염이나 염증성 피부염에는 줄기와
  잎을 짓찧어 생즙을 만들어 환부에 바른다.
• 혈액순환 및 지혈 작용에는 전초를 진하게 달여
  차처럼 복용한다.

▶ 용어 해설

• 총상(總狀) 꽃차례: 꽃 전체가 하나의 꽃처럼 보
  이는 꽃 모양.

220 애기똥풀-백굴채(白屈採)

▶ 식물의 개요
애기똥풀은 백굴채(무 잎과 비슷하고 아랫잎은 분처럼 희다는 의미)·소야(小野)·지황련(地黃蓮)·까치다리·젖풀·씨아똥·우금화·단장초 등이 이명이다. 생약명은 백굴채(白屈採)이다. 뿌리는 황색으로 땅속 깊이 들어간다. 줄기는 곧게 서서 자라며 가지가 많이 갈라지고 속이 비어 있다. 잎은 마주나며 가장자리에 톱니가 나 있다. 전초를 자르면 노란 액이 나오는데 애기 똥과 비슷하다. 꽃은 6월경 노란색으로 피는데 몇 송이씩 산형 꽃차례를 이루며 달린다. 열매는 8월경 원기둥 모양의 삭과가 달려 익는다. 관상용·식용·약용으로 이용된다. 전국 각지의 산과 들판, 집 부근의 공터 등지에 자생하는 양귀비과의 두해살이 쌍떡잎 속씨식물로 독성이 있다.

▶ 효능
애기똥풀은 7월경 전초를 채취하여 말려서 약용으로 쓴다. 항암제 및 마취제로 이용된다. 독성이 있기에 민간에서는 전문가의 의견에 따라 사용해야 한다.
- 위통, 위궤양, 생리통 등에 대한 진통 작용을 한다.
- 황달에도 효능이 있으며, 만성 기관지염 등의 치료에 효능이 있다.
- 위암에 대한 항암 작용을 하고, 생리통에도 효능이 있다.

▶ 처방 및 복용 방법
애기똥풀은 이른 봄 얼은 땅을 뚫고 싹이 나오는 생명력이 강한 식물로 위암의 치료제로 알려져 있다.
- 위궤양에는 백굴채를 끓는 물에 달여서 차처럼 마신다.
- 만성 기관지염에는 감초와 함께 섞어 한약처럼 달여서 복용한다.
- 위통에는 백굴채와 지유를 섞어 조청처럼 만들어 사용한다.
- 여성의 생리통에는 백굴채 뿌리를 달여서 차처럼 여러 번 복용한다.

▶ 용어 해설
- 산형 꽃차례: 많은 꽃꼭지가 꽃대 끝에서 방사형으로 나와 그 끝마디에 꽃이 하나씩 붙는 꽃차례.

221 앵초(櫻草)

▶ 식물의 개요
앵초는 꽃이 앵두나무 꽃처럼 생겼다 하여 붙여진 이름이다. 깨풀·앵초근·풍륜초(風輪草)·취란화·연앵초 등으로 불린다. 생약명은 앵초를 쓴다. 뿌리줄기는 짧고 털이 많다. 잎은 짧은 뿌리줄기에서 모여 나며, 달걀 모양의 타원형으로 전체에 털이 있다. 가장자리에는 겹톱니가 있고 잎 표면에는 주름이 있다. 꽃은 7월경 자주색 꽃이 산형 꽃차례를 이루어 달려 핀다. 8월경 둥근 모양의 열매를 맺어 익으면 갈라져 씨가 나온다. 관상용·식용·약용으로 이용된다. 전국 각지 산지나 들판, 초원지대 풀밭 등지에 자생하는 앵초과의 여러해살이 쌍떡잎 속씨식물이다.

▶ 효능
- 호흡기 질환을 다스린다. 즉, 진해, 폐열, 비염, 인후염, 폐렴, 기관지염, 천식, 유행성 독감, 편도선염 등을 치료하는데 효능이 있다.
- 아토피피부염, 종기의 치료에 효능이 있다.

▶ 처방 및 복용 방법
이른 봄 채취한 어린순은 나물로 먹는다. 9월 전후 전초를 채취하여 햇볕에 말려 약재로 쓴다.
- 기관지염, 기침, 가래 해소에는 앵초 꽃과 뿌리를 달여 차처럼 복용한다.
- 아토피피부염, 종기 등의 치료에는 앵초 기름을 환부에 문질러 바른다.
- 관절염, 신경통 등의 치료에는 앵초 뿌리로 처방한다.

▶ 용어 해설
- 진해: 감기 증상을 나타내는 비염.

- 산형 꽃차례: 많은 꽃꼭지가 꽃대 끝에서 방사형으로 나와 그 끝마디에 꽃이 하나씩 붙는 꽃차례.

222 야고(野菰)

▶ 식물의 개요

야고는 억새풀뿌리나 양파·사탕무뿌리에 붙어사는 기생식물이다. 금쇄시·적박화·사전초(蛇箭草)·백모화(白茅花)·담뱃대더부살이·사탕수수겨우살이 등으로 불린다. 한방에서 쓰는 생약명은 야고(野菰)이다. 줄기는 매우 짧아 땅속에 있으며, 잎은 비늘 조각처럼 생겼으며 갈색이다. 8월경 적자색 꽃이 꽃줄기에 한 송이씩 피고, 10월경 달걀 모양의 열매가 맺어 적갈색으로 익는다. 열매 속에는 여러 개의 씨가 들어 있다. 우리나라 한라산 억새풀 군락지에 자생하는 열당과의 한해살이 쌍떡잎 속씨 기생식물이다. 식용을 할 수 없고 관상용과 약용으로 이용한다.

▶ 효능

- 고혈압, 개창(옴), 농양, 부스럼, 창종 등 혈증을 다스리는데 효능이 있다.
- 자궁경부암, 난소암, 자궁내막암, 산후출혈, 생리불순, 불임증, 자궁출혈 등 부인병증을 다스리는데 효과가 있다.
- 해열 작용, 진통, 소종, 골수염, 해수 등을 다스린다.

▶ 처방 및 복용 방법

가을철에 전초를 채취해 햇볕에 말려 약재로 쓴다.

- 개창(옴), 농양, 부스럼, 창종 등의 치료에는 야고 생즙을 내어 환부에 바르거나 짓찧어 붙인다.
- 자궁경부암, 난소암, 산후출혈, 생리불순, 자궁출혈 등 부인병 치료에는 말린 전초를 달여 음부를 씻거나 진하게 달여 차처럼 복용한다.
- 해열 작용, 진통, 소종, 골수염, 해수 등의 치료에는 탕으로 처방한다.

▶ 용어 해설

- 비늘조각잎: 땅 위 줄기에서 나는 잎이나 땅속 줄기에서 나는 비늘잎을 통틀어 일컫는 말.
- 비늘줄기: 짧은 줄기 둘레에 양분을 저장하여 두껍게 된 잎이 많이 겹친 형태(파, 마늘, 백합, 수선화).

223 양귀비(楊貴妃)—앵속각(罌粟殼)

▶ 식물의 개요

양귀비는 앵속(罌粟)·양고미·약담배·아편(阿片)꽃·미낭화·아부용·속각·어미각(御米殼) 등의 이명이 있다. 생약명은 앵속각이다. 아편은 양귀비 열매에서 채취한 유즙을 말하는데 마취성이 강하다. 중독성이 있어 일반인들의 재배는 법으로 제한하고 있다. 양귀비 독에는 생무즙이 효능이 있다. 잎은 회청색으로 가장자리에 톱니가 있는 쑥갓 모양이다. 꽃은 5월경 흰색·붉은색·자색 등 여러 빛깔로 줄기 하나에 한 송이씩 하루 동안만 핀다. 6~7월경 달걀 모양의 열매가 맺고 익으면 윗부분에서 번식하는 씨(종자)가 나온다. 전국 각지 허가 받은 약초 농가에서만 재배하는 양귀비과의 한해살이 또는 두해살이 약용식물이다.

▶ 효능

양귀비는 허가 받지 않고 복용해서는 안 되는 약초이기에 법제된 약제를 복용해야 한다. 예부터 소화기와 관련된 약재로 알려져 있다.

- 설사, 수면, 기침, 통증, 혈기, 이질, 복통, 장염 등을 다스리는데 효능이 크다.
- 진통, 진정 작용에 효능이 있다.

▶ 처방 및 복용 방법

5~6월경 줄기·잎·꽃의 전초를 채취하여 생물이나 햇볕에 말려 약재로 쓴다.

- 천식, 설사, 복통, 이질, 장염에는 양귀비 열매 껍질을 말려 진하게 달여 조금씩 복용한나.
- 각종 부종으로 인한 진통, 진정 작용에는 양귀비 전초로 가루를 내어 물에 타서 복용한다.
- 가래가 나오는 기침(해수), 폐렴 등의 질환에는 양귀비꽃과 잎을 달여서 차처럼 복용한다.

▶ 용어 해설

- 양귀비는 당나라 현종의 왕후 이름이다. 꽃이 현란할 정도로 아름답다 하여 왕후의 이름을 따서 붙여졌다.

224 어수리-독활(獨活)

▶ 식물의 개요

어수리는 임금님 수라상에 오른다 하여 붙여진 이름이다. 단모독활(短毛獨活)·백지(白芷)·총목(摠木)·개독활·만주독활(뿌리)이라고도 한다. 생약명은 독활이다. 줄기는 빈 원기둥 모양으로 곧게 자라며 거친 털이 있다. 잎은 곰취처럼 향기가 나고 심장 모양, 달걀꽃 모양 등이 있으며 끝이 뾰족하고 가장자리에 톱니가 있다. 7월경 흰색 꽃이 줄기와 가지 끝에서 겹산형 꽃차례를 이루며 달려 피고, 9월경 열매를 맺어 익는다. 관상용·식용·약용으로 이용된다. 전국 각지의 깊은 산속 습한 곳에 자생하는 여러해살이 미나리과의 쌍떡잎 속씨식물이다.

▶ 효능
- 신경계 질환을 다스린다. 즉, 감기, 두통, 시력감퇴, 중풍, 뇌수종증, 뇌신경마비, 수막염, 안면신경마비, 뇌성마비, 치매 등의 치료에 효능이 있다.
- 피부가려움증, 종기, 알레르기성 피부염 등의 치료에 효능이 있다.
- 해열, 진통, 만성기관지염 등의 질환을 다스린다.

▶ 처방 및 복용 방법
이른 봄에는 잎과 줄기를 채취하여 나물로 먹고, 가을에는 전초와 뿌리를 채취하여 약용으로 이용한다.
- 감기, 두통, 중풍, 뇌수종증, 뇌신경마비, 수막염, 안면신경마비, 뇌성마비, 치매 등의 치료에는 어수리 뿌리와 전초를 달여 차처럼 복용한다.
- 각종 종기, 피부가려움증, 알레르기성 피부염 등의 치료에는 신선한 어수리 뿌리와 잎줄기를 갈아서 생즙을 내어 환부에 바른다. 또는 짓찧어 반죽을 만들어 환부에 붙인다.
- 해열, 진통, 만성기관지염 등의 질환에는 잎과 줄기로 생즙을 내어 마시든지 건조한 전초를 우려 차처럼 복용한다.

▶ 용어 해설
- 겹산형 꽃차례: 많은 꽃꼭지가 꽃대 끝에서 방사형으로 나와 그 끝마디에 꽃이 두 개씩 붙는 꽃차례.
- 뇌수종증: 뇌실에 뇌척수액이 많이 고여서 머리가 지나치게 커지고 뇌가 눌려서 얇아지는 질병.

225 얼레지-차전엽산자고(車前葉山茲姑)

▶ 식물의 개요

얼레지는 가재무릇·얼룩취·산우두·산자고가재무릇 등으로 불린다. 생약명은 차전엽산자고(車前葉山茲姑)이다. 흰 비늘줄기가 여러 개 이어져 땅속에 깊이 들어가 옆으로 뻗어가며 봄철에 꽃줄기 밑 부분에서 잎이 나온다. 잎은 녹색 바탕에 자주색 얼룩무늬가 있으며 길쭉한 타원형이다. 4월경 자주색 꽃이 잎 사이에서 나온 한 개의 꽃줄기에 한 송이의 꽃이 핀다. 6월경 결실하며 익으면 황색 씨가 벌어져 떨어진다. 씨는 개미 유충 냄새가 나서 개미들이 얼레지 씨를 자기 집으로 옮겨 결국 다음 봄에 싹이 튼다. 전국 각지 고산지대의 숲속에 군락으로 자생하는 백합과의 여러해살이 외떡잎 속씨식물이다.

▶ 효능

• 인대파열, 타박상, 골절, 근골무력증 등 운동계 질환을 다스리는데 효능이 있다.
• 위장염, 장염, 간염 등의 염증을 다스린다.
• 건위, 지사 작용을 한다. 즉, 위장염, 설사, 구토 등을 다스린다.
• 화상 치료에 효능이 있다.

▶ 처방 및 복용 방법

봄철에 채취한 어린순과 줄기는 나물로 먹고, 여름철에 채취한 뿌리는 약용으로 이용한다.

• 구토, 설사, 진해, 거담, 진통, 이뇨 작용에는 얼레지 전초로 만든 분말 가루를 물에 타서 복용한다.
• 변비 치료에는 얼레지 달인 물로 환부를 씻거나 환을 만들어 복용한다.
• 위장염, 장염, 간염 등의 염증에는 얼레지 전초를 우려서 차처럼 복용한다.
• 인대파열, 타박상, 골절, 근골무력증 등의 치료에는 얼레지 녹말가루를 반죽하여 환부에 붙인다.

▶ 용어 해설

• 뇌수종증: 뇌실에 뇌척수액이 많이 고여서 머리가 지나치게 커지고 뇌가 눌려서 얇아지는 질병.

226 엉겅퀴-대계(大薊)

▶ 식물의 개요
엉겅퀴는 피를 멈추고 엉기게 하는 풀이란 의미로 붙여진 이름이다. 산우방(山牛蒡)·야홍화 (野紅花)·천침초(千針草)·마자초(馬刺草)·계항초(鷄項草)·자계채(刺薊荣)·마계(馬薊)·호 계(虎薊)·묘계(苗薊)·가시나물·항가새·우구자(牛口刺) 등으로 부른다. 생약명은 대계(大薊) 이다. 우리나라에는 여러 종류의 엉겅퀴가 있는데 가장 흔하게 약용으로 쓰는 것은 줄기에 지 느러미 같은 날개가 달린 지느러미엉겅퀴이다. 줄기는 곧게 서고 가지가 갈라진다. 전체에 흰 털이 많이 나 있다. 잎은 댓잎피침형으로 가시가 많고 가장자리에 톱니가 있다. 꽃은 6월경 자 주색으로 피는데 대롱꽃의 두상화이다. 열매는 9월경 수과가 달려 익는다. 관상용·식용·약용 으로 이용된다. 전국 각지의 산과 들, 초원지대에 자생하는 국화과의 여러해살이 쌍떡잎 속씨 식물로 가을철 뿌리까지 채취하여 그늘에 말려 약용으로 쓴다.

▶ 효능
엉겅퀴는 맛은 달고 독이 없으며 정혈제로 널리 쓰 인다.
- 토혈, 코피, 대소변 출혈, 잇몸 출혈, 자궁 출혈 등에 지혈 작용을 한다.
- 몸에 응어리진 피를 풀어주는 혈액순환 작용을 한다.
- 타박상, 부스럼, 종기, 암 종류의 치료에도 쓰 인다.
- 정력을 증강시키고 염증성 질환에도 효과가 있다.

▶ 처방 및 복용 방법
엉겅퀴는 개화기에 전초와 뿌리를 채취하여 생물 또는 햇볕에 말려 약재로 이용한다.

- 고혈압이나 정력이 약한 경우는 전초와 뿌리를 깨끗이 세척하여 생즙을 짜서 마신다.
- 요통과 신경통에는 말린 엉겅퀴를 끓는 물에 달 여 식전에 차처럼 마신다.
- 혈액순환에는 대계(大薊)의 뿌리를 생즙으로 마 신다.
- 정력 강화에는 물에 끓여 차처럼 마시거나 생즙 으로 마셔도 된다.
- 유방암, 요통, 신경통에는 생잎을 찧어 환부에 바른다. 이른 봄 어린 싹은 데쳐서 나물로 먹 는다.

▶ 용어 해설
- 수과(瘦果): 익어도 터지지 않는 열매.

227 엄나무-해동피(海桐皮)·해동목(海桐木)

▶ **식물의 개요**

엄나무는 정동목(丁棟木)·자추피(刺楸皮)·아목(牙木)·당음나무·엉개나무·개두릅나무·자목동(刺桐木)·멍구나무 등으로 부른다. 생약명은 해동피(海桐皮)이다. 잎은 어긋나며 손바닥 모양으로 갈라진다. 가장자리에 톱니가 있고 뾰족하다. 꽃은 7월경 황록색으로 겹산형 꽃차례를 이룬다. 열매는 9월경 둥근 핵과가 달려 검게 익는다. 관상용·식용·약용으로 이용된다. 어린순은 식용으로 쓰고 껍질은 약용으로 이용된다. 전국 각지의 산지에 자생하며 가시가 많고 오갈피과의 낙엽 활엽 교목이다.

▶ **효능**

엄나무는 맛이 쓰거나 맵고 독성이 없다. 잎은 주로 식용과 차로 사용하고, 약용으로는 껍질을 주로 쓴다.

- 풍기를 없애고 기를 통하게 하는 작용을 한다. 『동의보감』에는 '허리나 다리가 아파 마비되는 것을 치료한다'라고 하였다.
- 산후에 나타나는 어혈을 풀어주는데 효능이 있다.
- 항균 및 살균 작용에 효능이 있다. 즉, 황색포도상구균의 억제 작용을 한다. 또한 옴, 습진을 치료한다.

▶ **처방 및 복용 방법**

엄나무는 연중 전초와 뿌리껍질, 줄기껍질을 채취하여 생물 또는 햇볕에 말려 약재로 쓴다.

- 요슬통(요통과 무릎 관절통)에는 해동피, 우슬, 강황, 오가피, 천궁 등을 말려 소주에 담가 1개월 후 1일 2~3회 정도 식전 공복에 마신다.
- 여성 유방암에는 해동피에 설탕을 넣어 달여서 장복한다.
- 신경통, 관절염, 옴, 종기, 피부병에는 뿌리나 속껍질로 술을 담가 복용한다.

▶ **용어 해설**

- 핵과(核果): 단단한 핵으로 쌓여 있는 열매(매실, 복숭아, 살구, 대추).

228 여뀌-수료(水蓼)

▶ 식물의 개요

여뀌는 수료(水蓼)·금선초·택료(澤蓼)·유료(柳蓼)·천료(川蓼)·버들여뀌·해박·수홍화(水紅花)·홍료자초(紅蓼子草) 등으로 불린다. 한방에서는 수료(水蓼)라는 생약명을 쓴다. 줄기는 곧게 서서 자라며 홍자색을 띠고 있다. 잎은 댓잎 모양으로 어긋나며 표면에 털이 없다. 6월경 흰색 또는 붉은색 꽃이 수상 꽃차례를 이루며 달려 피고 꽃잎은 없다. 8월경 결실하여 검게 익는다. 전국 각지 습지나 냇가, 논둑, 밭둑의 습지에 자생하는 마디풀과의 한해살이 쌍떡잎 속씨식물이다. 밀원·식용·약용으로 이용된다.

▶ 효능

• 위장병을 다스린다. 즉, 위궤양, 위염, 역류성식도염, 장염 등의 질환을 치료하는 작용을 한다.
• 접촉성피부염, 아토피성피부염 등 피부염증을 다스린다.
• 부종, 종독, 창종, 타박상 등을 다스린다.
• 해열제, 해독제, 지혈제, 이뇨제로 효능이 있다.

▶ 처방 및 복용 방법

개화기인 여름철에 잎·줄기·뿌리를 채취하여 햇볕에 말려 약재로 쓴다.

• 위궤양, 위염, 역류성식도염, 장염 등의 질환에는 여뀌 전초를 진하게 달여 복용한다.
• 부종, 종독, 창종, 타박상 등의 치료에는 전초 달인 물로 환부를 깨끗이 씻는다. 또는 생즙을 내어 바른다.
• 접촉성피부염, 아토피성피부염 등 피부염증에는 건조한 전초를 진하게 달여 환부를 씻는다.

▶ 용어 해설

• 수상 꽃차례: 한 개의 긴 꽃대 둘레에 여러 개 꽃이 이삭 모양으로 핀 꽃.

229 여로(藜蘆)

▶ 식물의 개요

여로는 산총(山蔥)·총규(蔥葵)·감총(憨蔥)·녹총(鹿蔥)·박새·총염·늑막물·장길파 등의 이명을 쓴다. 생약명은 여로(藜蘆)이다. 줄기는 곧게 서서 자라는데 속이 비어 있으며 털이 있다. 줄기 하반부에 끝이 뾰족한 원추리잎 모양의 잎이 나온다. 꽃은 7월경 갈색의 꽃이 원추 꽃차례를 이루며 달려 핀다. 9월 타원형의 열매가 맺어 익는다. 전국 각지 구릉지의 풀밭에 자생하는 백합과의 여러해살이 외떡잎 속씨식물이다. 관상용·약용으로 쓰며, 약재는 주로 뿌리줄기를 쓴다.

▶ 효능

• 고지혈증, 패혈증, 개창, 치통 등 혈증을 다스린다.
• 고혈압, 중풍, 황달 등 풍증의 치료에 효능이 있다.
• 이질, 설사, 악성 종기의 치료에 효능이 있다.

▶ 처방 및 복용 방법

5~6월경에 뿌리줄기를 채취하여서 약재로 쓴다. 복용 중에 바디나물, 황기, 작약의 사용을 금한다.

• 고지혈증, 패혈증, 개창, 치통 등 혈증에는 전초를 달여서 그 물을 차처럼 복용한다.
• 고혈압, 중풍, 황달 등 풍증의 치료에는 가루를 내어 미지근한 물에 타서 복용한다.
• 이질, 설사, 악성 종기의 치료에는 뿌리줄기를 달여서 마시든지, 생즙을 내어 환부에 바른다.

▶ 용어 해설

• 패혈증: 미생물에 감염되어 발열, 호흡수 증가, 백혈구 증가 등의 전신에 걸친 염증 증상.

230 여우오줌-산향규(山向葵)

▶ 식물의 개요

여우오줌은 꽃에서 여우오줌 같은 냄새가 난다 하여 붙여진 이름이다. 왕담배풀·천명정(天名精)·천만청(天蔓菁)·추면(皺面)·산황연(山黃烟)·유채(油菜)·산향일규(山向日葵) 등의 이명을 쓴다. 한방에서는 산향규(山向葵)라는 생약명을 쓴다. 가지가 많으며 흰 털이 난다. 잎은 달걀꼴의 타원형으로 가장자리에 이빨 모양의 톱니가 있다. 잎자루는 길고 끝이 뾰족하다. 꽃은 8월경 노란색 꽃이 두상 꽃차례를 이루어 피고, 10월경 수과가 달려 결실한다. 식용과 약용으로 쓴다. 어린순은 나물로 먹는데 독성이 있으므로 삶아 우려서 먹어야 된다. 우리나라 중부지방 산지의 건조한 숲속에 자생하는 여러해살이 국화과의 쌍떡잎 속씨식물이다.

▶ 효능
• 종기, 창종, 타박상, 출혈 등 외상 종독을 다스리는데 효능이 있다.
• 지혈, 해독, 거담, 경련 등의 치료에 효능이 있다.

▶ 처방 및 복용 방법

개화기 전 8~9월경 뿌리와 전초를 채취하여 햇볕에 말려 약재로 쓴다. 단, 독성이 있으므로 복용에 주의가 필요하다.
• 회충, 촌충, 요충 등 기생충 처리에는 가루나 열매를 진하게 달여서 처방한다.
• 종기, 창종, 타박상, 출혈 등 외상 종독에는 잎과 줄기로 생즙을 내어 바르거나 짓이겨서 환부에 붙인다.

▶ 용어 해설
• 두상 꽃차례: 꽃대 끝에 여러 꽃이 모여 머리모양의 한 송이 꽃 모양을 이루는 꽃의 배열 상태.

231 여주-고과(苦瓜)

▶ 식물의 개요

여주는 만려지(蔓荔枝)·양과(凉瓜)·홍고랑(紅姑娘)·쓴오이·금여지·나포도·여지 등으로 불린다. 생약명은 고과(苦瓜)이다. 줄기는 가늘고 길며 덩굴손으로 다른 물체를 감아서 자란다. 잎은 어긋나며 끝이 뾰족하고 가장자리에 톱니가 있다. 5월경 노란색 꽃이 피고, 8월경 타원형의 열매가 맺혀 황색으로 익는다. 전국적으로 농가에서 다량으로 재배하는 박과의 한해살이 쌍떡잎 덩굴식물이다. 관상용·식용·약용으로 쓴다.

▶ 효능

• 안과 질환을 다스린다. 즉, 포도막염, 결막염, 각막염, 홍채염 등의 치료에 사용한다.
• 각종 해독제 기능을 한다. 즉, 소갈증, 옹종, 충수염, 열병, 약 중독, 피부염 등을 다스리는데 효능이 있다.
• 당뇨 예방 항바이러스 개선에 효능이 크다.

▶ 용어 해설

• 충수염: 맹쟁 끝 충수돌기에 발생한 염증.

▶ 처방 및 복용 방법

여주는 가을철에 열매와 전초를 채취하여 약재로 쓴다.

• 당뇨 예방 및 개선에는 여주 생즙을 짜서 복용한다.
• 안과 질환에는 여주 말린 열매를 달여서 차처럼 복용한다.
• 소갈증, 옹종, 충수염 등에 대한 해독 작용에는 여주 뿌리를 달여서 복용한다.

232 연(蓮)

▶ 식물의 개요

연은 연실(蓮實)·수지단(水芝丹)·택지(澤芝)·연화(蓮花)·홍연화·백연화·하화(荷花)·연예(蓮蘂)·불좌수(佛座鬚)·연방(蓮房) 등으로 부른다. 생약명은 연(蓮)이다. 황백색의 굵은 뿌리줄기는 땅속에서 길게 옆으로 뻗는데 원기둥 모양이고 해마다 마디가 생긴다. 잎은 뿌리줄기에서 나온 긴 잎자루에 달리는데, 방패 모양으로 물 위에 떠서 젖지 않는다. 꽃은 7월경 흰색 또는 분홍색 꽃이 피는데 한낮에는 오므라든다. 열매는 9월경 타원형의 수과가 달려 까맣게 익는다. 전국 각지의 연못이나 습지에 자생하는 수련과의 다년생 쌍떡잎 속씨식물로 식용 및 노화방지제의 약용으로 쓰인다.

▶ 효능

연의 꽃은 말려 차로 우려 마시고 잎(연엽)과 뿌리(연근)는 약용으로 효과가 있다.

- 연잎은 체내의 습기를 줄여 주며 지혈 작용을 한다. 즉 설사, 부종, 각종 출혈, 어지럼증, 대하증, 위장 질환 등에 좋다.
- 열병, 출혈성 질환, 방광염, 변비 등의 치료에 연근 생것이 효과가 있다.
- 꽃은 어혈을 풀어 주어 혈액순환을 돕고 꽃받침은 지혈 작용에 효과가 있다.
- 씨는 심장 신장 비장 위장을 튼튼하게 한다. 『동의보감』에는 '오래 복용하면 몸이 가벼워지고 노화를 이겨내며 배고픔을 모른다'라는 기록을 보더라도 체력 강화와 노화 방지에 효과가 있다.

▶ 처방 및 복용 방법

연은 가을에서 다음 해 봄까지 잎, 꽃, 씨, 뿌리를 채취하여 생물 또는 햇볕에 말려 약재로 쓴다.

- 요도 질환, 정력 약화, 설사, 소화 장애, 잦은 피로감 등에는 연꽃 씨를 소주에 불려서 돼지의 위 속에 넣어 삶은 후 건져 약한 불에 볶아 가루를 내어 미지근한 물에 타서 마신다.
- 각종 출혈성 질환 및 방광염에는 생뿌리를 갈아서 즙을 내어 마신다.
- 만성 설사증, 소화 장애에는 볶은 연꽃 씨, 볶은 쌀, 백복령을 섞어서 가루를 내어 따뜻한 물에 타서 마신다. 복용 중에는 생지황·건지황·숙지황을 금한다.

▶ 용어 해설

- 뿌리줄기: 땅속이나 지표를 옆으로 타고 올라온 뿌리(연근, 버섯, 머위).

233 영지(靈芝)

▶ 식물의 개요

영지는 불로초(不老草)·만년버섯·지초(芝草)·단지(丹芝)·삼수(三秀) 등의 이명을 쓴다. 한방에서 쓰는 생약명은 영지(靈芝)이다. 전면이 각피로 덮여 있으며 조직은 단단하다. 살은 상층은 흰색이고 하층은 주황색이다. 표면은 옻칠을 한 것처럼 윤기가 있으며 동심원의 고리 홈이 뚜렷하다. 자루는 단단한 각피에 싸여 곧게 자란다. 포자는 달걀꼴이고 이중막으로 되어있는데 황갈색이다. 참나무 등 활엽수 그루터기나 죽은 나무 밑동 부근에서 자생한다. 초여름에서 가을철 장마기에 나와 자란다. 약효 면에서는 오래 묵은 매실나무 썩은 등걸에서 자생하는 영지를 가장 으뜸으로 친다. 전국적으로 산지의 고목에서 자생하는 구멍장이버섯과의 한해살이 담자균류의 버섯이다. 가을철 채취하여 그늘에 말려 약재로 쓴다.

▶ 효능

• 순환계·호흡기 질환을 다스린다. 즉, 폐열, 비염, 인후염, 폐렴, 기관지염, 천식, 유행성 독감, 편도선염, 부정맥, 협심증, 혈전증, 색전증, 경색, 담, 변혈, 요혈, 어혈 등 응고된 혈액 등의 질환에 효능이 있다.
• 신경쇠약증, 항암 치료에 효능이 있다.
• 동맥경화, 고혈압 및 간기능 개선에 효능이 있다.

▶ 처방 및 복용 방법

가을철에 채취하여 그늘에 말려 약재로 쓴다. 영지를 약재로 쓸 때는 마를 함께 쓰는 게 좋다.
• 폐열, 비염, 인후염, 폐렴, 기관지염, 천식, 유행성 독감, 편도선염, 부정맥, 협심증 등의 질환에는 영지버섯을 진하게 달여 장기 복용한다.
• 신경쇠약증, 항암 치료에는 영지버섯 가루를 처방한다.
• 동맥경화, 고혈압 및 간 질환에는 영지버섯과 대추를 넣어 함께 차를 우려 마신다.

▶ 용어 해설
• 혈전: 생체 내부를 순환하고 있는 피가 굳어진 덩어리.

234 오갈피나무 - 오가피(五加皮)

▶ **식물의 개요**

오갈피나무는 오가(五加)·자오가·오가엽·오가피나무·참오갈피나무·서울오갈피나무·남오가피(南五加皮) 등으로 불린다. 한방에서는 오가피를 생약명으로 쓴다. 줄기는 가시가 있으나 작은 가지에는 가시가 없이 매끄럽다. 유사종인 가시오갈피는 줄기와 가지에 솜털 가시가 많이 나있다. 잎은 어긋나고 타원형으로 가시가 없으며 끝이 뾰족하고 가장자리에 톱니가 나 있다. 8월 꽃자루에 오판화의 자주색 꽃이 피고, 10월경 결실하여 검게 익는다. 전국 각지의 깊은 산골짜기 숲속이나 구릉지의 그늘진 곳에 자생하는 두릅나무과의 쌍떡잎 낙엽 활엽 소교목이다. 관상용·식용·약용으로 쓴다.

▶ **효능**

- 순환계 질환을 다스린다. 즉, 부정맥, 협심증, 혈전증, 경색, 동맥경화증, 담, 변혈, 요혈, 어혈 등 응고된 혈액 등의 질환에 효능이 있다.
- 신경계·운동계 질환을 다스린다. 즉, 척추골 골절, 뇌수종증, 뇌신경마비, 수막염, 관절염, 근골동통, 척추염, 안면신경마비, 뇌성마비, 근골무력증, 타박상 등의 치료에 효능이 있다.
- 중풍, 충수염, 치통, 해수 등의 질환을 다스린다.

▶ **처방 및 복용 방법**

여름과 가을철에 줄기껍질과 뿌리껍질을 채취하여 햇볕에 말려 약재로 쓴다. 복용 중 현삼이나 사피(蛇皮) 사용을 금한다.

- 알레르기성 체질 개선, 기관지 천식, 비후염 등에는 오가피 엑기스를 2~3개월 이상 장기 복용한다.

- 해독 작용, 간기능회복, 항지방간 작용에는 오가피 말린 가루를 물에 타서 복용한다.
- 관절염, 축농증, 위궤양, 인후염, 요통에는 오가피를 차처럼 우려서 복용한다.
- 골절상, 타박상, 부종, 어혈, 중풍의 치료에는 오가피 열매를 우려 마시든지 엑기스를 만들어 처방한다.

▶ **용어 해설**

- 낙엽소교목(落葉小喬木): 갈잎 작은키나무.

235 오미자(五味子)

▶ 식물의 개요

오미자는 북미(北味)·금령자(金鈴子)·현급(玄及)·오지자(五咲子) 등으로 부르고 생약명은 오미자이다. 갈색의 줄기가 길게 뻗어 자라면서 다른 나무를 감고 올라간다. 잎은 어긋나는데 긴 타원형의 막질인데 가장자리에 톱니가 있고 끝이 뾰족하다. 꽃은 6월경 황백색의 꽃이 긴 꽃자루에 달려 피는데 향기가 진하다. 열매는 8월경 붉은색의 둥근 장과가 달려 익는다. 관상용 식용 약용으로 이용된다. 전국 각지의 산지에 자생하는 목련과의 낙엽 활엽 관목 덩굴식물이다. 요사이는 농가에서 많이 재배하기도 하는데 자연산은 지리산, 강원도 산지, 경남 산청 등지에 많이 나온다.

▶ 효능

오미자의 오미(五味)란 단맛·신맛·매운맛·쓴맛·짠맛을 말한다. 그 중에서 신맛이 가장 강하다. 예로부터 간기능 치료제로서의 효능이 높다고 알려져 있다.

- 기침으로 인한 가래를 치료하는 진해·거담 작용을 한다.
- 간수치를 떨어뜨리는 간 기능 강화 작용을 한다.
- 양기를 강하게 하는 작용을 한다. 『동의보감』에는 남성의 정기를 돕고 양물을 커지게 한다고 했다. 또한 소갈증을 다스리고 식욕을 돋운다.

▶ 처방 및 복용 방법

오미자는 10월 전후에 열매를 채취하여 햇볕에 말려 약재로 쓴다.

- 기억력이나 시력이 감퇴할 때는 오미자를 달여 여러 번 차처럼 마신다.
- 오랜 기침에는 오미자, 감초, 녹차가루를 섞어 환을 빚어 1일 3회 복용한다.
- 어지럼증, 이명증, 메스꺼움에는 오미자에 산약을 섞어 달여서 마신다.
- 여름철에 땀을 많이 흘린 경우는 오미자와 맥문동, 인삼을 섞어 달여서 차처럼 복용한다.

▶ 용어 해설

- 막질(膜質): 얇은 종이처럼 막으로 된 성질.
- 장과(漿果): 과육과 액즙이 많고 속에 씨가 들어 있는 과실(포도, 감).

236 오이풀-지유(地楡 : 뿌리)

▶ 식물의 개요
오이풀은 잎을 따서 비비면 오이와 수박 냄새가 난다 하여 붙여진 이름이다. 왕찰(王札)·적지유(赤地楡)·황근자(黃根子)·수박풀·외순나물·외나물·옥시 등의 이명을 쓴다. 한방에서는 지유(地楡)라는 생약명을 쓴다. 잎은 어긋나고 가지에서 달걀꼴의 타원형으로 나오며, 가장자리에 삼각형의 톱니가 있다. 7월경 검붉은 꽃이 가지 끝에서 수상 꽃차례를 이루어 달려 피고, 10월 이후 네모진 열매가 맺혀 익는다. 전국 각지 낮은 산지나 들판에 자생하는 장미과의 여러해살이 쌍떡잎 속씨식물이다. 관상용·식용·약용으로 이용된다.

▶ 효능
- 부인과 질환을 다스린다. 즉, 난소암, 자궁경부암(질출혈, 혈뇨, 요통 등), 자궁내막암 등의 치료에 효과가 있다.
- 치과 질환을 다스린다. 즉, 치은염, 치주염, 치수염 등의 치료에 효과가 있다.
- 피부과 질환을 다스린다. 기미, 주근깨, 홍조, 잡티, 무좀, 모낭염 등의 치료에 효능이 있다.

▶ 처방 및 복용 방법
이른 봄에 어린순, 가을철에 뿌리를 채집하여 약재로 쓴다. 복용 중에는 겨우살이, 맥문동, 복령을 금한다.
- 출혈, 지혈, 대장염 등의 질환에는 오이풀의 잎과 뿌리를 달여서 복용한다.
- 난소암, 자궁경부암(질출혈, 혈뇨, 요통 등), 대하증 등 부인과 질환에는 오이풀로 환을 빚어 알약을 복용한다.

- 기미, 주근깨, 홍조, 잡티, 무좀, 부스럼, 종창 등 피부과 질환에는 신선한 오이풀을 짓찧어 생즙을 내어 환부에 바른다.
- 치은염, 치주염, 치통 등의 치료에는 오이풀 달인 물로 양치한다.

▶ 용어 해설
- 모낭: 피부 속에서 털을 감싸고 영양분을 공급하는 주머니.

237 옥잠화(玉簪花)

▶ **식물의 개요**

옥잠화는 옥비녀꽃·비녀옥잠화·둥근옥잠화·무늬옥잠화·백학선(白鶴仙)·백옥잠(白玉簪) 등으로 불린다. 생약명은 옥잠화근(玉簪花根)이다. 뿌리줄기에서 긴 잎자루에 달린 타원형의 잎이 많이 모여 나온다. 잎은 반들반들한 윤기가 있으며 잎맥 줄이 나 있으며, 비비추와 흡사하다. 8월경 깔대기 모양의 순백색 꽃이 핀다. 꽃은 향기가 나며 저녁에 피었다가 아침에 진다. 9월경 원뿔 모양의 열매를 맺어 익는다. 전국 각지 산지나 들판에 자생하는 백합과의 여러해살이 외떡잎식물이다. 관상용·밀원·식용·약용으로 쓴다.

▶ **효능**

• 심장 질환을 다스린다. 즉, 협심증, 심근경색, 심부전, 심근증 등의 치료에 효능이 있다.
• 인후염, 인후통, 임파선염, 출혈, 토혈 등의 질환을 다스린다.
• 창독, 화상, 종기 등의 질환에 효능이 있다.

▶ **처방 및 복용 방법**

개화기인 8월 전후에 전초를 채취하여 햇볕에 말려 약재로 쓴다.

• 인후염, 인후통, 임파선염 등이 질환에는 옥잠화 말린 꽃을 달여서 복용한다.
• 창독, 화상, 종기 등의 질환에는 신선한 잎을 짓찧어서 환부에 붙이든지 생즙을 내어서 바른다.
• 협심증, 심근경색 등 심장 질환에는 잎과 뿌리로 차를 우려 복용한다.

▶ **용어 해설**

• 잎맥줄: 잎몸 안에 분포하는 관다발로 수분과 양분의 통로 역할을 하는 줄.

238 옹굿나물-여완(女莞)

▶ 식물의 개요

옹굿나물은 옹굿나물·야승마·연백초·연백국화·여원이라고도 하며 생약명은 여완이다. 땅속뿌리가 뻗어 번식하며 줄기는 곧게 서서 자라고 위에서 여러 개의 가지가 뻗어 나간다. 뿌리에서 뭉쳐 나온 잎은 긴 버들잎 모양으로 가장자리에 톱니가 있다. 8월경 흰색과 노란색이 섞인 꽃이 피고 10월 이후 결실한다. 우리나라 중부지방의 들판이나 냇가 근처, 제방둑 등지에 자생하는 국화과의 여러해살이 쌍떡잎 속씨식물이다. 관상용·식용·약용으로 쓴다.

▶ 효능
• 폐결핵, 폐열, 기관지염, 기침, 감기, 기관지천식 등 호흡기 질환을 다스리는데 효능이 있다.
• 소변불리, 소변불통 치료에 효능이 있다.

▶ 처방 및 복용 방법

봄에는 뿌리, 개화기에는 전초를 채취하여 생물 및 햇볕에 말린 것을 식용 및 약용으로 쓴다.
• 폐결핵, 폐열, 기관지염, 기침, 감기, 기관지천식 등 호흡기 질환에는 옹굿나물 전초를 차처럼 우려서 복용한다.
• 소변불리, 소변불통 치료에는 가루로 환을 빚어 복용한다.

▶ 용어 해설
• 폐열: 폐에 생긴 여러 가지 열증.

239 옻나무-칠피(漆皮)

▶ 식물의 개요

옻나무는 건칠(乾漆)·칠사(漆渣)·칠저(漆底)·칠목(漆木)·칠수목심·오지나물 등으로도 부른다. 한방에서 쓰는 생약명은 칠피(漆皮)이다. 줄기에서 나온 가지는 회색이며, 잎은 달걀꼴 타원형 모양으로 끝은 뾰족하고 털이 약간 있다. 꽃은 5월경 연한 녹황색 꽃이삭으로 피고 10월경 결실하여 황색으로 익는다. 나무껍질에서 채취한 수액(진)은 흰색이 산화효소 작용으로 검게 변하는데 옻이라 한다. 옻은 칠기제조, 도료(옻칠), 접착제, 약재 등 다양하게 이용된다. 독성이 있어 옻을 타는 사람은 주의가 필요하다. 전국 각지의 산기슭이나 구릉지의 숲속, 밭둑 등지에 자생하는 옻나무과의 낙엽 활엽 교목이다.

▶ 효능
• 숙취 해소제, 항암제, 류머티스 관절염, 위장 치료 및 소화 기능, 아토피 치료제, 뇌건강, 남성의 정력 증강, 면역력 강화, 항산화 효과, 항균·살균 작용 등에 효능이 있다.

▶ 용어 해설
• 항산화: 세포의 노화를 방지하는 현상.

▶ 처방 및 복용 방법

옻나무는 줄기의 나무껍질 및 진액을 채취하여 약재로 쓴다.
• 허리통증, 근육통, 어깨 결림, 숙취해소, 뭉친 혈 제거에는 옻닭으로 처방한다.
• 항암 작용 및 각종 통증 제거에는 전문 한의사의 처방을 받아 치료한다.
• 옻은 독성이 강하기 때문에 사용에 유념해야 한다.

▶ 주의

복용 중 계피와 차조기를 금한다.

240 용담(龍膽)

▶ 식물의 개요

용담은 초룡담(草龍膽)·용담초·능유(陵遊)·만병초·관음초·선용담·과남풀·관음풀 등으로 부른다. 생약명은 초룡담(草龍膽)이다. 뿌리줄기는 짧고 황백색이고 수염뿌리가 사방으로 퍼진다. 원줄기는 곧게 서서 자라며 4개의 가는 줄이 있다. 잎은 댓잎피침형으로 마주난다. 꽃은 8월경 자주색 또는 청자색 꽃이 위를 향해 달려 핀다. 열매는 10월경 삭과가 달려 익는데 씨방에는 많은 씨가 들어 있다. 전국 각지의 야산이나 특히 제주도에 많이 자생하는 용담과의 다년생 쌍떡잎 속씨식물이다.

▶ 효능

용담은 맛이 매우 쓰며 건위제로 효능이 높다.

- 초용담 생것은 혈액순환을 돕고 어혈을 풀어 주는데 효능이 있다.
- 식욕 부진, 설사, 만성 위염에 위액과 타액 분비를 촉진시켜 위장을 튼튼하게 하는 건위 작용을 한다.
- 요도염, 방광염 등 생식기의 염증성 치료에 효과가 있다.

▶ 처방 및 복용 방법

용담은 가을부터 초겨울 사이에 뿌리를 채취하여 햇볕에 말려 약용으로 사용한다

- 혈압이 높고 두통이 심할 때는 용담초가루를 내어 치자와 함께 차처럼 우려내어 마신다.
- 황달에는 초용담과 인진쑥을 섞어 끓인 후 차처럼 마신다.
- 소화불량으로 헛배가 부른 경우는 끓인 감초물

에 용담초를 적셔서 다시 말려 가루를 내어 따뜻한 물에 타서 마신다.

- 만성 위염에는 용담초와 더덕을 섞어 끓는 물에 달여 마신다.
- 잠잘 때 땀을 많이 흘리면(도한) 용담초와 방풍을 가루를 내어 미지근한 물에 타서 마신다.

▶ 용어 해설

- 삭과: 익으면 열매 껍질이 떨어지면서 씨를 퍼뜨리는 여러 개의 씨방으로 된 열매(백합, 붓꽃).

241 왜당귀-일당귀(日當歸)

▶ 식물의 개요

왜당귀는 일본이 원산지인 외래종으로 건귀·산점·문무·일당귀·좀당귀·화당귀(和當歸)·동당귀(東當歸) 등으로도 부른다. 한방에서는 일당귀(日當歸)라는 생약명을 쓴다. 굵은 뿌리에서 원뿌리가 나온다. 줄기는 곧게 서서 자라며 잎자루와 더불어 검은빛이 도는 자주색이고 털이 없이 매끈하다. 뿌리에서 나온 줄기잎은 잎자루가 길고 겹잎이며 가장자리에는 톱니가 있다. 8월경 줄기 끝에 흰색 꽃이 겹산형 꽃차례를 이루어 달려 피고, 9월경 타원형의 열매를 맺는다. 재래종인 참당귀는 보라색 꽃이 피고 왜당귀보다 향도 진하다. 관상용·식용·약용으로 쓰인다. 전국 각지의 야산 구릉지에 자생하거나 농가에서 재배하는 미나리과의 여러해살이 쌍떡잎 약용식물이다.

▶ 효능
• 통증을 없애준다. 즉, 두통, 위통, 치통, 치질, 요통, 생리통 등을 다스리는데 효능이 있다.
• 빈혈증, 청혈, 보혈 등 피순환(혈행)을 돕는다.

▶ 처방 및 복용 방법

왜당귀는 10월 전후에 뿌리를 채취하여 햇볕에 말려 약재로 이용한다.
• 두통, 위통, 치통, 치질, 요통, 생리통 등의 치료에는 건조된 왜당귀 뿌리를 차처럼 우려서 복용한다.
• 빈혈증, 청혈, 보혈 등 피순환(혈행)을 위해서는 가루로 환을 빚어 알약으로 처방한다.

▶ 용어 해설
• 겹산형 꽃차례: 많은 꽃꼭지가 꽃대 끝에서 방사형으로 나와 그 끝마디에 꽃이 두개씩 붙는 꽃차례.

242 우산나물-토아산(兎兒傘: 토끼 새끼가 쓰는 우산)

▶ 식물의 개요
우산나물은 꽃이 피기 전 늘어진 잎이 우산 모양 같다 하여 붙여진 이름이다. 산파초(傘把草)·칠성마(七星麻)·삿갓나물·파양산·우산채·섬우산나물·고깔나물·대청우산나물 등으로도 불린다. 한방에서 쓰는 생약명은 토아산(兎兒傘)이다. 잎은 원줄기에 2개 또는 3개가 윗부분에 우산처럼 자라고 가장자리에 톱니가 있다. 6월경 붉은색 또는 흰색의 꽃이 원추 꽃차례를 이루며 달려 피고, 9월경 결실한다. 이른 봄 어린순은 채취하여 나물로 먹는다. 관상용·식용·약용으로 이용한다. 전국 각지 산지의 그늘진 숲속에서 자생하는 국화과의 여러해살이 쌍떡잎 속씨식물이다.

▶ 효능
- 신경계 질환을 다스린다. 즉, 관절염, 관절통, 종독, 진통. 신경관결손, 뇌수종증, 뇌신경마비, 수막염, 안면신경마비, 뇌성마비 등의 치료에 효능이 있다.
- 척추염, 근골무력증, 타박상 등의 운동계의 질환 치료에 효능이 있다.

▶ 처방 및 복용 방법
우산나물은 가을철에 뿌리를 채취하여 햇볕에 말려 약재로 이용한다.
- 관절염, 관절통, 종독, 진통. 신경관결손, 뇌성마비 등의 치료에는 전초 말린 약초를 진하게 달여 복용한다.
- 종기, 독충에 물린 경우, 척추염, 근골무력증, 타박상 등의 치료에는 생초를 찧어서 환부에 붙이거나 생즙을 내어서 바른다.

▶ 용어 해설
- 원추(圓錐) 꽃차례: 꽃차례의 축이 여러 번 가지가 갈라져 최종 분지(分枝)가 총상 꽃차례를 이루는 원뿔 모양이다.

243 울금(鬱金)

▶ 식물의 개요

울금은 과황(祼黃)·걸금(乞金)·마술(馬述)·옥금(玉金)·황욱(黃郁)·심황(深黃)·을금(乙金)·왕금(王金) 등의 이명을 쓴다. 생약명은 울금(鬱金)이다. 뿌리줄기는 비대하며 둥근 달걀꼴이고 끝에는 덩이뿌리가 달려 있다. 강황과 울금을 같이 취급하는 경우도 있는데 효능은 비슷하나 전초에 차이가 있다. 뿌리에서 여러 개의 잎이 나와 다발로 자라며 칸나 잎처럼 타원형으로 밑이 뾰족한 삼각형이다. 8월 이후 흰색 또는 노란색 꽃이 피는데 여러 해에 걸쳐 한 번 정도 피며 10월경 결실한다. 관상용·향신료·식품 착색제·직물 염료·약용으로 이용된다. 우리나라 중부와 남부 해안·섬 지방의 농가(진도산이 으뜸)에 재배하는 생강과의 여러해살이 식물이다.

▶ 효능

• 몸의 울혈을 풀어 주고 혈증을 다스린다. 즉, 고혈압, 담, 담석증, 고지혈증, 패혈증, 토혈, 요혈, 콜레스테롤혈증, 중풍 등의 치료에 큰 영향을 준다.
• 항산화 및 항염증에 효능이 뛰어나다.

▶ 처방 및 복용 방법

늦가을과 겨울철에 뿌리줄기를 채취하여 햇볕에 말려 약재로 쓴다.
• 암세포의 증식 및 항염증에는 울금가루를 처방한다.
• 고혈압, 담, 담석증, 고지혈증, 패혈증, 토혈, 요혈, 중풍 등의 치료에는 울금 가루를 물에 타서 복용하든지 울금 차를 내어 마신다.

▶ 용어 해설

• 강황: 전초가 약 1m 정도 자라는 다년초 생강과의 식물.

244 원추리-훤초(萱草)

▶ 식물의 개요

원추리는 노총(蘆恖)·지인삼(地人蔘)·넘나물·망우초(忘憂草)·의남초(宜男草)·황화채(黃花菜) 등으로 부른다. 뿌리는 사방으로 퍼지고 원뿔 모양의 덩이뿌리를 이룬다. 잎은 뿌리줄기에서 2줄로 마주나와 선형으로 뾰족하며 두껍다. 꽃은 7월경 백합과 비슷한 노란색 꽃이 총상 꽃차례를 이루며 달려 핀다. 열매는 9월경 타원형의 삭과를 맺어 익는데 검은 씨가 터져 나온다. 관상용·식용·약용으로 이용된다. 어린순은 이른 봄 나물로 먹고 약재는 주로 뿌리를 사용한다. 전국적으로 산과 들에 자라며 집 부근에도 많이 자생하는 백합과의 여러해살이 외떡잎 속씨식물이다.

▶ 효능

원추리는 맛이 달고 독성이 있으며, 꽃·뿌리가 약용으로 쓰인다.

- 결석이 있어 소변이 잘 나오지 않는 경우 이뇨 작용을 한다.
- 각종 혈액에 문제가 있는 경우 복용하면 해독 작용을 하고 결핵균을 억제한다.

▶ 처방 및 복용 방법

원추리는 9월경 잎·줄기·뿌리를 채취하여 약재로 쓴다.

- 비뇨기 결석에는 원추리 잎과 줄기를 생즙을 내서 마신다.
- 소변이 시원찮을 경우는 말린 뿌리를 차처럼 달여 마신다.
- 대변에 출혈이 있거나 코피가 자주 나는 경우는 생즙을 마시거나 뿌리를 술에 담가 마셔도 좋다.

▶ 용어 해설

- 덩이뿌리: 녹말을 저장하기 위해 배대해진 뿌리 (고구마, 무우).
- 덩이줄기: 덩이 모양을 이룬 땅속줄기(감자, 돼지 감자).

245 위령선(威靈仙: 뿌리)

▶ **식물의 개요**

위령선은 꽃으아리·전전련(錢轉蓮)·사위질빵·좁은잎사위질빵·가는잎목단풀 등의 이명을 쓴다. 한방에서 쓰는 생약명은 위령선이다. 뿌리는 갈색으로 길고 가늘며 잔뿌리가 많다. 줄기는 위로 곧게 서며 털이 없고 잎자루의 덩굴을 이루어 다른 물체를 감고 자란다. 잎은 여러 개의 겹잎으로 가장자리가 밋밋하다. 5월경 백색 꽃이 긴 꽃자루 끝에 한 송이씩 달려 핀다. 꽃받침은 5개 정도 조각으로 자주색이다. 9월경 열매를 맺어 익는다. 우리나라 남부지방 산과 들판, 농가 근처에 자생하는 미나리아재비과의 낙엽 활엽 덩굴 식물이다. 관상용·식용·약용으로 이용된다.

▶ **효능**

• 운동계 통증과 풍증을 다스린다. 즉, 관절염, 근육통, 인대파열, 타박상, 골절, 근골무력증, 중풍, 통풍, 통경, 마비 등의 치료에 효능이 있다.

• 항균, 담즙분비 촉진, 간 보호, 황달, 면역력 증강 등에 효능이 있다.

▶ **처방 및 복용 방법**

위령선은 봄에는 꽃을, 가을에는 뿌리를 채취하여 약재로 이용한다.

• 근육통, 신경통, 관절염에는 위령선 말린 뿌리를 진하게 달여 복용한다.

• 항균 작용, 담즙분비 촉진, 간 보호, 황달, 면역력 증강 등에는 꽃과 뿌리를 가루를 내어 미지근한 물에 타서 복용한다.

• 안면신경마비증, 요통, 견비통에는 환을 만들어 알약을 복용한다.

• 종기 및 타박상, 외부상처에는 생뿌리를 찧어 환부에 붙인다.

▶ **용어 해설**

• 통경: 생리 전후에 아랫배나 허리가 아픈 병증.

246 유동(油桐)

▶ **식물의 개요**

유동은 기름오동나무·동유수(桐油樹)·앵자동(罌子桐)·동자(桐子)·유동과(油桐果) 등으로도 불린다. 한방에서 쓰는 생약명은 유동(油桐)이다. 줄기의 나무껍질은 갈색이고 굵은 가지가 사방으로 퍼진다. 잎은 심장형 또는 원형으로 끝이 뾰족하고 가장자리가 밋밋하다. 5월경 흰색 꽃이 가지 끝에 5장의 꽃잎으로 핀다. 10월경 둥근 열매가 맺혀 익는데 속에 들어 있는 씨에는 독성이 있고 씨에서 짠 기름을 동유(桐油)라고 한다. 관상용·공업용·약용으로 이용한다. 우리나라 남부 해안지방에 자생하는 대극과의 여러해살이 쌍떡잎 낙엽 활엽 교목이다.

▶ **효능**

- 비뇨기과의 질환을 다스린다. 즉, 대변불통, 전립성염, 방광염, 요로 결석, 요도염, 여성 요실금, 발기부전, 조루증 등의 질환을 치료하는데 효능이 있다.
- 알레르기성 피부염, 두드러기, 대상포진, 아토피, 여드름, 종기 등의 질환을 치료하는데 효능이 있다.

▶ **처방 및 복용 방법**

열매가 익는 가을철에 씨(종자)만 채취하여 약재로 이용한다. 씨에는 독성이 있으므로 주의가 필요하다.

- 대변불통, 전립성염, 방광염, 요로결석, 요도염, 여성 요실금, 발기부전, 조루증 등의 질환에는 유동 기름을 짜서 처방한다.
- 두드러기, 아토피, 종기 등 피부 질환에는 잎과 열매를 짓찧어 환부에 붙이든지 유동 기름으로 바른다.

▶ **용어 해설**

- 심장형(心臟形): 동물의 염통을 닮은 하트 모양의 형태.

247 유채(油菜)-운대자(蕓薹子)

▶ 식물의 개요

유채는 고채(苦菜)·유동(遊冬)·한채자(寒菜子)·호채자(胡菜子)·쓴나물·쓴귀물·씀배나물·쌀랑부리 등 여러 이명을 갖고 있다. 생약명은 운대자(蕓薹子)이다. 전초에는 털이 없이 윤기가 난다. 줄기는 가늘며 위로 올라가 가지가 갈라진다. 뿌리에서 나온 잎은 잎자루가 길며 가장자리에 톱니가 있다. 4월경 꽃잎이 4개인 노란색 꽃이 원줄기와 가지 끝에 복실하게 뭉쳐 핀다. 5~6월경 원통 모양의 열매를 맺는데 익으면 가운데 선이 터지며 많은 흑갈색 씨가 나온다. 잎이나 줄기를 자르면 쓴 맛이 나는 흰 즙이 나온다. 전라남도와 제주도에 재배하는 겨자과의 두해살이 쌍떡잎 속씨식물이다.

▶ 효능

• 간경과 순환계 질환을 다스린다. 즉, B형바이러스간염, 담즙성 간경병증, 간염, 부정맥, 협심증, 색전증, 경색, 동맥경화증, 담, 변혈, 요혈 등의 치료에 효능이 있다.

• 유채씨 오일은 피부와 모발을 보호해 주는 데 효능이 있다.

▶ 처방 및 복용 방법

유채는 열매가 익는 6월 전후에 전초와 씨를 채취하여 햇볕에 말려 약재로 이용한다.

• 토혈, 유선염, 산후복통, 변혈, 요혈에는 유채잎과 줄기로 생즙을 내어 복용한다.

• 피부염, 화상, 종기, 외부상처에는 유채를 짓이겨 환부에 붙인다.

• 각종 피부 질환이나 머릿결 보호를 위해서는 말린 전초를 달여서 그 물로 깨끗이 씻는다.

• 간기능 강화를 위해서는 유채와 닭고기를 배합하여 처방한다.

▶ 용어 해설

• 유선염: 여성의 젖샘에 생기는 염증.

248 윤판나물-석죽근(石竹根: 뿌리)

▶ 식물의 개요
윤판나물은 백미순(百尾筍) · 보탁초(寶鐸草) · 대애기나리 · 대애기나물 · 큰가지애기나리 · 금
윤판나물 등으로도 불린다. 한방에서는 석죽근(石竹根)이란 생약명을 쓴다. 뿌리는 짧고 옆으
로 뻗으면서 자란다. 줄기는 곧게 서고 윗부분에서 크게 갈라진다. 잎은 둥굴레와 비슷한 타원
형으로 끝이 뾰족하고 밑은 둥글며 선명한 경계선 맥이 있다. 4월경 흰색 또는 황색 꽃이 가
지 끝에서 대롱 모양으로 아래를 향해 핀다. 7월경 결실하여 공 모양으로 검게 익는다. 관상
용 · 식용 · 약용으로 쓰인다. 우리나라 중부 이남 및 울릉도에 자생하는 백합과의 여러해살
이 외떡잎 속씨식물이다.

▶ 효능
- 소화기 질환을 다스린다. 속쓰림, 위궤양, 위염, 역류성식도염, 장염 등의 질환을 치료하는 작용을 한다.
- 호흡기 질환을 다스린다. 폐결핵, 해수, 비염, 천식, 폐렴, 기관지염, 유행성 감기, 독감, 인후염 등의 치료에 효능이 있다.
- 각혈, 치질, 장출혈, 청폐 등의 질환을 다스린다.

▶ 처방 및 복용 방법
윤판나물은 여름에서 가을에 걸쳐 전초와 뿌리를 채취하여 햇볕에 말려 쓴다.
- 폐결핵, 해수, 폐렴, 기관지염 등 폐기종 질환에는 윤판나물, 백선피를 닭고기와 함께 고아서 처방한다.
- 속쓰림, 위궤양, 더부룩함 등의 소화기 질환에는 윤판나물 뿌리를 달여 차처럼 복용한다.

- 각혈, 치질, 장출혈, 청폐 등의 질환에는 윤판나물 뿌리를 진하게 달여 처방한다.

▶ 용어 해설
- 청폐: 폐를 깨끗하게 함.

249 으름—목통실(木通實)

▶ 식물의 개요

으름은 통초(通草)·임하부인(林下婦人)·졸갱이·유름·연복자(燕覆子)·으흐름·만등(蔓藤) 등으로 부른다. 생약명은 목통실(木通實)이다. 으름은 새로 난 가지에서는 어긋나고 묵은 가지에서는 모여 나는 손바닥 모양의 겹잎이다. 넓은 달걀꼴로서 가장자리는 밋밋하다. 꽃은 4월경 자주색으로 총상 꽃차례를 이루며 달려 핀다. 열매는 10월경 육질의 장과가 달려 갈색으로 익으면 씨가 터져 나온다. 우리나라 중부지방의 산기슭과 숲속에서 자생하는 으름덩굴과의 다년생 덩굴성 낙엽 활엽 관목이다. 으름은 과육을 생것으로 먹을 수 있다. 예전에는 으름을 조선 바나나라 하였고, 머루·다래와 함께 산에서 나는 3대 과일이라 하였다.

▶ 효능

• 으름은 기와 혈의 순환장애를 치료하며 인체의 경맥을 통하게 한다.
• 요통의 이뇨 작용을 하며 신장염 치료에도 도움을 준다.
• 각종 종양 세포의 증식을 막고 체내의 각종 나쁜 균을 억제하는 효능이 있다.

▶ 처방 및 복용 방법

으름은 가을철에 뿌리줄기를 채취하여 햇볕에 말려 약재로 쓴다.

• 이뇨 작용이 잘 되지 않는 경우나 설사가 잦는 경우는 으름을 끓는 물에 달여 차처럼 장복한다.
• 황달에는 으름과 인진쑥을 배합하여 차로 끓여서 마신다.
• 모유가 부족하면 으름과 돈족발이나 붕어를 함께 끓여 물을 마신다.
• 결석이 생기면 으름과 호박, 당귀, 울금, 활석 등을 혼합하여 가루를 만들어 갈대 잎으로 끓인 물에 타서 마신다.

▶ 용어 해설

• 육질(肉質): 살이 많거나 살과 같은 성질.

250 은방울꽃-영란(鈴蘭)

▶ 식물의 개요

은방울꽃은 초옥란(草玉蘭)·향수화(香水花)·둥구리아싹·둥굴래싹·군영초·오월화·홍잎떼기 등으로 불린다. 생약명은 영란(鈴蘭)이다. 뿌리줄기가 옆으로 뻗으면서 곳곳에서 새순이 나온다. 잎은 뿌리줄기에서 2개의 잎이 마주나며 달걀 모양의 타원형으로서 잎자루가 길다. 꽃은 5월경 흰색으로 총상 꽃차례를 이루며 종 모양으로 아래를 향해 달려 핀다. 꽃에서는 사과향과 레몬향이 난다. 열매는 7월경 둥근 장과가 달려 빨갛게 익는다. 관상용·향료·식용·약용으로 이용된다. 전국 각지의 산지 기슭이나 낮은 구릉지에 자생하는 백합과의 여러해살이 외떡잎 속씨식물로 독성이 있다.

▶ 효능

은방울꽃은 맛이 달고 독성이 있는 혈액순환촉진제로 널리 쓰인다.

- 풍기에 의한 저림증과 통증을 치료하고 혈액순환을 돕는다.
- 소변을 원활하게 하며 방광염 치료에 쓰인다.
- 장 운동을 도와 소화를 촉진시키고 변비 치료에도 효능이 있다.
- 심부전증, 수면 장애, 심장 쇠약증 등을 다스리는데 효능이 있다.

▶ 처방 및 복용 방법

은방울꽃은 전초와 뿌리를 채취하여 생물 또는 햇볕에 말려 약재로 쓴다.

- 각종 해당 질병의 치료에 은방울꽃 및 말린 뿌리를 달여 마시거나 가루를 내어 물에 타서 먹거나 환을 빚어 사용해도 된다.
- 심장쇠약에는 은방울꽃의 뿌리를 끓여 물을 내어 차처럼 마신다.

▶ 용어 해설

- 장과(漿果): 과육과 액즙이 많고 속에 씨가 들어 있는 과실(포도, 감).

251 은행나무-백과(白果)

▶ 식물의 개요

은행(銀杏)은 씨가 은처럼 하얗고(은:銀) 모양이 살구(행:杏) 같다 하여 붙여진 이름이다. 영면약(靈眠藥)·행자목(杏子木)·영안(靈眼)·압각수(鴨脚樹)·공손수(公孫樹)·은응나무 등으로 불리운다. 생약명은 백과(白果)이다. 잎은 긴 가지에서 어긋나며 잇몸은 부채꼴로 생겼다. 꽃은 4월경 잎과 함께 녹색 꽃이 피기 시작하는데 암꽃에서만 열매를 맺는다. 열매는 10월경 둥근 핵과가 노랗게 익는다. 열매 껍질에서는 인분 냄새의 악취가 나고 피부에 닿으면 피부염을 일으키기도 한다. 전국 각지에 서식하며 은행나무과의 낙엽 활엽 교목이며, 천식치료제로 쓰인다.

▶ 효능

은행 열매는 독성이 있어 한꺼번에 많이 복용해서는 중독이 되며, 볶아서 소량으로 먹어야 한다.

- 천식성 기관지염 및 기침, 가래를 다스리는데 효능이 있다.
- 여성병인 질염의 냉을 다스린다.
- 결핵균에 대하여 억제 작용을 한다.

▶ 처방 및 복용 방법

- 천식, 기침, 기관지염에는 은행, 호두, 밤, 대추, 생강 등을 섞어 물에 끓여 설탕을 타서 마신다.(동의보감에서는 '오과다' 처방이라 한다.)
- 소변이 탁하거나 자주 나오면 은행을 적당히 익혀 먹는다.
- 정력이 부족한 경우는 은행을 대추와 함께 구워서 복용한다.

▶ 용어 해설

- 핵과(核果): 단단한 핵으로 쌓여 있는 열매(매실, 복숭아, 살구, 대추).

252 이질풀-현초(玄草)

▶ **식물의 개요**

이질풀은 오엽초(五葉草)·노관초(老官草)·서장초(鼠掌草)·광지풀·쥐손이풀·노관초 등으로 부른다. 생약명은 현초(玄草)이다. 뿌리는 곧은 뿌리가 없고 옆으로 여러 갈래 갈라진다. 줄기도 옆으로 비스듬히 기면서 자라고 가지를 많이 친다. 잎은 마주나며 손바닥 모양으로 갈라지며 가장자리에 톱니가 나 있다. 꽃은 6월경 흰색 또는 자주색의 오판화가 2개의 꽃줄기에서 한 송이씩 달려 핀다. 열매는 10월경 삭과가 달려 익으면 씨가 밖으로 터져 나온다. 관상용·염료·약용으로 이용된다. 어린순은 나물로 먹고 줄기, 잎, 열매는 약용으로 쓴다. 이질에 효과가 있어 이질풀이라 한다. 전국 각지의 산과 들 및 구릉지에 자생하는 쥐손이풀과의 여러해살이 쌍떡잎 속씨식물이다.

▶ **효능**

이질풀은 맛이 쓰고 매우며 지사제로서 널리 알려져 있다.

- 이질·설사·복통에 효능이 있는 정장·지사 작용을 한다.
- 고혈압 예방 및 풍기를 막아주는 효능이 있다.
- 산후에 어혈을 풀어주는 효능이 있고, 해열·이뇨 작용도 한다.
- 종기·타박상·방광염·자궁내막염·대하증 등의 질환에 대한 소염·항균 작용을 한다.
- 코피·혈뇨·혈빈·장출혈 등의 질환에 대한 지혈 작용을 한다.

▶ **처방 및 복용 방법**

이질풀은 8월경 꽃이 핀 전초를 채취하여 그늘에 말려 약재로 쓴다.

- 과민성 대장증후에는 이질풀과 쇠비름을 섞어 달여서 마신다.
- 생리불순, 생리통, 임신이 안되는 경우는 이질풀, 천궁등과 함께 달여 마신다.

▶ **용어 해설**

- 삭과: 익으면 열매 껍질이 떨어지면서 씨를 퍼뜨리는 여러 개의 씨방으로 된 열매(백합, 붓꽃).

253 익모초-충위자(茺蔚子)

▶ 식물의 개요

익모초는 고저초(苦低草)·익명(益明)·익모(益母)·충위(茺蔚)·야천마(野天麻)·암눈비앗 등으로 부른다. 생약명은 충위자(茺蔚子)이다. 줄기는 둔하게 네모지며 흰털이 나 있고 가지가 많이 갈라진다. 잎은 마주나고 잎자루가 길며, 쑥과 모양이 비슷하다. 꽃은 7월경 자색의 꽃이 층층이 윤산 꽃차례를 이루며 달려 핀다. 열매는 9월경 달걀꼴의 분과를 맺어 익으면 씨가 밖으로 터져 나온다. 전국 각지의 낮은 지대, 집 부근의 빈터나 텃밭 등지에 자생하는 꿀풀과의 두해살이 쌍떡잎 속씨식물로 줄기·잎·꽃 열매를 모두 약용으로 쓰는 부인병의 만병통치 약제이다.

▶ 효능

익모초는 여름철에 더위가 오면 기를 보충하기 위해 잎과 줄기를 채취하여 생즙을 내어 마셨다.

• 여성들의 생리불순, 대하, 불임증 등 부인병에 효과가 있다.
• 신장염으로 소변에 피가 섞여 나올 때 달여서 차처럼 지속적으로 복용하면 효과가 있다.
• 여름철 일사병을 회복시키는데 효능이 있으며, 특히 익모초 씨는 어혈을 풀어 주어 혈액순환을 원활하게 해준다.

▶ 처방 및 복용 방법

익모초는 여름에서 가을철에 전초와 씨를 채취하여 생물 또는 그늘에 말려 약재로 쓴다.

• 각종 부인병 질환에는 익모초 생즙을 마셔도 좋고, '익모초고'를 만들어 먹어도 된다.
• 여름철에 더위를 먹었다든가 입맛이 없고 체질이 허약해지면 익모초 생즙을 마시거나 말린 익모초로 끓는 물에 달여 차처럼 마신다.
• 눈이 침침할 때는 익모초 씨앗, 황련, 구기자, 청상자, 생지황, 맥문동의 가루를 섞어 꿀로 반죽하여 알약을 만들어 꾸준히 복용한다.

▶ 용어 해설

• 윤산(輪織) 꽃차례: 잎겨드랑이에 마주난 집산 꽃차례가 축을 둘러싸고 돌려난 꽃차례이다. 얼핏 보기엔 꽃이 줄기 주위에 돌려 난 것처럼 보인다.
• 분과: 여러 개의 씨방으로 된 열매로 익으면 벌어진다(작약).

254 인동(忍冬)—금은화(金銀花)

▶ **식물의 개요**

인동은 혹한의 겨울 추위에도 덩굴줄기가 마르지 않고 살아가는 월동 덩굴 식물이다. 소화(蘇花)·인한초(忍寒草)·노옹수(老翁鬚)·수양등(水楊藤)·눙박나무·겨우살이덩굴 등의 별칭이 있으며, 생약명은 금은화(金銀花)이다. 전체에 갈색의 잔털이 있다. 적갈색의 줄기가 다른 물체를 오른쪽으로 감아 올라간다. 어린 가지는 황갈색의 털이 많고 속이 비어 있다. 잎은 마주나는데 긴 타원형으로 끝은 예리하고 가장자리는 밋밋하다. 꽃은 5월경 잎겨드랑이에서 흰색 또는 노란색의 쌍생화가 2개씩 달려 피는데 향기가 좋다. 열매는 9월경 둥근 장과가 맺혀 검은색으로 익는다. 정원수·밀원·약용으로 이용된다. 전국 각지의 산지나 구릉지, 들판에 자라며 겨울에도 잎이 푸르게 남아있는 인동과의 반상록성 덩굴식물이다.

▶ **효능**

인동꽃과 줄기는 맛이 달고 독이 없으며 향이 나는 종양치료제로 널리 알려져 있다.

- 항균 작용을 한다. 즉 각종 종기, 농양 등으로 인하여 종창 등 통증이 있을 때 억제하는 효과가 있다.
- 감기로 인한 발열, 오한, 두통 등에 효과가 있다. 또한 결핵에 대한 치료에 쓰인다.
- 급성 장염, 세균성 이질, 설사 등의 질환을 다스린다.

▶ **처방 및 복용 방법**

인동은 봄에서 가을철에 걸쳐 꽃, 줄기, 잎을 채취하여 그늘에 말려 약재로 이용한다.

- 더위에 땀이 흐르면 금은화 차를 내어 마신다.
- 소갈증 치료에는 인동초를 술에 담갔다가 꺼내어 햇볕에 말린 다음 가루를 내어 환을 빚어 복용한다.
- 종기의 고름을 치료하는 데는 인동초, 당귀, 감초를 섞어 차처럼 달여 마신다. 또는 종기 치료에는 인동초 생잎을 찧어 환부에 바른다.
- 치질의 치료에는 금은화를 감초와 섞어 환을 빚어 따뜻한 물과 함께 복용한다.

▶ **용어 해설**

- 장과(漿果): 과육과 액즙이 많고 속에 씨가 들어 있는 과실(포도, 감).

255 인삼-홍삼(紅蔘)·백삼(白蔘)

▶ **식물의 개요**

인삼(人蔘)은 사람 모양을 닮아서 붙인 명칭으로 아기 모습의 '동자삼', 생식기를 닮은 '음양삼', 용이 하늘을 나는 '용삼', 봉황이 날아가는 모습의 '봉황삼', 거북을 닮은 '구삼' 등이 장수삼으로 여겨진다. 토정(土情)·혈삼(血蔘)·신초(神草)·삼아(三椏)·지정(地精)·봉추(棒錘)·옥정(玉精) 등의 별칭이 있다. 생약명은 홍삼(紅蔘)·백삼(白蔘)이다. 잎은 줄기 끝에서 돌려나며 손바닥 모양으로 갈라져 5개의 작은 잎으로 갈라진다. 꽃은 4월경 꽃줄기 1개에서 많은 오판화가 산형 꽃차례로 달려 피는데 연한 녹황색이다. 6월 전후 씨방이 비대해져 동그란 장과로 빨갛게 익는다. 울릉도의 산기슭에서 자라기도 하지만 지금은 농가에서 대량재배하는데, 두릅나뭇과의 여러해살이 쌍떡잎 속씨식물로 자체로 약효가 높지만 다른 약재와 함께 조화를 이루어 약효를 나타낸다. 인삼은 생것을 수삼(水蔘), 말린 것을 백삼(白蔘), 쪄서 말린 것을 홍삼(紅蔘)이라 하는데 홍삼이 가장 약효가 크다.

▶ **효능**

인삼은 열이 많은 사람은 효력이 없고 두통 등 부작용이 나타남으로 피해야 한다. 인삼의 가장 큰 효능은 허약한 사람의 원기를 보해주고 암환자는 면역성을 키워주는 것이다.

• 소화기능 강화하고 빈혈 다스리는데 효능이 있다.
• 땀을 많이 흘리는 경우 효력이 있으며, 혈당을 낮추는 기능이 있어 당뇨병에도 큰 도움이 된다.
• 두뇌활동을 돕고 정신을 안정시키는데 효능이 있다.
• 정자량을 높이고 성기능을 강화시킨다.

▶ **처방 및 복용 방법**

• 성기능 저하에는 인삼과 음양곽, 황기를 넣어 끓여서 그 물을 차처럼 여러 번 마신다.

• 땀을 많이 흘려 기가 허한 경우는 인삼과 오미자를 달여 그 물을 마신다.
• 산후 조리에는 인삼과 당귀를 섞어 끓는 물에 달여서 여러 번 마신다.
• 산후 여성의 젖이 줄어들 경우는 인삼과 찹쌀로 엿을 만들어 먹는다.
• 발기부전에는 인삼과 구기자, 육종용을 넣고 달여 물을 장복한다.
• 저혈압에는 수삼을 그대로 씹어서 먹는다.

▶ **용어 해설**

• 산형 꽃차례: 많은 꽃꼭지가 꽃대 끝에서 방사형으로 나와 그 끝마디에 꽃이 하나씩 붙는 꽃차례.
• 장과(漿果): 과육과 액즙이 많고 속에 씨가 들어 있는 과실(포도, 감).

256 일엽초(一葉草)-와위(瓦葦)

▶ 식물의 개요
일엽초는 칠성초(七星草)·골비초(骨脾草)·골패초(骨牌草)·검단(檢丹)·낙성초(落星草) 등의 이명을 쓴다. 한방에서는 와위(瓦葦)라는 생약명을 쓴다. 잎은 뿌리줄기에서 무더기로 나오는데 버들잎과 비슷하다. 양치식물이기 때문에 황색의 둥근 포자주머니가 10여개씩 잎 뒷면의 양쪽에 두 줄로 달리며 포막은 없다. 바위나 고목의 껍질에 붙어 자라며, 관상용·약용으로 이용된다. 우리나라 남부지방 및 제주도·울릉도에 자생하는 고란초과의 상록성 여러해살이 양치식물이다.

▶ 효능
- 방광 질환을 다스린다. 방광염, 생리불통, 혈뇨, 전립성염 등의 치료에 효능이 있다.
- 종기, 피부염, 부스럼 등 피부 질환에 효능이 있다.
- 각종 암의 예방 및 치료의 항암 효능이 있다.

▶ 처방 및 복용 방법
여름철에 전초를 채취해 햇볕에 말려 약재로 쓴다.
- 종기, 부스럼, 피부염에는 건조한 전초를 잘게 썰어서 참기름에 담가 숙성시켜서 그 기름을 환부에 바른다.
- 방광염, 생리불통, 혈뇨 등 방광 질환에는 일엽초 전초를 진하게 달여 복용한다.
- 기관지 천식, 이질, 토혈, 사독의 치료에는 말린 전초를 진하게 우려서 복용한다.

▶ 용어 해설
- 양치류(羊齒類): 줄기는 땅속에 있고 잎은 거의

우상복엽으로 자낭에 포자를 갖고 있음.
- 포자낭(胞子囊): 포자를 만들고 그것을 싸고 있는 주머니 모양의 생식기관.

257 잇꽃-홍화(紅花)

▶ **식물의 개요**

잇꽃은 홍람화(紅藍花)·홍란화(紅蘭花)·연지화(臙脂花)·잇·잇나물·홍초·약화 등으로 부른다. 생약명은 홍화(紅花)이다. 잇꽃은 이집트가 원산지인 귀화식물이다. 줄기는 곧게 서며 털이 없다. 잎은 어긋나며 댓잎피침형으로 가장자리에 톱니가 있다. 꽃은 7월경 황색의 두상화가 원줄기 끝에 한 송이씩 핀다. 열매는 수과가 달려 익는데 씨를 홍화자라 한다. 우리나라 중남부지방의 밭에서 재배하는 국화과의 두해살이 쌍떡잎 속씨식물이며, 골다공증 치료제로 널리 쓰인다.

▶ **효능**

잇꽃은 노란색에서 붉은색으로 변할 때 채취하여 햇볕에 말려 약으로 쓰는데 맛은 맵고 쓰다.

- 골반 내의 혈액순환을 촉진시켜 생리불순, 산후 어혈을 풀어주는 효능이 있다. 산후 조리에 복용하면 기를 보하고 체력을 증강시킨다.
- 급성 결막염 등 눈병을 치료하고 치매 및 구강암 치료에도 도움이 된다.
- 동맥경화에 효능이 있으며, 절골된 뼈를 빨리 붙게 한다. 또한 잇꽃 씨를 가루로 만들어 복용하면 골다공증 치료에 도움이 된다.

▶ **처방 및 복용 방법**

- 생리불순에는 홍화와 당귀를 섞어 끓여 낸 물에 잉어를 넣어 다시 달여서 공복에 먹는다.
- 어혈이 심한 경우는 홍화차를 만들어 마시든지 홍화주를 만들어 마신다.
- 협심증에는 홍화와 천궁가루를 내어 꿀로 환을 빚어 여러 번 먹는다.
- 구강암에는 홍화씨를 달여서 마신다.

▶ **용어 해설**

- 수과(瘦果): 익어도 터지지 않는 열매.

258 자귀나무-합환피(合歡皮)

▶ **식물의 개요**

자귀나무는 밤에 잎이 오므라들었다가 낮에 다시 펴지는데 밤에는 잠자는 것이 귀신 같다 하여 자귀라 하였다고 한다. 야합화(野合花)·합환목(合歡木)·합혼목(合魂木)·자괴나무·수궁괴(守宮槐)·야합목(野合木)·소쌀나무 등으로 불리며, 생약명은 합환피(合歡皮)이다. 줄기는 눕거나 조금 구부러진 것처럼 보인다. 잎은 어긋나며 2줄 깃꼴겹잎인데 긴 타원형으로 털이 없다. 꽃은 6월경 연분홍색의 두상화가 우산 모양으로 피는데 산형 꽃차례를 이루며 달린다. 열매는 9월경 협과가 달려 익는데 꼬투리 속에 여러 개의 씨가 들어 있다. 황해도 이남의 중부 지역에 자생하는 콩과의 낙엽 활엽 소교목이다.

▶ **효능**

자귀나무는 가을철에 나무껍질을 벗겨 햇볕에 말려서 약용으로 쓴다.

- 『동의보감』에는 '오장을 편하게 하고 정신을 안정시키며 근심을 없애고 마음을 즐겁게 한다' 라고 하였다. 즉, 우울증을 치료하는데 효과가 있다.
- 관절이나 근육통, 타박상 등에 효능이 있다.
- 옹종을 삭히며, 부종을 내리고 살충 작용도 한다.

▶ **처방 및 복용 방법**

- 불면증, 우울증 등에는 합환피를 달여서 장기 복용한다.
- 타박상이나 골절에는 합환피와 백개자, 사향 등을 섞어서 가루를 내어 청주에 타서 마신다.
- 폐옹(肺癰)에는 합환피와 백렴을 혼합하여 끓는 물에 달여서 마신다.

- 눈이 침침할 때는 합환화를 닭의 간과 함께 삶아 그 물을 마신다.

▶ **용어 해설**

- 협과: 주로 콩과 식물의 열매로 하나의 심피에서 씨방이 발달하여 익으면 자연스럽게 터진다.
- 폐옹(肺癰): 폐에 농양(고름)이 생긴 병증으로 초기에는 춥고 열이 나며 기침을 하다가 나중에는 피고름이 섞인 가래가 나온다.

259 자란(紫欄)-백급(白芨)

▶ 식물의 개요

자란은 백근(白根)·군구자(君球子)·주란(朱蘭)·대암풀 등으로 불린다. 생약명은 백급(白芨)
이다. 뿌리는 알뿌리(덩이줄기)로 육질이며 속이 희다. 알뿌리에서 잎이 어긋나와 서로 감싸면
서 줄기처럼 된다. 5월경 자주색 꽃이 피는데 긴 꽃줄기 끝에 여러 개의 꽃송이가 총상 꽃차례
로 달린다. 10월경 삭과가 달려 익는다. 우리나라 남부 다도해 섬의 초원지대 및 목포지방 바닷
가 바위틈에 자생하는 난초과 여러해살이 외떡잎 속씨식물로 지혈제로 사용된다.

▶ 효능

자란은 가을철에 줄기 및 뿌리를 채취하여 말려서
약용으로 사용한다.

• 객혈, 위출혈, 장출혈 등에 대한 질환의 지혈 작
  용을 한다.
• 폐결핵을 다스리는데도 효과가 있다.
• 타박상으로 인한 출혈에는 백급가루를 환부에
  바르면 효과가 있다.

▶ 처방 및 복용 방법

• 심한 기침, 피 섞인 가래, 위궤양 출혈, 규폐증
  에는 백급가루를 따뜻한 물과 함께 복용한다.
• 충농증에는 소주에 쑨 백급가루로 환을 만들어
  1일 3회 정도 복용한다.

▶ 용어 해설

• 규폐증: 규산이 들어 있는 먼지를 오랫동안 마
  셔서 폐에 규산이 쌓여 생기는 만성 질환.

260 자리공-상륙(商陸)

▶ 식물의 개요
자리공은 장륙(章陸)·축탕(蓫蕩)·상류근(商柳根)·현륙초(莧陸草)·마미·자리갱이 등으로 불린다. 생약명은 상륙근(商陸根)이다. 뿌리는 무같이 굵고 아래 방향으로 가늘게 자란다. 줄기는 곧게 서서 자라는데 육질이며 털이 없다. 잎은 어긋나며 댓잎피침형으로 잎자루가 짧다. 꽃은 6월경 흰색 꽃이 총상 꽃차례를 이루며 달려 핀다. 열매는 8월경 장과가 달려 익는다. 관상용·식용·약용으로 이용된다. 전국 각지의 집 부근 공터나 길가, 밭둑 등에서 자생하는 자리공과의 여러해살이 쌍떡잎 속씨식물이다.

▶ 효능
- 신장의 혈류를 도와 이뇨 작용에 효과가 크다. 즉 신장염이나 간경화에 효능이 있다.
- 배변을 촉진하여 변비를 치료한다.
- 천식 등으로 인한 가래를 삭혀 주는 거담·진해 작용을 한다.

▶ 처방 및 복용 방법
가을에서 다음해 봄 사이에 뿌리를 채취하여 그늘에 말려 약재로 쓴다.
- 신장염이 있는 경우는 자리공에 택사, 두충을 혼합하여 오랫동안 끓여서 그 물을 차처럼 복용한다. 자리공은 독성이 있기에 주의해야 한다.
- 건망증, 어지럼증이 있는 경우는 자리공 꽃을 말려 가루를 낸 다음 따뜻한 청주와 함께 복용한다.

▶ 용어 해설
- 총상(總狀) 꽃차례: 꽃 전체가 하나의 꽃처럼 보이는 꽃 모양.
- 장과(漿果): 과육과 액즙이 많고 속에 씨가 들어 있는 과실(포도, 감).

261 자운영(紫雲英)

▶ 식물의 개요

자운영은 한꺼번에 많은 꽃이 피는 모습이 마치 연분홍색의 구름이 피어 오른 듯, 옷감을 펼쳐 놓은 듯 아름답다는 의미에서 붙여진 이름이다. 미포대(米布垈)·연화초(蓮花草)·홍화채(紅花菜)·쇄미제(碎米濟) 등의 이명을 쓴다. 한방에서 쓰는 생약명은 자운영이다. 줄기는 네모지며 밑에서 가지가 많이 나와 옆으로 누워서 자라다가 곧게 선다. 잎은 어긋나며 타원형으로 끝이 둥글거나 약간 들어가 있다. 4월경 붉은 자주색 꽃이 피는데 산형 꽃차례의 우산 모양이다. 7월경 타원형의 열매가 맺혀 익는데 꼬투리 속에 몇 개의 씨가 들어 있다. 관상용·녹비용·사료용·밀원·식용·약용으로 쓰인다. 우리나라 남부지방의 논·밭·초원 등지에 주로 자생하는 콩과의 두해살이 쌍떡잎 속씨식물이다.

▶ 효능

- 만성기관지염, 인후염, 폐기종, 기관지천식, 만성기침, 해수, 신부전증, 콩팥염, 요독증, 신우염, 신증후군 등의 치료에 효능이 있다.
- 종기, 피부염, 치통, 대상포진 등의 치료에 효능이 있다.
- 눈을 보호하고 혈액순환을 다스린다.

▶ 처방 및 복용 방법

자운영은 3~4월경 전초를 채취하여 생물 또는 햇볕에 말려 이용한다.

- 감기 기침으로 인하여 가래가 나오고 인후통이 나타날 때 꽃차를 만들어 복용한다.
- 종기, 피부염, 대상포진, 외상의 치료에는 자운영 생잎을 짓찧어 환부에 붙인다.
- 잇몸이 붓고 출혈이 심한 경우는 자운영 생즙을 내어 마시거나 입에 즙을 몇 분간 물고 치료한다.
- 눈이 침침하고 열이 나서 출혈될 때는 자운영 씨를 달여서 마신다.

▶ 용어 해설

- 폐기종: 말초 기도 부위 폐포의 파괴와 불규칙적인 확장을 보이는 상태.

262 자주쓴풀-당약(唐藥)

▶ 식물의 개요

자주쓴풀은 병에 마땅히 잘 듣는다 하여 당약이라 하였고, 수황연(水黃蓮)·어담초(魚膽草)·장아채(樟牙菜)·수령지(水靈芝)·자지(紫芝)쓴풀·천진 등으로 불린다. 생약명은 당약(唐藥)이다. 줄기는 곧게 서서 자라며 자주색이다. 뿌리는 황색이고 털이 없다. 잎은 마주나며 댓잎피침형으로 끝이 날카롭고 잎자루는 없다. 꽃은 9월경 푸른빛의 자주색으로 피는데 원추 꽃차례를 이루며 위에서부터 핀다. 열매는 10월경 삭과가 달려 익는데 씨는 둥글다. 전국 각지의 산과 들에 자생하는 용담과의 두해살이 쌍떡잎 속씨식물로 간염치료제이다.

▶ 효능

자주쓴풀은 맛이 쓰고 독성이 없으며 전초를 약재로 쓴다.

- 간 기능을 강화시키는데 효력이 있고, 모세혈관을 확장시켜 혈액순환을 강화시켜 준다.
- 위염, 복통, 소화불량 등 건위 작용을 하며, 체내의 열을 떨어뜨리고 습기를 제거해준다.
- 항암, 강정 작용을 하며 탈모증 치료에도 효과가 있다.

▶ 처방 및 복용 방법

- 황달성 간염의 경우는 당약과 인진쑥을 함께 섞어 달여 마신다.
- 위장병에는 자주쓴풀을 불에 구워 검게 탄 것을 빻아 미지근한 물과 복용한다.
- 심장병, 결막염 등에는 당약을 달여서 장기 복용한다.
- 눈병이 있는 경우는 자주쓴풀 달인 물을 식혀 씻는다.
- 탈모가 있는 경우는 자주쓴풀 달인물로 머리에 바르면 효과가 크다.

▶ 용어 해설

- 원추(圓錐) 꽃차례: 꽃차례의 축이 여러 번 가지가 갈라져 최종 분지(分枝)가 총상 꽃차례를 이루는 원뿔 모양이다.
- 삭과: 익으면 열매 껍질이 떨어지면서 씨를 퍼뜨리는 여러 개의 씨방으로 된 열매(백합, 붓꽃).

263 작두콩-도두(刀豆)

▶ 식물의 개요

작두콩은 열매인 꼬투리가 길쭉한 작두 모양으로 생겨서 붙여진 이름이다. 협검두(挾劍豆)·도두자(刀豆子)·대익두(大弋豆)·관도두(關刀豆)·도초두(刀鞘豆)·도파두(刀巴豆)·마도두(馬刀豆) 등의 이명이 있다. 한방에서 쓰는 생약명은 도두(刀豆)이다. 잎은 잎자루가 길고 3개의 작은 잎으로 구성되는 3출엽이다. 7월경 나비 모양의 흰색 또는 홍자색 꽃이 피는데 1개 꽃대에 여러 개의 꽃송이가 달린다. 9월경 결실하여 붉게 익는다. 열매 속에는 붉은색 또는 흰색의 콩(씨)이 10여개씩 들어 있다. 전국 각지 농가에서 재배하는 콩과의 한해살이 쌍떡잎 덩굴식물이다. 사료용·식용·약용으로 이용하는데, 약재는 콩껍질(붉은 콩)·뿌리·콩(흰콩 씨)을 모두 쓴다.

▶ 효능
• 비장을 다스린다. 즉, 비장암, 빈혈, 혈소판 감소, 백혈병, 적혈구 증가 등의 질환을 치료하는 데 효능이 있다.
• 헛배부름, 속쓰림, 위궤양, 위염, 역류성식도염, 장염 등의 소화기 질환을 다스린다.
• 항산화 작용, 항암, 항균, 호흡기 질환에 효능이 높다.

▶ 처방 및 복용 방법
10월 이후 콩·콩껍질·뿌리·등 전초를 채취하여 햇볕에 말려 약재로 쓴다.
• 속쓰림, 헛배부름, 위염, 식도염, 장염 등의 소화기 질환에는 콩씨로 가루를 만들어 복용한다.
• 비염 등 호흡기 질환에는 차를 만들어 복용한다.
• 비장암, 빈혈, 백혈병, 적혈구 증가 등의 질환에는 산제로 처방한다.

▶ 용어 해설
• 산제: 한약재를 갈아서 고운 가루로 만드는 것.

* 작두콩 역사 및 전래
작두콩은 고려 왕실에서 약재와 식품으로 활용되었으나, 6·25 전쟁 이후에는 사라졌던 식물이다. 이러한 작두콩이 국내에 다시 재배된 것은 1990년대 말 충청북도가 중국 헤이룽장성과 맺은 자매결연을 통해 이 콩을 선물 받으면서 국내에 종자가 보급되기 시작하였기 때문이다. 이 작두콩에는 비타민A와 비타민C를 비롯해 단백질, 사포닌, 식이섬유, 플라보노이드 등 각종 영양 성분이 함유되어 있다.

264 잔대-제니(薺苨)·사삼(沙蔘)

▶ 식물의 개요

잔대는 제니(薺苨: 뿌리)·호수(虎鬚)·보아삼(保牙蔘)·문호(文虎)·백면근(白麵根)·윤엽사삼(輪葉沙蔘)·백마육(白馬肉)·갯딱주 등으로 불린다. 생약명은 제니(薺苨)·사삼(沙蔘)이다. 뿌리는 도라지나 더덕처럼 굵고 희다. 줄기는 곧게 서서 자라며 전체에 부드러운 잔털이 있다. 잎은 댓잎피침형으로 날카로운 톱니가 있다. 꽃은 8월경 보라색 꽃이 가지 끝에서 원추 꽃차례를 이루며 달려 핀다. 10월경 삭과를 맺어 익으면 씨가 터져 떨어진다. 전국 각지의 산과 들에 자생하는 초롱꽃과의 여러해살이 쌍떡잎 속씨식물로 식용 및 해독제의 약재로 쓰인다.

▶ 효능

잔대는 뿌리를 여름철에 채취하여 약재로 쓴다.

• 『동의보감』에는 '모든 독을 풀고 고독을 죽이며 뱀, 벌레 물린 독을 치료한다'라고 하였듯이 해독 작용에 효능이 있다.
• 담을 없애며 기침을 다스리는데 효과가 있다.
• 당뇨병이나 종양 치료제에도 효력이 있다.

▶ 처방 및 복용 방법

• 약물에 중독되었거나 각종 독성이 있는 풀에 중독되면 제니와 감초를 달여서 마신다.
• 몸이 피로하고 허약해지면 새순을 나물로 무쳐 먹거나 뿌리를 생으로 먹는다.
• 기관지염에는 잔대 뿌리를 달여서 차처럼 여러 번 마신다.
• 심장병에는 제니근을 달여서 차처럼 장복한다.

▶ 용어 해설

• 원추(圓錐) 꽃차례: 꽃차례의 축이 여러 번 가지가 갈라져 최종 분지(分枝)가 총상 꽃차례를 이루는 원뿔 모양이다.

265 장구채-왕불류행(王不留行)

▶ 식물의 개요

장구채는 불유행(不留行)·견경여루채·금궁화(禁宮花)·전금화(翦金花)·여루채(女婁菜)·장
고새·말뱅이나물 등의 이명을 쓴다. 생약명은 왕불류행(王不留行)이다. '왕불류행'은 옛날 어
떤 왕이 사냥을 갔다가 배탈이 나자 어의가 이 식물을 달여 먹게 하여 배탈이 멈추자 왕이 머무
르지 않고 행차하였으므로 붙여진 이름이라고 한다. 줄기는 밑에서 여러 줄기가 뭉쳐나며 털이
없고 가지가 갈라지지 않는다. 잎은 잎자루가 없으며 넓은 송곳 모양으로 가장자리에 털이 있
다. 7월 전후 흰색 꽃이 취산 꽃차례를 이루며, 위의 꽃대에서 아래로 층층이 내려오면서 핀다.
9월경 긴 달걀 모양의 열매를 맺어 익으며 속에는 갈색의 작은 씨가 들어 있다. 전국 각지 산과
들의 양지나 그늘에 자생하는 석죽과의 두해살이 쌍떡잎 속씨식물이다.

▶ 효능

• 인후염, 중이염, 후두염, 편도염 등 이비인후과
  의 질환을 다스린다.
• 순환계 질환을 다스린다. 고혈압, 부정맥, 협심
  증, 혈전증, 동맥경화증, 담, 변혈, 요혈 등의 치
  료에 효능이 있다.
• 요도염, 조루, 임질, 등의 성병 질환을 치료하는
  데 효능이 있다.
• 유방염, 생리불순, 산후통증 등의 부인과 질환
  에 효능이 있다.

▶ 처방 및 복용 방법

5~9월경 전초와 씨를 채취하여 볕에 말려 약재로
쓴다.
• 어린순과 줄기는 나물로 먹는다.
• 생리불순, 유방염, 산후통증의 치료에는 전초를

말려 진하게 달여서 복용한다.
• 피부종기, 외부상처에는 전초를 산제로 반죽으
  로 만들어 처방한다.
• 요도염, 조루, 임질, 등의 성병 질환에는 전초로
  달인 물로 환부를 씻는다.
• 인후염, 중이염, 후두염, 편도염 등의 염증에는
  꽃과 씨를 차처럼 우려서 복용한다.

▶ 용어 해설

• 취산 꽃차례: 꽃대 끝에 꽃이 피고 그 아래 가지
  에 차례대로 꽃이 피는 것.

266 전동싸리 – 벽한초(薜汗草)

▶ 식물의 개요

전동싸리는 초목서(草木犀)·향마료(香馬料)·야화생(野花生)·멜리토우스초·노랑풀싸리 등의 이명을 사용한다. 생약명은 벽한초(薜汗草)이다. 독성은 없지만 식용으로 쓰지 않고 사료용과 약용으로 이용한다. 잎은 어긋나며 작은 타원형의 3층 겹잎이다. 톱니가 있고 털은 없으며 중간 맥의 끝이 뾰족하다. 7월경 노란색 꽃이 피는데 잎 사이와 가지 끝에 꽃이삭을 이루며 빽빽하게 달린다. 9월경 달걀꼴의 열매를 맺어 검게 익는다. 전국 각지 구릉지의 풀밭·밭둑·제방·빈터 등지에 자생하는 콩과의 두해살이 쌍떡잎 속씨식물이다.

▶ 효능

- 폐장 질환에 효능이 있다. 폐암, 폐렴, 폐결핵, 폐기종, 심장병, 기관지염, 임파선염 등의 치료를 다스린다.
- 신장 질환에 효능이 있다. 신부전, 신우신염, 콩팥염 등의 질환에 대한 치료 작용을 한다.
- 청열 및 해독 작용에 효능이 있다.

▶ 용어 해설

- 신부전: 혈액 속의 노폐물을 걸러내고 배출하는 신장의 기능에 장애가 있는 상태.

▶ 처방 및 복용 방법

7~8월경 개화기에 뿌리와 전초를 채취하여 햇볕에 말려 쓴다.

- 폐암, 폐렴, 폐결핵, 폐기종, 심장병, 기관지염, 임파선염 등의 폐장 질환에는 전동싸리 전초를 차로 우려 복용한다.
- 신부전, 신우신염, 콩팥염 등의 신장 질환에 대한 치료에는 전초와 뿌리를 진하게 달여 복용한다.
- 임파선결핵의 해독 작용에는 전동싸리 뿌리로 약주를 담가 1주일에 소주잔 3잔 정도씩 복용한다.

267 전호(前胡: 뿌리)

▶ 식물의 개요

전호는 아삼(蛾蔘)·만호(萬胡)·사향채(射香菜)·생치나물·수전호·야근채 등의 이명으로도 불린다. 한방에서 쓰는 생약명은 전호이다. 뿌리는 굵고 뿌리에서 나온 줄기는 1m 정도 곧게 자라며 여러 개의 가지를 친다. 잎은 잎자루가 길고 3개씩 갈라진다. 잎 가장자리에는 톱니가 있고 뒷면에 털이 약간 나있다. 5월경 흰색 꽃이 산형 꽃차례를 이루며 꽃이삭으로 피고, 8월경 타원형의 열매가 맺어 검은 녹색으로 익는다. 관상용·식용·약용으로 이용한다. 전국 각지 산과 들의 습지에 자생하는 미나리과의 여러해살이 쌍떡잎 속씨식물이다.

▶ 효능

• 해수, 비염, 천식, 폐렴, 기관지염, 유행성 독감, 인후염, 폐열, 발열, 두풍, 진통 등의 치료에 효능이 있다.

• 열증을 다스린다. 열사병, 폐열, 발열, 두풍, 진통 등의 치료에 효능이 있다.

• 담을 치료하는데 효능이 있다.

▶ 처방 및 복용 방법

봄~가을철에 뿌리·열매·줄기·잎 등 전초를 채취하여 햇볕에 말려 약재로 쓴다.

• 가래가 많고 기침을 자주하는 경우나 천식의 치료에는 전호 뿌리를 진하게 달여 복용한다.

• 담의 치료에는 전호가루를 물에 타서 복용하든지 뿌리를 달여 차처럼 복용한다.

▶ 용어 해설

• 산형 꽃차례: 많은 꽃꼭지가 꽃대 끝에서 방사형으로 나와 그 끝마디에 꽃이 하나씩 붙는 꽃차례.

268 절국대-영인진(穎茵陣)

▶ 식물의 개요
절국대는 음행초(陰行草)·음행송(陰行松)·귀유마(鬼油麻)·협호(莢蒿)·유기노(劉寄奴)·오독초(五毒草)·토인진(土茵陳)·수풍초(隨風草) 등의 이명이 있다. 한방에서 쓰는 생약명은 영인진(穎茵陣)이다. 줄기는 자주색으로 곧게 자라며 털이 나고 윗부분에 가지가 갈라진다. 잎은 줄기 전체에 마주나며 긴 달걀꼴의 뾰족한 피침형으로 갈라지며 톱니가 나있다. 꽃은 7월경 황색 꽃이 잎 사이에 한 개씩 꽃이삭을 이루어 핀다. 8월경 결실하여 익으면 터져 나온다. 전국 각지 들판이나 냇가 양지쪽 풀밭에 자생하는 현삼과의 반기생 한해살이 쌍떡잎 속씨식물이다. 독성은 없으나 식용으로는 쓰지 않고 관상용과 약용으로 쓴다.

▶ 효능
- 심장 질환을 다스린다. 고혈압, 폐렴, 황달, 협심증, 심근경색, 신부전, 등의 치료에 효능이 있다.
- 방광 질환을 다스린다. 소변불리, 성병, 방광염, 생리불통, 혈뇨, 전립성염 등의 치료에 효능이 있다.
- 산후복통, 산후어혈, 생리불순 등의 질환을 다스린다.

▶ 처방 및 복용 방법
7~8월경 개화기에 뿌리와 전초를 채취하여 햇볕에 말려 약재로 쓴다.
- 산후복통, 산후어혈, 생리불순 등의 질환에는 말린 전초를 진하게 달여 복용한다.
- 고혈압, 황달, 이뇨 작용에는 전초를 달여 1일 3회 정도 차처럼 복용한다.

- 소변불리 등 방광 질환에는 전초로 가루를 만들어 복용한다.
- 화상 치료에는 절국대가루를 만들어서 처방한다.
- 대소변에 피가 섞여 나올 때는 절국대가루를 차에 개어 빈복에 복용한다.

▶ 용어 해설
- 이뇨 작용: 소변이 잘 나오게 하는 작용.

269 절굿대-누로(漏蘆)

▶ 식물의 개요

절굿대는 꽃줄기가 절구질을 하는 절굿대를 닮았다 하여 붙여진 이름이다. 개수리취·추골풀·둥둥방망이·분취아재비·절구대·야란(野蘭)·북루(北漏)·귀유마(鬼油痲) 등의 이명이 있다. 한방에서 쓰는 생약명은 누로(漏蘆)이다. 뿌리가 비대하며 줄기는 곧게 서서 자라고 가지가 갈라져 솜털로 덮여 있다. 잎은 어긋나는데 깃털처럼 갈라졌고 가장자리에 잔 톱니가 있다. 꽃이 피기 전에는 엉겅퀴와 비슷하여 구분이 어렵다. 남색의 꽃은 7월경 줄기 끝에 달려 한 송이씩 핀다. 10월경 열매인 수과(瘦果)는 황갈색 털이 있다. 전국 각지 산과 들의 양지에 자생하는 국화과의 여러해살이 쌍떡잎 속씨식물이다. 어린잎은 나물로 먹고, 관상용·약용으로 쓴다.

▶ 효능

• 순환계 질환을 다스린다. 각혈, 간경변증, 간염, 부정맥, 협심증, 혈전증, 경색, 동맥경화증, 담 등의 치료에 효능이 있다.

• 호흡기 질환을 다스린다. 인후염, 인후통, 임파선염, 천식, 폐렴, 기관지염, 유행성 감기, 독감 등의 치료에 효능이 있다.

• 운동계 질환을 다스린다. 근골동통, 근육통, 인대파열, 타박상, 골절 등의 치료에 효능이 있다.

▶ 처방 및 복용 방법

절굿대는 가을철에 뿌리를 채취해 약용으로 쓴다.

• 열을 내리게 하거나 산모가 젖이 잘 나오지 않을 때 절굿대 뿌리를 진하게 달여 복용한다.

• 위경련, 위궤양, 속쓰림 등의 질환에는 절굿대 뿌리로 환을 빚어 복용한다.

• 근골동통, 근육통, 인대파열, 골절 등의 질환에는 약술을 담가 처방하든지 차로 우려 복용한다.

• 종기나 피부염에는 뿌리를 달여서 환부를 씻는다.

• 인후염, 인후통, 임파선염, 천식, 폐렴, 기관지염, 유행성 감기, 독감 등의 치료에는 차로 달여 복용한다.

▶ 용어 해설

• 각혈: 피나 피가 섞인 가래를 기침과 함께 뱉어 내는 것.

270 젓가락나물-회회산(回回蒜)

▶ 식물의 개요

젓가락나물은 가늘고 억센 줄기가 젓가락 닮았고 나물로 먹는다 하여 붙여진 이름이다. 토세신 (土細辛)·황화초(黃花草)·수호초(水胡草)·수양매(水楊梅)·반데나물·작은젓가락나물·좀젓 가락나물·애기젓가락풀·젓가락풀 등의 이명이 있다. 생약명은 회회산(回回蒜)이다. 짧은 뿌 리줄기에서 줄기가 나와 곧게 서서 자라는데 속이 비어 있고 가지를 많이 치며 털이 많이 나 있 다. 잎은 3출 겹잎으로 가장자리에 톱니가 있고 양면에 털이 나 있다. 꽃은 6월경 노란 오판화 가 취산 꽃차례를 이루며 달려 핀다. 열매는 7월경 타원형의 수과가 달려 익는다. 식용과 약용 으로 이용되는데 나물로 먹을 때는 삶아서 우려먹어야 한다. 전국 각지 들판의 습지나 냇가의 웅덩이 주변에 자생하는 미나리아재비과의 두해살이 쌍떡잎 속씨식물이다.

▶ 효능

- 간장병증을 다스린다. 알콜성간경변, B형바이 러스간염, 담즙성 간경변증, 급성간염, 간암 등 의 치료에 효능이 있다.
- 종기, 황달, 치통, 옹종, 식도암 등의 치료에 효 능이 있다.

▶ 처방 및 복용 방법

여름철 개화기에 전초를 채취하여 햇볕에 말려 약 재로 쓴다.

- 알콜성간경변, B형바이러스간염, 담즙성 간경 변증, 급성간염, 간암 등의 치료에는 잎과 줄기 를 달여서 차처럼 복용한다.
- 종기, 치통, 관절염의 치료에는 생풀을 짓찧어 즙을 짜서 복용한다.

▶ 용어 해설

- 취산 꽃차례: 꽃대 끝에 꽃이 피고 그 아래 가지 에 차례대로 꽃이 피는 것.

271 제비꽃-자화지정(紫花地丁)

▶ 식물의 개요

제비꽃은 독행호(獨行虎)·양각자(羊角子)·오랑캐꽃·씨름꽃·반지꽃·전두초·병아리꽃·씨름꽃·앉은뱅이꽃 등으로 부른다. 생약명은 자화지정(紫花地丁)이다. 뿌리는 황백색이며 원줄기는 없다. 뿌리에서 긴 자루에 달린 잎이 모여 나와 옆으로 퍼진다. 잎은 타원형으로 두꺼우며 가장자리에 톱니가 있다. 꽃은 4월경 자주색으로 가늘고 긴 꽃줄기에 한 송이씩 핀다. 열매는 6월경 타원형의 삭과가 달려 익는데 씨는 스스로 터져 퍼진다. 관상용·향료·식용·약용으로 이용된다. 전국 각지의 양지 바른 길가나 언덕, 초원 등지에 자생하는 제비꽃과의 여러해살이 쌍떡잎 속씨식물이다.

▶ 효능

제비꽃은 열매에서 뿌리까지 전초를 채취하여 말려 약용으로 쓴다.

- 적리균·포도상구균·피부진균 등을 억제하는 항균 작용을 하고, 화농성 피부 질환에 효과가 크다.
- 방광염, 장염, 설사, 전립성염 등의 질환을 다스린다.
- 임파선 결핵 치료 및 각종 염증 치료에 효과가 있다.
- 대소변 출혈, 코피 등에 뿌리를 사용하면 지혈 효과가 있다.
- 결막염, 눈의 충혈 등에도 효능이 있다.

▶ 처방 및 복용 방법

- 화농성 피부 질환 및 임파선 결핵 치료에는 제비꽃과 민들레를 섞어서 달여 마신다.

- 몸의 각종 종기에는 제비꽃을 생즙을 내어 마신다.
- 황달에는 자화지정의 가루를 미지근한 물에 타서 마신다.
- 요도염이나 전립성염에는 자화지정과 자삼을 섞어 달여서 여러 번 마신다.
- 뱀에 물린 경우 제비꽃의 생즙을 내어 소주에 타서 마신다.

▶ 용어 해설

- 화농성 피부 질환: 어린아이들에게 많이 생기는 피부 질환이다. 처음에는 얼굴 목 머리 팔 등에 콩알 크기의 물집이 생기고 고름이 생겨 점점 온 몸으로 퍼진다.

272 제비쑥-청호(菁蒿)

▶ **식물의 개요**

제비쑥은 잎이 제비 날개를 닮아 붙여진 이름이다. 모호(牡蒿)·취애(臭艾)·백화호(白花蒿)·토자호(土紫蒿)·초호 유호·야란호·방궤·자불쑥 등의 이명이 있다. 한방에서 쓰는 생약명은 청호(菁蒿)이다. 줄기는 곧게 서서 자라며 줄기 전체에 털이 없고 가지를 치지 않는다. 잎은 어긋나며 쐐기 모양, 주걱 모양 등 다양하고 가장자리가 밋밋하며 톱니가 나 있다. 7월경 달걀 모양의 황록색 꽃이 원추 꽃차례를 이루며 달려 피고, 10월 전후 결실하여 익는다. 어린 쑥은 나물이나 쑥떡을 해서 먹는다. 전국 각지의 야산이나 들판의 양지 바른 곳에 자생하는 국화과의 한해살이 쌍떡잎 속씨식물이다.

▶ **효능**

- 이비인후과 질환을 다스린다. 해수, 감기, 중이염, 부비동염, 후두염, 편도염 등의 치료에 효능이 있다.
- 순환계 질환을 다스린다. 부정맥, 협심증, 혈전증, 색전증, 동맥경화증, 담, 변혈, 발열 등의 치료에 효능이 있다.
- 호흡기 질환을 다스린다. 천식, 폐렴, 기관지염, 유행성 감기, 독감, 인후염 등의 치료에 효능이 있다.
- 피부과 질환을 다스린다. 종독, 개창, 알레르기성 피부염, 두드러기, 대상포진, 아토피, 여드름 등의 질환을 치료하는데 효능이 있다.

▶ **처방 및 복용 방법**

여름과 가을철에 전초를 채취하여 생물이나 햇볕에 말려 약재로 쓴다.

- 체력이 허하고 취침 중 땀을 흘리거나 뼈마디가 쑤셔 통증이 심한 경우는 신선한 생쑥을 즙을 내어 복용한다.
- 종독, 피부염, 두드러기 등 피부염에는 생쑥을 짓찧어서 생즙을 내어 바르든지 환부에 붙인다.
- 감기, 기침, 폐렴 등 호흡기 질환에는 말린 전초를 차처럼 우려 마신다.
- 구내염, 해열, 간 기능 보호 등에는 전초를 진하게 달여 복용한다.

▶ **용어 해설**

- 원추(圓錐) 꽃차례: 꽃차례의 축이 여러 번 가지가 갈라져 최종 분지(分枝)가 총상 꽃차례를 이루는 원뿔 모양이다.

273 조개나물-백하초(白夏草)

▶ 식물의 개요

조개나물은 가지골나물·가지래기꽃·꿀방망이·모꽃·백하고초(白夏枯草)·다화근골초(多花筋骨草)·보개초(寶蓋草) 등으로도 불린다. 생약명은 백하초(白夏草)이다. 줄기는 곧게 서고 흰색의 털이 나 있다. 뿌리잎은 잎자루가 길고 댓잎피침형이고 줄기잎은 달걀 모양의 타원형으로 가장자리에 물결 모양의 톱니가 있다. 5~6월경 자주색 꽃이 줄기 위로 올라가면서 빽빽이 핀다. 8월경 결실하여 익으면 열매가 4개로 갈라진다. 독성은 없으나 식용으로는 쓰지 않고 관상용과 약용으로 쓴다. 전국 각지 특히 전라도·경상도·경기도·제주도의 산과 들판·제방둑 등의 양지 바른 곳에 자생하는 꿀풀과의 여러해살이 쌍떡잎 속씨식물이다.

▶ 효능

• 근골동통, 근육통, 타박상, 골절 등의 치료에 효능이 있다.
• 연주창, 옹종, 알레르기성 피부염, 두드러기, 대상포진, 아토피, 여드름 등의 질환을 치료하는 데 효능이 있다.
• 치수염, 치통, 치아파절, 치주 질환 등의 치료에 효능이 있다.
• 결핵, 갑상선염, 유방염, 간염 등 질환을 다스린다.
• 『동의보감』에는 '목에 멍울이 서거나 곪아 고름이 나는 것과 머리에 상처가 난 것을 치료하고, 기가 몰린 것을 흩어주며, 눈이 아픈 것을 치료한다'라고 하였다. 즉, 혈관 질환, 외부상처, 기력증진, 눈병 치료에 효능이 있다.

▶ 처방 및 복용 방법

5~6월경 개화기에 전초를 채취하여 햇볕에 말려

약재로 쓴다.
• 고혈압, 감기, 기침, 가래, 두통, 간염 등의 질환에는 꽃이 달린 원줄기와 잎을 진하게 달여 처방한다.
• 습진, 악성 종기, 이뇨 작용, 부스럼, 타박상, 피부염, 치통 등의 질환에는 생즙으로 환부에 바르든지, 달여서 그 물을 마신다. 치통에는 달인 물로 양치한다.
• 코피, 출혈, 피가 나는 상처, 하혈 등의 질환에는 지혈 작용으로 생즙 및 달인 물로 처방한다.

▶ 용어 해설

• 뿌리잎: 뿌리나 땅속줄기에서 나는 잎(고사리).

274 조릿대-죽엽(竹葉)

▶ 식물의 개요

조릿대는 산죽잎·갓대·산대·신우대·임하죽·담죽엽(淡竹葉)·지죽(地竹)·죽엽맥동(竹葉麥冬) 등으로도 불린다. 생약명은 죽엽(竹葉)이다. 대나무 중에서 가장 작은 종류로 줄기는 곧게 서서 자라며 질이 단단하고 마디가 튀어 나오지 않는다. 잎은 가지 끝에는 2~3개씩 달리는데 타원형으로 뾰족하고 가장자리에는 톱니가 나 있다. 일생에 한 번 또는 5년 정도 마다 자주색의 꽃이 4월경 원추형 꽃이삭으로 핀다고 한다. 8월경 타원형의 보리나 밀 모양의 열매가 달려 익는다. 열매·죽순·어린 잎은 식용으로, 줄기는 낚시대·죽세공품으로 이용하고, 관상용 및 약용으로 쓰인다. 중부이남 지역의 산지나 숲속 그늘 등지에 자생하는 벼과의 상록 여러해살이 외떡잎 속씨식물이다.

▶ 효능

• 심장과 호흡기 질환을 다스리며 담 질환에도 작용한다. 협심증, 심근경색, 심부전, 해수, 천식, 폐렴, 기관지염, 유행성 독감, 인후염. 쓸개염 등의 질환에 효능이 있다.

• 구내염, 구토, 구역증 등이 질환을 다스린다.

• 소변불리, 소변불통, 요통, 요실금 등의 질환을 다스린다.

• 각종 암, 고혈압, 당뇨병, 위궤양, 위염 등의 질환에 효능이 있다.

▶ 처방 및 복용 방법

조릿대는 연중 필요할 때 채취하여 생물이나 그늘에 말려 재료로 사용한다.

• 당뇨병. 위궤양, 고혈압, 간염 등의 질환에는 잎과 뿌리를 잘게 썰어 진하게 달여 차처럼 장기 복용한다.

• 구내염, 구토, 구역증, 소변불리, 소변불통, 요통, 요실금 등의 질환에는 환을 빚어 하루 3번 정도 먹든지, 조릿대 달인 물로 죽을 쑤어 먹어도 좋다.

• 협심증, 심근경색, 심부전, 해수, 천식, 폐렴, 기관지염 등의 질환에는 조릿대 뿌리로 가루를 만들어 하루에 3숟가락씩 물에 타서 먹는다.

▶ 용어 해설

• 원추(圓錐) 꽃차례: 꽃차례의 축이 여러 번 가지가 갈라져 최종 분지(分枝)가 총상 꽃차례를 이루는 원뿔 모양이다.

275 조뱅이-소계(小薊)

▶ 식물의 개요

조뱅이는 천침초(千針草)·자계채(刺薊菜)·야홍화(野紅花)·청자계(靑刺薊)·조방가시·조방가새·자각채 등으로 불린다. 한방에서 쓰는 약재명은 소계(小薊)이다. 뿌리줄기가 옆으로 뻗으면서 순이 나와 줄기가 형성된다. 줄기는 자줏빛으로 줄이 지고 가지가 갈라진다. 줄기에 달린 잎은 어긋나며 타원형으로 가장자리에 톱니와 가시털이 있다. 7월경 자주색 꽃이 종모양의 꽃받침에 산형으로 핀다. 9월경 타원형의 열매가 달려 익는다. 어린순은 나물로 먹고 전초는 관상용·약용에 쓰인다. 전국 각지 빈터·밭둑·길가 등지에 자생하는 국화과의 두해살이 쌍떡잎 속씨식물이다.

▶ 효능

• 간경을 보하며 혈증을 다스린다. 보간, 청간, B형바이러스간염, 급성간염, 간암, 고혈압, 고지혈증, 패혈증, 토혈, 중풍, 황달 등의 치료에 효능이 있다.
• 지혈 작용, 혈압 강하 작용 등의 지혈약으로 효능이 있다.
• 타박상, 관절염, 종기, 부종, 화상, 동상 등의 치료에 효능이 있다.

▶ 처방 및 복용 방법

조뱅이는 봄~가을철에 전초를 채취하여 햇볕에 말려 쓴다.

• 고혈압, 토혈, 황달, 간암, 패혈증, 지혈 작용에는 조뱅이 전초를 진하게 달여 복용한다.
• 타박상, 관절염, 종기, 부종, 화상, 동상 등의 치료에는 신선한 전초 생즙으로 바르든지 짓찧어 환부에 붙인다.
• 지혈 작용, 혈압 강하 작용 등에 대한 처방은 전초가루로 처방한다.

▶ 용어 해설

• 뿌리줄기: 땅속이나 지표를 옆으로 타고 올라온 뿌리(연근, 버섯, 머위).
• 산형 꽃차례: 많은 꽃꼭지가 꽃대 끝에서 방사형으로 나와 그 끝마디에 꽃이 하나씩 붙는 꽃차례.

276 조팝나무-목상산(木常山)

▶ 식물의 개요

조팝나무는 꽃이 만발한 모양이 마치 좁쌀을 붙인 것처럼 보인다고 해서 붙여진 이름이다. 계뇨초(鷄尿草)·압뇨초(鴨尿草)·조밥나무·백화상산·촉칠·눈버들(雪柳)·수선국 등으로도 불린다. 생약명은 목상산(木常山)이다. 관상용·밀원(꿀벌 먹이)·식용·약용으로 쓰인다. 적회색의 뿌리가 사방으로 뻗어 줄기가 뭉쳐서 나오는데 밤색이고 윤기가 난다. 잎은 어긋나며 타원형으로 가장자리에 톱니가 있고 끝이 뾰족하다. 꽃은 4월경 흰색으로 위쪽 가지에서 4개 정도씩 산형꽃차례로 달려 핀다. 꽃잎은 5개이며 타원형이다. 9월경 결실하여 익으면 열매가 터진다. 전국 각지 야산 기슭이나 양지바른 밭둑, 개울가 등지에 자생하는 장미과의 낙엽 활엽 관목이다.

▶ 효능
- 주로 해열제로서 열증을 다스린다. 두통, 감기, 오열, 신열, 허열증, 폐열증, 표열증 등의 치료에 효능이 있다. 『동의보감』에는 '맛이 쓰며 맵고 독이 있으나 학질을 낫게 하고 가래를 없애며 열이 심하게 오르내릴 때 신속하게 치료한다'고 하였다.
- 인후염, 인후통 등 해열제로 호흡기 질환 치료에 효능이 있다.
- 신경통 치료에 효능이 있다.

▶ 처방 및 복용 방법

봄과 가을철에 잎·줄기·꽃을 채취하여 생물 및 햇볕에 말려 약재로 쓴다.
- 두통, 감기, 오열, 신열, 폐열증, 표열증 등 주로 해열제로서의 처방에는 꽃과 줄기를 달여서 쓴다.

- 인후염, 인후통 등의 치료에는 꽃을 차처럼 은은하게 달여 마신다.
- 신경통 치료에는 건조한 잎과 줄기로 처방한다.

▶ 용어 해설
- 표열증: 열이 나고 바람을 싫어하며 약간 오싹오싹 춥고 머리가 아프며 갈증이 나는 질환.

277 조희풀–초목단(草牧丹)

▶ 식물의 개요

조희풀은 목통화(木通花)·목단등(牧丹藤)·달씨철선연·류리초목단·조희풀·선모란풀·자주목단풀 등의 이명이 있다. 한방에서 쓰는 생약명은 초목단(草牧丹)이다. 뿌리줄기는 거칠고 길며 흰색의 짧은 털이 나 있다. 잎이 달린 줄기를 목단등이라 하며 약재로 쓰인다. 잎은 3출 겹잎으로 넓은 달걀꼴이다. 잎 가장자리에는 톱니가 나 있고 끝이 뾰족하다. 7월경 줄기 끝과 잎 사이에서 흰털이 있는 보라색 꽃이 피고, 9월경 결실하여 익는다. 전국 각지 산지의 바위와 돌이 많은 곳에 자생하는 미나리아재비과의 낙엽 활엽 관목이다.

▶ 효능

• 운동계·신경계 질환을 다스린다. 각기, 관절염, 신경통, 풍, 근골동통, 근육통, 타박상, 골절, 뇌수종증, 뇌신경마비, 수막염, 안면신경마비, 뇌성마비 등의 치료에 효능이 있다.
• 해수, 인후통, 천식, 폐렴, 기관지염, 유행성 감기, 독감, 인후염 등의 치료에 효능이 있다.

▶ 용어 해설

• 각기: 다리가 나무처럼 뻣뻣해지는 병증.

▶ 처방 및 복용 방법

조희풀은 가을에서 이듬해 봄 사이에 뿌리와 전초를 채취하여 약재로 쓴다. 독성이 있으므로 전문 한의사의 조언을 받아 처방한다.

• 감기, 거담, 천식 등 호흡기 질환에는 건조한 뿌리와 전초를 달여 복용한다.
• 골절, 관절염 등 운동계 질환의 처방에는 생즙을 짜서 쓴다.

278 족도리풀-세신(細辛)

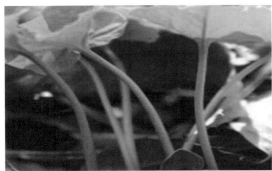

▶ 식물의 개요

족도리풀은 가늘고 매운맛이 난다고 하여 세신이라 하고, 세초(細草)·소신(小辛)·옥번사(玉番絲)·만병초(萬病草)·족두리풀 등으로 불린다. 생약명은 세신(細辛)이다. 뿌리줄기는 마디가 많고 옆으로 비스듬히 기며 마디마다 수염뿌리를 내린다. 가늘고 매운맛이 나기에 세신이라 하였다. 잎은 원줄기 끝에서 2개의 잎이 나와 마주보며 잎자루가 길다. 심장 모양으로 끝이 뾰족하며 잔털이 있다. 꽃은 4월경 붉은 자주색으로 피는데 꽃줄기 끝에 한 개씩 옆으로 향해 달린다. 열매는 8~9월경 타원형 장과가 달려 익는데 씨는 20개 정도 들어 있다. 전국 각지의 산지 그늘진 곳에 자생하는 쥐방울덩굴과의 여러해살이 쌍떡잎 속씨식물로 해열 진통제로 사용된다.

▶ 효능

족도리풀은 7월 전후에 뿌리까지 전초를 채취하여 그늘에 말려서 약재로 쓴다.

- 풍한이나 풍습에 의한 두통 등 몸에 오는 진통을 치료하는데 효능이 크다.
- 발열과 두통 등 전신통이 있을 경우와 기침이 심할 경우 사용하면 효능이 있다.
- 가래를 삭혀주는 거담 작용과 해열 및 혈압을 강하시키는데 효과가 있다.

▶ 처방 및 복용 방법

- 중풍으로 인한 마비 현상이나 유산 후유증에는 세신과 숙지황, 우슬, 두충, 당귀, 감초 등을 섞어 끓여서 식힌 후 장기 복용한다.
- 치아가 아프거나 시린 경우는 세신을 달여서 차처럼 사용한다.
- 감기가 심한 경우는 세신과 방풍, 길경, 박하 등을 섞어 달여 마신다.
- 두통이 심한 경우는 세신과 천궁, 생강 등을 달여서 마신다.

▶ 용어 해설

- 장과(漿果): 과육과 액즙이 많고 속에 씨가 들어 있는 과실(포도, 감).

279 족제비싸리-자수괴(紫穗塊)

▶ 식물의 개요

족제비싸리는 미국이 원산지인데 1930년대 우리나라에 사방공사용으로 들어온 외래종이다. 미국싸리·점박이미국싸리·왜싸리 등으로도 불린다. 생약명은 자수괴(紫穗塊)이다. 꽃의 빛깔이나 모양이 족제비 꼬리를 닮았고, 줄기를 문지르면 족제비 항문에서 나는 고약한 냄새가 난다 하여 붙여진 이름이다. 줄기는 짙은 회갈색을 띠며 껍질눈이 있다. 잎은 잎줄기에 여러 개가 달려 있는 깃꼴겹잎으로 마치 아카시아 잎과 흡사하다. 5월경 하늘색 꽃이 꽃이삭을 이루며 피는데 향기가 진하다. 9월경 결실하여 익는데 꼬투리 표면에 작은 돌기가 있고 안에는 씨가 한 개씩 들어 있다. 독성은 없지만 식용으로는 쓰지 않고 관상용·사방용·세공재·사료용·밀원·약용으로 이용된다. 전국 각지 산비탈·길가·밭둑·개울가·철로 주변 등지에 자라는 콩과의 쌍떡잎 낙엽 활엽 관목이다.

▶ 효능

족제비싸리는 꽃 색깔이 족제비와 비슷하고 냄새가 난다. 주로 혈압과 관련된 질환에 효능이 있다.

- 혈압강하, 고혈압, 동맥경화 등 주로 혈증을 다스린다.
- 습진, 피부염증, 종기, 화상, 열상 등의 질환에 효능이 높다.

▶ 처방 및 복용 방법

족제비싸리는 연중 잎과 열매를 채취하여 햇볕에 말려 약재로 쓴다.

- 혈압강하, 고혈압, 동맥경화, 중풍, 당뇨병 등의 질환에는 건조한 잎을 진하게 달여서 처방한다. 또는 꽃으로 약술을 담가서 복용해도 좋다.

- 습진, 피부염증, 종기, 화상, 열상 등의 질환에는 달인 물로 깨끗이 씻는다.

▶ 용어 해설

- 깃꼴겹잎: 잎자루 좌우에 작은 잎이 깃털 모양으로 배열되어 있는 잎.

280 좁쌀풀-황련화(黃蓮花)

▶ 식물의 개요
좁쌀풀은 작고 노란 꽃봉오리의 다닥다닥 붙은 모습이 마치 좁쌀처럼 보여 붙여진 이름이다. 황속채(黃粟采)·큰좁쌀풀·참좁쌀까치수염·조선진주채·가는좁쌀풀·노란꽃꼬리풀 등으로도 불린다. 한방에서 쓰는 생약명은 황련화(黃蓮花)이다. 뿌리줄기는 옆으로 뻗으며 많은 뿌리를 내리고, 원줄기는 곧게 서서 자라며 가지가 갈라진다. 잎은 댓잎형 또는 달걀 모양으로 원줄기에 마주보며 붙어 자란다. 6월경 노란색 꽃이 원줄기 끝에서 꽃 이삭을 이루며 핀다. 9월경 둥근 열매가 달려 익는다. 전국 각지 산지나 들판의 햇볕이 비치는 습지에 자생하는 앵초과의 여러해살이 쌍떡잎 속씨식물이다. 관상용·밀원·식용·약용으로 쓰인다.

▶ 효능
- 고혈압, 저혈압, 출혈 등 혈증을 다스린다.
- 통증에 효능이 있다. 즉, 두통, 치통, 치질통, 위통, 변비, 견비통, 근골동통 등의 질환을 다스린다.
- 불면증을 다스린다.

▶ 처방 및 복용 방법
좁쌀풀은 개화기인 7~8월경 뿌리와 전초를 채취하여 약재로 쓴다.
- 고혈압, 저혈압, 출혈 등 혈증 치료에는 생즙이나 말린 전초를 진하게 달여 복용한다.
- 두통, 치통, 치질통, 위통, 변비, 견비통, 근골동통 등의 질환에는 생즙을 만들어 환부에 바른다.
- 불면증에는 말린 뿌리를 달여 복용한다.

▶ 용어 해설
- 밀원(蜜源): 꿀벌이 모이는 근원이 되는 식물.

281 주름잎−통천초(通泉草)

▶ 식물의 개요

주름잎은 잎에 주름이 진다 하여 붙여진 이름이다. 녹란화(錄蘭花)·속속이풀·담배깡랭이·주름잎풀·고추풀·선담배풀·일본통천초 등의 이명이 있다. 한방에서 쓰는 생약명은 통천초(通泉草)이다. 잎은 긴 타원형의 주걱 모양으로 끝이 둥글고 가장자리에 둔한 톱니가 있다. 6월경 백색을 띠는 연한 자주색의 꽃이 줄기 끝에서 총상 꽃차례를 이루며 달려 피고, 8월경 둥근 열매가 달려 익으면 터진다. 어린순은 이른 봄 채취하여 나물로 먹는다. 관상용·밀원·식용·약용으로 이용된다. 전국 각지 농촌의 밭둑 습지, 초원지, 빈터의 습한 곳에 자생하는 현삼과의 한해살이 쌍떡잎 속씨식물이다.

▶ 효능

• 종독, 종기, 열상, 자상, 절상, 골절상, 동상, 찰과상, 화상, 파상풍 등 외상의 치료에 효능이 있다.
• 생리불통에 대한 통경 작용을 다스린다.

▶ 용어 해설

• 총상(總狀) 꽃차례: 꽃 전체가 하나의 꽃처럼 보이는 꽃 모양.

▶ 처방 및 복용 방법

여름에서 가을철에 잎과 줄기 등 전초를 채취하여 생풀이나 햇볕에 말려 약재로 쓴다.
• 생리불통에 대한 통경 작용에는 말린 전초를 진하게 달여 장기 복용한다.
• 종기, 골절상, 파상풍 등의 치료에는 신선한 잎과 줄기를 짓이겨서 환부에 붙인다.
• 화상, 찰과상 등의 외상에는 말린 전초를 곱게 가루를 빻아 환부에 뿌린다.

282 쥐깨풀-토향유(土香油)

▶ 식물의 개요

쥐깨풀은 대엽향유(大葉香油)·야형개(野荊芥)·오향초(五香草)·괴향유(塊香油)·좀산들깨·
참산들깨·쥐깨 등의 이름으로도 불린다. 생약명은 토향유(土香楢)이다. 줄기는 뿌리에서 나와 곧
게 서서 자란다. 방향성이 있으며 마디에 흰털이 많다. 잎은 달걀꼴로서 끝이 뾰족하고 가장자리
에 낮은 톱니가 있다. 꽃은 8월경 흰색 또는 붉은 자주색으로 피는데 줄기와 가지 끝에서 꽃자
루를 이룬다. 10월경 달걀 모양으로 결실하여 익으면 씨가 떨어진다. 전국 각지 농가 주변이나 들
판 등지의 약간 습한 곳이나 그늘진 곳에 자생하는 꿀풀과의 한해살이 쌍떡잎 속씨식물이다.

▶ 효능

• 소화기능을 돕는다. 속쓰림, 식도염, 복부 팽만,
  위장장애 등의 질환을 다스린다.
• 호흡기 질환을 다스린다. 해수, 천식, 폐렴, 기
  관지염, 유행성 독감, 인후염 등의 치료에 효능
  이 있다.
• 옹종, 습진, 피부염 등을 다스리고, 구충제, 방
  부제로 널리 쓰인다.

▶ 처방 및 복용 방법

쥐깨풀은 개화기인 7~8월경 줄기 및 잎 등 전초를
채취하여 생풀이나 햇볕에 말려 약재로 쓴다.

• 속쓰림, 식도염, 복부 팽만, 위장장애 등의 질환
  에는 말린 잎과 줄기를 진하게 달여 복용한다.
• 해수, 천식, 폐렴, 기관지염 등 호흡기 질환에는
  말린 전초를 차처럼 달여 여러 번 마신다.
• 종기, 습진, 피부염 등에는 신선한 잎과 줄기를
  짓찧어 환부에 붙이든지 생즙을 내어 바른다.

▶ 용어 해설

• 꽃자루: 꽃이 달리는 부분의 가지.

283 쥐똥나무-수랍과(水蠟果)

▶ 식물의 개요

쥐똥나무는 익은 열매가 쥐똥 같다 하여 붙여진 이름이다. 검정알나무·조갈나무·가백당나무·백잠나무·수랍목·싸리버들·남정목(男精木)·유목(楺木) 등의 이명을 사용한다. 한방에서는 수랍과(水蠟果)라는 생약명을 쓴다. 줄기에서 나온 많은 가지는 가늘며 회백색이고 잔털이 있다. 잎은 긴 타원형으로 끝이 둔하고 밑이 넓게 뾰족하다. 꽃은 6월경 흰색의 꽃이삭(총상 꽃차례)을 이루며 피고, 10월초경 둥근 달걀 모양의 열매가 달려 쥐똥처럼 검게 익는다. 관상용·가로수·울타리용·약용으로 이용된다. 전국 각지의 산기슭 골짜기 들판 냇가 등지에 자생하는 물푸레나무과의 낙엽 활엽 관목이다.

▶ 효능

• 강장을 보호하며 열증을 다스린다. 즉, 두통, 감기, 오열, 신열, 허열증, 폐열증 등의 치료에 효능이 있다.
• 혈변, 코피, 출혈, 고혈압 등을 다스린다.

▶ 용어 해설

• 신열: 열이 신장 아래에 나타나는 현상.

▶ 처방 및 복용 방법

쥐똥나무는 10월경 열매를 채취하여 햇볕에 말려 약재로 쓴다.

• 두통, 감기, 오열, 신열 등 열증에는 열매를 차처럼 우려 여러 번 마신다.
• 혈변, 코피, 출혈, 고혈압 말린 열매를 진하게 달여 복용한다.
• 몸이 허약하여 식은땀을 자주 흘릴 때는 말린 열매로 약술을 담가 6개월 정도 숙성시킨 후 조금씩 마신다.

284 쥐방울덩굴-마두령(馬兜鈴)

▶ 식물의 개요
쥐방울덩굴은 왕황풍(王黃風)·사삼과(蛇參果)·해독(解毒)·당목향(唐木香)·산두근(山豆根)·쥐방울초 등으로도 부른다. 생약명은 마두령(馬兜鈴)이다. 줄기는 가늘고 길며 다른 나무를 감아 올라간다. 덩굴줄기와 잎에서 냄새가 난다. 잎은 어긋나며 세모진 심장형으로서 끝이 둥글거나 둔하다. 꽃은 7월경 자주색 꽃이 피는데 잎겨드랑이에서 나온 꽃자루에 한 개씩 달린다. 열매는 10월경 둥근 삭과가 달려 익는데 씨가 많다. 전국 각지의 산과 들에 자생하는 쥐방울과의 여러해살이 쌍떡잎 속씨 덩굴식물이다. 전국 각지의 산기슭 골짜기 들판 냇가 등지에 자생하는 물푸레나무과의 낙엽 활엽 관목이다.

▶ 효능
마두령은 씨를 채취하여 볶아서 약용으로 쓴다.
- 풍기와 열기로 인한 폐렴, 천식, 인후염 등 폐의 손상이 있을 때 사용하면 효과가 있다.
- 여성의 임심 중 나타나는 부종을 다스리고 산후 복통에 유용하다.
- 뿌리는 몸에 나타나는 풍기와 습기를 다스린다.
- 치질이나 치루의 치료에도 효능이 있다.

▶ 처방 및 복용 방법
쥐방울덩굴은 열매가 결실하는 10월경 열매 및 전초를 채취하여 햇볕에 말려 약재로 쓴다.
- 기침, 천식 등 폐의 열기를 떨어뜨리기 위해서는 우유에 담근 마두령과 감초를 섞어 끓여서 달인 물을 차처럼 마신다.
- 설사, 복통, 고혈압에는 마두령 뿌리를 달여 마시든지 가루를 내어 물에 타서 마셔도 된다.

- 심장이 좋지 않는 경우는 마두령 씨를 갈아서 물에 타서 마신다.
- 산후에 나타나는 각종 질병에는 마두령 줄기를 갈아서 가루를 내어 물에 타서 마신다.
- 치질에는 건조한 마두령을 태워서 연기를 환부에 쏘이거나 신선한 잎과 줄기를 짓찧어 환부에 바른다.

▶ 용어 해설
- 삭과: 익으면 열매 껍질이 떨어지면서 씨를 퍼뜨리는 여러 개의 씨방으로 된 열매(백합, 붓꽃).

285 쥐손이풀-노학초(老鶴草)

▶ 식물의 개요

쥐손이풀은 잎의 갈라진 모습이 쥐의 손(발바닥)처럼 생겼다 하여 붙여진 이름이다. 노관초(老鶴草)·오엽초(五葉草)·즙우아(汁牛兒)·현초(玄草)·손잎풀·선지풀·풍로초 등으로도 불린다. 생약명은 노학초(老鶴草)이다. 굵은 뿌리에서 나온 줄기가 옆으로 뻗으면서 가지를 친다. 가지에서 나온 잎은 손바닥 모양으로 갈라지며 털이 나 있고 가장자리에는 톱니가 있다. 꽃은 6월경 긴 꽃자루 끝에 달려 홍자색 꽃이 핀다. 9월 전후 열매가 달려 익으면 5개로 갈라져 씨가 나온다. 전국 각지의 산과 들에 자생하는 쥐손이풀과의 여러해살이 쌍떡잎 속씨식물이다. 독성은 없으나 식용으로는 쓰지 않고 관상용과 약용으로 이용한다.

▶ 효능

• 방광염, 대하증, 전립선염, 요도염, 요로결석, 혈변, 요통, 혈뇨 등의 치료에 효능이 있다.
• 설사, 복통, 대변불통, 소화불량, 장염, 이질, 위염, 변비, 건위, 속쓰림 등의 치료에 효능이 있다.
• 수족마비, 풍습, 뇌신경마비, 수막염, 안면신경마비, 뇌성마비 등 신경계 질환을 다스린다.

▶ 처방 및 복용 방법

여름과 가을철에 열매가 익기 전 뿌리를 포함한 전초를 채취하여 햇볕에 말려 약재로 쓴다.

• 방광염, 대하증, 요도염 등 비뇨기 질환에는 말린 전초를 진하게 달여 환부를 깨끗이 씻는다.
• 장염, 설사, 복통, 이질, 위염, 속쓰림 등의 소화기 질환의 치료에는 말린 전초로 차를 우려 여러 번 복용한다.

• 수족마비, 중풍, 뇌신경마비 등 신경계 질환 치료에는 말린 약재 가루로 환을 빚어 복용한다.

▶ 용어 해설

• 꽃자루: 꽃이 달리는 부분의 가지.

286 쥐오줌풀-힐초근(纈草根: 뿌리줄기)

▶ 식물의 개요
쥐오줌풀은 뿌리줄기에서 쥐오줌 냄새 비슷한 독특한 향기가 나므로 쥐오줌풀이라는 이름이 붙었다. 길초(吉草)·녹자초(鹿子草)·만산향(滿山香)·긴잎쥐오줌·줄댕가리·은댕가리·바구니나물 등의 이름으로도 불린다. 생약명은 힐초근(纈草根)이다. 줄기는 곧게 서서 자라는데 모가 난 줄이 있고 속이 비었으며 10여 개의 마디가 있다. 잎은 원줄기에서 나오는데 뾰족한 타원형으로 가장자리에 톱니가 있다. 5월경 붉은색의 꽃이 우산 모양으로 뭉쳐 피는데(산방 꽃차례) 마타리나 뚜깔과 생김새가 비슷하다. 8월경 결실하여 익으면 꽃받침이 떨어져 나간다. 어린순은 나물로 먹고 관상용과 약용으로 이용한다. 전국 각지의 산지의 계곡이나 구릉지의 풀밭에 자생하는 마타리과의 여러해살이 쌍떡잎 속씨식물이다.

▶ 효능
- 신경계와 정신 질환의 치료에 효능이 있다.
- 정신분열증, 간질, 경련, 뇌수종증, 척추염, 안면신경마비, 뇌성마비, 심장병, 신경쇠약, 우울증, 불면증 등의 치료에 효능이 있다.
- 위통, 고혈압, 생리불순, 진통, 황달 등을 다스린다.
- 피부염, 화상, 습진, 가려움증 등의 치료에 효능이 있다.

▶ 처방 및 복용 방법
가을철에 10월경 뿌리와 전초를 채취하여 햇볕에 말려 약재로 쓴다.
- 간질, 경련, 정신분열증, 척추염, 안면신경마비, 심장병, 신경쇠약, 우울증, 불면증 등의 치료에는 마른 전초가루를 미지근한 물에 우려 차처

럼 복용한다.
- 위통, 고혈압, 생리불순, 황달 등의 질환에는 마른 약재(뿌리)를 진하게 달여 마시든지 약술을 담가 처방한다.
- 화상, 습진, 가려움증, 동상 등 외상의 치료에는 전초를 진하게 달여 그 물로 환부를 깨끗이 씻는다.

▶ 용어 해설
- 산방 꽃차례: 꽃자루가 아랫것은 길고 윗것은 짧아 각 꽃이 가지런히 피는 형태.

287 지렁쿠나물-접골목(接骨木)

▶ 식물의 개요

지렁쿠나무는 딱총나무·덧나무·개똥나무·지렁이나무 등으로도 불린다. 생약명은 접골목(接骨木)이다. 줄기는 높이가 3m 전후의 크기로 골속이 암갈색이다. 잎은 마주나며 5~9개의 소엽으로 구성되어 있다. 타원형으로 가장자리에 톱니가 있고 뒷면에는 털이 나 있다. 5월경 연한 황록색 꽃이 가지 끝에 원추 꽃차례를 이루며 달려 핀다. 7월경 결실하여 붉게 익는다. 전국 각지 산과 들, 밭둑 등지에 자생하는 인동과의 낙엽 활엽 관목이다. 관상용·염료·식용·약용으로 이용된다. 어린순은 나물로 먹고 목재는 세공재로 쓴다.

▶ 효능

• 감기, 폐렴, 기관지염, 독감, 인후염 등의 호흡기 질환을 다스린다.
• 신경계 질환을 다스린다. 즉, 좌골신경통, 치통, 사지동통, 척추골 골절, 안면신경마비, 뇌성마비 등의 치료에 효능이 있다.
• 행혈, 해열, 심장병 등 순환계 질환을 다스린다.

▶ 처방 및 복용 방법

5~6월경 개화기에 전초를 채취하여 햇볕에 말려 약재로 쓴다.

• 골절, 타박상, 골다공증 등의 치료에는 말린 지렁쿠나무 잎과 가지를 진하게 달여서 마신다.
• 풍습, 두드러기, 부종, 종기 등의 피부 질환에는 말린 잎을 삶아서 그 물로 환부를 씻는다.
• 안면마비증, 신경통, 치통, 사지동통 등의 신경계 질환에는 열매로 약술을 담가 숙성시켜 하루에 조금씩 복용한다.

• 감기, 폐렴, 기관지염, 독감, 인후염 등의 호흡기 질환에는 마른 잎과 줄기로 가루를 내어 환을 빚어 복용한다.

▶ 용어 해설

• 원추(圓錐) 꽃차례: 꽃차례의 축이 여러 번 가지가 갈라져 최종 분지(分枝)가 총상 꽃차례를 이루는 원뿔 모양이다.

288 지리바곳-초오(草烏 : 뿌리)

▶ 식물의 개요
지리바곳은 지리산에서 처음 발견되었다고 하여 붙여진 이름이다. 싹눈비꽃·바꽃·지리바꽃·
지이바꽃·지리산바꽃·지리산투구꽃·부자(附子)·초오두(草烏頭)·오두(烏頭)·독공(毒公) 등
의 이명을 쓴다. 한방에서 쓰는 생약명은 초오이다. 뿌리는 갈색으로 마늘쪽처럼 굵고 섬유질
(육질)이 많다. 줄기는 자주빛으로 털이 많으며 곧게 서서 자란다. 잎은 어긋나며 손바닥 모양으
로 3~5개로 갈라진다. 갈라진 조각은 달걀 모양의 바소꼴이고 끝이 뾰족하다. 꽃은 7월경 자주
색으로 총상꽃차례를 이루어 핀다. 꽃자루에 털이 많고 꽃받침은 5개 조각이다. 10월 이후 결
실하여 검게 익는다. 지리산과 중부지방에 자생하는 미나리아재비과의 여러해살이 쌍떡잎 속
씨식물이다.

▶ 효능
- 협심증, 심근경색, 심부전, 근골동통, 근육통, 인
  대파열, 타박상, 골절 등의 질환에 효능이 있다.
- 동맥경화, 신경통, 중풍 등 신경계 질환의 치료
  에 효능이 있다.
- 냉증이나 설사에 효능이 있다.

▶ 처방 및 복용 방법
지리바곳은 10월경 뿌리줄기를 채취하여 약재로
쓴다. 독성이 강하기 때문에 전문 한의사의 조언을
받아 처방해야 한다.
- 약으로 쓸 때는 말린 뿌리줄기를 볶아서 차처럼
  우리든지 가루로 만들어 환을 빚어 이용한다
  (전문가의 조언에 따라 처방).
- 타박상 등 외용 상처에는 생뿌리를 짓찧어 처방
  한다.

▶ 용어 해설
- 총상(總狀) 꽃차례: 꽃 전체가 하나의 꽃처럼 보
  이는 꽃 모양.

289 지모(知母)

▶ 식물의 개요

지모는 오래된 뿌리 옆에 나온 새 뿌리의 모양이 개미나 등에 모양을 닮아서 지모(蚳: 개미알 지, 母: 어미 모)라 하였는데 나중에 지모(知母)로 변했다. 고심(苦心)·기모(芪母)·수삼(水參)·아초(兒草)·여뢰(女雷)·창지(昌支)·화모(貨毛)·제모(蝭母)·연모(連母) 등의 이명이 있다. 생약명은 지모(知母)이다. 뿌리줄기는 굵고 옆으로 뻗으며 끝에서 잎이 뭉쳐 나온다. 잎은 외떡잎으로 실처럼 가늘고 서로 안기어 줄기를 감싸며 가장자리가 밋밋하다. 꽃은 6월경 자주색 꽃이 피는데, 꽃줄기에 2~3개씩 모여 달려 수상 꽃차례를 이룬다. 8월경 긴 타원형의 열매가 달려 익는데 3개의 씨방에 검은 씨가 한 개씩 들어 있다. 관상용·약용으로 이용된다. 중부지방의 산과 들에 자생하는 백합과의 여러해살이 외떡잎 속씨식물이다.

▶ 효능

- 방광염, 변비, 전립선염, 요도염, 요로결석, 혈뇨 등의 치료에 효능이 있다.
- 거담, 해수, 비염, 천식, 폐렴, 소갈증, 기관지염, 독감 등의 치료에 효능이 있다.
- 간염, 당뇨병, 신경통, 해열, 빈혈, 부정맥, 협심증, 요혈 등의 치료에 효능이 있다.
- 피부에 생긴 반점의 치료에 효능이 있다.

▶ 처방 및 복용 방법

9월 이후 뿌리줄기를 채취하여 소금물에 담갔다가 햇볕에 말려 약재로 쓴다.

- 구내염, 거담, 해수, 비염, 천식, 폐렴, 소갈증, 기관지염, 인후염 등의 치료에는 말린 뿌리줄기와 현삼을 섞어서 차처럼 달여 마신다.
- 간염, 당뇨병, 신경통, 해열, 빈혈 등 순환계 질환에는 환이나 가루를 만들어 처방한다.
- 피부에 생긴 반점의 처방에는 뿌리로 가루를 내어 뿌린다.

▶ 용어 해설

- 수상 꽃차례: 한 개의 긴 꽃대 둘레에 여러 개 꽃이 이삭 모양으로 핀 꽃.

290 지칭개-이호채(泥胡菜: 말린 전초)

▶ **식물의 개요**

지칭개는 상처 난 곳에 잎과 뿌리를 짓찧어 사용되고 으깨어 바르는 풀이라는 의미로 이름이 붙여졌다고 한다. 고마채(苦馬菜)·나미채·야고마(野苦麻)·지칭개나물 등으로도 불린다. 생약명은 이호채(泥胡菜)이다. 줄기는 곧게 서서 자라는데 속이 비어 있으며 많은 가지가 갈라지고 전체에 흰 털이 촘촘히 나 있다. 잎은 냉이를 닮았고 꽃은 엉겅퀴를 닮았다. 잎은 뿌리줄기에서 난 잎으로 겨울을 나고 줄기에서 난 잎은 서로 어긋나며 자라며 뒷면에 백색 솜털이 나 있고 부드러우며 가시가 없다. 꽃은 5월경 자주색으로 피는데 대롱꽃으로 이루어진 두상화가 줄기나 가지 끝에 한 개씩 달린다. 10월경 긴 타원형의 열매가 달려 검은 갈색으로 익는다. 관상용·식용·약용으로 쓰인다. 이른 봄 어린순은 나물로 먹는다. 중부 이남지방의 들·길가·밭둑·공터 등지에 자생하는 국화과의 두해살이 쌍떡잎 속씨식물이다.

▶ **효능**

- 알콜성간경변, 바이러스간염, 고혈압, 동맥경화, 고지혈증, 패혈증 등의 치료에 효능이 있다.
- 피부 질환을 다스린다. 즉, 옹종, 종독, 습진, 피부염증, 파상풍, 화상풍, 피부소양증 등을 다스린다.
- 이뇨 작용 및 암세포 성장을 억제하는 효능이 있다.

▶ **처방 및 복용 방법**

봄과 여름철에 전초(주로 잎과 뿌리)를 채취하여 햇볕에 말려 약재로 쓴다.

- 바이러스간염, 고혈압, 동맥경화 등의 간경 치료에는 말린 잎을 달여서 복용한다.

- 옹종, 종독, 습진, 피부염증, 파상풍 등의 피부 질환에는 전초 달인 물로 씻든지 생초를 짓찧어 환부에 붙인다.
- 이뇨 작용 및 암세포 성장의 억제에는 잎과 뿌리로 탕제를 하여 처방한다.

▶ **용어 해설**

- 두상화(頭狀花): 꽃대 끝에 많은 꽃들이 뭉쳐 붙어 머리 모양을 이룬 꽃.

291 지치-자초(紫草)

▶ 식물의 개요
지치는 자단(紫丹)·지혈(地血)·자지(紫芝)·자초(紫草)·지초(芝草)·홍석근(紅石根)·자근(紫根) 등으로 부른다. 생약명은 자초(紫草)이다. 뿌리는 굵고 땅속 깊이 뻗어 인삼 모양으로 자주색이다. 줄기는 곧게 서서 자라며 가지가 갈라지는데 잔털이 많다. 잎은 어긋나며 두껍고 댓잎피침형으로 끝이 뾰족하다. 꽃은 5월경 흰색으로 수상 꽃차례를 이루며 달려 핀다. 열매는 8월경 둥근 달걀꼴의 갈색 분과가 달려 익는다. 관상용 염료 식용 약용으로 이용된다. 전국 각지의 산과 들에 자생하는 지치과의 여러해살이 쌍떡잎 속씨식물이다.

▶ 효능
지치는 『동의보감』의 의하면 '음력 3월에 뿌리를 캐어 약재로 쓴다'고 하였다. 예부터 지치는 황달 치료제로 널리 쓰였다고 한다.
- 몸에 응어리진 어혈을 풀어주어 심장 기능을 강화시킨다.
- 소변이 잘 나오지 않거나 치질 치료에 효능이 있다.
- 간염, 황달 등을 치료하여 체내의 독소를 제거하는데 효능이 있다.
- 악성 종양을 치료하며, 피임제로도 효능이 있다.

▶ 처방 및 복용 방법
봄과 가을철에 어린순과 뿌리를 채취하여 햇볕 또는 불에 말려 쓴다.
- 심장병에는 자치 뿌리를 썰어서 끓는 물에 달여 마신다.

- 소변이 잘 나오지 않거나 피가 섞여 나올 경우 가루를 내어 물에 타서 마신다.
- 어린아이가 설사를 할 경우 지치와 복령, 백출, 감초를 섞어 우려서 차처럼 마신다.
- 피임을 할 경우는 지치와 녹두가루를 섞어 미지근한 물에 타서 마신다.

▶ 용어 해설
- 수상 꽃차례: 한 개의 긴 꽃대 둘레에 여러 개 꽃이 이삭 모양으로 핀 꽃.
- 분과: 여러 개의 씨방으로 된 열매로 익으면 벌어진다(작약).

292 지황(地黃)

▶ **식물의 개요**

지황은 황강(黃薑) · 구산약(拘山藥) · 산연근(山煙根) · 천황(天黃) · 생지황(生地黃) · 숙지황(熟地黃: 쪄서 말린 것) · 선생지(鮮生地) 등으로 불린다. 생약명은 지황이다. 전체에 짧은 털이 있으며, 뿌리는 육질이고 굵다. 뿌리잎은 뭉쳐나고 줄기잎은 어긋나는데 가장자리에 톱니가 있다. 꽃은 6~7월경 홍자색으로 꽃줄기 끝에 총상 꽃차례를 이루며 달려 핀다. 꽃부리는 통 모양으로 샘털이 나 있고 끝이 5개로 갈라진다. 열매는 10월경 타원형의 삭과를 맺어 익는다. 자연산 지황은 보기 힘들고 약초 농가에서 재배하며, 현삼과의 여러해살이 쌍떡잎 속씨식물로 보혈강장제이다.

▶ **효능**

지황은 '채취한 뿌리를 물에 담가 뜨는 것을 천황, 반쯤 뜨는 것을 인황, 완전히 가라앉는 것을 지황이라 하는데 약재는 인황과 지황만 쓴다.'(『동의보감』)

- 지황은 정혈을 보충하며 출산 직후 사용하면 효능이 크다.
- 생지황은 혈액의 응고를 촉진하는 지혈 효과가 크다.
- 새로 피를 만드는 작용도 하며 혈압을 강하시키는 기능도 있다.
- 생지황은 혈당 조절 및 간장 보호 기능도 한다.

▶ **처방 및 복용 방법**

지황은 가을철에 뿌리를 채취하여 쪄서 그늘에 말려 약재로 쓴다.

- 혈액과 정액이 부족하거나 골수가 약한 경우는 지황 뿌리를 잘게 썰어 햇볕에 말린 다음 꿀과 함께 복용한다.

- 생리불순인 경우는 숙지황을 끓는 물에 달여 차처럼 여러 번 마신다.
- 산후 조리에는 생지황 즙과 익모초를 섞어 마신다.
- 토혈과 치질에는 생지황의 즙을 끓여 마시거나 가루를 내어 달여 마신다.

▶ **주의**

복용 중에는 녹두 · 무 · 연근 · 용담의 사용을 금한다.

▶ **용어 해설**

- 꽃부리: 꽃잎의 총칭(화관)으로 나비 모양, 혀 모양, 십자 모양, 입술 모양, 대롱 모양 등.

293 진달래-두견화(杜鵑花)

▶ **식물의 개요**

진달래는 백화두견·산척촉(山躑蜀)·참꽃·만산홍(滿山紅)·영산홍(映山紅) 등으로도 불린다. 한방에서 쓰는 생약명은 두견화(杜鵑花)이다. 뿌리에서 나온 원줄기 위쪽에 작은 가지가 연한 갈색으로 많이 갈라진다. 잎은 어긋나고 가지 끝에 모여 나는데, 넓은 피침꼴이며 가지와 함께 갈색털이 난다. 꽃은 3~4월경 붉은 자색(연분홍색)으로 잎보다 먼저 피고 통꽃이며, 꽃부리와 꽃받침은 5갈래이다. 10월경 원통형의 열매(삭과: 씨방에 많은 씨가 들어 있는 열매)가 달려 익는다. 관상용·식용·약용으로 쓰인다. 전국 각지 산기슭의 양지바른 곳에 군락으로 자생하는 진달래과의 낙엽 활엽 관목 속씨식물이다.

▶ **효능**

- 당뇨병, 고혈압, 관절염, 협심증, 동맥경화증, 담 등 순환계 질환에 효능이 있다.
- 호흡기 질환을 다스린다. 천식, 해수, 폐렴, 기관지염, 독감, 인후염 등의 치료에 효능이 있다.
- 생리불순, 난소암, 질 출혈, 자궁내막암 등의 치료에 효과가 있다.

▶ **처방 및 복용 방법**

진달래는 3~4월경 개화기에 꽃과 뿌리를 채취하여 생물이나 햇볕에 말려 약재로 쓴다.

- 생리통, 동맥경화증, 토혈 등 각종 통증 완화에는 진달래 뿌리껍질을 달여서 처방한다.
- 천식, 해수, 폐렴, 기관지염, 독감, 인후염 등의 호흡기 질환 치료에는 진달래꽃으로 차를 우려 여러 번 마신다.

- 생리불순, 난소암, 질 출혈, 자궁내막암 등의 부인병 치료에는 진달래꽃을 진하게 달여 복용한다.
- 당뇨병, 고혈압, 관절염, 협심증, 동맥경화증, 담 등 순환계 질환에는 꽃으로 차를 우려 마시든지, 진달래술(두견주)을 처방해도 좋다.

▶ **용어 해설**

- 피침꼴: 댓잎처럼 가늘고 뾰족한 형태.

294 진돌쩌귀-초오(草烏)

▶ 식물의 개요

진돌쩌귀는 초오두(草烏頭)·천오(川烏)·쌍난국(雙蘭菊)·원앙국(鴛鴦菊)·토부자(土附子)·회오(淮烏)·바꽃·투구꽃 등으로도 불린다. 생약명은 초오(草烏)이다. 뿌리는 새발처럼 생기고 독성이 강하다. 줄기는 곧게 선다. 잎은 어긋나며 손바닥 모양으로 3~5개로 갈라진다. 위로 올라갈수록 잎이 작아져서 전체가 3개로 갈라진다. 가장자리에는 톱니가 나 있고 잎자루가 길다. 꽃은 9월경 자주색으로 겹총상 꽃차례를 이루며 달려 핀다. 열매는 10월경 골돌과로 달려 타원형으로 익으면 스스로 터져 씨가 나온다. 우리나라는 경기도 이북지방의 산지의 깊은 숲속에 자생하는 미나리아재비과의 여러해살이 쌍떡잎 속씨식물로 거담제로 사용된다.

▶ 효능

진돌쩌귀는 가을철에 뿌리만 채취하여 말려서 약용으로 사용한다. 독성이 강하기 때문에 전문 한의사의 처방을 받아 복용해야 한다.

- 몸의 냉기에 의한 두통 및 한산(寒疝) 등을 다스리는데 효과가 있다.
- 풍기와 습기를 다스린다. 즉, 저림증 반신불수 경련 마비증을 치료한다.
- 설사, 신경통으로 인한 정력 부족 등의 질환에 효과가 있다.

▶ 처방 및 복용 방법

- 중풍인 풍기에는 진돌쩌귀 생것과 오령지를 혼합하여 가루를 내어 환을 빚어 사용한다.
- 아랫배가 아프고 냉기가 있는 여성과 정력이 약한 남성은 진돌쩌귀와 인삼, 백출 등을 혼합하여 달여서 마신다.

▶ 용어 해설

- 한산(寒疝): 음낭이 차서 돌처럼 딴딴해지고 음경이 발기되지 않거나 고환이 아픈 질환. 배꼽 노리가 꼬이듯이 아프고 식은땀이 나며 팔다리가 싸늘해지고 오한이 나는 질환.

295 진득찰-희첨(豨簽)

▶ 식물의 개요

진득찰은 풀에 점액이 나와 만지면 진득진득하게 달라붙는다 하여 붙여진 이름이다. 풍습초(風濕草)·화험초(花襝草)·점호채(粘糊菜)·개차랍·진동찰·광희첨(光豨簽) 등이 이명이다. 생약명은 희첨(豨簽)이다. 줄기는 원기둥 모양으로 곧게 서서 자라는데 자주색이며 가지가 마주난다. 잎은 마주나며 달걀 모양으로 가장자리에 톱니가 있다. 꽃은 8~9월경 황색 두상화가 산방 꽃차례를 이루며 달려 핀다. 열매는 10월경 수과가 달려 익는다. 전국 각지의 길가나 구릉지, 밭둑 등지에 자생하는 국화과의 한해살이 쌍떡잎 속씨식물로 고혈압 및 중풍 치료제로 사용한다.

▶ 효능

진득찰은 쓴맛이며, 전초를 채취하여 말려서 약용으로 쓴다.

- 중풍을 치료하고 고혈압을 강하시키는데 효과가 있다. 『동의보감』에는 '중풍이 오래되어 낫지 않는 것을 치료한다.…오랫동안 먹으면 눈이 밝아지고 흰 머리털이 다시 검어진다'라고 하였다.
- 풍습에 의한 허리, 무릎 등이 아픈데 효력이 있다.
- 각종 종창이나 부종을 다스리는 항염증 작용을 한다.

▶ 처방 및 복용 방법

- 심장 질환이나 고혈압에는 희첨을 막걸리와 함께 쪄서 말린 후 물에 달여 장복한다.
- 풍·한습으로 인한 허리, 무릎, 중풍 등의 질환에는 희첨의 잎을 막걸리에 쪄서 말려 가루를 내고 다시 환을 빚어 사용한다.
- 설사나 대변에 피나 섞어 나오는 경우는 희첨의 잎을 술과 함께 쪄서 말린 후 가루를 내어 환을 빚어 장복한다.
- 거미 등 각종 벌레에 물리거나 개에게 물려도 생희첨을 찧어 환부에 바른다.

▶ 용어 해설

- 두상화(頭狀花): 꽃대 끝에 많은 꽃들이 뭉쳐 붙어 머리 모양을 이룬 꽃.

296 진범-진교(蓁芃)

▶ 식물의 개요

진교는 망사초(網絲草)·진과(秦瓜)·용담·줄바꽃·오독도기·흰진교 등의 이름으로도 불린다. 생약명은 진교이다. 흑갈색의 뿌리에서 나온 줄기는 곧게 서서 자라는데 위쪽에 작은 털이 빽빽이 나 있다. 뿌리잎은 심장 모양의 톱니가 있고 줄기잎은 어긋나며 잎자루가 작다. 꽃은 8월경 줄기 위쪽의 잎 사이에 연한 자주색의 총상 꽃차례로 달려 핀다. 꽃잎은 2개이고 뒤쪽 꽃받침 속에 들어 있다. 10월 전후 3개의 열매가 달려 익는다. 독성이 있어 식용으로는 쓰지 않고 약용과 관상용으로 쓰인다. 전국 각지 산지 숲속의 그늘진 곳에 자생하는 미나리아재비과의 여러해살이 쌍떡잎 속씨식물이다.

▶ 효능
• 관절염, 근골동통, 중풍, 신경통, 황달, 뇌신경마비, 척추염, 안면신경마비, 뇌성마비, 근육통, 인대파열, 타박상, 골절 등의 질환에 효능이 있다.
• 소화기 질환을 다스린다, 위염, 식도염, 구토. 복통, 위궤양. 속쓰림, 설사 등의 치료에 효능이 있다.
• 소변불통, 요통 등의 질환을 다스린다.

▶ 처방 및 복용 방법

진범은 가을철에 전초와 뿌리를 채취하여 햇볕에 말려 약재로 쓴다. 독성이 강하여 약재로 이용하려면 전문 한의사의 처방을 받아야 한다.
• 관절염, 근골동통, 중풍, 신경통, 황달, 뇌신경마비, 척추염, 안면신경마비, 뇌성마비, 근육통, 인대파열, 타박상, 골절 등의 질환에는 진

범 뿌리를 달여 소량씩 처방한다(전문가의 상담 후 처방).
• 소변불통, 요통 등의 질환에는 환제를 처방한다.

▶ 용어 해설
• 뿌리잎: 뿌리나 땅속줄기에서 나는 잎(고사리).

297 진황정-황정(黃精)

▶ 식물의 개요

진황정은 산생강·죽황정(竹黃精)·둥굴레·대뿌리·토죽(菟竹)·선인반(仙人飯)·태양초·녹죽(鹿竹) 등으로 부른다. 생약명은 황정(黃精)이다. 뿌리줄기는 둥굴레처럼 굵고 마디가 있으며 옆으로 뻗는다. 뿌리의 마디에서 줄기가 나와 잎이 달리면 옆으로 비스듬히 기운다. 잎은 어긋나며 2줄로 배열하여 달린다. 대잎피침형으로 가장자리가 밋밋하고 끝이 뾰족하다. 꽃은 5월경 흰색으로 잎겨드랑이에서 피어 아래를 향한다. 열매는 7월경 둥근 장과가 달려 검게 익는다. 어린순은 나물로 먹고 뿌리줄기는 약재로 이용된다. 전국 각지의 산지에 분포하는데 한라산과 울릉도에 많이 서식하는 백합과의 여러해살이 외떡잎 속씨식물이다.

▶ 효능

진황정은 뿌리·줄기·잎·꽃·열매를 모두 복용할 수 있는데 약용은 주로 뿌리를 사용한다.

• 지방간을 억제하여 혈당과 혈압을 떨어뜨리고 머리를 검게 한다.
• 폐결핵 치료에 효능이 크다.
• 지방간이 있거나 심부전 환자의 치료에 효과가 있다.

▶ 처방 및 복용 방법

진황정은 꽃이 진 후 땅줄기(뿌리)를 채취하여 꿀물이나 술에 하룻밤 담갔다가 건져 시루에 찐 다음 말려 약재로 쓴다.

• 남성의 경우 정력이 약하고 발기 부전인 경우는 구기자와 함께 달여서 차처럼 장복한다.
• 호흡기가 약한 경우나 결핵, 심장이 약한 경우는 황정을 잘게 썰어 하루 종일 달여서 차처럼 장복한다.
• 얼굴 주근깨나 거친 피부의 치료에는 황정의 잎과 줄기를 짓찧어 바른다.

▶ 용어 해설

• 장과(漿果): 과육과 액즙이 많고 속에 씨가 들어 있는 과실(포도, 감).

298 질경이-차전자(車前子)

▶ 식물의 개요

질경이는 당도(當道)·차전초(車前草)·길짱구·부이(芣苢)·우유(牛遺)·배부장이·베짜개·배합조개·우설초(牛舌草) 등으로 부른다. 생약명은 차전자(車前子)이다. 굵은 뿌리가 지면에 기면서 자라고 줄기가 없으며 뿌리에서 바로 잎이 나온다. 잎은 뿌리에서 뭉쳐나오며 타원형으로 5개의 잎맥이 있다. 꽃은 6~8월경 흰 꽃이 수상 꽃차례를 이루며 달려 핀다. 열매는 10월경 방추형 삭과가 달려 익는다. 식용과 약용으로 이용된다. 전국 각지의 길가나 빈 공터, 논·밭 가장자리에 군락으로 자생하는 질경이과의 여러해살이 쌍떡잎 속씨식물이다.

▶ 효능

• 기침이 심해 가래가 많은 경우 삭혀 주는 거담·진해 작용을 하며, 노인성 백내장, 각막염 등 눈병을 다스리는데 효능이 있다.
• 이뇨작용이 뛰어나 요도염, 방광염, 소변 불통 등의 치료에 효능이 있다.
• 위장 질환 및 간질환의 치료에 쓰인다.
• 혈압을 강하시키고 콜레스테롤을 저하시키며 음부가 찬 것을 다스리는데 효능이 있다.

▶ 처방 및 복용 방법

질경이는 6~9월경 전초와 씨를 채취하여 생물 및 햇볕에 말려 쓴다.

• 오줌에 피가 섞여 나오거나 혈림 현상 때는 차전초 생즙을 마시거나 말린 차전초를 달여서 복용한다.
• 소변이 잘 나오지 않는 경우는 차전자와 대나무 잎 및 적복령을 섞어 가루를 내어 물에 타서 먹는다.
• 설사가 심한 경우나 급성 장염, 간염에는 질경이 씨로 볶아 낸 가루를 끓는 물에 달여 여러 번 마신다.

▶ 용어 해설

• 혈림(血痳) 현상: 임질 등으로 인해 오줌이 잘 나오지 않고 피가 섞여 나오면서 아랫배와 요도가 아픈 현상.

299 짚신나물-용아초(龍牙草)

▶ 식물의 개요

짚신나물은 황룡아(黃龍牙)·황화초(黃花草)·지선초(地仙草)·낭아채(狼牙茱)·선학초(仙鶴草)·과향초(瓜香草)·황룡미(黃龍尾)·등골짚신나물·북짚신나물 등의 이름으로도 불린다. 생약명은 용아초(龍牙草)이다. 굵은 뿌리에서 나온 줄기는 곧게 서서 자라며 전체에 흰 털이 있다. 잎은 서로 어긋나게 자라며 여러 개의 작은 잎 조각으로 구성된다. 생김새는 길쭉한 타원형 피침꼴로 가장자리에 톱니가 있다. 6월경 줄기와 가지 끝에 노란색의 꽃이 총상 꽃차례를 이루며 달려 핀다. 8월 이후 열매를 맺어 익는다. 익은 열매에는 갈고리 같은 털이 많이 나 있어 동물이나 다른 물체에 붙어 퍼진다. 어린순은 식용으로, 말린 전초와 뿌리는 약용으로 쓰인다. 전국 각지 야산이나 들판, 풀밭 등지에 자생하는 장미과의 여러해살이 쌍떡잎 속씨식물이다.

▶ 효능

• 난소암, 자궁경부암, 자궁출혈, 대하증 등의 부인병 질환을 다스린다.
• 관절염, 신경마비증, 정신분열증 등 신경계 질환 치료에 효능이 있다.
• 소변출혈, 각혈, 토혈, 변혈, 장출혈 등 각종 출혈의 지혈제 기능을 한다.
• 신장결석, 담석증, 설사, 이질, 만성인두염 등의 질환을 다스린다.
• 위암, 식도암, 대장암. 간암, 자궁암 등 각종 암에 대한 효능이 있다.

▶ 처방 및 복용 방법

개화기 전에 전초와 뿌리를 채취하여 생물과 햇볕에 말린 것을 약재로 쓴다.

• 자궁출혈, 장염, 근육통, 항암 등에는 말린 전초를 진하게 달여 복용한다.
• 우울증, 신경쇠약 등 신경계 질환에는 신선한 꽃을 채취하여 생즙을 만들어 복용한다.
• 신장결석, 담석증, 설사, 이질, 만성인두염 등의 질환에는 탕제나 산제로 처방한다.
• 난소암, 자궁경부암, 자궁출혈, 대하증 등의 부인병 질환에는 전초 달인 물로 환부를 씻거나 차처럼 복용한다.

▶ 용어 해설

• 총상(總狀) 꽃차례: 꽃 전체가 하나의 꽃처럼 보이는 꽃 모양.

300 쪽-남실(藍實 : 쪽의 열매)·대청(大靑)

▶ 식물의 개요

쪽은 남(藍)·남옥(藍玉)·요람(蓼藍)·대청(大靑)·쪽풀 등으로 불린다. 생약명은 남실(藍實)·
대청(大靑)이다. 줄기는 원기둥 모양으로 연질이며 마디가 뚜렷하고 홍자색이다. 잎은 어긋나
며 타원형으로 남색이며 가장자리에 털이 있다. 꽃은 8월경 붉은색으로 피는데 줄기 끝에서 수
상 꽃차례를 이루며 빽빽하게 달린다. 열매는 9월경 달걀꼴의 수과가 달려 흑갈색으로 익는다.
공업용·염색용·밀원·약용으로 이용된다. 자연산보다 약초농가에서 재배하며 여뀌과의 한해
살이 쌍떡잎 속씨식물로 간장병 치료제이다.

▶ 효능

쪽의 열매는 맛이 달고, 뿌리는 쓰며 잎과 줄기는 짜
고 시다. 전초를 채취하여 말려서 약재로 이용한다.

- 소화 장애나 각종 몸에 해를 입히는 중독을 해
  독하는 기능을 한다.
- 어린아이의 영양 결핍증(감질)을 다스리는데 효
  능이 있다.
- 만성 습진 및 피부병을 다스리는 억균 작용
  을 한다.
- 급성 간염이나 B형 간염으로 인한 고열을 다스
  리는데 효능이 크다.

▶ 처방 및 복용 방법

- 몸에 열독이 심한 경우나 토혈이 멈추지 않는
  경우는 청대(쪽의 줄기와 잎)를 갈아서 가루를
  미지근한 물에 타서 마신다.
- 감기로 인해 가래가 심한 경우는 청대가루로 환
  을 빚어 복용한다.

- 산후 이후 각종 여성 질병에는 청대와 당귀, 천
  궁, 백지약, 숙지환을 배합하여 끓는 물에 달여
  마신다.
- 류머티즘과 편두통에는 쪽의 뿌리를 달여서 마
  신다.
- 소변에 출혈이 있는 경우는 쪽의 생잎과 생지황
  을 섞어 달여서 설탕과 함께 복용한다.
- 임파선염에는 청대와 쇠비름을 함께 찧어 환부
  에 바른다.
- 뱀에 물린 경우는 쪽잎을 찧어 상처 부위에 부
  친다.

▶ 용어 해설

- 수과(瘦果): 익어도 터지지 않는 열매.

301 찔레나무-영실(營實)

▶ **식물의 개요**

찔레나무는 석산호(石珊瑚) · 설널레나무 · 들장미 · 야장미 · 찔레꽃가시나무 등의 이름으로 불린다. 생약명은 영실(營實)이다. 줄기는 곧게 서고 가지가 많이 갈라져 엉키면서 갈고리 모양의 가시가 많다. 잎은 어긋나며 여러 개의 작은 잎으로 구성된 깃꼴겹잎이다. 타원형으로 끝이 뾰족하고 가장자리에 톱니가 나 있다. 5월경 흰색 또는 연한 홍색의 꽃이 가지 끝에 원추 꽃차례를 이루며 달려 핀다. 꽃은 향기가 좋아 향수의 원료로 쓰인다. 꽃잎은 5개이고 9~10월경 결실하여 빨갛게 익는다. 관상용 · 울타리용 · 식용 · 약용으로 쓰인다. 전국 각지 산기슭, 골짜기, 냇가, 제방둑 등지에 자생하는 장미과의 낙엽 활엽 관목이다.

▶ **효능**

- 비뇨기 질환을 다스린다. 즉, 방광염, 요도염, 요로결석, 혈뇨 등의 치료에 효능이 있다.
- 관절염, 정신분열증, 마비증, 풍습, 불면증 등 신경계 질환을 다스린다.
- 각종 통증을 다스린다. 변비통, 복통, 산통, 소변불통, 요통, 생리통, 치통 등의 질환을 치료하는데 효능이 있다.
- 두드러기, 무좀, 부스럼, 옹종, 악창 등의 피부 질환을 다스린다.
- 당뇨 및 신장염에 효능이 있다.

▶ **처방 및 복용 방법**

9~10월경 덜 익은 열매와 뿌리껍질을 채취하여 햇볕에 말려 약재로 쓴다.

- 당뇨, 불면증, 건망증, 마비증상의 치료에는 열매와 창출, 인삼을 섞어 중불에 달여서 장기간 복용한다.
- 옹종, 악창, 부스럼 등의 피부 질환에는 열매를 달여서 환부를 씻는다.
- 변비통, 복통, 산통, 소변불통, 요통, 생리통, 치통 등 각종 통증에는 열매로 가루를 내어 처방한다.

▶ **용어 해설**

- 깃꼴겹잎: 잎자루 좌우에 작은 잎이 깃털 모양으로 배열되어 있는 잎.

317

302 차조기-소엽(蘇葉)

▶ **식물의 개요**

차조기는 소엽(차조기 잎)·소자(蘇子)·홍소(紅蘇)·계임(桂荏)·흑소(黑蘇)·적소(赤蘇)·자주
깨·붉은깨·차즈기·메기풀 등으로 불린다. 생약명은 소엽(蘇葉)이다. 들깨와 비슷하지만 전체
가 자줏빛을 띠고 향기가 있다. 줄기는 네모로 각이 지고 곧게 서서 자라며 가지가 갈라진다. 잎
은 마주나며 달걀꼴로 가장자리에 톱니가 있다. 꽃은 8월경 자주색 꽃이 줄기 끝에서 총상 꽃차
례를 이루며 달려 핀다. 열매는 10월경 둥근 수과가 달려 익는다. 어린 잎과 씨는 식용과 향료
로 쓴다. 중국이 원산지로 지금은 약초 농가에서 재배하며 꿀풀과의 한해살이 쌍떡잎식물이며
신경안정제로 쓰인다.

▶ **효능**

차조기는 잎(소엽)과 씨(소자)를 그늘에 말려 약용으
로 사용한다.

- 선천적으로 신경이 예민한 소음인들에게 신경
  안정제로서 효능이 있다.
- 심한 감기로 열이 많을 경우 소엽을 사용하면
  효과가 있다.
- 포도상구균의 생장을 억제하는 항균 작용과 혈
  당을 상승시키는 작용을 한다.

▶ **처방 및 복용 방법**

- 감기로 인한 발열, 오한, 콧물, 가래, 목구멍이
  막히는 경우는 소엽과 창출, 생강, 감초 등을
  섞어 끓는 물에 달여 차처럼 마신다.
- 신경성 식욕 부진, 소화 불량에는 소엽을 달여
  서 차처럼 장복한다.
- 천식이 심한 경우는 소엽과 인삼을 배합하여 달

여서 따뜻하게 마신다.

▶ **용어 해설**

- 포도상구균(葡萄狀球菌): 공 모양의 세포가 불규
  칙하게 모여서 포도송이처럼 된 세균으로 피부
  와 창자에 분포하며 식중독 및 고름증의 원인
  이 된다.

303 차(茶)풀-산편두(山扁豆)

▶ 식물의 개요

차풀은 잎·줄기·씨를 말리거나 볶아서 차로 끓여 마시므로 붙여진 이름이다. 함수초결명(含羞草決明)·황과향(黃瓜香)·몽초(夢草)·사자초(砂子草)·달지사(撻地沙)·지백초(地柏草)·수조각(水皂角)·하통초(下通草)·며느리감나무·눈차풀 등의 이명이 있다. 한방에서 쓰는 생약명은 산편두(山扁豆)이다. 줄기는 곧게 서서 자라며 갈색으로 안으로 꼬부라진 잔털이 있다. 잎은 자귀풀과 흡사하며, 잎자루 양쪽으로 나란히 배열된 짝수 깃꼴겹잎이다. 꽃은 7~8월경 노란 잔꽃이 잎 사이에 1~2개씩 달려 핀다. 열매는 10월경 타원형의 꼬투리를 맺어 익는데 씨는 검고 윤기가 난다. 관상용·식용·약용으로 쓰인다. 전국 각지의 산과 들, 냇가 등지에서 자생하는 콩과의 한해살이 쌍떡잎 속씨식물이다.

▶ 효능

• 소화기 질환을 다스린다. 건위, 소화불량, 건비위, 위염, 식도염, 구토. 복통, 속쓰림, 설사 등의 치료에 효능이 있다.
• 부종(몸이 붓는 현상)을 다스린다. 폐결핵, 간경화, 신부전, 악성종양, 정맥부전증, 림프부종 등의 질환을 치료하는데 효능이 있다.
• 신장병, 황달에 효능이 있다.

▶ 처방 및 복용 방법

열매가 결실한 후 전초와 열매(씨)를 채취하여 햇볕에 말려 약재로 쓴다.
• 변비, 각종 부종에는 건조한 차풀을 볶아서 차로 우려 복용한다.
• 건위, 소화불량, 이뇨 작용, 신장염, 황달, 폐결핵 등의 치료에는 황달 전초를 차로 우려 마시든지 산제로 처방한다.

▶ 용어 해설

• 깃꼴겹잎: 잎자루 좌우에 작은 잎이 깃털 모양으로 배열되어 있는 잎.

319

304 참깨-호마(胡麻)

▶ 식물의 개요

참깨는 씨의 빛깔에 따라 검은깨·흰깨·누른깨로 나뉘는데 약재는 검은깨를 쓴다. 백유마(白油麻)·진임(眞荏)·지마(芝麻)·향마(香麻)·흑지마·거승·방경초 등으로도 불린다. 생약명은 호마(胡麻)이다. 줄기는 곧게 서서 자라며 여러 개의 마디가 있고 흰 털이 나 있다. 잎은 줄기의 마디에서 마주나는데 타원형 또는 댓잎피침형으로 끝은 뾰족하고 톱니가 나 있다. 7월경 흰색 꽃이 잎 사이에서 나팔 모양으로 한 송이씩 달려 핀다. 9월 전후 원기둥형의 열매가 맺혀 익는데 씨방에 많은 씨가 들어 있다. 사료용·퇴비용·식용·약용으로 쓰인다. 전국 각지 농가에서 재배하는 참깨과의 한해살이 쌍떡잎 속씨식물이다.

▶ 효능

• 고혈압, 관절염, 뇌졸중, 중풍, 동맥경화, 변비, 변혈증, 신경쇠약, 심장병, 저혈압, 황달, 골절, 근육통, 타박상, 근골동통 등의 질환에 효능이 있다.
• 소화기 질환을 다스린다. 소화불량, 건비위, 위염, 식도염, 구토. 복통, 위궤양. 속쓰림, 설사 등의 치료에 효능이 있다.
• 부인과 질환을 다스린다. 생리불순, 난소암, 자궁경부암, 대하증, 자궁출혈자궁내막암 등의 치료에 효과가 있다.
• 여드름, 주근깨, 기미 등 피부미용에 효능이 있다.

▶ 처방 및 복용 방법

열매가 익는 9월 이후 전초를 채취하여 씨를 햇볕에 말려 약재로 쓴다.

• 각종 질환에 참깨의 씨앗과 참기름 또는 담근 약술로 처방한다.

▶ 용어 해설

• 씨방: 암술대 밑에 있는 주머니로 속에 있는 배주는 씨가 되고 씨방은 열매가 된다.

305 참죽나무-춘백피(椿白皮)

▶ 식물의 개요

참죽나무는 향진피(香榛皮)·춘전피(春顚皮)·충나무·가죽나무·쭉나무·참중나무·향춘(香椿) 등으로도 불린다. 한방에서 쓰는 생약명은 춘백피(椿白皮)이다. 줄기는 얕게 갈라지며 붉은색이고 가지는 굵고 적갈색이다. 잎은 어긋나고 깃꼴겹잎이며 작은 잎은 타원형이다. 6월경 흰꽃이 원추 꽃차례를 이루며 달려 핀다. 꽃부리는 종모양이며 끝이 5개로 갈라진다. 9~10월경 타원형의 열매가 달려 다갈색으로 익으면 터져 속에 있는 씨가 날려 사방으로 퍼진다. 관상용·공업용·식용·약용으로 이용한다. 어린순은 나물로 먹고 줄기의 목재는 가구·악기 등의 재료로 쓴다. 우리나라 중부 이남지방의 야산, 밭둑, 길가, 제방둑 등지에 자생하는 멀구슬나무과의 낙엽 활엽 교목이다.

▶ 효능

- 대하증, 자궁출혈, 난소암, 요통, 자궁경부암 등의 치료에 효과가 있다.
- 위십이지장궤양, 소화불량, 위염, 식도염, 구토. 복통, 속쓰림 등의 치료에 효능이 있다.

▶ 처방 및 복용 방법

연중 뿌리·줄기껍질·잔가지 등을 채취하여 그늘에 말려 약재로 쓴다.

- 대하증, 요실금, 자궁출혈, 요통, 자궁경부암 등의 치료에는 말린 전초를 차처럼 우려 마신다.
- 위십이지장궤양, 소화불량, 위염, 식도염 등 소화기 질환에는 말린 전초를 환이나 산제로 처방한다.
- 개창(옴), 거습 등 피부 질환에는 전초 달인 물로 환부를 씻는다.

▶ 용어 해설

- 꽃부리: 꽃잎의 총칭(화관)으로 나비 모양, 혀 모양, 십자 모양, 입술 모양, 대롱 모양 등.
- 원추(圓錐) 꽃차례: 꽃차례의 축이 여러 번 가지가 갈라져 최종 분지(分枝)가 총상 꽃차례를 이루는 원뿔 모양이다.

306 참취-동풍채(東風菜)

▶ 식물의 개요

참취는 산백채(山白菜)·선백초(仙白草)·백운초(白雲草)·마제초(馬蹄草)·반용초·나물취·취나물·암취·향소·소엽청 등으로도 불린다. 생약명은 동풍채(東風菜)이다. 뿌리줄기에 수염뿌리가 많으며 줄기 위쪽에서 가지가 갈라진다. 잎은 긴 타원형의 달걀꼴로서 가장자리에 톱니가 있다. 8~10월경 흰색 또는 노란색 꽃이 산방 꽃차례를 이루며 달려 핀다. 11월경 열매가 달려 갈색으로 익는다. 전국 각지의 산지나 들판에 자생하는 국화과의 여러해살이 쌍떡잎 속씨식물이다.

▶ 효능
• 인후염, 인후통, 해수, 비염, 천식, 폐렴, 기관지염 등의 치료에 효능이 있다.
• 비뇨기 질환을 다스린다. 즉, 방광염, 요통, 전립선염, 요도염, 요로결석, 혈뇨 등의 치료에 효능이 있다.
• 간염, 진통 작용, 혈액순환 작용에 도움이 된다.
• 타박상, 독사나 독충에 물린 경우의 치료에 효능이 있다.

▶ 처방 및 복용 방법
봄에는 잎, 가을에는 뿌리를 채취하여 생물이나 햇볕에 말려 약재로 이용한다.
• 간염, 황달, 소화장애 등의 질환에는 말린 잎과 줄기를 가루를 내어 처방한다.
• 타박상, 독사나 독충에 물린 경우의 치료에는 생 전초 및 뿌리를 짓찧어 환부에 붙인다.
• 방광염, 요통 등의 비뇨기 질환에는 말린 참취 뿌리를 달여서 마신다.

• 인후염, 인후통, 해수, 기관지염 등의 치료에는 말린 전초를 달여서 차처럼 복용한다.

▶ 용어 해설
• 뿌리줄기: 땅속이나 지표를 옆으로 타고 올라온 뿌리(연근, 버섯, 머위).
• 산방 꽃차례: 꽃자루가 아랫것은 길고 윗것은 짧아 각 꽃이 가지런히 피는 형태.

307 창포(菖蒲)

▶ 식물의 개요

창포는 백창(白菖)·수창(水昌)·지심(地心)·경포(莖蒲)·은객(隱客)·장포·창양·황포·향포 등으로도 불린다. 생약명은 창포이다. 창포 전초에서는 독특한 향기가 난다. 흰색 또는 연한 홍색의 굵은 뿌리줄기가 옆으로 뻗으면서 자라는데 육질이며 마디가 있다. 대검처럼 생긴 잎이 뿌리줄기에서 무더기로 모여 나와 끝이 뾰족하고 길며 밑 부분은 붓꽃처럼 서로 얼싸안는다. 6월경 연한 황록색 꽃이 꽃줄기 중앙 상부에 원기둥 모양으로 비스듬히 달려 핀다. 7~8월경 긴 타원형의 열매가 달려 붉게 익는다. 관상용·약용으로 이용된다. 단오절에 뿌리와 잎을 우려낸 물로 머리를 감는 풍습이 있다. 전국 각지의 연못가·냇가·도랑가의 습지에 자생하는 천남성과의 여러해살이 외떡잎 속씨식물이다.

▶ 효능

• 부인병 질환을 다스린다. 산후풍, 난소암, 자궁암, 대하증 등의 치료에 효과가 있다.
• 거담, 비염, 천식, 폐렴, 기관지염, 인후통, 독감, 인후염 등의 치료에 효능이 있다.
• 위염, 소화불량, 건위 등 소화기 질환을 다스린다.
• 몸속의 노폐물 제거, 수족 냉증 개선에 효능이 있다.
• 구내염, 치통, 치은염 등의 질환을 다스린다.
• 습진, 피부염, 기미, 주근깨 등의 질환에 효능이 있다.

▶ 처방 및 복용 방법

8월 이후 뿌리를 채취하여 햇볕에 말려 약재로 쓴다. 독성은 없지만 천남성과 식물이므로 전문 한의사 상담 후 처방해야 한다.

• 기관지염, 위염, 소화불량 등의 질환에는 가루를 내어 처방한다.
• 구내염, 치통, 치은염 등의 질환에는 창포 꽃잎을 우려서 양치한다.
• 습진, 피부염 등의 치료에는 창포 삶은 물로 깨끗이 씻는다.
• 거담, 기관지염, 인후통, 독감, 인후염 등의 치료에는 산제로 처방한다.

▶ 용어 해설

• 뿌리줄기: 땅속이나 지표를 옆으로 타고 올라온 뿌리(연근, 버섯, 머위).
• 육질(肉質): 살이 많거나 살과 같은 성질.

308 처녀바디-택근(澤根)

▶ 식물의 개요

처녀바디는 산충채·사향채·좀바디나물·처녀백지·애기백지·잔잎바디·흰바디나물 등으로 불린다. 생약명은 택근이다. 줄기는 곧게 서서 자라며, 뿌리는 전호와 비슷하다. 잎은 어긋나며 깃모양으로 갈라진다. 잎 가장자리에는 톱니가 나 있다. 꽃은 8월경 이후 흰 꽃이 가지 끝에서 겹산형 꽃차례를 이루며 달려 핀다, 열매는 9월경 납작한 타원형의 분과가 달려 익는다. 전체에서 향기가 나며, 어린순은 나물로 먹고 관상용과 약용으로 이용된다. 강원, 경기, 경북 등지의 산이나 들판에 자생하는 미나리과의 쌍떡잎 속씨식물이다.

▶ 효능

• 감기, 진해, 거담 등 호흡기 질환을 다스린다.
• 두통, 치통, 복통 등 각종 통증을 다스린다.
• 소화불량, 부인병, 소변불통 등의 질환을 다스린다.

▶ 처방 및 복용 방법

처녀바디는 봄에서 가을 사이에 잎, 줄기, 열매, 뿌리를 채취하여 햇볕에 말려 약재로 이용한다.

• 두통, 치통, 복통 등 각종 통증의 치료에는 처녀바디 전초를 달여서 차처럼 복용한다.
• 소화불량, 부인병, 소변불통 등의 질환에는 말린 전초로 가루를 내거나 환을 빚어 처방한다.

▶ 용어 해설

• 분과: 여러 개의 씨방으로 된 열매로 익으면 벌어진다(작약).

309 천궁(川芎)

▶ 식물의 개요

천궁은 서궁(西芎)·향과(香果)·사휴초(蛇休草)·궁궁(芎藭)·미무나물·참천궁·사피초(蛇避草) 등으로 불린다. 생약명은 천궁이다. 뿌리줄기(땅속줄기)는 덩어리 모양으로 진한 향기가 난다. 줄기는 곧게 서서 자라며 가지가 조금 갈라진다. 잎은 어긋나고 2줄 깃꼴겹잎이다. 달걀꼴댓잎피침형으로 가장자리에 톱니가 나 있다. 꽃은 8~9월경 흰색 오판화가 겹산형 꽃차례를 이루며 달려 핀다. 열매는 분과가 맺기기는 하지만 익지 못한다. 강원도 영월산(産)이 품질이 좋다. 식용·약용·민물낚시 밑밥으로 이용된다. 중국이 원산지로 자연산은 적고 지금은 약초 농가에서 재배하며 미나리과의 여러해살이 쌍떡잎 속씨식물이며, 풍·기혈 치료제로 쓰인다.

▶ 효능

천궁은 기름기가 많기 때문에 끓는 물에 담가 기름 성분을 제거하고 약용으로 복용해야 한다.

• 『동의보감』에 '천궁은 약 기운이 위로는 머리와 눈에 가고, 아래로는 자궁까지 간다. 풍을 치료하는데 없어서는 안 된다'라고 하였듯이 두통, 중풍, 기혈병 등에 두루 쓰인다.
• 혈관 확장 및 혈압을 낮추는 기능을 한다.
• 대장균, 이질균 등을 억제하는 항균 작용을 한다.

▶ 처방 및 복용 방법

• 축농증이나 편두통이 있는 경우는 천궁가루와 백지를 혼합하여 달여 마신다.
• 임신 중독증, 산후에 나타나는 각종 통증에는 천궁, 감초, 당귀, 작약, 건지황 등을 혼합하여 청주와 함께 달여 그 물을 차처럼 여러 번 마신다.
• 협심증에도 천궁과 홍화를 혼합하여 환을 빚어 사용하면 효과가 있다.

▶ 용어 해설

• 뿌리줄기: 땅속이나 지표를 옆으로 타고 올라온 뿌리(연근, 버섯, 머위).
• 산형 꽃차례: 많은 꽃꼭지가 꽃대 끝에서 방사형으로 나와 그 끝마디에 꽃이 하나씩 붙는 꽃차례.

310 천남성(天南星)

▶ 식물의 개요

천남성은 삼봉자(三棒子)·남성(南星)·호장초(弧掌草)·사포곡·사두초(蛇頭草)·토여미·두여머조자기 등으로 불린다. 생약명은 천남성이다. 덩이뿌리는 편평한 구형이며 주변에 수염뿌리가 퍼져 있다. 줄기는 곧게 서서 자라는데 검은 녹색이다. 새발 모양의 잎이 줄기에서 한 개씩 달리는데 타원형이며 끝이 뾰족하고 가장자리에 톱니가 있다. 꽃은 5월경 보라색 꽃이 줄기 끝에서 육수 꽃차례를 이루며 달려 핀다. 열매는 9~10월경 장과가 옥수수처럼 모여 달려 붉게 익는다. 독성이 강하여 식용은 할 수 없고 관상용과 약용으로 이용된다. 전국 각지 산지의 그늘진 습한 숲속에 자생하는 천남성과의 여러해살이 외떡잎 속씨식물로 중풍과 종양을 치료하는 약재로 쓰인다.

▶ 효능

천남성은 덩이뿌리를 약재로 쓴다. 하지만 전초 모두가 독성을 가지고 있기 때문에 사용에 주의해야 한다(전문 한의사의 처방이 필요하다).

- 중풍으로 인한 반신불수가 된 경우나 어린아이들의 경기(驚氣)에 사용하면 효과가 크다.
- 종양 치료제로 효능이 크며, 풍치에도 효과가 있다.
- 심한 기침과 가래 제거에도 쓰인다. 그러나 천남성은 독성이 강함으로 사용에 주의가 필요하다.

▶ 처방 및 복용 방법

- 종양 치료에 사용하는데 한의사의 처방을 받고 써야 한다. 참고로 천남성을 엷게 달여서 차처럼 조금씩 마신다.

- 응혈로 담이 결린 경우는 천남성과 생강을 섞어 달인 후 조금씩 마신다.
- 어린아이의 경기에는 소의 쓸개에 천남성가루를 넣어 그늘에 말린 우담남성(牛膽南星)을 따뜻한 물과 함께 복용한다.
- 오십견에는 천남성가루를 반죽하여 어깨에 붙인다.

▶ 용어 해설

- 육수(肉穗) 꽃차례: 무한 꽃차례의 하나로 수상 꽃차례와 비슷하나 꽃대 주위에 꽃자루가 없는 작은 꽃들이 빽빽하게 모여 피는 꽃차례이다
- 우담남성(牛膽南星): 천남성가루를 소의 쓸개에 넣어 말린 약.

311 천마(天麻)-적전(赤箭)

▶ 식물의 개요

천마는 신약(神藥)·명천마(明天麻)·정풍초(定風草)·신초(神草)·독요지·수자해좃 등으로 부른다. 신약명은 적전(赤箭)이다. 줄기는 화살처럼 곧게 서서 자란다. 잎이 없는 무엽란으로 엽록소는 없다. 꽃은 6월경 황갈색으로 총상 꽃차례를 이루며 달려 핀다. 열매는 9월경 거꿀달걀꼴의 삭과가 달려 익는다. 전국 각지(속리산·치악산·천마산)의 산지 음습지나 계곡에 주로 서식하는 난초과의 여러해살이 외떡잎 속씨식물로 중풍 치료제로 쓰인다.

▶ 효능

천마는 가을철에 뿌리를 채취하여 쪄서 햇볕에 말려 약용으로 사용한다.

- 뇌동맥 경화증으로 인한 풍기를 다스리는데 효과가 있다. 즉 편두통이나 고혈압으로 인한 어지럼증을 다스리는데 쓰인다,
- 몸에 나타나는 어지럼증, 저림증, 마비, 행동 장애 등의 질환에 대한 진통 작용을 한다.
- 경련이나 열독으로 나타나는 부스럼증을 치료한다.

▶ 처방 및 복용 방법

- 중풍 증세가 있는 경우는 천마와 건지황, 우슬, 두충, 당귀, 생강 등을 섞어 환을 빚어 사용하거나, 가루를 내어 대추 끓인 물과 함께 복용한다.
- 어지럼증과 두통에는 천마와 천궁을 배합하여 그 가루를 꿀에 반죽하고 환을 빚어 복용한다.
- 정력이 감퇴하고 머리카락이 희게 시면 천마 씨와 금은화를 반죽하여 환을 빚어 복용한다.

▶ 용어 해설

- 엽록소: 녹색식물의 잎 속에 들어 있는 화합물.
- 삭과: 익으면 열매 껍질이 떨어지면서 씨를 퍼뜨리는 여러 개의 씨방으로 된 열매(백합, 붓꽃).

312 천문동(天門冬 : 덩이뿌리)

▶ 식물의 개요

천문동은 하늘의 문을 열어주는 겨울 약초라는 의미이다. 백문동·산감자·금화(金華)·지문동(地文冬)·부지깽나물·호라지좆 등으로도 불린다. 생약명은 천문동이다. 천문동 뿌리는 아콘과 비슷하다. 줄기는 덩굴성이며 가늘고 길다. 잎은 퇴화하여 비늘 조각처럼 된다. 5월경 연한 노란색 꽃이 잎 사이에서 한두 개씩 모여 핀다. 꽃잎은 육판화인데 댓잎피침형으로 옆으로 퍼진다. 7~8월경 둥근 열매가 달려 하얗게 익는데 속에 까만 씨가 한 개 들어 있다. 식용과 약용으로 이용된다. 전국 각지의 낮은 야산이나 구릉지, 바닷가 근처의 산지, 섬지방(울릉도 남해안 섬) 등에 자생하는 백합과 여러해살이 외떡잎 속씨식물이다.

▶ 효능

『동의보감』에서는 '천문동은 성질이 차고 맛은 쓰며 독은 없다. 기침하는 해수와 담을 삭이며 피 토하는 것을 치료한다. 마음을 진정시키고 소변을 잘 나오게 하며 소갈증을 멎게 한다'고 하였다.
- 기관지 및 폐기능 강화에 효능이 있다.
- 피부 미용 및 당뇨 개선에 효능이 있다.
- 항암 작용 및 노화 방지에 효능이 있다.
- 기침 완화, 해독 기능, 피로 회복, 가래 배출, 자양 강장제로 간기능 강화, 임신 중독, 제 중독 해독 등 건강 생활 유지에 효능이 있다.

▶ 처방 및 복용 방법

가을~초봄에 전초와 뿌리줄기(알뿌리)를 채취하여 껍질을 벗기고 삶거나 약한 불에 쬐여 말려 약재로 쓴다. 식용과 약용으로 쓸 때는 알뿌리 속의 심줄을 제거하고 써야 한다.

- 기관지 및 폐기능 강화, 피부 미용 및 당뇨 개선, 항암 작용 및 노화 방지, 기침 완화, 해독 기능, 피로 회복, 가래 배출, 자양강장제로 간기능 강화, 임신 중독, 제 중독 해독 등에 대한 처방에는 천문동 뿌리로 환이나 가루를 이용한다. 개인의 체질이 다르기 때문에 전문 한의사의 면담을 하고 처방해야 좋다.

▶ 용어 해설
- 비늘조각(잎): 땅위 줄기에서 나는 잎이나 땅속 줄기에서 나는 비늘잎을 통틀어 일컫는 말.

313 천일홍(千日紅)

▶ 식물의 개요

천일홍은 꽃의 기운이 천일이 지나도록 퇴색되지 않는다 하여 붙여진 이름이다. 천일초(千日草)·천금홍(千金紅)·천년홍(千年紅) 등으로도 불린다. 생약명은 천일홍이다. 줄기는 곧게 서서 자라며 단면은 네모지고 가지가 갈라진다. 잎은 마주나고긴 타원형으로 끝이 뾰족하며 털이 있다. 꽃은 7~8월경 흰색·붉은색·분홍색 꽃이 줄기와 가지 끝에 한 송이씩 달려 두상 꽃차례 (여러 개 꽃이 꽃대 끝에 모여 머리 모양을 함)를 이룬다. 9월 이후 바둑알 모양의 열매가 달려 익는다. 사찰의 불전을 장식하는데 이용되었고 관상용·약용으로 이용된다. 전국 각지 약초 농가에서 재배하며, 비름과의 한해살이 쌍떡잎 속씨식물이다.

▶ 효능

• 천식, 해수, 기관지염, 독감, 인후염, 백일해, 갑상선종 등의 치료에 효능이 있다.
• 위염, 복통, 속쓰림 등 소화기 질환을 다스린다.
• 두통, 산통, 생리통, 치통등 각종 통증을 다스린다.
• 금창, 부스럼, 피부염, 안과 질환에 효능이 있다.

▶ 처방 및 복용 방법

개화기인 7~9월경 꽃과 전초를 채취하여 햇볕에 말려 약재로 쓴다.

• 천식, 해수, 기관지염, 독감, 인후염, 백일해, 갑상선종 등의 치료에는 꽃과 전초를 진하게 달여 복용한다.
• 두통, 산통, 생리통, 치통등 각종 통증 및 위염, 복통, 속쓰림 등 소화기 질환의 치료에는 천일홍 꽃차를 만들어 처방한다.
• 금창, 부스럼, 피부염, 안과 질환에는 말린 전초를 달여 그 물로 씻든지, 생초를 찧어 환부에 붙인다.

▶ 용어 해설

• 금창: 쇠붙이로 된 칼, 창 등으로 입은 상처.

314 청가시덩굴-점어수(粘魚鬚)

▶ 식물의 개요

청가시덩굴은 용수채(龍須菜)·매발톱가시·명감나무·청가시나무·종미래·청경개·청밀개덤불·청열매덩굴·좁은잎밀나물 등의 이명이 있다. 생약명은 점어수(粘魚鬚)이다. 숲속에 자라는 덩굴나무로 줄기는 녹색이며 가지가 많이 갈라지고 가시가 있으며 마디마다 구부러져 구불구불한 모습이다. 잎은 서로 어긋나며 달걀 모양의 타원형 또는 심장형으로 얇고 윤기가 있다. 잎맥이 평행하게 나 있고 가장자리가 물결 모양이다. 6월경 황록색 꽃이 잎 사이에서 나와 산형 꽃차례를 이루며 달려 핀다. 꽃부리는 종모양으로 6개이며, 9~10월 둥근 열매를 맺어 검게 익는다. 어린잎은 나물로 먹고 뿌리는 약재로 쓴다. 전국 각지의 산기슭이나 숲속에서 자생하는 백합과의 외떡잎 낙엽 활엽 덩굴성 관목이다.

▶ 효능
• 어혈을 풀어주고 부기를 가라앉히며 통증을 약화시킨다. 관절염, 근육통, 요통, 치통, 행혈 등을 다스린다.
• 종기, 창종, 피부염 등에 효능이 있다.

▶ 처방 및 복용 방법
봄~가을에 전초와 뿌리를 채취하여 햇볕에 말려 약재로 쓴다.
• 어혈(관절염 행혈)을 풀어주고 부기를 가라앉히며 통증(근육통 요통 치통)을 약화시키는 치료에는 말린 뿌리를 잘게 썰어 진하게 달여 처방한다.
• 종기, 창종, 피부염 등의 치료에는 생초로 생즙을 내어 환부에 바른다.

▶ 용어 해설
• 꽃부리: 꽃잎의 총칭(화관)으로 나비 모양, 혀 모양, 십자 모양, 입술 모양, 대롱 모양 등.
• 산형 꽃차례: 많은 꽃꼭지가 꽃대 끝에서 방사형으로 나와 그 끝마디에 꽃이 하나씩 붙는 꽃차례.

315 청미래덩굴-토복령(土茯笭)

▶ 식물의 개요

청미래덩굴은 발계(拔葜)·산귀래(山歸來)·금강근(金剛根)·마갑(馬甲)·망개나무·멍개나무·명감나무·선유량·우여량·매발톱가시 등의 이명이 있다. 한방에서 쓰는 생약명은 토복령(土茯笭)이다. 굵은 뿌리줄기는 딱딱하고 회갈색이며 옆으로 뻗는다. 줄기는 마디마다 굽으며 갈고리 같은 가시가 있다. 잎은 어긋나는데 타원형 또는 원형으로 끝이 뾰족하고 표면은 윤기가 난다. 꽃은 5월경 황록색으로 산형 꽃차례를 이루며달려 핀다. 9~10월경 둥근 열매(망개)가 달려 붉게 익는다. 어린순은 식용으로 쓰고 열매와 뿌리는 약재로 쓴다. 전국 각지의 산기슭이나 숲속에 자생하는 백합과의 외떡잎 낙엽 활엽 덩굴관목이다.

▶ 효능

• 관절염, 동상, 성병(매독), 위염, 전립성염, 충수염, 피부염, 비염 등의 치료에 효능이 있다.
• 심부전, 간경화, 악성종양 등으로 나타나는 부종을 다스린다.
• 수은 중독, 약물 중독 등 각종 중독을 풀어주는 효능이 있다.
• 각종 암(식도암·위암·간암·폐암 등)의 예방 및 치료에 효능이 있다.
• 간염, 간경화, 지방간 등 간 질환 치료에 효능이 있다.

▶ 처방 및 복용 방법

가을~이른 봄에 잎 열매 뿌리를 채취하여 생물 및 햇볕에 말려 약재로 쓴다.
• 감기, 몸살, 신경통 등의 치료에는 말린 뿌리를 잘게 썰어 중불로 진하게 달여서 복용한다.

• 수은 중독 및 몸의 각종 중독에는 말린 망개나무 잎으로 차를 만들어 복용한다.
• 간염, 간경화, 지방간 등 간 질환 치료에는 말린 망개나무 뿌리와 헛깨나무를 섞어 약한 불로 달여서 하루 3번 정도씩 여러 번 복용한다.
• 식도암, 위암, 자궁암, 폐암 등의 치료에는 망개나무 뿌리와 바위손을 섞어 끓인 물에 돼지고기를 넣어 다시 달여서 처방한다.

▶ 용어 해설

• 산형 꽃차례: 많은 꽃꼭지가 꽃대 끝에서 방사형으로 나와 그 끝마디에 꽃이 하나씩 붙는 꽃차례.

316 초종용(草蓗蓉)―열당(列當)

▶ 식물의 개요

초종용은 사철쑥, 개사철쑥 등 국화과 식물의 뿌리에 붙어사는 기생식물이다. 오리나무더부살이·금순(金笋)·지정(地精)·육송용(肉松蓉)·쑥더부살이·개더부살이 등의 이명이 있다. 생약명은 열당(列當)이다. 원줄기는 굵은 육질이며 가지가 없고 연한 자주빛이다. 잎은 좁은 달걀꼴로서 드문드문 나있고 긴 털이 있다. 5월경 자주색 꽃이 수상 꽃차례를 이루며 원줄기 끝에 달려 핀다. 8~10월경 결실하여 익으면 열매가 갈라져 검은씨가 나온다. 독성은 없으나 식용으로는 쓰지 않고 관상용과 약용으로 쓴다. 전국 각지의 바닷가 부근의 모래땅에 자생하는 열당과의 여러해살이 기생식물이다.

▶ 효능

• 신장 질환을 다스린다. 신우염, 신증후군, 신부전, 중풍 등의 치료에 효능이 있다.
• 강장효과 및 장을 부드럽게 해주고 변비, 발기부전, 불임증에 효능이 있다.

▶ 처방 및 복용 방법

5~6월경 전초를 채취하여 햇볕에 말려 약재로 이용한다.
• 신우염, 중풍 등 신장 질환과 변비, 발기부전, 불임증 치료에는 초종용 마른 약재를 달여 복용하거나 약술을 담가 사용하기도 한다.

▶ 용어 해설

• 수상 꽃차례: 한 개의 긴 꽃대 둘레에 여러 개 꽃이 이삭 모양으로 핀 꽃.
• 심장형(心臟形): 동물의 염통을 닮은 하트 모양의 형태.

317 초피나무-산초(山椒)

▶ 식물의 개요

초목(椒目)·천초(川椒)·화초(花椒)·대초(大椒)·남초(南椒)·젠피나무·제피나무(경상도 방언)·고초 등의 이명이 있다. 한방에서 쓰는 생약명은 산초(山椒)이다. 어린 가지에 털이 있고, 잎은 어긋나며 깃꼴 겹잎이다. 산초와 비슷하나 향이 다르다. 5~6월경 황록색 꽃이 산방 꽃차례를 이루며 달려 핀다. 9월경 열매가 붉게 익고 속에는 검은 씨가 들어 있다. 잎과 열매는 향미료로 쓰이며 특히 경상도와 강원도에서는 추어탕에 꼭 들어가 냄새를 잡아 준다. 전국 각지의 산과 골짜기, 제방둑, 들판에 자생하는 운향과의 쌍떡잎 낙엽 활엽 관목이다.

▶ 효능

• 해수, 비염, 천식, 폐렴, 기관지염, 유행성 감기, 인후염 등의 치료에 효능이 있다.
• 소화기 및 위장병 질환을 다스린다. 식도염, 소화불량, 위염, 구토, 복통, 위궤양, 속쓰림 등의 치료에 효능이 있다.
• 연쇄상구균, 황색포도상구균, 이질균 등에 대한 항균 작용을 한다.
• 피부염, 습진, 가려움증, 동상, 타박상, 근육통 등을 치료한다.
• 면역력을 증가시켜 준다.

▶ 처방 및 복용 방법

초피나무는 열매가 익는 9~10월경 잎과 열매, 껍질을 채취하여 약재로 쓴다.

• 동상, 화상, 타박상, 근육통의 치료에는 건조한 잎을 빻아 가루를 내어 달걀흰자와 섞어서 복용한다(환부에 바르거나 붙인다).

• 감기, 인후통, 해수 등의 치료에는 열매껍질로 산제 또는 환제를 만들어 복용한다.
• 머리가 많이 빠질 때는 신선한 생잎(화초엽)으로 즙을 짜서 바른다.
• 소화불량, 복통, 구토, 설사 등 소화기질환에는 열매껍질로 가루를 내어 미지근한 물로 복용한다.

▶ 용어 해설

• 환제: 한약 제형의 하나로 가루를 둥근 모양으로 만든 알약.

318 촛대승마(升麻)

▶ 식물의 개요

승마는 잎 모양이 삼(麻)나무와 비슷하여 붙인 이름이고 오소리승마·용아(龍芽)·굴륭아(窟窿芽)·귀검승마(鬼瞼升摩) 등으로 불린다. 생약명은 승마이다. 잎은 어긋나며 긴 타원 모양의 댓잎피침형으로 가장자리에 톱니가 있다. 꽃은 6월경 흰색으로 피는데 원기둥 모양의 총상 꽃차례를 이루며 핀다. 열매는 8~9월경 골돌과가 달려 익는다. 관상용·식용·약용으로 이용된다. 우리나라 깊은 산속에 서식하는 미나리아재비과의 여러해살이 쌍떡잎 속씨식물이며 자양강장제로 쓰인다.

▶ 효능

촛대승마는 맛이 달고 맵고 쓰며 뿌리줄기를 말려 약재로 쓴다.

• 몸의 기를 상승시키는 기능을 한다. 따라서 피가 아래로 모이는 치질을 다스리는데 효과가 있다.
• 결핵균의 생장을 억제하고 피부진균에 대한 항균 작용을 한다.
• 순환기 계통에 대한 조절 작용과 몸의 이상 현상을 억제하는 진정 작용도 한다.

▶ 처방 및 복용 방법

• 감기로 인한 고열, 두통에는 승마와 감초를 혼합하여 가루를 만들어 끓는 물에 달여서 마신다.
• 산후에 나타나는 여러 가지 질병에는 승마와 천궁, 당귀, 백지를 청주와 함께 달여서 마시면 효과가 있다.

• 설사가 심할 경우는 승마와 인삼을 섞어 꿀로 환을 빚어 따뜻한 물로 복용한다.
• 잇몸이 좋지 않고 치통이 심할 경우는 승마 달인 물로 양치질한다.

▶ 용어 해설

• 총상(總狀) 꽃차례: 꽃 전체가 하나의 꽃처럼 보이는 꽃 모양.
• 골돌과(葺葖果): 여러 개의 씨방으로 된 열매로 익으면 열매 껍질이 벌어짐(바주가리).

319 측백나무-측백엽(側柏葉)

▶ 식물의 개요

측백나무는 총백엽(叢白葉)·편백엽·측백·측백목·강백(姜栢) 등의 이명이 있다. 생약명은 측백엽(側柏葉)이다. 원줄기 위쪽에서 가지가 무성하게 불규칙하게 뻗는다. 줄기껍질은 회갈색이고 세로로 갈라지며, 씨를 백자인(柏子仁)이라 한다. 작은 비늘 모양의 뾰족한 잎이 마주 보며 다닥다닥 붙어 난다. 4월경 연한 갈색의 꽃이 가지 끝에 한 송이씩 핀다. 9~10월경 굵은 달걀 모양의 열매가 달려 자갈색으로 익는다. 관상용 울타리 약용으로 이용한다. 전국 각지의 산지나 농가·학교 울타리에서 자라는 측백나무과의 상록 교목이다.

▶ 효능

• 소화불량, 위염, 식도염, 대장염, 구토, 설사 등의 소화기 질환에 효능이 있다.
• 하혈, 지혈, 토혈, 청혈, 요혈 등 혈증을 다스린다.
• 신장 기능을 강화하여 이뇨 작용을 개선해 준다.
• 흰머리를 검게 하고 탈모를 예방하는 기능을 한다.
• 혈전 방지, 고혈압, 뇌졸중 등 혈관 질환을 다스린다.
• 해수, 천식, 감기, 가래 등의 호흡기 질환을 다스린다.

• 심장이 약한 경우, 정신불안증, 대변불통, 방광염, 뼈가 약한 경우의 치료에는 씨앗(백자인)을 가루를 내어 따뜻한 물에 타서 복용한다.
• 고혈압, 뇌졸중, 중풍 등 혈관 질환의 치료에는 측백엽을 아홉 번 쪄서 말려 가루를 내어 처방한다.
• 탈모, 피부염, 종기, 화상 등의 치료에는 측백엽으로 달인 물을 부자가루와 섞어서 환부에 바른다.
• 하혈, 지혈, 토혈, 청혈, 요혈 등 혈증의 치료에는 건조한 측백엽과 백자인을 섞어 차처럼 우려서 장기 복용한다.

▶ 처방 및 복용 방법

9~10월경 잎과 열매를 채취하여 삶거나 쪄서 그늘에 말려 약재로 쓴다. 씨는 껍질을 제거하고 알맹이만 쓴다. 복용 중에는 밀가루음식, 국화, 대황을 금한다.

▶ 용어 해설

• 상록교목(常綠喬木): 늘 푸른 큰키나무.

320 층꽃나무-난향초(蘭香草)

▶ 식물의 개요

층꽃나무는 층층으로 핀 꽃덩이가 계단 모양으로 보이기 때문에 붙여진 이름이다. 또한 이 나무는 겨울에는 줄기가 말라 죽기 때문에 풀과 나무의 특징을 모두 가진 중간적 식물이다. 야선초·가선초·석모초·9층탑·고지담·층꽃풀 등으로 불린다. 생약명은 난향초(蘭香草)이다. 줄기는 곧게 서서 자라며 작은 가지에 흰 털이 빽빽이 나 있다. 잎은 마주나며 긴 타원형이고 털이 있으며 가장자리에 톱니가 있다. 7~8월경 분홍색 또는 흰색 꽃이 취산 꽃차례를 이루며 층층이 달려 핀다. 10월경 열매가 달려 검게 익는다. 관상용·식용·약용으로 이용한다. 우리나라 남부 섬지방의 야산·들·밭둑 등지에 자생하는 마편초과의 낙엽 활엽 반관목이다.

▶ 효능

- 천식, 해수, 기관지염, 감기, 인후통, 인후염 등의 치료에 효능이 있다.
- 근골동통, 근육통, 인대파열, 타박상, 골절, 치통 등의 질환에 효능이 있다.
- 피부과 질환을 다스린다. 즉, 습진, 피부염증, 파상풍, 화상풍, 풍비, 피부소양증 등을 다스린다.
- 신장염, 황달, 신부전증 등의 질환에 효능이 있다.

▶ 처방 및 복용 방법

7~8월경 개화기에 전초를 채취하여 잘게 썰어서 햇볕에 말려 약재로 쓴다.

- 감기, 발열, 기관지염, 백일해, 생리통, 황달 등의 질환에는 햇볕에 말린 잎을 진하게 달여 복용한다.

- 습진, 피부염증, 파상풍, 화상풍, 풍비, 피부소양증 등의 피부병 질환에는 신선한 생초를 찧어 환부에 바르든지 붙인다.
- 근골동통, 근육통, 인대파열, 타박상, 골절, 치통 등의 질환에는 전초 달인 물로 환부를 씻든지 가루를 내어 따뜻한 물에 타서 마신다.
- 신장염, 황달, 신부전증 등의 질환에는 말린 꽃과 잎으로 차를 우려서 복용한다.

▶ 용어 해설

- 풍비: 대변이 굳어 나타나는 변비의 일종.

321 층층둥굴레-옥죽(玉竹)

▶ 식물의 개요

층층둥굴레는 옛날 신선이 먹는 음식으로 불릴 정도로 향과 효능이 뛰어난 식물로 알려져 있다. 층층갈고리둥굴레·수레둥굴레·황정이라고도 한다. 생약명은 옥죽(玉竹)이다. 굵고 긴 뿌리줄기가 옆으로 뻗으면서 번식하는데 군데군데서 줄기가 나와 곧게 자란다. 잎은 똑바로 선 줄기의 마디마디에서 선형으로 돌려난다. 5월경 연한 황색 꽃이 잎겨드랑이에서 바퀴 모양으로 달려 핀다. 7월경 열매가 달려 검게 익는다. 어린순은 식용으로 쓰고 뿌리줄기는 약용으로 쓴다. 중부지방(가평, 삼척, 파주, 양구, 정선, 단양 등지)의 산과 들의 낮은 언덕에 자생하는 백합과의 여러해살이 외떡잎 속씨식물이다.

▶ 효능

* 폐와 기관지에 작용하여 호흡기 질환(해수, 감기, 천식, 폐렴, 기관지염)에 효능이 있다.
* 근육통, 근골동통, 타박상, 골절 등 약해진 근육을 강화시키는데 작용한다.
* 원기회복, 자양강장, 당뇨병, 허약체질, 황달 등 건강 생활에 도움이 된다.
* 위장을 튼튼하게 하고 소화력을 증진시키는데 효능이 있다.

▶ 처방 및 복용 방법

가을에서 이듬해 봄철에 채취하여 잎은 식용으로 뿌리줄기는 김에 쪄서 그늘에 말려 약재로 쓴다.

* 해수, 감기, 천식, 폐렴, 기관지염 등의 치료에는 말린 뿌리줄기를 진하게 달여서 차처럼 장기 복용한다.
* 근육통, 근골동통, 타박상, 골절 등의 치료에는 말린 전초를 삶아서 그 물로 환부를 마사지한다. 또는 가루를 내어 따뜻한 물에 타서 마신다.
* 원기회복, 자양강장, 당뇨병, 허약체질, 황달 등의 질환에는 뿌리줄기로 산제나 환제를 만들어 처방한다.
* 위장병, 소화불량 등 소화기 질환에는 가루를 따뜻한 물에 타서 복용한다.

▶ 용어 해설

* 선형(線形): 잎의 시작과 끝 부분의 폭이 같은 가늘고 긴 형태(맥문동).
* 잎겨드랑이: 식물의 줄기나 가지에 잎이 붙은 부분으로 눈이 생김.

322 층층이꽃-웅담초(熊膽草)

▶ 식물의 개요

층층이꽃은 풍륜채(風輪菜)·구탑초(九塔草)·고지등(苦地膽)·풍수채(風輪菜)·산층층이꽃·대화풍륜채 등으로 불린다. 한방에서 쓰는 생약명은 웅담초(熊膽草)이다. 줄기는 네모지고 위쪽에서 가지가 갈라지며 향기가 난다. 잎은 마디마다 2장씩 마주나고 달걀꼴로 가장자리에 톱니가 있다. 꽃은 7월경 분홍색으로 줄기에 층층이 둥글게 모여 달려 핀다. 꽃받침은 5개로 갈라지고 털이 많다. 9월경 열매가 맺혀 익는다. 관상용·밀원·식용·약용으로 이용된다. 전국 각지의 낮은 산과 들판 초원지대에 자생하는 꿀풀과의 여러해살이 쌍떡잎 속씨식물이다.

▶ 효능
- 간 질환과 폐경을 다스린다. 간염, 간암, 간경변, 알콜성 간염, 약물성 간염, 신장염, 황달 등의 치료에 효능이 있다.
- 관절염, 결막염, 식도염, 신장염 등의 질환을 다스린다.
- 종기, 습진, 파상풍, 피부염을 다스린다.

▶ 처방 및 복용 방법
층층이꽃은 여름에서 가을철에 전초를 채취하여 햇볕이나 그늘에 말려 쓴다.
- 감기, 편도선염, 인후염, 장염, 간염 등의 질환에는 말린 전초를 달여서 차처럼 여러 번 복용한다.
- 신우신염, 관절염, 결막염, 식도염, 신장염, 유방염 등의 염증 치료에는 전초를 진하게 달여 1일 3회 정도씩 장기 복용한다.
- 종기, 습진, 파상풍, 피부염 치료에는 생초를 찧어서 붙이든지 마른 전초를 달여서 그 물로 씻는다.

▶ 용어 해설
- 밀원(蜜源): 꿀벌이 모이는 근원이 되는 식물.

323 치자(梔子)나무

▶ 식물의 개요

치자나무는 지자(芝子)·선자(鮮子)·치자화(梔子花)·담복(詹葍)·산치(山梔) 등으로 불린다. 생약명은 치자(梔子)이다. 잎은 마주나거나 돌려나고 표면에 윤기가 나며 댓잎피침형이다. 꽃은 6~7월경 흰색 또는 노란색으로 피는데 향기가 나며 가지 끝에 한 송이씩 핀다. 열매는 9월경 결실한다. 관상용 및 약용으로 이용된다. 우리나라 남부지방 및 제주도 등지에 분포하고 있는 꼭두서니과의 상록 활엽 관목으로 황달 치료제이다.

▶ 효능

치자는 가을철에 열매를 채취하여 햇볕에 말려 약용으로 쓴다.

• 담즙 분비를 촉진시켜서 황달 치료에 효과가 크다.
• 지혈 작용 및 해열 작용을 한다.
• 뇌출혈로 인한 불안, 불면 치료에 효과가 있다.

▶ 처방 및 복용 방법

• 심장 질환으로 인한 가슴 떨림, 불안증에는 말린 치자를 우려내어 차처럼 마신다.
• 대변에 출혈이 있는 경우는 태운 치자 가루를 물에 타서 마시든지, 환을 빚어 공복에 먹는다.
• 독성이 있는 꽃을 먹고 중독되었을 때 치자 달인 물을 마신다.
• 황달이 있는 경우는 치자와 인진쑥을 섞어서 달여 물을 마신다.
• 통풍을 다스릴 때는 말린 치자를 태워서 그 가루를 미지근한 물로 복용한다.
• 치질이 있는 경우는 치자를 태워서 그 가루를 환부에 발라 준다.

▶ 용어 해설

• 상록관목(常綠灌木): 늘 푸른 떨기나무.

324 칠엽수(七葉樹)

▶ 식물의 개요

칠엽수는 칠엽나무·칠엽봉오리꽃나무·사라자(娑羅子)·일본칠엽수·마로니에 등으로 불린다. 생약명은 칠엽수이다. 줄기껍질은 갈색으로 물결 모양의 무늬가 있고, 작은 가지 끝에는 겨울눈이 달려 있다. 잎은 마주나며 가장자리에 톱니가 있는 손바닥 모양으로 갈라진 겹잎이다. 꽃은 5~6월경 흰색 꽃이 원추 꽃차례를 이루며 달려 핀다. 꽃받침은 5개의 종 모양으로 갈라진다. 10월경 둥근 열매가 달려 익는데 껍질이 두껍다. 씨는 밤처럼 생기고 녹말이 풍부하다. 전국 각지의 깊은 산골짜기 및 길가에 자생하는 칠엽수과의 낙엽 활엽 교목이다. 공업용·관상용·식용·약용으로 이용된다

▶ 효능

- 편도선염, 인후염, 인후통, 감기 등의 치료에 효능이 있다.
- 피부염, 무좀, 백선, 종기 등의 피부 질환을 다스린다.
- 설사와 이질을 멈추게 하는 지사 작용을 한다.
- 치질, 자궁출혈, 동맥경화증, 각혈 등의 치료에 효능이 있다.
- 강장보호, 위암, 복통, 관절염 등을 다스려 몸을 보호하는데 도움이 된다.

▶ 처방 및 복용 방법

가을철에 열매가 익으면 햇볕에 말려 약재로 쓴다.

- 편도선염, 인후염, 인후통 등의 치료에는 칠엽수 열매로 가루를 내어 달인 물을 이용하여 목을 헹구어 준다.
- 설사와 이질을 멈추게 하는 지사 작용에는 칠엽수 나무껍질을 진하게 달여 차처럼 복용한다.
- 치질, 자궁출혈, 동맥경화증, 각혈 등의 혈액순환 치료에는 열매로 가루를 내어 미지근한 물에 타서 복용한다.
- 피부염, 무좀, 백선, 종기, 종창 등의 피부 질환 치료에는 새싹을 짓찧어 환부에 붙이든지 생즙을 짜서 바른다.

▶ 용어 해설

- 백선: 사상균에 의해 일어나는 피부 질환.
- 원추(圓錐) 꽃차례: 꽃차례의 축이 여러 번 가지가 갈라져 최종 분지(分枝)가 총상 꽃차례를 이루는 원뿔 모양이다.

325 칡-감갈근(甘葛根)

▶ **식물의 개요**

칡은 갈(葛)·갈자근(葛子根)·갈등(葛藤)·녹두(鹿豆)·녹곽(鹿藿) 등으로 부른다. 생약명은 감갈근(甘葛根)이다. 흑갈색의 줄기가 길게 뻗어 자라며 다른 초목들을 감고 올라간다. 줄기가 매년 자라서 굵은 줄기를 이루기 때문에 나무로 분류된다. 뿌리는 땅속 깊이 뻗어 들어가는데 녹말이 많다. 잎은 어긋나며 3출 겹잎이다. 꽃은 8월경 잎겨드랑이에서 나온 꽃자루에 홍자색으로 총상 꽃차례를 이루며 달려 핀다. 열매는 9~10월경 협과가 달려 익는다. 우리나라 전국 각지의 산지에 많이 자생하는 콩과의 여러해살이 낙엽 활엽 덩굴식물로 소화제 및 해열제로 이용된다.

▶ **효능**

칡은 알칡과 참칡은 식용이나 약용으로 사용하고 나무칡(수칡)은 공업용으로 쓰인다.

- 초기 감기로 인한 열을 식혀 주며 풍기로 인한 두통에 효과가 있다.
- 급성 설사를 다스리며 장염이나 이질을 치료한다.
- 체내의 수분을 보충시켜 주며 술독을 해독하는 효과가 있다.
- 뇌혈관을 확장시켜 주며, 고혈압 치료에 쓰인다.

▶ **처방 및 복용 방법**

- 감기 등으로 인해 몸에 열이 나거나 갑자기 오한이 오는 경우는 말린 칡가루를 미지근한 물에 타서 마신다. 이때 대추, 감초, 생강을 함께 섞어 사용해도 된다.
- 술독이나 과다한 약으로 중독된 경우는 갈근을 생즙으로 마시거나 마른 가루를 물에 타서 마셔도 된다.
- 설사나 장염으로 수분이 부족한 경우는 갈근과 감초를 섞어 달여서 마신다. 복용 시 살구의 사용을 금한다.

▶ **용어 해설**

- 협과: 콩과식물의 열매로서 하나의 심피에서 씨방이 발달한 열매로 보통 봉선을 따라 터진다.

326 컴프리-감부리(甘富利)

▶ 식물의 개요

컴프리는 유럽이 원산지로 수입한 외래종이다. 뿌리줄기에서 많은 싹이 나와 줄기가 된다. 줄기는 곧게 서서 자라며 가지가 갈라지고 흰 털이 나 있다. 잎은 다육질로 어긋나며 달걀 모양의 댓잎 피침형으로 표면에 털이 나 있다. 6월경 보라색·황백색·자주색의 꽃이 피는데, 꽃부리는 5개로 갈라진다. 열매는 달걀 모양으로 4개의 분과로 갈라진다. 관상용·사료용·식용·약용으로 쓰인다. 전국 각지의 농가에서 재배하는 지치과의 여러해살이 쌍떡잎 속씨식물이다.

▶ 효능

컴프리에 들어 있는 약효 성분은 단백질, 미네랄, 비타민 B12, 게르마늄 등 다양하다.

- 급성간염, 보혈, 빈혈증, 출혈, 토혈, 황달 등 혈증을 다스린다.
- 위염, 소화불량, 복통, 속쓰림 등 위경에 효능이 있다.
- 종독, 천식, 골절통증 등의 질환을 다스린다.

▶ 처방 및 복용 방법

봄에서 가을에 걸쳐 전초와 뿌리를 채취하여 햇볕에 말려 약재로 쓴다.

- 급성간염, 보혈, 빈혈증, 출혈, 토혈, 황달 등 혈증 치료에는 컴프리 전초에 들어 있는 게르마늄이 성분으로 처방한다.
- 위염, 소화불량, 복통, 속쓰림 등 위경에는 전초로 생즙을 내어 복용한다.
- 종독, 피부염 등 외상치료에는 가루를 내어 뿌리거나 생즙으로 처방한다.

▶ 용어 해설

- 분과: 여러 개의 씨방으로 된 열매로 익으면 벌어진다(작약).

327 콩짜개덩굴-지련전(地連錢)

▶ 식물의 개요
콩짜개덩굴은 석과자(石瓜子) · 과자초(瓜子草) · 복석궐(伏石蕨) · 나암초(螺庵草) · 금지갑(金脂甲) · 경면초(鏡面草) · 콩조각고사리 · 거울초 등으로도 불린다. 생약명은 지련전(地連錢)이다. 바위나 나무에 붙어 옆으로 뻗으며 자라고 마디마디에서 수염뿌리가 나온다. 잎은 콩을 반쪽으로 쪼개 놓은 것 같고, 타원형이며 두꺼운 가죽질이다. 6월경 포자잎 옆으로 포자주머니가 무리지어 달렸다가 9월경 포자가 흩어진다. 독성은 없으나 식용은 하지 않고 관상용과 약용으로 쓴다. 남부지방, 제주도, 다도해 섬지방의 해변가 숲속 바위 겉이나 나무줄기에 자생하는 고란초과의 상록 여러해살이 양치식물이다.

▶ 효능
- 혈증을 다스린다. 각혈, 경혈, 비뉵혈, 토혈, 빈혈, 어혈, 지혈 등의 치료에 효능이 있다.
- 피부 질환을 다스린다. 개창(옴), 소종, 옹종, 피부암, 습진, 피부염증, 파상풍 등의 치료에 효능이 있다.

▶ 처방 및 복용 방법
여름에서 겨울철에 전초를 채취하여 햇볕에 말려 약재로 쓴다.
- 각혈, 경혈, 비뉵혈, 토혈, 빈혈, 어혈, 지혈 등의 치료에는 전초를 잘게 썰어서 물에 달여 복용한다.
- 악성 종기, 개창(옴), 소종, 옹종, 습진 등의 치료에는 생잎을 짓찧어 붙이든지 말린 약재를 가루로 만들어 참기름과 함께 처방한다.

▶ 용어 해설
- 수염뿌리: 뿌리줄기 밑동에서 수염처럼 많이 뻗어 나온 뿌리.
- 경혈: 한방에서 침을 놓거나 뜸을 뜨는 자리.

328 큰개별꽃-태자삼(太子蔘)

▶ 식물의 개요

큰개별꽃은 꽃이 별 모양이고 잎이 다른 개별꽃에 비해 크기 때문에 붙여진 이름이다. 동삼(童蔘)·해아삼(孩兒蔘)·들별꽃·개별꽃·나도개별꽃 등으로도 불린다. 한방에서 쓰는 생약명은 태자삼(太子蔘)이다. 뿌리는 원기둥 모양의 덩이뿌리이며 흰색이다. 뿌리에서 나온 원줄기는 가지가 없고 털이 있다. 잎은 4장이 마주보며 나고, 줄기 밑 부분에 달린 주걱 모양과 윗부분에 달린 달걀꼴 모양이 있다. 꽃은 4월경 흰색 꽃이 피는데 줄기 끝에서 위를 향해 5개의 꽃잎이 한 개씩 달린다. 6월경 둥근 열매를 맺는데 익으면 갈라져 씨가 나온다. 어린순은 나물로 먹고 뿌리는 약용으로 쓴다. 전국 각지의 산지 숲속이나 계곡의 골짜기 등지에 자생하는 석죽과의 여러해살이 쌍떡잎 속씨식물이다.

▶ 효능

* 건비위, 산후식욕부진, 소화불량 등 소화기 질환
  을 다스린다.
* 강장보호, 다한증, 불면증, 신기허약증, 심장판
  막증, 해열 등 허약체질의 개선에 효능이 있다.

▶ 처방 및 복용 방법

7~8월경 결실기에 뿌리와 전초를 채취하여 햇볕에
말려 약재로 이용한다.
* 신체허약, 소화불량, 산후식욕부진, 건위, 설사,
  마른기침, 해수 등의 질환에는 말린 뿌리를 물
  에 진하게 달이거나 가로로 빻아서 복용한다.

▶ 용어 해설

* 다한증: 병적으로 많은 양의 땀을 흘리는 증세.

329 큰조롱-백하수오(白何首烏)

▶ 식물의 개요

큰조롱은 하수오의 암컷을 말하며, 산백(山伯)·백수오(白首烏)·은조롱·새박풀·곱뿌리·백토곽(白兎藿)·박조가리·과산표(過山飄)·격산소(隔山消) 등으로 불린다. 생약명은 백하수오(白何首烏)이다. 굵은 덩이뿌리가 땅속 깊이 들어가 있다. 줄기는 원기둥형이고 가늘고 왼쪽으로 감아 올라가는데 자르면 하얀 유즙이 나온다. 잎은 마주나며 심장형으로 부드러운 털이 나 있다. 꽃은 7월경 황록색으로 피는데 산형 꽃차례를 이루며 달려 핀다. 열매는 8월경 길쭉한 골돌과가 달려 익는다. 우리나라 각지의 산지나 남쪽 바닷가 섬 지역의 경사지에 자생하는 박주가리과의 덩굴성 여러해살이 쌍떡잎 속씨식물이며, 정력을 증진하는 자양강장제로 쓰인다.

▶ 효능

백하수오(암컷)는 달고 쓰며, 적하수오(수컷)는 쓰고 떫다. 『동의보감』에는 백하수오와 적하수오를 함께 먹어야 효과가 크다고 하였다.

- 혈관을 강화시키며, 콜레스테롤 증가를 억제하여 동맥경화를 예방하는데 효과가 있다.
- 간혈(간에 저장된 피)을 보하며 근육과 뼈를 튼튼히 하여 불로회춘에 효능이 있다.
- 유산 방지, 산후 조리 등 여성 질환에 영향이 크다.
- 동맥경화를 예방하고, 신경쇠약증을 치료하는 데도 도움이 된다.

▶ 처방 및 복용 방법

- 정력을 보강하고 기를 보하기 위해서는 하수오와 다시마, 검은콩, 호두를 가루를 내어 미지근한 물로 마시거나 환을 빚어 청주와 함께 먹는다.
- 흰 머리카락을 검게 하고 윤기가 나게 하려면 하수오와 참깨, 꿀과 함께 끓여 달여서 마신다.
- 설사가 심할 경우 하수오와 인삼, 백출을 함께 섞어 달여서 차처럼 마신다.

▶ 용어 해설

- 덩이뿌리: 녹말을 저장하기 위해 배대해진 뿌리 (고구마, 무우).
- 산형 꽃차례: 많은 꽃꼭지가 꽃대 끝에서 방사형으로 나와 그 끝마디에 꽃이 하나씩 붙는 꽃차례.

* 하수오

춘추전국시대 하씨 성을 가진 사람이 새박덩굴풀의 뿌리를 캐어 먹고 흰머리가 까마귀처럼 새까맣게 되었다고 하여 하씨(何), 머리(首), 까마귀(烏)의 글자를 따서 붙여진 이름으로 전한다.

330 택사(澤瀉)

▶ **식물의 개요**

택사는 속(藚)·수사(水瀉)·상택(上澤)·곡사(鵠瀉)·망우(芒芋)·쇠퇴나물 등으로 부른다. 생약명은 택사이다. 뿌리줄기가 짧아 덩이뿌리를 형성하며 수염뿌리가 많다. 잎은 뿌리줄기에서 모여 나와 비스듬히 퍼지며 잎자루가 서로 감싼다. 7월경 흰 꽃이 꽃줄기에 바퀴 모양으로 돌려나와 원추 꽃차례를 이루며 달려 핀다. 열매는 9월경 삭과가 달려 익는다. 독성은 없으나 식용으로는 쓰지 않고 관상용과 약용으로 이용된다. 전국 각지의 늪지나 연못 등에서 자생하는 택사과의 여러해살이 수생식물로 땅속에 있는 뿌리줄기를 약용으로 쓴다.

▶ **효능**

택사는 겨울철에 뿌리줄기를 캐어 햇볕에 말려 약용으로 쓴다. 맛은 달고 짜며 독성은 없다.

- 방광염이나 신장염에 효력이 있다. 즉 오줌을 원활하게 하는 이뇨 작용을 강화시킨다.
- 혈압 및 혈당을 낮추어 주고, 혈중 콜레스테롤을 감소시키는데 효력이 있다.
- 열을 떨어뜨려서 땀이 많이 나는데 효과가 있다.

▶ **처방 및 복용 방법**

- 소변양이 적고 소변 줄기가 시원치 않을 때 택사를 끓여 그 물을 차처럼 여러 번 마신다.
- 여름철 땀이 많이 나고 갈증이 심할 경우는 택사, 백출, 복령을 섞어 달여서 그 물을 자주 마신다.
- 임신 중 붓기가 심할 경우는 택사, 복령, 생강, 상백피를 섞어 끓여서 반 정도 되면 식혀서 여러 번 나누어 마신다.

- 감기가 심한 경우는 택사, 창출, 방풍, 계피를 섞어 가루를 낸 다음 따뜻한 물에 타서 마신다. 또는 죽을 만들어 먹어도 된다.

▶ **용어 해설**

- 삭과: 익으면 열매 껍질이 떨어지면서 씨를 퍼뜨리는 여러 개의 씨방으로 된 열매(백합, 붓꽃).

331 탱자나무-지실(枳實: 작은 열매)

▶ 식물의 개요

탱자나무는 지각(枳殼)·동정(同庭)·상각(商殼)·점자(粘刺)·지곡(枳穀)·지귤(枳橘)·구귤(枸橘) 등으로 불린다. 생약명은 지실이다. 잎은 어긋나며 3출 겹잎이며 단단하고 윤기가 난다. 줄기에는 가시가 많다. 5월경 흰 꽃이 잎이 나오기 전에 줄기 끝에 한두 송이씩 핀다. 열매는 8월경 둥근 장과가 달려 노랗게 익는데 향기가 있다. 관상용·울타리용·약용으로 이용된다. 우리나라 중남부지방의 마을 부근에 많이 서식하는 운향과의 낙엽 활엽 관목이다.

▶ 효능

탱자는 맛이 쓰고 시며 독성이 없다. 한방에서는 덜 익은 열매 및 껍질을 약재로 이용한다.

- 만성 소화불량, 위염, 과민성 장 증세 등을 다스리는 위장 기능 강화에 효과가 있다.
- 피부염을 다스리고 담을 삭히는데 효과가 있다.
- 심장 수축을 강화하는 등 혈압을 상승시키는 작용을 한다.
- 부종, 중풍, 치질 등을 다스리는데 작용한다.

▶ 처방 및 복용 방법

- 위장 기능 강화를 위해서는 지실과 인삼, 천궁의 섞은 가루를 따뜻한 청주와 함께 복용한다.
- 소화가 불량하고 헛배가 부른 경우는 지실과 인삼, 백출, 복령 등의 가루를 꿀에 개어서 환을 만들어 복용한다.
- 부종, 중풍, 치질 등의 치료에는 지실을 진하게 끓여 달여서 그 물을 장기간 차처럼 복용한다.

▶ 용어 해설

- 장과(漿果): 과육과 액즙이 많고 속에 씨가 들어 있는 과실(포도, 감).

332 토란(土卵)-야우(野芋)

▶ 식물의 개요
토란은 야우엽·우자(芋子)·토련(土蓮)·토지(土芝)·땅토란 등으로도 불린다. 생약명은 야우(野芋)이다. 땅속에서 크고 작은 덩이줄기(알줄기)가 감자 모양으로 여러 개 달린다. 잎은 줄기 윗부분에 달걀 모양의 타원형으로 연잎 비슷한 코끼리 귀를 닮았다. 꽃은 잘 피지 않는다. 간혹 가을철에 피기도 하는데 꽃줄기 끝에 황색의 육수 꽃차례를 이루며 달려 핀다. 고원성 식물이기 때문에 중부 이남에서 주로 재배하는 천남성과의 여러해살이 외떡잎 덩이식물이다. 덩이줄기와 잎자루는 식용으로 쓰고, 약용은 주로 덩이줄기만 쓴다.

▶ 효능
- 동상, 피부암, 습진, 피부염증, 파상풍, 화상풍, 풍비, 피부소양증 등을 다스린다.
- 이비인후과 질환을 다스린다. 중이염, 충수염, 편도선염, 부비동염, 후두염, 비염 등의 치료에 효능이 있다.
- 심혈관 질환, 치질, 변비에 효능이 있다.
- 타박상, 탕화상, 개창, 종독 등의 질환에 효능이 있다.

▶ 처방 및 복용 방법
가을철에 덩이줄기를 채취하여 생것으로 쓴다. 복용 중 황금을 금한다.
- 독감, 폐렴치료에는 토란, 통초, 차전자를 섞어 달여서 복용한다.
- 심부전증 등 심혈관 질환의 치료에는 토란의 칼륨 성분으로 처방한다.
- 변비, 치질 치료에는 토란에 들어 이는 뮤신이란 성분으로 처방한다.
- 악성종기나 피부 질환의 치료에는 토란 알뿌리를 짓찧어 밀가루에 반죽하여 환부에 붙인다.

▶ 용어 해설
- 육수(肉穗) 꽃차례: 꽃대 주위에 꽃자루가 없는 꽃들이 빽빽하게 모여 피는 꽃차례.
- 덩이줄기: 덩이 모양을 이룬 땅속줄기(감자, 돼지감자).

333 톱풀-일지호(一支蒿)

▶ 식물의 개요

톱풀은 잎이 톱날처럼 생겼다 하여 붙여진 이름이다. 톱 대패 칼 낫 등에 다친 상처를 잘 낫게 한다고 해서 '목수의 약초'라고 한다. 오공초(蜈蚣草)·영초·지네풀·가새풀·배암채 등으로도 불린다. 생약명은 일지호(一支蒿)이다. 뿌리줄기가 옆으로 뻗으면서 자라는데 줄기가 여러 대 한 군데서 모여 나고 위쪽에 털이 많다. 잎은 어긋나고 잎자루가 없으며 톱니가 있다. 7월경 흰색 꽃이 줄기 끝과 가지 끝에서 산방 꽃차례를 이루며 핀다. 10월경 타원형 열매가 달려 익는데 납작하다. 전국 각지 산과 들, 풀밭 등지에 자생하는 국화과의 여러해살이 쌍떡잎 속씨식물이다.

▶ 효능
- 지혈, 소염, 위염, 장염, 자궁출혈, 류머티즘 관절염의 질환에 효능이 있다.
- 타박상, 피부염, 종기, 독충, 독사에 물린 경우 치료한다.
- 살균 작용, 수렴 작용, 지혈 작용, 치질약으로 효능이 높다.

▶ 처방 및 복용 방법

6~9월경 개화기에 뿌리와 전초를 채취하여 생물 또는 햇볕에 말려 사용한다.
- 지혈, 소염, 위염, 장염, 자궁출혈, 류머티즘 관절염의 질환에는 톱풀의 잎과 줄기를 건조하여 진하게 달여 복용한다.
- 타박상, 피부염, 종기, 독충, 독사에 물린 경우는 신선한 잎과 줄기를 생으로 찧어 생즙을 환부에 바르든지 밀가루에 반죽하여 붙인다.
- 면역력을 높이기 위해서는 전초를 진하게 차처럼 우려서 자주 마신다.
- 혈액순환 및 만성비대증 치료에는 전초로 약술을 담가서 복용해도 좋다.

▶ 용어 해설
- 산방 꽃차례: 꽃자루가 아랫것은 길고 윗것은 짧아 각 꽃이 가지런히 피는 형태.

334 투구꽃-초오(草烏)

▶ 식물의 개요

투구꽃은 토부자(土附子)·계독(鷄毒)·오두(烏豆)·개발바닥나물·세잎돌쩌귀·선투구꽃·개싹눈바꽃·진돌쩌귀 등으로도 부른다. 생약명은 초오(草烏)이다. 뿌리는 마늘쪽 또는 새발처럼 생겼다. 줄기는 곧게 서지만 다른 물체에 기대어 자라기도 한다. 잎은 어긋나며 손바닥 모양으로 3~5개로 갈라진다. 갈라진 조각에는 톱니가 나 있으며 잎자루가 길다. 꽃은 9월경 투구 모양의 자주색 꽃이 겹총상 꽃차례를 이루며 달려 핀다. 열매는 10월경 타원형의 골돌과(익으면 껍질이 벌어져 씨가 퍼지는 열매)가 달려 익는데 3개가 붙어 있다. 우리나라 중부 이북(속리산 이북)지방의 깊은 골짜기나 숲속에 자생하는 미나리아재비과의 쌍떡잎 속씨식물이다.

▶ 효능

투구꽃은 독성이 강하다. 전문 한의사의 조언을 받아 처방해야 한다.

* 통증을 없애며 풍습, 파상풍, 옹종, 종독 등의 질환을 다스린다.
* 류머티즘 관절염, 신경통, 뇌신경마비 등의 질환에 효능이 있다.
* 위암, 급성위염, 만성 위염 등 소화기 질환을 다스린다.

▶ 처방 및 복용 방법

투구꽃은 10월경 전초와 뿌리를 채취하여 햇볕에 말려 약재로 쓴다. 뿌리(초오)에는 독성이 강하게 있으므로 전문 한의사의 조언을 받아 법제(法製)하여 처방해야 한다.

▶ 용어 해설

* 법제(法製): 한약재의 질과 치료 효능을 높이고 보관, 조제하는 데 편리하게 할 목적으로 1차 가공을 한 약재를 다시 제정된 방법대로 가공 처리하는 방법을 통틀어 일컫는 용어이다.

335 퉁퉁마디-함초(鹹草)·해봉자(海蓬子)

▶ 식물의 개요

퉁퉁마디는 복초(福草)·신초(神草)·삼지(三枝)·염초(鹽草)·산호초·생여떼 등의 이명이 있다. 생약명은 함초(鹹草)이다. 함초는 이름 그대로 맛이 몹시 짜다. 바다의 소금을 흡수하면서 자라기 때문에 각종 미네랄과 효소 성분을 갖고 있다. 줄기는 살이 많은 다육질이고 곧게 서서 자라며 마디가 있다. 잎은 소금기가 있지만 독성이 없어 예부터 식용으로 사용했다. 퇴화한 비늘 같은 작은 잎이 마주나며 붙어 있다. 8~9월경 녹색의 작은 꽃이 마디 사이에 수상 꽃차례를 이루며 달려 핀다. 열매는 10월경 달걀꼴의 포과가 달려 익는데 속에 검은 씨가 있다. 우리나라 남해안 다도해, 서해안, 울릉도 등지의 바닷가나 갯벌 부근에 자생하는 명아주과의 여러해살이 쌍떡잎 현화(속씨)식물이다.

▶ 효능
- 소장에 들어 있는 숙변과 혈액 속에 쌓인 지방을 분해하는 효능이 있다.
- 고혈압, 저혈압 등을 치료하여 혈액순환을 원활히 한다.
- 축농증, 신장염, 관절염 등 화농성 염증을 다스린다.
- 기관지염, 장기능 강화, 당뇨병 등에 효능이 있다.

▶ 처방 및 복용 방법

9월 전후에 전초를 채취하여 햇볕에 말려 약재로 쓴다.
- 저혈압, 고혈압 등에 대한 혈액순환과 숙변으로 인한 변비, 혈액 및 체내에 들어 있는 지방을 분해하여 체중을 조절하기 위해서는 말린 전초를 환제하여 장기간 복용한다.
- 기관지염, 장기능 강화, 당뇨병 등의 치료에는 함초 가루를 물에 타서 복용한다.
- 몸속의 독소 및 축농증, 신장염, 관절염 등 화농성 염증의 치료에는 탕제로 만들어 처방한다.

▶ 용어 해설
- 다육질(多肉質): 식물의 살이 많은 품질.
- 포과(苞果): 얇고 마른 껍질 속에 씨가 들어 있는 것(명아주씨).

336 파대가리-수오공(水蜈蚣)

▶ **식물의 개요**

파대가리는 수천부·수향부·삼전초·수우초·한근초·삼협초·수오매 등으로도 불린다. 생약명은 수오공(水蜈蚣)이다. 파대가리는 공처럼 둥글게 핀 꽃이 파 꽃과 비슷하다 하여 붙여진 이름이다. 뿌리줄기는 옆으로 길게 뻗으며 자라고 마디에서 줄기가 나온다. 잎은 줄기 밑 부분에서 나오는데 3~4장이 서로 겹치면서 줄기를 감싼다. 끝이 뾰족하며 좁은 선형이다. 꽃은 8월경 줄기 끝의 꽃 떡잎 사이에서 갈색으로 둥글게 뭉쳐 핀다. 10월경 타원형의 열매가 달려 갈색으로 익는다. 독성이 있어 식용은 할 수 없고 관상용과 약용으로 이용된다. 전국 각지 논둑이나 들판의 햇볕이 들어오는 습지에 자생하는 사초과의 여러해살이 외떡잎 속씨식물이다.

▶ **효능**
• 기관지염, 감기로 인한 두통, 인후통, 관절통, 근육통 등으로 나타나는 열을 내리고 염증을 없애주는 효능이 있다.
• 종기, 피부염, 타박상 등의 질환을 다스린다.
• 설사, 소화불량, 위염 등 소화기 질환을 다스린다.

▶ **처방 및 복용 방법**

개화기인 8~9월경 전초와 뿌리를 채취하여 햇볕에 말려 쓴다. 독성이 있으므로 처방할 때 주의가 요구된다.
• 편도선염, 기관지염, 감기, 인후통, 인후염 등의 호흡기 질환에는 말린 잎을 연하게 달여 복용한다.
• 소화불량, 위염, 속쓰림 등 소화기 질환에는 말린 전초를 탕으로 조제하여 처방한다.

• 부스럼, 종기, 피부염, 타박상 등의 피부 질환에는 신선한 생잎을 찧어서 생즙을 내어 바르거나 달여서 찜질을 하기도 한다.

▶ **용어 해설**
• 선형(線形): 잎의 시작과 끝 부분의 폭이 같은 가늘고 긴 형태(맥문동).

337 파리풀-노파자침선(老婆子針線)

▶ **식물의 개요**

파리풀은 뿌리를 찧어 나온 즙을 종이에 발라 놓아 파리를 잡기 때문에 붙여진 이름이다. 일부 광(一扶光)·투골초(透骨草)·약저·독저초·점인군·꼬리창풀 등으로도 불린다. 생약명은 노파 자침선(老婆子針線)이다. 줄기는 곧게 서고 네모지며 마디 바로 위가 굵다. 잎은 마주나며 달걀 꼴이고 잎자루가 길다. 양면에 털이 많고 가장자리에는 규칙적인 톱니가 있다. 꽃은 7월경 연한 자주색 꽃이 줄기 끝과 가지 끝에 2~3개의 긴 꽃대가 나와 수상 꽃차례를 이루며 이삭처럼 달려 핀다. 10월경 긴 모양의 열매가 달려 익는다. 독성이 있으며 식용은 하지 않고 관상용과 약용으로 이용된다. 전국 각지 산과 들의 습한 지대에 자생하는 파리풀과의 여러해살이 쌍떡잎 속씨식물이다.

▶ **효능**

• 외상 질환을 다스린다. 즉, 개창, 중독, 창종(헌데), 치창(군살), 타박상, 화상 등의 치료에 효능이 있다.

• 염증을 강하시키고 살충 작용에 효능이 있다.

▶ **처방 및 복용 방법**

여름~가을철에 뿌리와 전초를 채집하여 햇볕에 말려 약재로 쓴다.

• 개창, 중독, 창종(헌데), 치창(군살), 타박상, 화상 등의 치료에는 생초를 짓찧어 생즙을 내서 환부에 바르거나 반죽을 하여 붙인다.

▶ **용어 해설**

• 수상 꽃차례: 한 개의 긴 꽃대 둘레에 여러 개 꽃이 이삭 모양으로 핀 꽃.

338 팔손이-팔각금반(八角金盤)

▶ 식물의 개요
팔손이는 팔손이나무·팔금반·금강찬·총각나무·팔각금성 등의 이름으로도 불린다. 생약명은 팔각금반(八角金盤)이다. 줄기는 몇 개씩 함께 자라며 갈라진 가지는 굵다. 잎은 어긋나는데 긴 잎자루에 붙어 가지 끝에 모여 달린다. 표면은 광택이 나고 단풍잎 모양이다. 10월경 가지 끝에서 흰색 꽃이 우산 모양인 산형 꽃차례를 이루며 달리고, 여러 개가 모여 원추 꽃차례를 이룬다. 열매는 다음해 5월경 달려 검게 익는다. 독성이 있어 식용은 하지 않고 관상용과 약용으로 이용된다. 우리나라 남부 섬지방과 특히 거제도에 많이 서식하는 두릅나무과의 쌍떡잎 상록 활엽 관목이다.

▶ 효능
- 천식, 기침, 거담, 진해, 해수 등의 호흡기 질환을 다스린다.
- 류머티즘 관절염, 통풍, 담 등의 질환을 다스린다.

▶ 처방 및 복용 방법
연중 뿌리껍질을 채취하여 햇볕에 말려 약재로 쓴다. 독성이 있으므로 사용에 주의가 필요하다.
- 천식, 기침, 가래 등의 질환에는 말린 잎을 진하게 달여 차처럼 여러 번 복용한다.
- 류머티즘 관절염, 통풍, 담 등의 질환에는 말린 잎으로 삶은 물을 따뜻한 목욕물과 섞어서 긴 시간 물찜질 한다.

▶ 용어 해설
- 원추(圓錐) 꽃차례: 꽃차례의 축이 여러 번 가지가 갈라져 최종 분지(分枝)가 총상 꽃차례를 이루는 원뿔 모양이다.

339 팥-적소두(赤小豆)

▶ 식물의 개요

팥은 홍두(紅豆)·주적두(朱赤豆)·반두(半豆)·소두(小豆) 등으로도 불린다. 한방에서 쓰는 생약명은 적소두(赤小豆)이다. 뿌리는 콩과 비슷하고 줄기는 콩보다 가늘며 덩굴성이 강하다. 팥의 종류는 생태, 씨의 색깔에 따라 다양하다. 잎은 어긋나며 심장형으로 3출 겹잎이다. 꽃은 8월경 노란색으로 피는데 콩 꽃보다 큰 나비꽃으로 총상 꽃차례를 이룬다. 9월경 녹색의 열매를 맺는데 익으면 회백색·황색·갈색 등으로 변한다. 전국 각지 농가의 밭에서 재배하는 콩과의 한해살이 쌍떡잎 속씨식물이다.

▶ 효능

• 각기병, 신장염, 심장병 등으로 나타난 부종에 효능이 있다.
• 백전풍, 종기 등 피부 질환 치료에 효능이 있다.
• 요실금, 소변불통 등 비뇨기 질환을 다스린다.
• 편도선염, 후두염 등 이비인후과의 질환을 다스린다.
• 간경변증, 고혈압, 치질 등 순환계 질환을 다스린다.

▶ 처방 및 복용 방법

9~10월경 팥을 채취하여 햇볕에 말려 약재로 쓴다.

• 백전풍 등 피부 질환에는 볶은 팥가루와 쌀겨를 섞어 뜨겁게 한 후 환부에 문지른다.
• 요실금, 소변불통에는 팥의 생잎을 찧어서 만든 생즙을 마신다.
• 신장병, 심장병, 각기병 등으로 인한 부기를 낮추는 데는 팥의 껍질을 진하게 달여서 장기간 복용한다.

▶ 용어 해설

• 심장형(心臟形): 동물의 염통을 닮은 하트 모양의 형태.

340 패랭이꽃–석죽(石竹)·구맥(瞿麥)

▶ 식물의 개요

패랭이꽃은 대란(大蘭)·사시미(四時美)·죽절초(竹節草)·남천축초(南天竺草)·천국화(天菊花)·낙양화(落陽花)·참대풀 등으로 불린다. 생약명은 석죽(石竹)·구맥(瞿麥)이다. 잎은 마디마다 2장씩 마주나는데 댓잎피침형으로 끝이 뾰족하고 잎자루는 없다. 꽃은 6월경 분홍색 꽃이 가지 끝에서 한 송이씩 핀다. 열매는 9월 전후에 원통형의 삭과가 달려 익는다. 열매 속에는 4개의 흑갈색 씨가 있다. 관상용·식용·약용으로 이용된다. 전국 각지의 산기슭 풀밭이나 구릉지, 길가의 마른 곳에서 자생하는 석죽과의 여러해살이 쌍떡잎 속씨식물이다.

▶ 효능

구맥은 꽃이 피기 전 전초를 채취하여 그늘에 말려 약용으로 쓴다. 각종 종양 치료제로 알려져 있다.

• 패랭이꽃의 뿌리는 식도암 등 암세포의 생장을 억제하는데 효과가 있다.
• 요도염, 결석, 신장염, 방광염 등을 다스리는데 효력이 있다.
• 뭉친 혈액을 풀어 주어 여성의 생리불순을 다스리는데 효력이 있다.
• 배변을 촉진하여 변비를 다스린다.

▶ 처방 및 복용 방법

• 각종 암을 다스리는 데는 구맥을 끓여 차처럼 마신다.(한의사 지시에 따라야 함)
• 오줌에 피가 섞여 나올 때는 구맥, 생지황을 끓여 여러 번 복용한다.
• 타박상이나 종기에는 구맥가루를 개어 환부에 붙여 치료한다.

• 임신부는 씨를 이용하면 유산의 위험이 있으니 복용에 주의해야 한다.

▶ 용어 해설

• 삭과: 익으면 열매 껍질이 떨어지면서 씨를 퍼뜨리는 여러 개의 씨방으로 된 열매(백합, 붓꽃).

341 패모(貝母)-평패모(平貝母)

▶ 식물의 개요

패모는 천패모·상산초·검나리·경천패·토패모·대의모·절패모 등으로도 불린다. 생약명은 평패모(平貝母)이다. 원줄기는 곧게 서서 자란다. 비늘줄기는 희고 둥글며 육질이다. 잎은 마주 나거나 돌려나는데 끝이 뾰족하고 뒷면에 흰빛이 돈다. 꽃은 5월경 자주색 꽃이 위쪽 잎 사이에서 종 모양으로 4개 정도씩 달려 핀다. 열매는 7월경 삭과(씨방이 많은 열매)가 달려 익는다. 독성은 없으나 식용으로는 쓰지 않고 관상용과 약용으로 쓴다. 중부지방의 산지에 있는 밭에서 재배하며 백합과의 여러해살이 외떡잎 속씨식물이다.

▶ 효능

• 기관지염, 해수, 보폐, 청폐, 천식, 폐결핵, 폐렴, 유행성 감기, 인후염, 임파선염 등 호흡기 및 이비인후과 질환에 효능이 있다.
• 각혈, 고혈압, 담, 토혈, 폐결핵 등의 치료에 효능이 있다.

▶ 처방 및 복용 방법

8~9월경 비늘줄기를 채취하여 햇볕에 말려 약재로 쓴다.
• 만성 천식 및 오랜 기침으로 인한 가래를 없애는 처방에는 패모, 반하, 진피 가루를 섞어 따끈한 물로 오래 복용한다.
• 기관지염, 폐렴, 인후염 등의 호흡기 질환 치료에는 건조한 패모, 행인, 박하를 섞어 달여 꿀물에 타서 복용한다.

▶ 용어 해설

• 비늘줄기: 짧은 줄기 둘레에 양분을 저장하여 두껍게 된 잎이 많이 겹친 형태(파, 마늘, 백합, 수선화).

342 팽나무-박수엽(朴樹葉)

▶ 식물의 개요

팽나무는 박수피·상자지·달주나무·매태나무·평나무·박수나무 등으로도 불린다. 생약명은 박수엽(朴樹葉)이다. 잎은 어긋나며 달걀 모양의 타원형으로 끝이 뾰족하고 가장자리에 잔톱니가 있다. 꽃은 5월경 취산 꽃차례를 이루며 개화한다. 열매는 9월경 결실하여 익는다. 어린 잎은 나물로 먹고 열매는 식용유를 짜서 이용한다. 전국 각지의 산기슭·골짜기·개울가 등지에 자생하는 느릅나무과의 여러해살이 낙엽 활엽 교목이다.

▶ 효능
• 두통, 고혈압, 불면증, 신장염, 요통, 관절염 등의 질환을 다스린다.
• 통증을 다스린다. 심복통, 종독, 유종, 화상 등의 치료에 효능이 있다.

▶ 처방 및 복용 방법
여름철에는 나무껍질, 가을철에는 열매를 채취하여 햇볕에 말려 약재로 쓴다.
• 두통, 고혈압, 불면증, 신장염, 요통, 관절염, 심복통, 종독, 유종, 화상 등순환계 및 통증의 치료에는 팽나무 건조한 껍질과 열매로 탕을 제조하여 복용하든지 약술을 담가서 복용한다.

▶ 용어 해설
• 유종: 여성의 유방에 발생한 종기.

343 편두(扁豆)

▶ 식물의 개요
편두는 남편두·소도두·아마두·까치콩·나물콩·제비콩 등으로도 불린다. 한방에서 쓰는 생약명은 백편두(白扁豆)이다. 열대지방에서는 다년생이지만 우리나라에서는 1년생이다. 줄기는 덩굴로 자라며 털이 있다. 잎은 3출겹엽으로 칡잎과 비슷한 달걀 모양이다. 7월경 흰색 또는 자주색의 꽃이 꽃이삭에 수상 꽃차례를 이루며 달려 핀다. 꽃받침은 종 모양이며 4개로 갈라진다. 9월경 낫 같이 굽은 열매를 맺는데 씨는 5개씩 들어 있다. 『동의보감』에는 '흰 꽃의 씨는 백편두라 하고 자주색 꽃의 씨는 흑편두라 하는데 약으로 쓰는 것은 흑편두이다'라고 하였다. 관상용·식용·약용으로 이용된다. 전국 각지 농가의 밭에서 여러해살이 또는 한해살이 콩과의 쌍떡잎속씨 덩굴식물이다.

▶ 효능
- 소화기 질환을 다스린다. 즉, 구역증, 비위허약, 식체, 역류성식도염, 위염, 위십이지장궤양, 속쓰림 등의 치료에 효능이 있다.
- 약물 및 각종 중독증을 다스리는데 효능이 있다. 복어 중독, 알코올 중독, 연탄가스 중독, 양잿물 중독 등을 치료한다.

▶ 처방 및 복용 방법
꽃과 씨를 채취하여 햇볕에 말려 약재로 쓴다.
- 구토, 비위허약, 식체, 역류성식도염, 위염, 위십이지장궤양, 속쓰림 등의 치료에는 말린 씨로 가루를 내어 환을 조제하여 복용한다.
- 복어 중독, 알코올 중독 등 약물 및 각종 중독증에는 말린 약재로 법제하여 탕으로 처방한다.

▶ 용어 해설
- 수상 꽃차례: 한 개의 긴 꽃대 둘레에 여러 개 꽃이 이삭 모양으로 핀 꽃.

344 표고(蔈古)

▶ 식물의 개요

표고는 향신·마고·추이·향심·향담 등으로도 불린다. 생약명은 표고이다. 참나무, 상수리나무, 떡갈나무, 밤나무 등의 활엽수 고목이나 나무 등걸 등지에서 자생하는 버섯이다. 갓은 원형 또는 심장형으로 표면은 흑갈색이다. 자루에 붙은 가루는 자루 고리가 되고 주름살은 흰색이며, 살은 육질로 두꺼우며 마르면 향기가 난다. 포자는 한쪽이 뾰족한 타원형이며 무늬는 백색이다. 표고버섯에는 핵산계 조미료 성분인 구아닐산이 들어 있어 감칠맛이 난다. 식용과 약용으로 이용된다. 전국 각지 활엽수 고목에서 자생 또는 농가에서 재배하는 느타리과의 담자균류 버섯이다.

▶ 효능

• 고혈압, 당뇨병, 변비, 빈혈, 항암치료, 항바이러스 작용, 면역력 강화 등에 효능이 있다.
• 감기, 편도선염, 인후염, 인후통, 임파선염 편도선염 등의 치료에 효능이 있다.
• 건위, 구토, 설사, 소화불량, 식욕부진, 위경련, 위염 등의 치료에 효능이 있다.
• 간경변증, 간염, 고혈압, 당뇨병, 동맥경화, 심장병 등의 치료에 효능이 있다.

▶ 처방 및 복용 방법

여름과 가을철에 채취하여 생물이나 햇볕에 말려 약재로 쓴다.

• 대장암, 폐암 등 각종 암에 대한 항암 작용에는 표고에 들어 있는 성분인 베타글루칸과 리티닌으로 법제하여 탕으로 처방한다.
• 소화불량으로 인한 변비 개선에는 표고를 진하게 우려 차처럼 장기 복용한다.

• 혈중 콜레스테롤 수치를 감소하기 위해서는 말린 표고를 우려내어 나오는 에리타데닌 성분을 복용한다.
• 고혈압, 심근경색 등으로 나타나는 혈압 질환을 치료하기 위해서는 표고를 진하게 우려서 그 물을 차처럼 장기 복용한다.

▶ 용어 해설

• 포자(胞子): 포자식물의 무성적인 생식세포로 홀씨라고 한다.

345 풍선덩굴-도지령(倒地鈴)

▶ 식물의 개요

풍선덩굴은 가고과·괴등롱·가포달·삼각포·풍경덩굴·방울초롱아제비·풍선초 등의 이명이 있다. 한방에서 쓰는 생약명은 도지령(倒地鈴)이다. 풍선덩굴은 덩굴성의 가는 줄기에 풍선 모양의 열매가 달린다 하여 붙여진 이름이다. 원산지는 남아메리카로 우리나라에서는 1년생으로 자란다. 잎은 어긋나며 2출 또는 3출 겹잎이다. 8월경 잎보다 길게 나온 꽃자루에 몇 개의 흰색 꽃이 피는데, 꽃잎과 꽃받침은 4개씩이다. 9월경 꽈리 모양의 열매를 맺는데 씨가 한 개씩 들어 있다. 열매는 꽃보다 크다. 독성은 없으나 식용으로는 쓰지 않고 관상용과 약용으로 이용된다. 전국 각지의 밭에 재배하는 무환자나무과의 한해살이 쌍떡잎 덩굴식물이다.

▶ 효능

• 신장 질환을 다스리며 여러 종독에 효능이 있다. 개창, 당뇨병, 신부전, 어혈, 신우염, 신증후군, 중풍 등의 치료에 효능이 있다.
• 부스럼, 포진, 옴, 타박상, 황달, 변비, 소변불통에 효능이 있다.

▶ 처방 및 복용 방법

여름 가을철에 열매와 전초를 채취하여 햇볕에 말려 약재로 쓴다. 임산부는 복용하지 못한다.

• 황달, 당뇨병, 소변불통, 신부전, 신우염 등 신장 질환에는 말린 전초를 진하게 달여서 복용한다.
• 부스럼, 포진, 옴, 타박상 등 외상 질환에는 생초를 찧어서 바르거나 붙인다. 특히 타박상에는 술을 담가 복용해도 좋다.

▶ 용어 해설

• 개창: 살갗이 몹시 가려운 전염성 피부병으로 옴이라고 한다.

346 피나물-하청화근(荷靑花根)

▶ **식물의 개요**

피나물은 줄기와 잎을 자르면 피 같은 황적색의 유액이 나오므로 붙여진 이름이다. 하청화·도두삼칠·매미꽃·노랑매미꽃·봄매미꽃 등으로도 불린다. 생약명은 하청화근(荷靑花根)이다. 짧고 굵은 뿌리줄기가 옆으로 뻗으며 많은 잔뿌리가 나온다. 줄기는 곧게 서서 자라며 곱슬털이 나 있다. 잎은 잎자루가 길고 모여 나는 뿌리잎, 잎자루가 짧고 어긋나는 줄기잎으로 되어 있다. 4월경 노란색 꽃이 산형 꽃차례를 이루며 꽃자루에 달려 핀다. 꽃잎은 사판화이고 달걀꼴이다. 7월경 원기둥 모양의 열매가 달려 익으면 흑갈색의 씨가 나온다. 독성이 있지만 어린순은 여러 번 우려내어 나물로 먹는다. 관상용·약용으로 쓰인다. 중부지방 경기도 강원도의 깊은 산 양지 바른 곳에 자생하는 양귀비과의 여러해살이 쌍떡잎 속씨식물이다.

▶ **효능**

- 신경통, 관절염, 담, 신경마비, 뇌성마비, 근골동통, 근육통, 타박상, 골절 등의 치료에 효능이 있다.
- 거풍, 습진, 풍습, 옹종 등의 질환을 다스린다.

▶ **용어 해설**

- 뿌리잎: 뿌리나 땅속줄기에서 나는 잎(고사리).
- 줄기잎: 줄기에서 나온 잎(경엽: 莖葉).

▶ **처방 및 복용 방법**

연중 전초와 뿌리를 채취하여 햇볕에 말려 약재로 쓴다. 독성이 있으므로 전문한의사의 조언을 받아 처방하면 좋다.

- 신경통, 관절염, 담, 신경마비, 뇌성마비, 근골동통, 근육통, 골절 등의 치료에는 피나무 말린 뿌리를 달여서 식후에 마신다.
- 거풍, 습진, 풍습, 옹종 등의 질환에는 생뿌리를 찧어서 환부에 붙이거나 말린 뿌리를 가루로 빻아 참기름에 개어서 바른다.

347 피마자

▶ 식물의 개요
피마자는 동박·비마(蓖麻)·초마·아주까리·피마주·피마인·비마자라고도 한다. 생약명은 피마자이다. 줄기는 원기둥 모양이고 속이 비어 있으며 마디가 있고 가지가 갈라진다. 잎은 줄기의 마디에서 어긋나며 잎자루가 길다. 달걀꼴 모양으로 뾰족하며 가장자리에 날카로운 톱니가 있다. 꽃은 8월경 황색의 꽃이 끝에서 총상 꽃차례를 이루며 달려 핀다. 9월경 길쭉하고 둥근 열매가 부드러운 가시에 쌓여 달리는데 익으면 3개로 갈라진다. 속에 있는 씨는 얼룩무늬로서 갈색 점이 박혀 있다. 피마자 씨는 기름이 많이 들어 있어 다양하게 쓰인다. 관상용·공업용·약용을 이용된다. 전국 각지 농가에서 재배하는 대극과의 한해살이 쌍떡잎 속씨식물이다.

▶ 효능
- 역류성식도염, 십이지장궤양, 위궤양, 위염, 위경련 등 각종 위장 질환 개선에 효능이 있다.
- 알레르기, 버짐, 아토피, 풍습, 종기, 습진, 피부 염증 등 각종 피부 질환을 다스린다.
- 변비 개선에 효능이 높다.
- 결막염, 안구 질환, 근육통, 생리통, 중이염 등의 질환을 다스린다.

▶ 처방 및 복용 방법
여름에는 잎, 가을에는 열매(씨)를 채취하여 햇볕에 말려 약재로 쓴다.
- 변비 소화불량에는 아주까리 생씨로 즙을 내어 복용한다.
- 치통, 충치, 구내암 치료에는 껍질을 벗긴 피마자 알맹이를 불에 구워서 아픈 이빨에 물고 있는다.

- 식중독, 급성위염, 위장염, 이질, 소화제에는 아주까리기름을 채취하여 처방한다.
- 탈모 예방 및 피부 미용에는 아주까리기름을 복용한다.

▶ 용어 해설
- 총상(總狀) 꽃차례: 꽃 전체가 하나의 꽃처럼 보이는 꽃 모양.
- 중이염: 귀의 내부에 생기는 염증성 질환.

348 피막이풀-천호유(天胡荽)

▶ 식물의 개요

피막이풀은 거머리에 물려 상처가 나서 피가 나오자 이 풀을 찧어 붙이자 피가 멈추었다 하여 붙여진 이름이다. 지혈초·예초·석호유·변지금·아불식초(鵝不食草)·야원유(野園荽)·계장채(鷄腸菜) 등으로도 부른다. 생약명은 천호유(天胡荽)이다. 줄기는 가늘고 길며 땅 위에 붙어 뻗어나가는데 마디에 수염뿌리가 있다. 잎은 어긋나며 잎자루가 길다. 잎몸은 둥근 쟁반 모양으로 톱니가 나 있다. 꽃은 8월경 흰색 또는 자주색으로 3~5송이의 산형 꽃차례를 이루며 달려 핀다. 9월경 달걀꼴의 열매를 맺어 익는다. 사방용·관상용·약용으로 이용된다. 우리나라 남부 지방과 제주도에 자생하는 미나리과의 상록 여러해살이 쌍떡잎 속씨식물이다.

▶ 효능

- 간염, 간경변, 알콜성 간염 등의 치료에 효능이 있다.
- 신장결석, 신장염, 신부전증 등 각종 신장 질환을 다스린다.
- 각종 종기의 독증을 풀어준다. 열독증, 대상포진, 옹저, 개창, 약물중독 등을 다스린다.
- 편도선염, 인후염, 황달, 소변불리, 안질, 백내장, 야맹증 등의 질환에 효능이 있다.

▶ 처방 및 복용 방법

10월 전후에 전초를 채취하여 생물 또는 햇볕에 말려 약재로 쓴다.

- 신장결석, 신장염, 신부전증 등 각종 신장 질환에는 말린 피막이풀 전초를 약한 불에 달여 하루 2~3회 정도씩 복용한다.
- 열독증, 대상포진, 옹저, 개창 등 각종 종기의 독증에는 신선한 생초를 짓찧어 환부에 붙이든지 즙을 짜서 바른다.
- 편도선염, 인후염, 황달, 소변불리, 안질, 백내장, 야맹증 등의 질환에는 생즙을 짜서 마시든지 말린 전초를 물에 천천히 달여 복용한다.
- 간염, 간경변, 알코올성 간염 등의 치료에는 말린 전초를 중불에 달여 차처럼 복용한다.

▶ 용어 해설

- 잎몸: 잎의 넓은 부분.
- 산형 꽃차례: 많은 꽃꼭지가 꽃대 끝에서 방사형으로 나와 그 끝마디에 꽃이 하나씩 붙는 꽃차례.

349 하늘타리-과루(瓜蔞)

▶ 식물의 개요

하늘타리는 하눌타리·괄루자(栝蔞子)·오과(烏瓜)·천과(天瓜)·천화분(天花粉)·천원자(天圓子)·큰새박·하늘수박 등으로 불린다. 생약명은 과루(瓜蔞)이다. 덩이뿌리가 비대하여 땅속에 고구마처럼 굵어진다. 줄기는 길게 뻗으며 잎과 마주난 덩굴손으로 다른 물체를 휘감아 오른다. 잎은 어긋나며 심장형으로서 단풍잎처럼 여러 개로 갈라진다. 가장자리에는 톱니와 털이 나 있다. 꽃은 8월경 흰색으로 피는데 수상 꽃차례를 이루며 꽃자루에 한 송이씩 달린다. 열매는 10월경 둥근 장과가 달려 오렌지색으로 익는다. 관상용·공업용·식용·약용으로 이용된다. 전국 각지의 낮은 구릉지나 들, 밭둑 등지에서 자생하는 박과의 여러해살이 쌍떡잎 덩굴식물로 한방에서는 당뇨병 치료제로 알려져 있다.

▶ 효능

하늘타리 뿌리(과루근)는 초가을에 채취하여 껍질을 벗기고 햇볕에 말려 쓴다. 열매와 씨(과루인)도 약재로 사용한다.

- 과루인(씨)은 폐렴에 의한 가래를 삭이고, 위장 장애로 인해 나타나는 변비를 다스리는데 효과가 있다.
- 과루근은 당뇨병으로 인한 소갈증을 풀어주는 데 효과가 있다.
- 각종 염증성 질환으로 생기는 고름을 삭히고 자궁암 등 종양 치료에 효능이 있다.

▶ 처방 및 복용 방법

- 당뇨병으로 나타나는 체내의 갈증은 천화분(뿌리의 전분)과 천문동을 섞어 끓여서 차처럼 마시거나, 가루를 내어 따뜻한 물과 함께 마신다.

- 천식과 기침이 심한 경우는 천화분을 달여서 차처럼 장기 복용한다.
- 중풍이 있는 경우는 과루인과 부초를 함께 넣어 끓여서 차처럼 마신다.
- 피부병에는 과루인을 찧어서 환부에 바른다.

▶ 용어 해설

- 수상 꽃차례: 한 개의 긴 꽃대 둘레에 여러 개 꽃이 이삭 모양으로 핀 꽃.
- 장과(漿果): 과육과 액즙이 많고 속에 씨가 들어 있는 과실(포도, 감).

350 한련(旱蓮)

▶ 식물의 개요

한련은 승전화·할련·혈화·금련화(金蓮花)·한금련(旱金蓮)이라고도 한다. 생약명은 한련화이다. 줄기는 광택이 나며 다소 육질이고 가지가 많다. 잎은 어긋나는데 연잎 모양의 둥근 잎이 잎자루 끝에 한 개씩 달린다. 꽃은 6월경 꽃자루 끝에 적색, 황색의 오판화(5개 꽃잎)가 핀다. 꽃에서는 후추 냄새가 난다. 9월경 둥근 열매가 달려 익는다. 관상용으로 많이 심고, 잎과 씨는 향미료로 쓰이며 전초를 약용으로 쓴다. 전국 각지 농가에서 재배하거나 가정에서 많이 자라는 한련과 한해살이 쌍떡잎 덩굴식물이다.

▶ 효능
• 악성 피부염증에 효능이 있다. 소종, 종독, 종창, 창종 등의 치료에 이용된다.
• 안구 충혈과 동통에 효능이 있다.
• 감기, 기관지염, 요도염 등 염증성 질환에 효능이 있다.

▶ 처방 및 복용 방법
가을철에 전초를 채취하여 햇볕에 말려 약재로 이용한다.
• 감기, 기관지염, 요도염 등 염증성 질환의 치료에는 한련화 꽃차를 제조하여 복용한다.
• 소종, 종독, 종창, 창종 등의 악성 종기에는 한련화 생초를 짓찧어 환부에 붙이든지 생즙을 내어 바른다.

▶ 용어 해설
• 소종: 부종(종기)을 삭히며 해독을 한다는 의미.

• 종창: 세포수가 증가하지 않은 채로 신체의 일부분에 염증이나 종양 등으로 인하여 곪는 증상.

351 한련초(旱蓮草)-묵한련(墨旱蓮)

▶ 식물의 개요

한련초는 조련자·호손두·연자초·수한련·한련자·도어초·금릉초·묵연초·묵채·백화초 등으로도 부른다. 생약명은 묵한련(墨旱蓮)이다. 줄기는 비스듬히 자라다가 곧게 서는데 짧고 센털이 있어 거칠다. 잎은 마주나는데 댓잎 피침형으로 끝이 뾰족하며 가장자리에 잔톱니가 있다. 꽃은 9월경 흰색 또는 황색의 두상화(많은 꽃이 꽃대에 뭉쳐 머리 모양으로 핀 꽃)가 줄기와 가지 끝에 한 송이씩 달려 핀다. 10월경 열매를 맺어 검게 익는다. 중남부지방의 논 밭둑, 냇가, 습지 등지에 자생하는 국화과의 한해살이 쌍떡잎 속씨식물이다. 관상용·식용·약용으로 이용된다.

▶ 효능

- 근골동통, 대하증, 배농, 변혈증, 비뉵혈, 어혈 등의 질환을 치료한다.
- 피부 종기를 치료한다. 음낭종독, 종창, 중독, 소창 등의 질환에 효능이 있다.
- 치통 및 눈병에 효능이 있다.

▶ 처방 및 복용 방법

8~9월 개화기에 전초를 채취하여 생물이나 햇볕에 말려 약재로 쓴다.

- 근골동통, 대하증, 배농, 변혈증, 비뉵혈, 어혈 등의 질환에는 말린 전초를 천천히 약한 불에 달여 복용한다.
- 음낭종독, 종창, 중독, 소창 등의 질환에는 생초를 짓찧어 복용한다.
- 잇몸이 약하거나 치통이 심한 경우는 한련초 달인 물로 양치한다.
- 눈이 침침하고 충혈 되었을 때 한련초 달인 물

로 깨끗이 씻는다.

▶ 용어 해설

- 음낭종독: 고환을 둘러싸고 있는 주머니의 2중으로 된 막 사이에 비정상적인 종기가 나는 것.

352 할미꽃-백두옹(白頭翁 : 뿌리)

▶ 식물의 개요

할미꽃은 야장인(野丈人)·호왕사자(胡王使者)·노고초(老姑草)·할미씨까비·주리꽃·노화상두(老和尙頭) 등으로 불린다. 생약명은 백두옹(白頭翁)이다. 뿌리는 굵고 진한 갈색이다. 전초가 흰 털로 덮여 있다. 뿌리에서 많은 잎이 나와 깃꼴겹잎을 이룬다. 꽃은 4월 전후에 잎 사이에서 꽃줄기가 여러 대 나와 자주색으로 한 송이씩 아래를 향하여 달린다. 열매는 5월경 긴 타원형의 수과가 둥글게 모여 달려 익는다. 전국 각지의 산과 들 및 무덤가에 잘 자라는 미나리아재빗과의 여러해살이 쌍떡잎 속씨식물이며, 한방에서는 지혈제로 사용된다.

▶ 효능

할미꽃은 독성이 강하며 봄철에 잎, 줄기, 뿌리 전초를 채취하여 말려서 약용으로 쓰는데 주로 뿌리를 많이 쓴다.

- 세균성 이질로 인한 발열 화끈거림에 대한 소염 작용을 한다.
- 치질과 대변 출혈에 대한 지혈효과가 있다.
- 질염에 나타나는 각종 균을 다스리는 살균 작용을 한다.

▶ 처방 및 복용 방법

할미꽃은 독성이 아주 강하기 때문에 사용할 때는 한의사의 조언과 지시를 받아 사용해야 한다. 산후 대하증, 설사통, 풍기, 학질, 치질 등의 질병에 대한 처방도 한의사의 조언이 필요하다.

▶ 용어 해설

- 깃꼴겹잎: 잎자루 좌우에 작은 잎이 깃털 모양으로 배열되어 있는 잎.
- 수과(瘦果): 익어도 터지지 않는 열매.

353 함박꽃나무-천금동(千金藤)

▶ 식물의 개요

함박꽃나무는 화사한 꽃의 모습이 함박웃음 또는 함지박 같다 하여 붙여진 이름이다. 산목련·신이·함박이·합판초·개목련·산목련·옥란·천녀목란·천녀화 등으로도 부른다. 생약명은 천금등(千金藤)이다. 줄기는 원줄기에 가지가 많이 나와 무리지어 자란다. 잎은 어긋나는데 달걀꼴의 타원형으로 광택이 나며 끝이 뾰족하다. 5월경 흰 꽃이 잎이 난 다음에 가지 끝에서 피는데 향기가 난다. 꽃자루에 흰 털이 나며 꽃잎은 6장 내외이다. 9월경 타원형의 열매를 맺는데 익으면 터져 적색의 씨가 나온다. 관상수·울타리·약용으로 이용된다. 전국 각지 산골짜기의 숲속이나 개울가에 자생하는 목련과의 낙엽 활엽 소교목이다.

▶ 효능

- 간염, 간경변, 알코올성 간염, 협심증, 심근경색 등의 질환을 다스린다.
- 설사, 소화불량, 식욕부진, 위경련, 위염 등의 질환에 효능이 있다.
- 담, 관절염, 척추염, 안면신경마비 등의 질환을 치료하는데 효능이 있다.
- 토혈, 각혈, 지혈, 진통, 진정, 소종, 폐렴, 해수 등의 질환에 효능이 있다.

▶ 처방 및 복용 방법

가을철에 뿌리·줄기·잎을 채취하여 햇볕에 말려 약재로 쓴다.

- 치통과 축농증 치료에는 함박꽃차를 조제하여 복용한다.
- 토혈, 각혈, 지혈, 진통, 진정, 해수 등의 질환에는 말린 전초를 은은한 물로 달여 복용한다.

- 담, 관절염, 척추염, 안면신경마비 등의 질환에는 산제로 처방한다.
- 간염, 알코올성 간염, 심근경색 등의 질환에는 꽃차를 제조하여 복용한다.
- 소화불량, 식욕부진, 위염 등에는 가루를 미지근한 물에 타서 처방한다.

▶ 용어 해설

- 해수: 기침과 가래가 같이 나오는 질환.

354 해당화(海棠花)-매괴화(玫瑰花)

▶ 식물의 개요

해당화는 배회·때찔레·월계·해당나무·필두화 등으로도 부른다. 생약명은 매괴화(玫瑰花)이다. 줄기에 갈색의 가시와 융털이 많다. 잎은 어긋나며 깃꼴겹잎이다. 앞면은 윤기가 나고 타원형이며 가장자리에 잔톱니가 있다. 꽃은 6월경 붉은 자주색의 오판화가 새로 나온 가지 끝에 달려 피는데 향기가 진하여 향수로 쓰인다. 8월경 둥근 열매가 달려 황적색으로 익는다. 관상용·공업용·식용·약용으로 쓰인다. 전국 각지 바닷가 모래땅에 자생하는 장미과의 낙엽 활엽 관목이다.

▶ 효능
- 혈액순환 및 당뇨 예방, 간 건강 및 항암 작용, 고지혈증 개선 및 항산화 작용을 한다.
- 간염, 간암, 간경변 등 간 질환에 효능이 있다.
- 골다공증, 관절염, 신경통, 근육통 등의 치료에 효능이 있다
- 부인과 질환을 다스린다. 대하증, 생리불순, 유방염, 난소암, 자궁경부암등의 치료에 효능이 있다.
- 각혈, 어혈, 창종, 토혈, 출혈 등의 치료에 효능이 있다.

▶ 처방 및 복용 방법

꽃(5~7월), 열매(8~9월), 뿌리와 씨를 채취하여 생물 또는 그늘에 말려 약재로 쓴다.
- 면역력 강화, 피부미용, 심혈관 질환 예방, 피로 회복에는 해당화 열매(비타민 C 함유)를 꿀과 섞어 생물로 복용한다.

- 당뇨병 치료에는 해당화 뿌리의 로자닌 성분을 추출하여 처방한다.
- 고지혈증 개선에는 해당화 뿌리의 카테킨 성분을 추출하여 처방한다.
- 간 질환 개선 및 항산화 작용에는 해당화 열매의 베타카로틴 성분으로 처방한다.

▶ 용어 해설
- 창종: 열의 독기가 경락에 침범하여 혈이 잘 돌지 못하고 막혀 몰리는 현상.
- 낙엽관목(落葉灌木): 갈잎 떨기나무(사람 키보다 작고 밑동에서 가지를 많이 치는 나무).

355 해바라기-향일규(向日葵)

▶ 식물의 개요

해바라기는 향일규경심·향일규자·산자연·규곽·규화·향일화·조일화 등으로도 부른다. 생약명은 향일규(向日葵)이다. 줄기는 굵고 곧게 자라며 빳빳하고 억센 털이 촘촘히 나 있다. 잎은 어긋나며 잎자루가 길다. 잎몸은 달걀꼴로 가장자리에 거친 톱니가 나 있다. 꽃은 8월경 둥글고 큰 두상화가 달려 핀다. 꽃은 황색이고 턱 꽃잎 조각은 달걀 모양의 댓잎 피침형이다. 10월경 긴 타원형의 열매가 꽃 한가운데 빽빽이 박혀 회백색으로 익는다. 씨는 기름을 함유하고 있어 식용으로 쓴다. 전국 각지 밭이나 인가 부근에 재배하며, 국화과의 한해살이 쌍떡잎 속씨식물이다. 관상용·공업용·식용·약용으로 이용된다.

▶ 효능
- 고혈압, 골다공증, 빈혈증, 가슴답답증, 간경변증, 간염, 기미, 주근깨, 당뇨병, 동맥경화, 동상, 심장병, 협심증 등의 치료에 효능이 있다.
- 기관지염, 보폐, 청폐, 천식, 폐결핵, 폐기종, 비염, 천식, 폐렴, 유행성 감기, 등의 치료에 효능이 있다.
- 방광결석, 소변불통, 신장결석, 요도염, 생리불순, 이뇨, 조산, 유산 등의 치료에 효능이 있다.

▶ 처방 및 복용 방법

가을철에 꽃, 뿌리, 씨를 채취하여 생물이나 햇볕에 말려 약재로 쓴다.
- 관절염, 류머티즘 관절염에는 꽃을 달여서 처방한다.
- 동맥경화, 고혈압, 간경변증 등에는 볶은 씨로 가루를 내어 한술씩 먹는다.

- 강장보호에는 씨를 생식으로 복용한다.
- 방광결석, 신장결석, 소변불통 등 비뇨기 질환에는 꽃 또는 씨를 달여서 7~10일 정도 복용한다.
- 해수, 기침, 진해 등의 질환에는 꽃 또는 씨를 달여서 일주일 정도 복용한다.

▶ 용어 해설
- 두상화(頭狀花): 꽃대 끝에 많은 꽃들이 뭉쳐 붙어 머리 모양을 이룬 꽃.
- 보폐: 폐를 보호하는 효능.

356 해란초-유천어(柳穿魚)

▶ 식물의 개요

해란초는 유천어(柳穿魚)·풍란초(風蘭草)·운란초(雲蘭草)·꽁지꽃 등으로 불린다. 생약명은 유천어(柳穿魚)이다. 뿌리가 옆으로 길게 뻗으면서 자라고 마디에서 새싹이 돋는다. 잎은 대가 없고 마주나거나 돌려난다. 잎은 두꺼우며 긴 타원형으로 가장자리가 밋밋하며 잎자루는 없다. 꽃은 8월경 연한 황백색의 꽃이 피는데 줄기 끝 부분에서 달리는 총상 꽃차례를 이룬다. 열매는 10월경 둥근 삭과가 달려 익는다. 전국 각지의 바닷가 모래땅에 서식하는 현삼과의 여러해살이 쌍떡잎 속씨식물이며, 한방에서는 해열 및 황달 치료제로 쓰인다.

▶ 효능

해란초는 여름철에 꽃과 더불어 전초를 채취하여 그늘에 말려 약용으로 쓴다.

- 유행성 감기나 황달에서 오는 열을 강하시키고 해독 작용도 한다.
- 각종 어혈성 질환, 치질, 피부병, 두통, 장염, 변비 등의 치료에 효능이 있다.

▶ 처방 및 복용 방법

- 열이 나는 감기에는 유천어를 끓여 물이 반 정도 줄어들면 차처럼 마신다.
- 황달 치료에는 유천어, 인진쑥을 섞어 끓여서 차처럼 마신다.
- 변비나 각종 부종의 치료에는 유천어를 다른 약재와 혼합하여 끓여서 마신다.
- 화상이 심한 경우는 불에 태운 유천어 가루와 개황가루를 섞어 반죽하여 환부에 바른다.

▶ 용어 해설

- 삭과: 익으면 열매 껍질이 떨어지면서 씨를 퍼뜨리는 여러 개의 씨방으로 된 열매(백합, 붓꽃).

357 향부자(香附子)

▶ 식물의 개요

향부자는 뇌공두(雷公頭) · 작두향(雀頭香) · 사초(莎草)라고도 한다. 생약명은 향부자이다. 땅속의 덩이뿌리는 희고 향기가 난다. 줄기는 곧게 서서 자라며 둥글고 세모져 있다. 잎은 뿌리줄기에서 모여 나고 선형이며 표면은 광택이 난다. 꽃은 7월경 꽃줄기에서 나와 산형 꽃차례를 이루며 달려 핀다. 9월경 긴 타원형의 열매가 달려 갈색으로 익는다. 우리나라 중남부지방과 제주도의 해변 모래땅, 개울가, 들판의 습지에 자생하는 방동사니과의 여러해살이 식물이다.

▶ 효능

- 감기, 기관지염, 편도선염, 천식, 폐기종, 비염 등의 치료에 효능이 있다.
- 신경통, 관절염, 신경마비, 뇌성마비 등의 치료에 효능이 있다.
- 생리불순, 생리불통을 조절하는 작용을 한다.
- 악성종기, 신경성 위궤양, 위통, 간경화 등에 효능이 있다.

▶ 처방 및 복용 방법

가을~이른 봄철에 덩이뿌리를 채취하여 햇볕에 말려 약재로 쓴다.

- 신경안정, 소화불량, 생리불순, 생리통, 위염 등에는 덩이뿌리를 진하게 달여 복용한다.
- 감기, 기관지염, 편도선염, 천식, 폐기종, 비염 등의 치료에는 향부자차를 우려서 복용한다.
- 악성종기, 신경성 위궤양, 위통, 간경화 등에는 환제나 산제로 처방한다.

▶ 용어 해설

- 산형 꽃차례: 많은 꽃꼭지가 꽃대 끝에서 방사형으로 나와 그 끝마디에 꽃이 하나씩 붙는 꽃차례.
- 선형(線形): 잎의 시작과 끝 부분의 폭이 같은 가늘고 긴 형태(맥문동).
- 폐기종: 말초 기도 부위 폐포의 파괴와 불규칙적인 확장을 보이는 상태.

358 향유(香薷)

▶ 식물의 개요

향유는 향여(香茹)·석해(石解)·야어향(野魚香)·노야기·쥐깨풀·쐐기풀·산소자(山蘇子)·호유(胡薷)·쥐깨풀·쐐기풀 등으로 불린다. 생약명은 향유이다. 줄기는 네모지고 곧게 서서 자라며 향기가 강하다. 가지가 많이 갈라지며 전초에 잔털이 많다. 잎은 마주나며 잎자루가 길고 긴 타원형으로 깻잎과 비슷하다. 9월경 자주색 꽃이 줄기 끝에서 수상 꽃차례를 이루며 달려 핀다. 열매는 10월경 수과를 맺어 익는다. 향유는 식용과 약용 모두 쓰이고, 전국 각지의 구릉지나 길가의 들판에 자생하는 꿀풀과의 한해살이 쌍떡잎 속씨식물이며, 한방에서는 발한·이뇨제로 쓴다.

▶ 효능

향유는 가을철에 열매가 결실하면 전초를 채취하여 햇볕에 말려 약용으로 쓴다.

- 여름철 감기로 인한 오한, 발열, 구토, 설사 등을 다스리는 발한·해열 작용을 한다.
- 신장염을 다스리는 이뇨 작용을 하고 입안의 독한 냄새를 제거하는 효과가 있다.

▶ 처방 및 복용 방법

- 여름철 감기에는 향유를 물에 끓여 차처럼 마신다.
- 여름철 소화 장애나 토사, 설사에는 향유, 볶은 생강, 백편두 등을 섞어 가루를 내어서 끓는 물과 함께 복용한다.
- 몸에 종기가 심한 경우는 향유와 백출을 가루를 내어 반죽한 후 환을 빚어 사용한다.
- 입안의 구취가 심한 경우는 향유 끓인 물로 양치하면 효과가 있다.
- 여름철 냉방병에는 향유 생즙으로 다스린다.

▶ 용어 해설

- 수상 꽃차례: 한 개의 긴 꽃대 둘레에 여러 개 꽃이 이삭 모양으로 핀 꽃.

359 헐떡이풀-황수지(黃水枝)

▶ 식물의 개요

헐떡이풀은 헐떡거리며 기침을 심하게 하는 천식에 효능이 높고 잘 고치는 약초로 알려져 있다. 천식약초·거품꽃·황무지·헐덕이약풀·산바위귀·매화헐떡이풀 등으로도 부른다. 생약명은 황수지(黃水枝)이다. 원줄기는 곧게 서서 자라며 샘털이 있다. 뿌리잎은 무더기로 나고 줄기잎은 어긋난다. 잎몸은 심장 모양의 원형으로 가장자리에 둔한 톱니가 있다. 꽃은 6월경 흰색의 오판화가 줄기와 가지 끝에 총상 꽃차례를 이루며 달려 핀다. 7월경 결실하여 익으면 두 개로 갈라지고 씨는 검고 광택이 있다. 우리나라 울릉도 성인봉 부근의 산골짜기 습지에 자생하는 범의귀과의 여러해살이 쌍떡잎 속씨식물이다.

▶ 효능
- 해수, 천식, 감기, 기관지염, 편도선염, 폐농양, 유행성 독감 등의 치료에 효능이 있다.
- 파상풍, 타박상, 청력감퇴, 어혈, 행혈 등의 치료에 효능이 있다.

▶ 처방 및 복용 방법

5~6월경 개화기에 전초를 채취하여 햇볕에 말려 약재로 쓴다.
- 천식, 해수, 기관지염, 편도선염, 폐농양 등의 치료에는 말린 전초를 진하게 달여서 차처럼 여러 번 복용한다.
- 청력감퇴, 타박상, 파상풍, 어혈, 행혈 등의 치료 에는 탕제로 처방한다.

▶ 용어 해설
- 해수(咳嗽): 가래가 나오면서 심하게 하는 기침

을 말한다.
- 행혈: 혈액순환을 촉진하는 방법.

360 현삼(玄蔘)

▶ 식물의 개요

현삼은 흑삼(黑蔘)·원삼(元蔘)·중대(重臺)·축마(逐馬)·정마(正馬) 등으로도 부른다. 생약명은 현삼이다. 뿌리는 검고 굵어져 덩이를 이룬다. 줄기는 곧게 서서 자라며 털이 있다. 잎은 마주나며 긴 타원형으로 끝이 뾰족하고 가장자리에 톱니가 있다. 꽃은 8월경 황록색의 작은 꽃이 줄기 끝에서 취산 꽃차례를 이루며 달려 핀다. 9월경 달걀꼴의 열매를 맺어 익으면 2개 조각으로 갈라진다. 꽃과 뿌리를 식용하며 약용에는 뿌리를 쓴다. 전국 각지 산지의 습한 곳에 자생하는 현삼과의 여러해살이 쌍떡잎 속씨식물이다.

▶ 효능

• 인후통, 인두염, 임파선염, 편도선염, 외이도염, 중이염, 부비동염, 후두염 등의 치료에 효능이 있다.
• 변비, 구토, 설사, 소화불량, 식욕부진 등의 치료에 효능이 있다.
• 감기, 폐결핵, 기관지염, 폐렴, 천식, 청폐, 폐기종, 등의 치료에 효능이 있다.
• 고혈압, 골증열, 청간, 옹종, 종독, 통풍, 해열 등의 질환을 다스린다.

▶ 처방 및 복용 방법

가을철에 뿌리를 채취하여 햇볕 또는 불에 말려 약재로 쓴다. 복용 중에는 생강, 대추를 금한다.

• 인후염, 인두염, 임파선염, 편도선염, 후두염, 토혈 등의 치료에는 불에 구워 말린 현삼을 물로 달이거나 가루로 빻아 복용한다.
• 고혈압, 골증열, 청간, 옹종, 종독, 통풍, 해열 등의 질환에는 현삼과 생지황을 섞어서 물에 달여 차처럼 복용한다.
• 천식, 기관지염, 폐렴, 천식, 청폐 등의 치료에는 환제나 산제로 처방한다.

▶ 용어 해설

• 취산 꽃차례: 꽃대 끝에 꽃이 피고 그 아래 가지에 차례대로 꽃이 피는 것.
• 청간: 간을 깨끗이 하는 것.

361 현호색(玄胡索)

▶ 식물의 개요

현호색은 '검고 척박한 땅에서 나는 식물'이란 뜻이고 연호색(延胡索)·원호(元胡)·남화채·보물주머니 등으로도 불린다. 생약명은 현호색이다. 잎은 어긋나고 잎자루가 길며 가장자리에 톱니가 있다. 줄기와 잎은 수분을 많이 함유하고 있어 연약하며 잘 부러진다. 꽃은 4월경 홍자색으로 줄기 끝에서 여러 개가 나와 총상 꽃차례를 이루며 달려 핀다. 열매는 7월경 긴 타원형의 삭과가 달려 익는다. 열매 속에 있는 씨는 검은색이고 윤기가 난다. 전국 각지 산과 들의 약간 습기 진 곳에 자생하는 양귀비꽃과의 여러해살이 쌍떡잎 속씨식물이며, 한방에서는 각종 통증 치료제로 쓰인다.

▶ 효능

현호색은 전초를 그늘에 말려 약용으로 사용한다.

- 양귀비꽃과 식물이기에 몸의 신경성 자극에 대한 진통 완화, 진정 작용을 한다.
- 여성의 생리불순으로 인한 혈액 불통을 원활하게 하는데 효능이 있다.
- 소화 불량, 위통을 다스리는데 효과가 있다.

▶ 처방 및 복용 방법

- 위통, 생리통 등 각종 통증에는 현호색과 감초를 섞어 가루를 내어 따뜻한 물로 복용한다.
- 산후통에는 현호색과 당귀, 호박, 작약 등을 섞어서 가루를 낸 다음 청주와 함께 복용한다.
- 설사가 심한 경우는 현호색가루를 따뜻한 물에 타서 복용한다.

▶ 용어 해설

- 삭과: 익으면 열매 껍질이 떨어지면서 씨를 퍼뜨리는 여러 개의 씨방으로 된 열매(백합, 붓꽃).

362 형개(荊芥)

▶ 식물의 개요
형개는 가소·은치채·경개·가선·정개·강개 등으로도 부른다. 생약명은 형개이다. 줄기는 곧게 서서 자라는데 털이 있으며 자주색을 띤다. 잎은 마주나며 깃 모양으로 갈라지고 잎맥은 뚜렷하지 않다. 꽃은 8월경 연한 자홍색 꽃이 줄기 위쪽에서 층층이 꽃이삭을 이루며 달려 핀다. 9월경 둥근꼴의 열매를 맺어 흑갈색으로 익는다. 전초는 독특한 향기가 나며 관상용과 약용으로 이용된다. 어린 잎은 음식의 식용으로 가능하다. 전국 각지 산지에 자생하거나 농가에서 재배하는 꿀풀과의 한해살이 쌍떡잎 속씨식물이다.

▶ 효능
- 각기, 갱년기장애, 냉증, 신경통, 근골동통, 마비증, 풍, 아토피부염, 부스럼, 독창 등의 치료에 효능이 있다.
- 인후통, 인두염, 임파선염, 은진, 편도선염 등의 질환을 다스린다.
- 변혈증, 비뉵혈, 보혈, 자궁출혈, 옹종, 토혈, 해열 등의 치료에 효능이 있다.
- 항문농양증, 치질 등을 다스리는 항산화 작용을 한다.

▶ 처방 및 복용 방법
9~10월경 전초를 채취하여 햇볕에 말려 약재로 쓴다.
- 감기로 인한 발열, 인후통, 인두염, 편도선염 등의 질환에는 말린 형개잎을 중불에 달여 차처럼 여러 번 복용한다.
- 변혈증, 비뉵혈, 보혈, 자궁출혈, 토혈 등의 치료에는 산제나 환제로 처방한다.
- 치질 및 항문농양증의 항산화 작용에는 형개와 회화나무꽃(괴화)을 섞어 달인 물로 좌욕한다.

▶ 용어 해설
- 은진: 피부가 갑자기 가려우며 편평하게 약간씩 도드라져 올라오는 질환.
- 비뉵혈: 코피가 나는 질환.
- 항산화 작용: 세포의 노화를 방지하는 작용.

363 호랑가시나무-구골엽(枸骨葉)

▶ 식물의 개요

호랑가시나무는 구골자·노호자·팔각자·조불숙·성탄수·산혈단·구골목·묘아자 등으로도 부른다. 생약명은 구골엽(枸骨葉)이다. 줄기에서 가지를 많이 쳐서 둥글게 옆으로 퍼지며 군락을 이룬다. 잎은 어긋나며 가시가 많고, 잎몸은 두껍고 딱딱한 가죽질이며 윤기가 난다. 꽃은 흰색으로 4월경 잎 사이에서 5개 정도씩 모여 나와 산형 꽃차례를 이루며 달려 핀다. 9월경 열매를 맺어 붉게 익는다. 열매 속에는 황록색의 씨가 4개씩 들어 있다. 우리나라 남부지방 해안 지대(제주도, 전라도)의 산기슭이나 개울가 등지에 자생하는 감탕나무과의 상록 활엽 관목이다.

▶ 효능

• 요슬산통, 뼈 질환, 풍, 풍비, 풍습, 담, 신경통, 뇌성마비, 치통 등의 치료에 효능이 있다
• 해수(가래가 나오는 기침)에 효능이 있다.

▶ 처방 및 복용 방법

가을철에 뿌리와 씨를 채취하여 생물이나 햇볕에 말려 약재로 쓴다.

• 담, 풍 등의 질환에는 말린 잎을 우려서 복용한다.
• 요슬산통, 뼈 질환, 치통 등의 치료에는 말린 뿌리를 차처럼 우려 복용한다.
• 해수로 인한 가래 제거에는 잎(구골엽)을 진하게 달여 복용한다.

▶ 용어 해설

• 산형 꽃차례: 많은 꽃꼭지가 꽃대 끝에서 방사형으로 나와 그 끝마디에 꽃이 하나씩 붙는 꽃차례.

• 요슬산통: 허리와 무릎 부위가 쑤시고 저리며 앉아 있을 때에도 매우 심한 고통을 느끼는 증상.

364 호리병박-고호로(苦瓠蘆)

▶ 식물의 개요

호리병박은 조롱박·표주박·포과·참조롱박·박덩굴·고포·고호·포로·경호로 등으로도 부른다. 생약명은 고호로(苦瓠蘆)이다. 잎은 어긋나며 잎자루는 길고 가장자리에 작은 톱니가 있다. 꽃은 7월 전후 흰 오판화가 잎줄기에 달려 한 송이씩 저녁에 피었다가 아침에 진다. 열매는 9월경 길쭉하고 허리가 잘록하게 들어간 열매가 달려 익는다. 어릴 때는 표면에 잔털이 있고 익으면 껍질이 굳어지고 매끈해진다. 열매를 호리병이라 하여 옛날부터 술병이나 물을 담는 도구로 이용하였다. 전국 각지 인가 근처나 밭둑에서 재배하는 박과의 한해살이 쌍떡잎 속씨 덩굴식물이다.

▶ 효능
* 소변불리, 소변불통, 신우염증, 임병 등을 다스린다.
* 황달형 간염, 간경변 등 간 질환을 다스린다.
* 풍치, 충치, 피부악창, 항문습진, 버짐, 음종 등의 질환을 치료한다.

▶ 용어 해설
* 오판화: 꽃잎이 다섯 개인 꽃.
* 임병(淋病): 소변이 잘 나오지 않으면서 아프고 자주 마려운 질병.
* 음종: 음경에 열이 생기고 늘 발기한 상태로 있는 질환.

▶ 처방 및 복용 방법
가을철에 덜 익은 열매를 채취하여 껍질을 벗겨 햇볕에 말려 약재로 쓴다.
* 황달형 간염, 간경변 등의 간 질환 치료에는 환제로 처방한다.
* 소변불리, 소변불통, 신우염증, 임병 등의 비뇨기 치료에는 산제로 처방한다.
* 풍치, 충치, 피부악창, 항문습진, 버짐, 음종 등의 질환에는 말린 재료를 달여서 그 물로 처방한다.

365 호박-번포(番布)

▶ 식물의 개요

호박은 남파인·남과체·남과수·번과·금과·왜과·북과 등으로도 부른다. 생약명은 번포(番布)이다. 덩굴은 굵고 땅 위의 다른 물체에 붙어 덩굴손으로 길게 뻗는다. 줄기는 능선과 홈이 있고 털이 나 있다. 잎은 어긋나고 둥근 심장형인데 손바닥 모양으로 얕게 5개로 갈라지며 가장자리에 톱니가 나 있다. 꽃은 6월부터 종 모양의 황색 꽃이 핀다. 열매는 암꽃을 이고 달려 익는다. 과육은 주황색·갈색·검은색 등 다양하며 속에는 흰색의 씨가 많이 들어 있다. 또한 녹말, 비타민 A가 풍부하며 칼로리도 높다. 호박의 종류에 따라 관상용·공예재·생활용품·식용·약용으로 이용된다. 전국 각지 농가 근처 울타리나 밭에 재배하는 박과의 한해살이 쌍떡잎 속씨 덩굴식물이다.

▶ 효능
- 각종 암에 대한 항암 작용을 한다.
- 구충제(회충, 요충, 편충), 백일해, 편도선염, 강장제, 야맹증, 식중독 등에 대한 효능이 있다.
- 난산, 대하증, 불임증, 산후복통, 산후붓기. 산후부종, 생리불순, 유즙분비부전, 유산 등 부인과 질환을 다스린다.
- 감기, 결막염, 기관지염, 편도선비대, 후두염, 비염, 중이염, 외이도염, 메니에르병(어지럼증), 환청 등의 치료에 효능이 있다.
- 심혈관 질환, 뇌졸중, 각혈, 간경변증, 고혈압, 골다공증, 당뇨병, 치질, 치통, 변비, 빈혈증, 심장병 등의 치료에 효능이 있다.

▶ 처방 및 복용 방법
- 10월경 열매를 채취하여 생물이나 쪄서 약재로 사용한다. 복용 중에는 양고기를 금한다.

- 늙은 호박을 주로 약재로 사용하며, 호박죽을 쑤어서 복용하든지 법제하여 질병과 개인 체질에 따라 법제하여 처방한다.

▶ 용어 해설
- 각혈: 피가 섞인 가래를 기침과 함께 뱉어 내는 것.
- 법제: 한약의 독성과 자극성을 없애고 안전하게 쓰기 위해서 약재를 변화시키는 것.

366 홀아비꽃대-은선초(銀線草)

▶ 식물의 개요

홀아비꽃대는 막대 모양의 흰색 꽃이삭이 마치 며칠간 수염을 깎지 않은 홀아비의 궁상맞은 모습을 닮았다고 하여 붙여진 이름이라고 한다. 등롱화·은전초·사엽초·독요초·산유채·급기·가세신·홀꽃대·홀아비꽃대·배나물(방언) 등으로도 부른다. 생약명은 은선초(銀線草)이다. 뿌리줄기가 옆으로 뻗으면서 자라는데 마디가 많고 회갈색이다. 줄기는 곧게 서서 자라며 가지가 갈라지지 않고 한 개의 줄기이다. 잎은 줄기 끝에 4개가 마주 보며 나고, 잎몸은 타원형으로 끝이 뾰족하고 가장자리에 톱니가 있다. 꽃은 4월경 흰색 꽃이 줄기 끝에서 나온 한 개의 꽃대에 수상 꽃차례를 이루며 달려 핀다. 열매는 8월경 삭과가 타원형으로 달려 익는다. 전국 각지의 산골짜기나 그늘진 숲속에 자생하는 홀아비꽃대과의 여러해살이 쌍떡잎 속씨식물이다.

▶ 효능
- 감기나 해수로 인한 가래, 인후염, 인후통, 천식 등 호흡기 질환의 치료에 효능이 있다.
- 옹종, 요통, 부종, 풍습, 타박상 등의 통증을 없애는 효능이 있다.
- 생리불순, 토혈, 어혈 등 혈증을 다스린다.

▶ 처방 및 복용 방법

봄~여름철에 전초를 채취하여 약재로 사용한다.
- 감기나 해수로 인한 가래, 인후염, 인후통, 천식 등 호흡기 질환의 치료에는 마른 전초의 가루를 내어 미지근한 물과 복용한다.
- 생리불순, 토혈, 어혈 등 혈증 질환에는 마른 전초를 은은하게 달여서 차처럼 복용한다. 술을 담가서 처방해도 좋다.
- 종기, 부종, 타박상 등의 외상통증에는 생초를 찧어서 환부에 붙인다.

▶ 용어 해설
- 수상 꽃차례: 한 개의 긴 꽃대 둘레에 여러 개 꽃이 이삭 모양으로 핀 꽃.
- 삭과: 익으면 열매 껍질이 떨어지면서 씨를 퍼뜨리는 여러 개의 씨방으로 된 열매(백합, 붓꽃).
- 토혈: 소화관 내에 많은 양의 피가 나오는 질환.
- 부종: 몸의 여러 부위에 나타나는 종기.

367 홉-홀포(忽布)

▶ 식물의 개요

홉은 1934년 국내 맥주회사들이 설립되면서 재배되었다. 맥주 원료의 주성분으로 비주화·향사마라고도 한다. 생약명은 홀포(忽布)이다. 뿌리는 땅속 깊이 들어간다. 줄기는 덩굴로 속이 비었으며 녹색 또는 적색이 있다. 잎은 심장형으로 마주 달려 줄기의 각 마디에서 나오는데 가장자리에 톱니가 있으며 향기가 난다. 꽃은 수꽃이 황색이고 암꽃은 녹색으로 솔방울 모습이며 총상 꽃차례를 이루며 달려 핀다. 암꽃에 들어 있는 루풀린이라는 성분이 향기와 쓴맛이 있어 맥주의 향료로 쓰인다. 열매는 달걀꼴로 달려 익는다. 우리나라 고산지대에서 재배하는 뽕나무과의 여러해살이 덩굴식물이다.

▶ 효능
- 방광결석, 소변불통, 소화불량, 위장염, 이뇨 등의 치료에 효능이 있다.
- 정신분열증, 뇌손상, 불면증, 불안감 등을 다스린다.
- 유방암, 난소암, 전립선암 등 암의 예방에 효능이 있다.

▶ 처방 및 복용 방법

여름~가을철에 열매 속의 씨를 채취하여 햇볕에 말려 쓴다.
- 유방암, 난소암, 결장암, 전립선암 등 암의 예방 및 치료에는 홉의 성분 중 크산호몰을 법제하여 처방한다.
- 불면증, 정신분열증, 방광염, 위장염 등의 질환에는 말린 씨를 달여서 차처럼 복용한다.

▶ 용어 해설
- 결장암: 결장(대장의 일부분)에 생기는 악성 종양.

368 화살나무-귀전우(鬼箭羽: 귀신이 쓰는 화살의 날개)

▶ **식물의 개요**

화살나무는 귀신이 쓰는 화살의 날개라는 의미로 붙여진 이름이다. 나뭇잎 중에서 이른 봄 가장 먼저 새순이 나와 나물로 먹는다. 위모·신전·사면봉·홑잎나무·홑나물·해넘나물·참빗나무·가시나무 등으로도 부른다. 생약명은 귀전우(鬼箭羽)이다. 줄기에서 많은 가지가 나온다. 가지에는 여러 개의 날개가 달려 있다. 잎은 마주나며 짧은 잎자루가 있다. 타원형으로 가장자리에 잔 톱니가 있고 털은 없다. 꽃은 5월경 황록색 꽃이 3송이씩 잎겨드랑이에서 취산 꽃차례를 이루며 달려 핀다. 10월경에는 원기둥 모양의 열매가 달려 붉은색으로 익는다. 어린순은 나물로 먹고 관상용과 약용으로 이용된다. 전국 각지의 산기슭, 개울가 등지에 자생하는 노박덩굴과의 쌍떡잎 낙엽 활엽 관목이다.

▶ **효능**

- 근골동통, 대하증, 산후복통, 생리불통, 통경, 풍습 등의 통증을 다스린다.
- 대장암, 식도암, 위암, 간암, 신장암, 유방암 등에 대한 항암 작용을 한다.
- 혈관 질환 및 당뇨 예방에 효능이 있다.
- 장기능을 강화하고 소화력을 도와준다.
- 생리불순, 기관지염, 갱년기 질환(불면증, 우울증)에 효능이 있다.

▶ **처방 및 복용 방법**

연중 줄기날개·가지·열매를 채취하여 생물 또는 말려서 쓴다.

- 대장암, 식도암, 위암, 간암, 신장암, 유방암 등에 대한 항암 작용에는 화살나무 껍질과 느릅나무 껍질을 섞어서 약한 불에 달여 복용한다.
- 산후자궁출혈, 대하증, 산후복통, 생리불통 등의 부인병 질환에는 화살나무 줄기날개를 산제로 복용하든지 중탕으로 처방한다.
- 혈관 질환 및 당뇨 예방에는 날개와 열매로 차를 우려 복용한다.
- 기관지염, 갱년기 질환(불면증, 우울증)에는 환제나 산제로 처방한다.

▶ **용어 해설**

- 취산 꽃차례: 꽃대 끝에 꽃이 피고 그 아래 가지에 차례대로 꽃이 피는 것.
- 근골동통: 근육과 뼈에 통증이 생겨 움직이는 데 많은 장애가 따르는 질환.
- 통경: 여성의 생리 중에 아랫배나 허리가 아픈 병증.

369 환삼덩굴-율초(葎草)

▶ **식물의 개요**

환삼덩굴은 갈율초·흑초·갈률만·좀환삼덩굴·범상덩굴·내매초·범삼덩굴·한삼덩굴·깔까리풀 등으로도 부른다. 생약명은 율초(葎草)이다. 원줄기와 잎자루 밑을 향한 갈고리 모양의 잔가시가 다른 물체를 감아 올라간다. 잎은 마주나며 커다란 잎이 긴 잎자루에 달려 타원형으로 자란다. 가장자리에는 톱니가 있고 잎몸에는 거친 털이 나 있다. 꽃은 7월경 황록색으로 꽃차례를 이루며 핀다. 9월경 달걀꼴의 열매가 달려 익는다. 독성은 없으나 식용으로는 쓰지 않고 공업용과 약용으로 이용한다. 전국 각지 야산 기슭이나 들판, 길가, 개울가, 제방둑 등에서 자생하는 삼과의 한해살이 쌍떡잎 속씨 덩굴식물이다.

▶ **효능**
- 인후통, 인두염, 임파선염, 감기, 편도선염, 후두염 등의 치료에 효능이 있다.
- 폐결핵, 기관지염, 폐렴, 천식, 청폐, 폐기종 호흡기 질환을 다스린다.
- 방광결석, 소변불통, 복통, 설사 등의 치료에 효능이 있다.
- 설사, 이질, 혈변, 고혈압 등의 질환을 다스린다.

▶ **처방 및 복용 방법**
여름~가을철에 잎과 뿌리를 채취하여 생물 또는 햇볕에 말려 쓴다.
- 폐렴, 편도선염, 폐결핵의 질환에는 말린 전초를 넣은 물이 반 정도 되게 달여 꿀과 섞어서 복용한다.
- 세균성이질, 설사, 혈변에는 말린 잎과 줄기를 약한 불에 달여 여러 번 복용한다.

- 고혈압, 저혈압 등 혈관 질환에는 산제한 가루를 미지근한 물에 타서 한 달 가량 복용한다.
- 방광염, 신장염 등으로 인한 소변이 탁할 경우는 신선한 생초로 즙을 내어 식초와 섞어서 마신다.
- 옹종, 치질, 피부염 등의 질환에는 생초를 짓찧어 붙이거나 달인 물로 환부를 씻는다.
- 신장염, 전립선염, 방광염 등의 비뇨기 질환에는 환삼덩굴차를 만들어 장기간 복용한다.

▶ **용어 해설**
- 잎몸: 잎의 넓은 부분.
- 옹종: 기혈이 통하지 않아 나타나는 종기.

370 활나물-야백합(野百合)

▶ 식물의 개요

활나물은 이두·불지갑·야지마·구령초 등으로도 부른다. 생약명은 야백합(野百合)이다. 줄기는 곧게 서서 자란다. 줄기 위쪽에서 가지가 갈라지며 잎의 표면을 제외하고는 전체에 부드러운 털이 많이 나 있다. 잎은 마디마다 서로 어긋나며 넓은 선형으로 끝이 뾰족하고 턱잎이 있다. 꽃은 8월경 하늘빛을 띤 보라색으로 줄기와 가지 끝에서 뭉쳐 핀다. 수상 꽃차례를 이루며 나비 모양이다. 꽃받침은 꽃이 진 다음 자라서 열매를 둘러싼다. 9월경 타원형의 열매가 맺혀 익는다. 독성은 없으나 식용으로는 쓰지 않고 관상용과 약용으로 사용한다. 전국 각지 산과 들의 양지 바른 풀밭에 자생하는 콩과의 한해살이 쌍떡잎 속씨식물이다.

▶ 효능

- 부종(몸이 붓는 현상)을 다스리며 열증에 효능이 있다.
- 피부염, 타박상, 골절, 창종 등의 외상 치료에 효능이 있다.
- 직장암, 식도암, 유선암, 위암, 유방암, 간암 등 각종 악성종양을 다스린다.

▶ 처방 및 복용 방법

여름~가을철에 전초를 채취하여 햇볕에 말려 약재로 쓴다.

- 직장암, 식도암, 유선암, 위암, 유방암, 간암 등 각종 악성종양의 치료에는 말린 전초를 진하게 달여 6개월 정도 복용한다.(임상보고 사례)
- 자궁암, 피부암 등의 치료에는 중탕, 환약 등 법제로 치료하든지 전초가루를 반죽하여 환부에 붙인다.

▶ 용어 해설

- 창종: 열의 독기가 경락에 침범하여 혈이 잘 돌지 못하고 막혀 있는 질환.
- 유선암: 여성의 유방에 발생하는 악성 종양.
- 중탕: 가열하고자 하는 물체가 담긴 용기를 직접 가열하지 않고 물이나 기름이 담긴 용기에 넣어 간접적으로 가열하는 방법.

371 활량나물-강망결명(江茫決明)

▶ 식물의 개요

활량나물은 대산여두(大山豫豆)·한량(閑良)나물·활앙나물·마삭풀 등으로도 부른다. 생약명은 강망결명(江茫決明)이다. 줄기는 약간 비스듬히 서서 자라는데 털이 없고 위쪽으로 능선이 나 있다. 잎은 어긋나고 2~4쌍의 깃꼴겹잎이다. 잎자루의 끝은 덩굴손이며 작은 잎은 타원형이며 가장자리에 톱니가 나 있다. 꽃은 6월경 나비 모양의 황색 꽃이 잎 사이에서 총상 꽃차례를 이루며 달려 핀다. 꽃이삭은 잎 사이에서 2개씩 나오는데 꽃자루가 길다. 10월경 납작한 선형의 열매가 달려 익는데 씨는 여러 개이다. 관상용·밀원·식용·약용으로 이용된다. 전국 각지 산과 들의 양지쪽에 자생하는 콩과의 여러해살이 쌍떡잎 속씨식물이다.

▶ 효능

• 지혈, 청열 등 주로 혈증을 다스리는데 효능이 있다.
• 생리통, 생리불순, 자궁내막염 등 부인병에 효능이 있다.

▶ 처방 및 복용 방법

6~8월경 전초를 햇볕에 말려 약재로 쓴다.

• 각종 출혈에 대한 지혈 작용에는 뿌리로 가루를 내어 복용한다.
• 생리통, 생리불순, 자궁내막염 등의 질환에는 씨와 꽃을 달여서 복용한다.

▶ 용어 해설

• 총상(總狀) 꽃차례: 꽃 전체가 하나의 꽃처럼 보이는 꽃 모양.
• 선형(線形): 잎의 시작과 끝 부분의 폭이 같은 가늘고 긴 형태(맥문동).

372 황근(黃槿: 노란꽃의 무궁화)

▶ 식물의 개요
황근은 주과황련·산불꽃·갯부용·국화황련·마씨자근·노랑무궁화라고도 한다. 생약명은 황근(黃槿)이다. 뿌리는 잔뿌리가 많고, 줄기는 곧게 서며 가지가 갈라지고 전체가 분백색이며 속이 비어 있다. 잎은 어긋나며 달걀 거꿀꼴의 둥근형으로 가장자리에 잔 톱니가 있다. 7월경 종모양의 연한 황색 꽃이 가지 끝에서 한 송이씩 달려 피는데 꽃 안쪽 밑 부분은 자주색이다. 꽃잎과 꽃받침은 각각 5개씩이다. 열매는 8월경 달걀꼴의 열매를 맺는데 익으면 5개로 갈라진다. 독성은 없지만 식용으로는 쓰지 않고 관상용과 약용으로 이용한다. 제주도와 전라도 해안 지대에 자생하는 아욱과의 낙엽 활엽 관목이다.

▶ 효능
* 기관지염, 인두염, 해열, 천식 등 호흡기 질환을 다스린다.
* 방광결석, 소변불통, 치질, 탈항, 이질 등의 치료에 효능이 있다.

▶ 처방 및 복용 방법
4~6월경 뿌리·잎·뿌리껍질·나무껍질을 채취하여 햇볕에 말려 약재로 쓴다.
* 기관지염, 인두염, 해열, 천식, 방광결석, 소변불통, 치질, 탈항, 이질 등의 질환에 대한 치료는 말린 전초를 진하게 달여서 복용한다.

▶ 용어 해설
* 낙엽관목(落葉灌木): 갈잎 떨기나무(사람 키보다 작고 밑동에서 가지를 많이 치는 나무).

373 황기(黃耆)

▶ 식물의 개요

황기는 백목(白木)·삼손(三孫)·백약면(百藥綿)·기초(芰草)·단너삼·왕손 등으로 불린다. 생약명은 황기이다. 뿌리는 길고 두툼하여 황백색이다. 줄기는 밑에서 뭉쳐 나와 곧게 서서 자라며 전체에 부드러운 흰색 털이 나 있다. 잎은 마주나며 작은 잎으로 구성된 깃꼴겹잎이 댓잎피침형으로 끝이 뾰족하다. 꽃은 7월경 나비 모양의 연한 황색으로 피는데 잎겨드랑이에서 대가 긴 꽃이삭이 나와 총상 꽃차례를 이루며 달린다. 긴 꽃대에서 많은 꽃이 한쪽으로 몰려난다. 열매는 10월경 협과가 달려 익는데 타원형으로 양끝이 뾰족하며 광택이 있다. 우리나라는 중북부 지역의 산지에 자생하고, 지금은 농가에서 다량으로 재배하는 콩과의 여러해살이 속씨식물이며, 한방에서는 강장제로 쓰인다.

▶ 효능

황기는 가을철에 뿌리를 채취하여 탈피한 후 햇볕에 말려 약용으로 사용한다.

- 강장 작용, 면역력 증강, 피로회복 작용 등에 효능이 있고, 보혈제에 황기가 가장 많이 들어간다.
- 소화기능을 강화시키고 간을 보호하는데 효능이 있다.
- 혈액순환을 촉진시키며, 심장을 다스리는데 효과가 있다.
- 땀샘을 자극하여 진땀이 많이 나는 것을 다스리고, 소변 기능을 원활하게 한다.

▶ 처방 및 복용 방법

- 진땀이 많이 나고 허약해질 때는 황기, 인삼, 대추를 넣은 삼계탕을 처방하여 먹는게 좋다. 또는 황기를 넣은 죽을 만들어 먹어도 좋다.
- 기력이 약화되었을 때는 황기, 오미자, 감초를 넣어 끓인 물을 차처럼 마신다.
- 잠을 잘 때 땀을 흘리는 도한이 있을 경우는 황기를 꿀에 재웠다가 꺼내어 볶아서 쓴다.
- 복용 중에는 방풍·목련·여로·백선·살구씨 등을 금한다.

▶ 용어 해설

- 깃꼴겹잎: 잎자루 좌우에 작은 잎이 깃털 모양으로 배열되어 있는 잎.
- 협과: 콩과식물의 심피에서 씨방이 발달한 열매로 익으면 터짐.

374 황금(黃芩)

▶ 식물의 개요

황금은 '가을의 노란빛을 감응했다' 하여 붙여진 이름으로 원금(元芩)·자금(子芩)·황문(黃文)·황금초(黃芩草)·속썩은풀·속서근풀로 부르기도 한다. 생약명은 황금이다. 뿌리는 원뿔형이며 황색이다. 줄기는 네모지며 한군데에서 여러 대가 모여 나와 포기로 자라며 가지를 많이 친다. 잎은 마주나며 댓잎피침형으로 양 끝이 좁고 가장자리가 밋밋하다. 꽃은 8월경 자주색 꽃이 줄기 끝에서 꽃이삭으로 총상 꽃차례를 이루며 한쪽으로 치우쳐 달려 핀다. 9월경 둥근 수과가 달려 익는다. 중국에서 들어온 외래종으로 지금은 약초 농가에서 재배하고 있는 꿀풀과의 여러해살이 쌍떡잎 속씨식물이며, 한방에서는 해열제로 쓰인다.

▶ 효능

황금은 이른 봄 뿌리를 채취하여 껍질을 제거한 후 햇볕에 말려 약용으로 쓴다.

- 장(腸) 내의 열을 강하시키고, 설사 및 혈변을 다스리는 이뇨 작용도 한다.
- 임신으로 인한 하복부 통증을 다스려 열을 강하시켜 준다.
- 각종 세균에 의한 항균 작용과 진균 작용을 한다.
- 고혈압, 동맥경화에서 나타나는 혈압을 강하시키고, 진정 작용도 한다.

▶ 처방 및 복용 방법

- 장염으로 인한 설사나 세균성 이질에는 황금과 칡, 감초, 작약을 넣어 끓여 물이 반 정도 줄어들면 마신다.
- 소변이 잘 나오지 않는 경우는 황금과 치자를 섞어 달여서 차처럼 마신다.
- 임신부가 태아를 안정시키기 위해서는 황금, 백출, 쑥을 달여 마신다.
- 폐열로 나타난 기침과 열을 떨어뜨리려면 황금, 지골피, 감초를 섞어 달여서 마신다.

▶ 용어 해설

- 총상(總狀) 꽃차례: 꽃 전체가 하나의 꽃처럼 보이는 꽃 모양.
- 수과(瘦果): 익어도 터지지 않는 열매.

375 황매화(黃梅花)-체당화(棣棠花)

▶ 식물의 개요

황매화는 지당·죽단화·수중화·황경매·봉당화·출장화·죽도화나무 등으로도 부른다. 생약명은 체당화(棣棠花)이다. 줄기는 뿌리에서 나와 무더기로 자라며 가지가 갈라진다. 잎은 어긋나며 긴 달걀꼴로서 끝이 뾰족하고 가장자리에 톱니가 있다. 꽃은 5월경 잎과 함께 노란 꽃이 가지 끝에 한 송이씩 달려 핀다. 꽃잎과 꽃받침은 각각 5개씩이다. 8월경 둥근 열매가 달려 검게 익는다. 독성은 없으나 식용으로는 쓰지 않고 관상용과 약용으로 쓴다. 중부 이남지방의 야산이나 들판의 습지, 사찰이나 마을 부근에 자라는 장미과의 여러해살이 낙엽 활엽 관목이다.

▶ 효능

• 거풍, 이뇨, 진해 작용에 효능이 있다.

▶ 처방 및 복용 방법

봄과 여름철에 꽃·가지·잎 등 전초를 채취하여 햇볕에 말려 쓴다.

• 중풍, 오줌불통, 해수, 천식 등의 질환에는 말린 황매화 전초를 진하게 달여서 복용한다.

▶ 용어 해설

• 거풍 작용: 몸에 나타나는 풍을 제거하는 작용.
• 진해 작용: 기침과 가래를 멈추는 작용.

376 황벽나무-황백(黃柏)

▶ 식물의 개요

황벽나무는 황금나무·황목·벽수·황피라·벽피·황경피나무·벽목 등으로도 부른다. 생약명은 황백(黃柏)이다. 원줄기에서 굵은 가지가 사방으로 퍼진다. 줄기껍질은 코르크가 두껍게 발달하여 홈이 나 있다. 속껍질은 황금색으로 껍질을 벗기면 향기가 난다. 잎은 마주나며 깃꼴겹잎이다. 달걀 모양의 긴 타원형으로 가장자리에 톱니가 있다. 6월경 황록색 꽃이 가지 끝에 모여 원추 꽃차례를 이루며 달려 핀다. 꽃잎은 5개이다. 열매는 9월경 결실하여 검게 익으며 속에는 5개의 씨가 들어 있다. 독성은 없으나 식용으로는 쓰지 않고 염료용, 약용으로 이용한다. 전국 각지(강원도, 경기도, 울릉도)의 깊은 산기슭에 자생하는 운향과의 여러해살이 낙엽 활엽 교목이다.

▶ 효능

• 가성근시, 각막염, 시력감퇴, 안질염 등 눈병 질환에 효능이 있다.
• 건위, 과민성대장염, 위염, 설사 등 위장 질환을 다스린다.
• 피부염, 아토피, 습진, 종창 등 피부 질환을 다스린다.
• 간 질환, 고혈압 등에 대한 혈압을 낮추는 효능이 있다.

▶ 처방 및 복용 방법

결실기인 9월경 나무껍질, 뿌리껍질, 씨를 채취하여 햇볕에 말려 약재로 쓴다.

• 폐결핵, 해수(가래, 기침), 폐렴의 치료에는 황벽나무 열매를 약한 불에 달여 복용한다.
• 고혈압, 당뇨, 황달, 소화불량, 간 질환 등의 치료에는 속껍질을 진하게 달여서 복용한다.

• 눈병, 습진, 아토피, 치질 등의 치료에는 달인 물을 환부에 바른다.

▶ 용어 해설

• 가성근시: 일시적으로 굴절성 근시가 되는 것.
• 건위: 위를 튼튼하게 하여 소화기능을 높이기 위한 방법.

377 호장근(虎杖根)

▶ 식물의 개요

호장근은 줄기에 붉은 호랑이 무늬의 반점이 있어 '호장'으로 붙여진 명칭이고, 고장(苦丈)·오불답(烏不踏)·활혈룡(活血龍)·반홍근(斑紅根)·천근룡(川根龍)·감제 반장·까치수염·범상아 등으로 불린다. 생약명은 호장근이다. 뿌리줄기는 목질인데 길게 옆으로 뻗으면서 새싹이 돋아 포기를 이룬다. 줄기는 곧게 서거나 비스듬히 자라는데 원기둥 모양으로 속이 비어 있다. 잎은 어긋나는데 넓은 달걀꼴로서 끝이 뾰족하고 잎자루는 짧다. 꽃은 8월경 흰 꽃이 총상 꽃차례를 이루며 달려 피는데 꽃잎은 없다. 열매는 10월경 수과가 달려 익는데 타원형이며 흑갈색의 광택이 있다. 관상용·밀원·물감용·식용·약용으로 이용된다. 전국 각지의 산과 들에서 자생하며, 농가에서 재배하기도 하는 마디풀과의 여러해살이 쌍떡잎 속씨식물이며, 한방에서는 이뇨·어혈 치료제로 쓰인다.

▶ 효능

호장근은 봄과 가을철에 대나무 모양의 뿌리를 채취하여 썰어서 햇볕에 말려서 약용으로 사용한다.
- 방광염 및 요도염증으로 인한 배뇨통을 다스리는 이뇨 작용과 소염 작용을 한다.
- 몸에 맺힌 어혈과 산후 후 응혈된 피를 풀어주는데 효과가 있다.
- 황달에 효능이 있고, 대장균 등 각종 균에 대한 항균 작용을 한다.
- 위장 질환, 변비 등을 다스리는데 효과가 있다.

▶ 처방 및 복용 방법
- 타박상이나 산후 후유증으로 인한 응고된 어혈을 다스리기 위해서는 호장근가루를 따뜻한 청주와 함께 복용한다.

- 수족마비, 근육통이 심한 경우는 호장근과 우슬, 모과를 소주에 담가 공복에 복용한다.
- 소화불량, 변비, 방광염, 생리불순, 결석 등에는 호장근을 끓여 반으로 줄이면 차처럼 마신다.
- 치질이나 장출혈이 있는 경우는 호장근을 꿀로 환을 빚어 복용한다.

▶ 용어 해설
- 총상(總狀) 꽃차례: 꽃 전체가 하나의 꽃처럼 보이는 꽃 모양.
- 수과(瘦果): 익어도 터지지 않는 열매.

378 회양목(淮陽木)-황양목(黃陽木)

▶ 식물의 개요

회양목은 화양목·옥향목·도장나무·회양나무·고향나무 등으로 부른다. 생약명은 황양목(黃陽木)이다. 회양목은 성장속도가 매우 느리지만 5m 정도까지 자란다고 한다. 북한의 석회암 지대인 회양에 많이 자라기 때문에 회양목으로 붙여진 이름이다. 잎은 마주나고 두꺼우며, 타원형으로 광택이 난다. 꽃은 4월경 황색 꽃이 잎 사이나 가지 끝에 달려 핀다. 6월경 타원형의 열매가 맺혀 갈색으로 익는다. 열매 속에는 검은 씨가 들어 있다. 관상용·학교나 관공서의 울타리용·정원수용·공업용·약용으로 이용된다. 전국 각지 산지의 석회암 지대나 가옥의 정원 등지에 식생 하는 회양목과의 상록 활엽 관목이다.

▶ 효능
• 간염, 간경변증 등 간경을 다스린다.
• 해수, 천식, 감기, 기관지염 등 호흡기 질환에
  효능이 있다.
• 치통, 통풍, 타박상 등 통증을 다스린다.

▶ 처방 및 복용 방법

연중 가지, 잎, 열매를 채취하여 햇볕에 말려 약재로 쓴다.
• 풍습이나 통풍으로 인한 통증 치료에는 말린 열
  매 달여 복용한다.
• 치통, 타박상 등의 질환에는 열매 달인 물을 복
  용한다.

▶ 용어 해설
• 간경변증: 간이 돌덩이처럼 딱딱하게 굳는 현상.
• 해수: 기침과 가래가 같이 나오는 감기.

379 회향(茴香)–소회향(小茴香)

▶ 식물의 개요

회향은 토회향·야회향 곡회향·회향풀이라고도 한다. 생약명은 소회향이다. 줄기는 곧게 서서 자라는데 녹색이며 원기둥 모양이고 속이 비어 있다. 전초에 독특한 향기가 있고 가지가 많이 갈라지며 털이 없다. 뿌리잎은 입자루가 길고 줄기잎은 잎자루가 짧다. 줄기와 가지에서 나온 잎은 가느다란 실모양이다. 7월경 황색의 작은 5엽의 꽃이 줄기와 가지 끝에서 우산 모양의 꽃차례를 이루며 달려 핀다. 열매는 9월경 결실하여 익으면 향기가 나고 맛이 있다. 열매는 향신료나 부향제로 쓰이고, 뿌리와 열매는 약재로 쓰인다. 전국 각지의 농가에서 재배하는 미나리과의 한해살이 쌍떡잎 속씨식물이다.

▶ 효능

• 부인병 질환을 다스린다. 자궁수축, 생리통, 유즙분비(최유제), 폐경으로 인한 갱년기 장애, 냉증개선 등에 효능이 있다.
• 치통, 구취, 구내염, 치주염 등에 효능이 있다.
• 소화기능 촉진 및 위경련 개선에 효능이 있다.
• 이뇨, 발한 작용, 혈액순환 등에 효능이 있다.

▶ 처방 및 복용 방법

9~10월경 뿌리, 줄기잎, 열매를 채취하여 햇볕에 말려 약재로 쓴다.

• 가래, 구취, 동맥경화, 신장염, 신부전증 등의 질환에는 말린 열매를 진하게 달여 복용한다.
• 치통, 구취, 구내염, 치주염 등의 질환에는 전초 달인 물로 입을 헹구든지 양치한다.
• 건위, 식체, 위염, 소화불량, 속쓰림 등의 소화기 질환에는 말린 전초로 만든 환제나 산제로 처방한다.

▶ 용어 해설

• 부향제: 신선한 향기.
• 이뇨 작용: 오줌을 많이 시원하게 나오게 하는 현상.

380 후박나무-후박(厚朴)

▶ 식물의 개요

후박나무는 열박·당후박·토후박·적박·천박·중피·후피 등으로도 부른다. 생약명은 후박(厚朴)이다. 잎은 어긋나며 타원형으로 두껍고 윤기가 난다. 5월경 황록색의 꽃이 잎과 가지 끝에서 원추 꽃차례를 이루며 달려 핀다. 8월경 열매가 달려 다음해 익는다. 관상용·공업용·약용으로 쓴다. 특히 줄기는 가구재와 선박재로 쓰인다. 남부지방과 울릉도의 해안가 구릉지나 산기슭에 집단적으로 서식하는 녹나무과의 상록 활엽 교목이다.

▶ 효능
- 소화기 질환을 다스린다. 대변불통, 변비, 건위, 구토, 설사, 소화불량, 식욕부진, 위경련, 위염 등의 치료에 효능이 있다.
- 허약체질, 중풍, 근육마비, 담 등의 질환을 다스린다.
- 기관지염, 천식, 해수 등 호흡기 질환에 효능이 있다.
- 오줌불통, 요통 등 비뇨기 질환을 다스린다.

▶ 처방 및 복용 방법

여름철에 줄기잎·껍질·열매를 채취하여 그늘에 말려 약재로 쓴다.
- 기관지염, 천식, 해수 등의 치료에는 후박나무 뿌리와 껍질, 또는 새순으로 술을 담가 6개월 정도 숙성시킨 후 복용한다.
- 소화불량, 위경련, 복통 등 위장장애 개선에는 전초로 만든 가루를 복용하든지 후박술로 처방한다.

- 오줌불통, 요통 등의 질환에는 후박나무 껍질이나 열매를 진하게 달여서 복용한다.

▶ 용어 해설
- 원추(圓錐) 꽃차례: 꽃차례의 축이 여러 번 가지가 갈라져 최종 분지(分枝)가 총상 꽃차례를 이루는 원뿔 모양이다.

381 흑삼릉(黑三稜)

▶ 식물의 개요

흑삼릉은 초삼릉(草三稜)·홍포근(紅蒲根)·거피삼릉(去皮三稜)·백삼릉(白三稜)·매자기 등으로 불린다. 생약명은 흑삼릉이다. 뿌리줄기가 옆으로 뻗으면서 군데군데 줄기가 나오는데 곧게 서서 자라며 옆으로 뻗는 가느다란 가지가 있다. 가늘고 긴 잎이 밑에서 모여 나는데 서로를 감싸면서 원줄기 보다 길어진다. 꽃은 6월경 잎 사이에서 꽃줄기가 곧게 나와 갈라지면서 총상 꽃차례를 이루면서 흰색으로 달려 핀다. 열매는 8월경 거꿀달걀꼴로 달려 익는다. 독성은 없으나 식용으로는 쓰지 않고 관상용과 약용으로 이용한다. 우리나라 중남부지방의 연못가나 도랑가의 습지에 자생하는 흑삼릉과의 여러해살이 외떡잎 속씨식물이며, 한방에서는 부인병 치료제로 쓰인다.

▶ 효능

흑삼릉은 가을철에 뿌리줄기를 채취하여 겉껍질을 제거한 후 햇볕에 말려 약재로 사용한다.

- 부인과 질환인 생리불순, 대하증, 생리통 및 복통, 타박상 등으로 응고된 어혈을 풀어준다.
- 몸속에 나타나는 기체의 통증을 다스린다.
- 위장의 연동운동을 강화시켜 소화를 촉진시키는데 도움을 준다.

▶ 처방 및 복용 방법

흑삼릉은 맛이 달고 맵다. 독성은 없으며 정유가 함유되어 있다. 부인병 치료제로 널리 사용되었다.

- 부인과 질환으로 응고된 어혈을 풀어주기 위해서는 백삼릉을 달여 조청을 만들어서 청주와 함께 복용한다. 또한 삼릉을 식초에 달여 환을 빚어 사용한다.

- 생리불순으로 인한 복통이 있는 경우는 삼릉, 생지황, 당귀 등을 섞어 끓여서 차처럼 마신다.

▶ 용어 해설

- 대하증: 여자의 생식기에서 누른빛의 분비액이 흘러내리는 병.
- 총상(總狀) 꽃차례: 여러 개의 꽃이 뭉쳐서 하나의 꽃송이처럼 보이는 꽃 모양(싸리나무, 아카시아, 등나무).

382 흰진범-진교(秦艽)

▶ 식물의 개요

흰진범은 진범(秦范)·대교(大敎)·고모오두(高帽烏頭)·흰진교 등으로 불린다. 생약명은 진교(秦艽)이다. 뿌리는 곧게 뻗고 약간 넓적하다. 줄기는 비스듬히 올라가다가 위쪽에서 덩굴이 되며 잔 털이 난다. 잎은 손바닥 모양이고 여러 개로 갈라지는데 가장자리에는 톱니가 있다. 꽃은 9월경 황백색의 꽃이 잎겨드랑이에서 총상 꽃차례를 이루며 달려 핀다. 열매는 10월경 골돌과로 달려 익고 속에는 날개 달린 세모진 씨가 있다. 우리나라 각지의 깊은 산속에 자생하는 미나리아재비과의 여러해살이 쌍떡잎 속씨식물이며, 한방에서는 풍·황달 치료제로 쓰인다.

▶ 효능

흰진범은 봄과 가을에 뿌리를 채취하여 햇볕에 말려 약용을 쓴다.
- 항염증 작용을 하고 황달 치료에 효과가 크다.
- 혈압을 낮추고 혈당을 조절하는 작용을 한다.
- 풍습으로 인한 통증을 다스리는 진정 작용을 한다.
- 콜레라균, 탄저균, 피부진균 등에 대해 항균 작용을 한다.

▶ 처방 및 복용 방법

흰진범은 맛이 쓰고 매우며 당류 및 알칼로이드가 함유되어 있으며 풍 및 황달 치료제로 널리 알려져 있다.
- 황달로 인해 눈, 피부 등이 누렇게 될 경우는 진교가루를 우유에 달여 마신다.
- 수족이나 안면 마비가 올 경우는 진교와 독활, 천궁, 당귀 등을 물에 끓여 차처럼 장기 복용한다.
- 소변 불량, 저혈당 등에는 진교와 감초, 생강 등을 섞어 끓여 마신다.

▶ 용어 해설
- 진정 작용: 신경계의 흥분을 가라앉히는 작용.
- 탄저균: 탄저병을 일으키는 세균.

부록

약용식물 용어 해설

ㄱ

· 각과(殼果) : 단단한 과피와 깍정이에 싸여 있는 열매로 가죽처럼 질기고 단단함(잣, 밤, 은행, 가래 등).
· 갓털 : 씨방이나 열매의 맨 끝에 붙은 솜털 같은 털(민들레, 엉겅퀴).
· 개과(蓋果) : 열매가 익은 뒤 겉껍질이 스스로 갈라져 씨가 밖으로 나오는 열매(채송화, 쇠비름).
· 건과(乾果) : 열매껍질이 육질이 아닌 목질로 단단한 것.
· 겹산형 꽃차례 : 산형 꽃차례의 꽃대 끝에 다시 부채살 모양으로 갈라져 피는 꽃차례(어수리).
· 관목 : 키의 높이가 2m 이내이고 주 줄기가 분명하지 않은 키가 작은 나무.
· 교목(喬木) : 줄기가 곧고 굵으며 높이(8m 이상) 자란 나무.
· 골돌과(蓇葖果) : 여러 개의 씨방으로 된 열매로 익으면 딱딱해지고 열매 껍질이 스스로 벌어지는 과일
　　(박주가리).
· 구과(毬果) : 방울열매(솔방울, 잣송이).
· 깃꼴겹잎 : 작은잎 여러 장이 잎자루의 양쪽으로 나란히 줄지어 붙어서 새의 깃털처럼 보이는 겹잎.
· 꽃부리 : 꽃잎의 총칭(화관)으로 나비 모양, 혀 모양, 십자 모양, 입술 모양, 대롱 모양 등.

ㄴ

· 나란히맥 : 식물 잎의 잎맥이 나란한 모양을 이루고 있는 것.
· 나선형 : 소라의 껍데기처럼 빙빙 비틀려 돌아간 모양(나사꼴).
· 낙엽교목 : 가을이나 겨울에 잎이 떨어지는 높이 8m 이상 자라는 나무.
· 낙엽소교목(落葉小喬木) : 가을에 잎이 떨어져서 봄에 새잎이 나는 갈잎 작은키나무.
· 낙엽활엽관목(落葉闊葉灌木) : 가을이나 겨울에 잎이 떨어지고 봄에 새잎이 나는 잎이 넓은 갈잎 떨기나
　　무로 높이가 2m 이내이고 주 줄기가 분명하지 않음.

ㄷ

· 다육질 : 물기가 많고 살이 두툼하며 잎, 열매, 줄기에 즙이 있음(선인장, 쇠비름 등).
· 단성화(單性花) : 동일한 꽃에 암술과 수술 중 어느 한 가지만 있는 꽃.
· 당삼(黨蔘) : 초롱꽃과의 만삼의 뿌리로 만든 약재.
· 대두황권(大豆黃卷) : 갯완두의 어린 싹을 베어 햇볕이나 그늘에 말린 것.
· 댓잎피침형 : 잎이나 꽃잎 등의 모양을 나타낸 말로 대나무 잎처럼 가늘고 길며 끝이 뾰족한 모양.
· 덩이줄기 : 덩이 모양을 이룬 땅속줄기(괴경 : 감자, 돼지감자).
· 덩이뿌리 : 녹말을 저장하기 위해 비대해진 뿌리(괴근 : 고구마, 무).
· 두상 꽃차례 : 꽃대 끝에 여러 꽃이 모여 머리 모양의 한 송이 꽃 모양을 이루는 꽃의 배열 상태.
· 두상화(頭狀花) : 꽃대 끝 둥근 판 위 꽃자루가 없는 작은 꽃이 여러 개 모여 머리 모양을 이룬 꽃(국
　　화, 해바라기).

ㅁ

· 마주나기 : 식물 줄기의 마디에서 잎이 두 개씩 마주보고 붙어 나는 것.

· 마편초과 : 쌍떡잎식물 통꽃류에 딸린 한 과로 주로 관상용으로 많이 키운다.

· 막질(膜質) : 얇고 부드러우며 유연한 반투명으로 막과 같은 상태.

· 목질화 : 식물의 성숙 과정에서 세포막과 중간층에 리그린이 생성하는 경우에 화학적으로 결합하는 현상.

· 무성생식 : 암수 개체가 필요없이 한 개체가 단독으로 새로운 개체를 형성하는 방법.

· 미상(尾狀) 꽃차례 : 비교적 부드러우며 가늘고 긴 수상 꽃차례에 다수의 단성화가 밀집하여 달리고, 마치 동물 꼬리처럼 아래로 늘어진 꽃차례(밤나무, 호두나무).

· 밀원 : 곤충(벌)들이 꿀을 수집하는 원천.

ㅂ

· 바소꼴 : 창처럼 생겼으며 길이가 너비의 몇 배가 되고 밑에서 1/3 정도 되는 부분이 가장 넓으며 끝이 뾰족한 모양.

· 방추형 : 물레의 가락 비슷한 모양으로 원기둥 끝의 뾰족한 모양.

· 복산형(複散形) 꽃차례 : 산형 꽃차례의 꽃대 끝에 다시 부챗살 모양으로 갈라져 피는 꽃차례로, 즉, 우산꽃차례를 한 번 만들었다가 다시 각각의 꽃차례가 다시 우산 꽃차례를 만든 꽃차례(미나리, 방풍, 왜당귀, 당근).

· 분과(分果) : 한 씨방에서 만들어지지만 서로 분리된 두 개 이상의 열매로 발달하는 열매.

· 부엽성 수생식물 : 잎몸이 수면에 떠 있는 수중식물.

· 비늘잎 : 시들어진 후에도 줄기에 붙어 남아 있는 잎으로 측백나무 등.

· 비늘줄기 : 짧은 줄기 둘레에 양분을 저장하여 두껍게 된 잎이 많이 겹친 형태(파, 마늘, 백합, 수선화).

· 뿌리잎 : 지표 가까운 줄기의 마디에서 지면과 수평으로 잎이 달려 마치 뿌리에서 난 것처럼 보이는 잎(근엽 : 고사리).

ㅅ

· 사판화(四瓣花) : 꽃잎이 네장 인 꽃.

· 삭과(蒴果) : 열매 속이 여러 칸으로 나뉘어져서 각 칸 속에 많은 종자가 들어 있는 열매의 구조로 익으면 열매 껍질이 떨어지면서 씨를 퍼뜨림(백합, 붓꽃).

· 산방(散房) 꽃차례 : 무한 꽃차례를 하나로 꽃꼭지의 길이가 밑의 것은 길고 위로 갈수록 짧아 각 꽃은 거의 동일 평면으로 나란하게 피는 형태(수국, 유채, 산사나무).

· 산형 꽃차례 : 무한 꽃차례의 일종으로 꽃차례 축의 끝에 작은 꽃자루를 갖는 꽃들이 방사상으로 배열한 꽃차례.

· 상록교목(常綠喬木) : 사계절 잎이 지지 않은 늘 푸른 큰키나무(8m를 넘는 나무) .

· 선형(線形) : 잎의 시작과 끝 부분의 폭이 같은 가늘고 긴 형태(맥문동) .

· 선화(旋花) : 긴 덩굴성 줄기가 다른 물체에 왼쪽으로 감아 올라가는 풀꽃.

· 수과(瘦果) : 식물 열매의 한 종류로 열매가 익어도 껍질이 갈라지지 않는 형태(해바라기, 민들레).

· 시과(翅果) : 과피(열매껍질)가 얇은 막 모양으로 돌출하여 날개를 이루어 바람을 타고 멀리 날아 흩어지는 열매(느릅나무, 물푸레나무, 단풍나무).

· 신장형(腎臟形) : 동물의 콩팥 모양을 한 하트 형태.
· 씨방 : 속씨식물의 밑씨가 들어 있는 곳으로 수정이 이루어진 후 열매가 됨.

ㅇ
· 양성화(兩性花) : 하나의 꽃 속에 수술과 암술이 모두 들어 있는 꽃(패랭이꽃, 진달래꽃).
· 양치식물(羊齒) : 관다발식물 중에서 꽃이 피지 않고 포자로 번식하는 식물.
· 오판화 : 다섯 개의 꽃잎을 가진 꽃(무궁화, 복숭아꽃).
· 엽상체(葉狀體) : 줄기, 잎, 뿌리의 기관이 분화하지 않은 식물로서 관다발이 없는 구조로 광합성
　　작용을 함.
· 엽록소 : 녹색식물의 잎 속에 들어 있는 화합물.
· 영과(穎果) : 외떡잎식물 벼목 화본과식물의 열매로 껍질이 얇고 씨껍질에 달라붙어 있는 열매(벼, 보리).
· 원추(圓錐) 꽃차례 : 꽃차례의 축이 여러 번 가지가 갈라져 최종 분지(分枝)가 총상 꽃차례를 이루는 원뿔
　　모양의 꽃 형태(남천, 벼).
· 육판화 : 꽃잎이 여섯 장인 꽃(글라디올러스).
· 육수(肉穗) 꽃차례 : 꽃대가 굵고 꽃대 주위에 꽃자루가 없는 수 많은 작은 꽃들이 피는 꽃차례(천남성
　　과, 부들과).
· 윤산 꽃차례 : 많은 꽃이 줄기마디를 둘러싸고 피는 꽃차례.
· 이과(梨果) : 다육과의 일종으로 수분이 많아 익은 뒤에도 마르지 않고 부드러운 과피를 유지하는 열매.
· 잎겨드랑이 : 식물의 줄기나 가지에 잎이 붙은 부분의 위쪽으로 엽액이라고하며 겨드랑눈이 생기는 곳.
· 잎맥 : 식물 잎살 안에 분포되어 있는 관다발과 그것을 둘러싼 부분으로 수분과 양분의 통로 역할을 함.
· 잎몸 : 잎이 넓어진 부분으로 잎사귀를 이루는 대부분으로 광합성이 이루어지는 곳.

ㅈ
· 장과(漿果) : 과육과 액즙이 많고 속에 씨가 들어 있는 과실(포도, 감).
· 전초(全草) : 뿌리·줄기·잎·꽃·열매 모두를 갖춘 풀의 온 포기.
· 정과(正果) : 한국 전통 당과의 하나. 과일 중에서 물기가 적은 것이나 채소 중에서도 엽채가 아닌 것을
　　꿀, 물엿을 넣고 쫄깃쫄깃하고 달게 조린 것.
· 종상(鐘狀) : 종형이라고 하며 종과 같은 형태.
· 종피(種皮) : 식물의 씨를 감싸고 있는 껍질.
· 줄기잎 : 줄기에서 나온 잎(경엽 : 莖葉).

ㅊ
· 초본(草本) : 지상부가 연하고 물기가 많아 목질을 이루지 않는 식물의 총칭으로 한해살이, 여러해살이
　　등으로 나뉜다.
· 총상(總狀) 꽃차례 : 긴 꽃대에 꽃자루가 있는 여러 개의 꽃이 어긋나게 붙어서 밑에서부터 위로 올라가
　　포도송이처럼 보이는 꽃차례(박주가리, 냉초, 비비추, 맥문동).
· 취산(聚散) 꽃차례 : 꽃 밑에서 또 각각 한 쌍씩의 작은 꽃자루가 나와 그 끝에 꽃이 한 송이씩 달리는 꽃
　　차례(수국, 작살나무, 백당나무).
· 침엽수 : 잎이 바늘이나 침처럼 뾰족하고 길며 주로 목재로 많이 이용한다(잣나무, 소나무) .

ㅌ

· 턱잎 : 쌍떡잎 식물의 잎자루의 기부에 있는 한 쌍의 작은 잎사귀.

· 톱니 : 식물잎의 가장자리가 날카로운 톱니처럼 된 부분.

· 통꽃 : 꽃잎 전체가 서로 붙어서 하나의 꽃을 이루는 꽃(나팔꽃).

ㅍ

· 폐쇄화(閉鎖花) : 꽃받침조각, 꽃잎이 열리지 않고 자가수분, 수정을 행하는 꽃.

· 포과(胞果) : 사초(외떡잎식물 벼목 사초과 식물) 따위에서 볼 수 있는 얇은 주머니 모양의 열매(명아주과) 또는 삭과(익으면 씨가 떨어지는 과실)의 하나로 얇고 마른 껍질 속에 씨가 들어 있는 열매.

· 포자(胞子) : 포자식물의 무성적인 생식세포로 홀씨라고 함.

· 포자낭(胞子囊) : 양치식물에서 포자(홀씨)를 만들고 그것을 감싸고 있는 홀씨주머니로 생식기관임.

· 피침꼴 : 잎이 창이나 댓잎처럼 가늘고 뾰족한 형태.

ㅎ

· 화관 : 식물의 꽃을 구성하는 요소로 꽃부리라고도 하는데 생식에는 관계 없음.

· 핵과(核果) : 과실의 씨를 보호하는 단단한 핵으로 쌓여 있는 열매(매실, 복숭아, 살구, 대추).

· 혀꽃 : 꽃잎이 혀처럼 가늘고 길어서 설상화(舌狀花)라고 하며, 꽃잎이 합쳐져서 한 개의 꽃잎처럼 된 꽃.

· 협과(莢果) : 주로 콩과식물에 달리는 열매로 심피에서 발달하고 익으면 씨방의 씨앗이 밖으로 방출되는 열매(팥, 콩, 완두).

· 현화식물(顯花植物) : 생식기관으로 꽃을 가지며 밑씨가 씨방 안에 들어 있는 씨방군.

한방 용어 해설

ㄱ

· 가성근시 : 일시적으로 굴절성 근시가 되는 것.
· 각기 : 다리가 나무처럼 뻣뻣해지는 병증.
· 각혈 : 피가 섞인 가래를 함께 뱉어 내는 것.
· 간경 : 간의 기능이 실조된 질환.
· 간경변증 : 간장의 일부가 딱딱하게 굳어지면서 오그라들어 기능을 상실하는 질병.
· 강심 작용 : 심장을 강하게 하는 작용.
· 개창 : 피부가 몹시 가려운 전염성 피부염(옴).
· 거풍 : 외부로부터 들어오는 풍을 없앰.
· 건위 : 위를 튼튼하게 하여 소화기능을 높이기 위한 방법.
· 건위제 : 위장을 튼튼하게 만드는 약제.
· 견비통(肩臂痛) : 어깨와 팔이 저리고 아파서 잘 움직이지 못하는 신경통.
· 결장암 : 결장(대장의 일부분)에 생기는 악성 종양.
· 경락(經絡) : 생체에서 피의 경로를 연결하여 기혈을 이루는 일정한 생체반응계통노선으로서 오장육부에
　　서 피부까지 연관되는 반응선을 말한다.
· 경색 : 동맥이 막혀 일어나는 함몰되는 병변.
· 경혈 : 한방에서 침을 놓거나 뜸을 뜨는 자리.
· 고지혈증 : 혈액 내에 필요 이상으로 지방 성분이 많아 염증을 일으키는 질환.
· 구내염 : 세균의 감염으로 인해 입안 점막에 염증이 생기는 질환.
· 구안와사(口眼蝸斜) : 입과 눈 주변 근육이 마비되어 한쪽으로 비뚤어지는 질환.
· 구풍 : 인체의 풍기를 제거함.
· 규폐증 : 규산이 들어 있는 먼지를 오랫동안 마셔서 폐에 규산이 쌓여 생기는 만성 질환.
· 금창 : 쇠붙이로 된 칼, 창 등으로 입은 상처.

ㄴ

· 난관염 : 자궁의 나팔관에서 생기는 염증.
· 냉한 : 몸이 차면서 나는 식은 땀. 주로 평소에 양이 허하고 위기가 부족한 때 찬 기운을 받아 생긴다.
· 녹농균 : 호흡기, 소화기, 상처 등에 감염을 일으키는 세균.
· 농종 : 고름이 있는 종기나 부스럼을 말함.
· 뇌수종증 : 뇌실에 뇌척수액이 많이 고여서 머리가 지나치게 커지고 뇌가 눌려서 얇아지는 질병.
· 늑막염 : 결핵균에 의해 감염되어 생기는 경우가 많고 기침과 가래가 심하게 나타난다.

ㄷ

· 다한증 : 병적으로 많은 양의 땀을 흘리는 증세.
· 담낭염 : 쓸개에 세균이 침입하여 생기는 염증.
· 대장허증(大腸虛症) : 대장의 기혈이 부족하거나 기능이 약화되어 나타난 질환.

· 대하증 : 여자의 생식기에서 누른빛의 분비액이 흘러내리는 병.
· 두부백선 : 백선균이 머리털에 기생하여 일으키는 피부병.

ㅁ
· 모낭 : 피부 속에서 털을 감싸고 영양분을 공급하는 주머니.

ㅂ
· 백반증(白斑症) : 피부의 한 부분에 멜라닌 색소가 없어져 흰색 반점이 생기는 질병.
· 백리(白痢) : 이질의 하나로 백색 점액이나 백색 농액이 섞인 대변을 보는 증상.
· 백전풍 : 피부에 흰 반점이 생기는 증상.
· 법제 : 한방에서 자연에서 채취한 원생약을 약으로 다시 처리하는 과정으로, 주로 독성을 제거하여
     복용하기 쉽게 함.
· 보간 : 간의 기능을 보호하는 것.
· 보음 작용(補陰作用) : 음정이 부족한 것을 강화하고 자양하는 활동.
· 부종 : 신체 조직의 틈 사이에 조직액이 괸 상태, 또는 몸이 붓는 상태.
· 비뉵혈 : 코피가 나는 질환.
· 비장 : 왼쪽 신장과 횡경막 사이에 있는 장기로 적혈구를 파괴시킨다.

ㅅ
· 사독 : 사창(여름철 오한이나 열이 나는 현상)을 일으키는 독기.
· 사하 작용 : 대변을 잘 통하게 하는 약성을 사하약리 작용이라 한다. 사하약은 대변을 통하게 하여 변비를 치
     료하는 효능이 주작용이지만 통변 외에도 위장의 적채를 없애 주며 체내의 열을 제거하는 효능을 갖는다.
· 색전증 : 혈류에 의해 혈관속으로 운반되어 온 여러 부유물이 혈관강을 막은 상태.
· 소갈증(消渴症) : 목이 심하게 말라서 물을 마셔도 소변이 적게 자주 나오는 증상.
· 소종 : 종기를 삭히며 해독을 한다는 의미.
· 수종(水腫) : 혈액 중의 액체 성분이 혈관 벽을 통과하여 신체 조직 속에 괸 상태.
· 숙체(宿滯) : 음식물이 위장에 머물러 있어 오랫동안 소화되지 못하는 병증.
· 신부전 : 혈액 속의 노폐물을 걸러내고 배출하는 신장의 기능에 장애가 있는 상태.
· 신열 : 열이 신장 아래에 나타나는 현상.
· 신허요통 : 신장 기능이 약해저서 나타나는 허리의 통증.

ㅇ
· 악창 : 고치기 힘든 헌데로 악성 부스럼증이다.
· 어혈 : 몸에 피가 제대로 돌지 못하여 한 곳에 맺혀 있는 증세.
· 옹저 : 잘 낫지 않는 피부병으로 악성 종기임.
· 옹종 : 신체 각 부위에 나타나는 작은 종기.
· 완선 : 오래 가면서 잘 낫지 않는 만성 버짐.
· 우담남성(牛膽南星) : 천남성가루를 소의 쓸개에 넣어 말린 약.
· 요슬산통 : 허리와 무릎 부위가 쑤시고 저리며 앉아 있을 때에도 매우 심한 고통을 느끼는 증상.
· 요충(蟯蟲) : 기생충의 하나로 어린아이들에게 많이 나타난다. 특히 항문 주위가 가려운 현상이 있다.
· 울혈성 심부전 : 심장이 점차 기능을 잃으면서 폐나 다른 조직으로 혈액이 모이는 질환.

· 유선암(乳腺癌) : 여성 유방의 젖샘에 생기는 암으로 폐경기, 독신녀, 모유를 수유하지 않는 여성에 흔히 생긴다.

· 유선염 : 젖샘에 생기는 염증(유방염).

· 유종 : 여성의 유방에 발생한 종기.

· 은진 : 피부가 갑자기 가려우며 편평하게 약간씩 도드라져 올라오는 질환.

· 음낭종독 : 고환을 둘러싸고 있는 주머니의 2중으로 된 막 사이에 비정상적인 종기가 나는 것.

· 음종 : 음경에 열이 생기고 늘 발기한 상태로 있는 질환으로, 여자의 음부가 부어오르면서 나타나는 질병.

· 음허 : 손, 발, 가슴에 열이 나는 현상.

· 이뇨 작용 : 오줌량을 증가시켜서 요중으로 물질의 배설을 촉진시키는 작용.

· 인후동통 : 풍열로 인하여 목구멍이 부어서 아픈 증상.

· 임병(淋病) : 소변이 잘 나오지 않으면서 아프고 자주 마려운 질병.

ㅈ

· 자양강장(滋養强壯) : 몸의 영양을 붙게 하여 영양불량이나 허약함을 다스리고 특히 5장(臟)(심장·간장·비장·폐장·신장)을 튼튼히 하는 처방.

· 장풍장독(腸風臟毒) : 대변을 볼 때 검붉은 피가 나오는 병증.

· 적리균 : 세균성 간균.

· 정혈제 : 피의 성분을 맑게 하는 약제.

· 조갈증 : 입안이나 목이 몹시 말라 물을 자꾸 마시는 증세.

· 종독 : 종기에서 나오는 독성이나 기운, 또는 살갗이 헐어서 상한 자리의 독.

· 종창 : 신체의 일부분에 염증이나 종양 등으로 인하여 곪거나 부어오른 상처.

· 중독 : 독성이 있는 물질을 먹거나 마시어 목숨이 위험한 병 증상.

· 중탕 : 가열하고자 하는 물체가 담긴 용기를 직접 가열하지 않고 물이나 기름과 같은 용매가 담긴 용기에 넣어 간접적으로 열을 가하여 데우거나 끓이는 방법.

· 지방간 : 간세포 안에 지방이 축적되는 질환.

· 진경 : 위장 질환으로 인한 복통을 말함.

· 진경 작용 : 해경이라고도 하며 몸이나 손발이 떨리는 경련을 진정시키는 작용.

· 진정 작용 : 신경계의 흥분을 가라앉히는 작용.

· 진해 : 감기 증상을 나타내는 비염.

ㅊ

· 창독 : 부스럼의 독기.

· 창양 : 온갖 피부병을 모두 일컫는 용어.

· 창종 : 열의 독기가 경락에 침범하여 혈이 잘 돌지 못하고 막혀 몰리는 현상.

· 청열(淸熱) 해독 작용 : 차고 서늘한 성질의 약을 써서 열증을 제거하는 일.

· 청폐 : 열기에 의해 손상된 폐기를 맑게 식혀 폐를 깨끗하게 함.

· 충수염 : 맹쟁 끝 충수돌기에 발생한 염증.

· 치조농루 : 치아를 턱뼈에 보호시키는 치주조직의 질환.

· 칠창 : 옻독이 올라 생기는 피부병.

ㅌ

· 탄저균 : 탄저병을 일으키는 세균.

· 탈항 : 직장이 항문 밖으로 나오는 상태.
· 탕화창 : 끓는 물이나 불에 데어서 생긴 상처.
· 토혈 : 소화관 내에서 대량의 출혈이 발생하여 피를 토하는 질환.
· 통경 : 여성의 생리 중에 아랫배나 허리가 아픈 병증.

ㅍ

· 파상풍 : 상처 부위에서 자란 균이 만들어 내는 신경 독소에 의해 몸이 쑤시고 아프며 근육 수축이 나타나는 감염성 질환.
· 패혈증 : 미생물에 감염되어 발열, 호흡수 증가, 백혈구 증가 등의 전신에 걸친 염증 증상.
· 포도상구균 : 화농(고름)과 식중독을 일으키며 몸의 피부와 창자에 있다.
· 폐기종 : 말초 기도 부위 폐포의 파괴와 불규칙적인 확장을 보이는 상태.
· 폐열 : 폐에 생긴 여러 가지 열증.
· 폐옹(肺癰) : 폐에 농양(고름)이 생긴 병증으로 초기에는 춥고 열이 나며 기침을 하다가 나중에는 피고름이 섞인 가래가 나온다.
· 표열증 : 열이 나고 바람을 싫어하며 약간 오싹오싹 춥고 머리가 아프며 갈증이 나는 질환.
· 풍열 : 질병을 일으키는 원인 중의 하나로 열이 심하고 혀가 붉어지며 간에 열이 오른다.
· 풍진 : 발진을 동반하는 급성 바이러스성 질환.
· 풍비 : 대변이 굳어 나타나는 변비의 일종.
· 풍습동통 : 풍사(바람기)와 습사(습기)로 인해 모이 쑤시고 아픈 병증.
· 풍한 : 풍사와 한사가 겹치는 것.
· 피부소양증 : 피부 가려움증이 주증상인 만성 피부 질환.

ㅎ

· 학슬풍 : 무릎 관절이 아프고 부으며, 다리 살이 여위어 학의 다리처럼 된 병증.
· 학질 : 몸을 벌벌 떨며 주기적으로 열이 나는 질병.
· 한산(寒疝) : 음낭이 차서 돌처럼 딴딴해 지고 음경이 발기되지 않거나 고환이 아픈 질환, 배꼽노리가 꼬이듯이 아프고 식은땀이 나며 팔다리가 싸늘해지고 오한이 나는 질환 .
· 한습 : 습기로 인하여 허리 아래가 차지는 병증.
· 항진균(抗眞菌) 작용 : 곰팡이의 성장을 억제하거나 곰팡이를 박멸하는 작용.
· 해수 : 기침과 가래가 같이 나오는 질환으로 목이나 기관지의 점막이 자극을 받아 반사적으로 일어나는 세찬 호흡 운동(가래 끓는 기침).
· 행혈 : 약으로 치료하여 피가 잘 돌게 되는 현상으로 어혈증 등 혈액의 순환을 촉진하는 방법.
· 혈붕(血崩) : 생리 기간이 아닌데도 피가 갑자기 많이 나오는 현상.
· 혈림(血痲) 현상 : 임질 등으로 인해 오줌이 잘 나오지 않고 피가 섞여 나오면서 아랫배와 요도가 아픈 현상.
· 혈우병 : 유전자의 돌연변이로 인해 혈액 내 응고인자가 부족하게 되어 발생하는 출혈성 질환.
· 혈전 : 생체 내부를 순환하고 있는 피가 굳어진 덩어리.
· 혈증 : 혈액에 직접 관련되어 일어나는 각종 질병 징후(토혈, 각혈, 하혈 등).
· 혈허 : 영양불량, 만성 질병, 출혈 등으로 혈분이 부족한 현상.
· 협심증 : 가슴이 아프거나 통증이 나타나는 질환.
· 화농성 질환(化膿性疾患) : 몸에 고름이 생기는 질환으로 다핵 백혈구가 스며 나와 염증이 생기는 질환이다.

참고 문헌 및 사이트

· **너와 나의 건강수업**, 김명동외 1인, 푸른솔, 2014
· **누구나 쉽게 할수 있는 약초약재300 동의보감**, 엄용태, 중앙생활사, 2017
· **동의보감 사계절 약초도감**, 자연을 담는 사람들, 글로북스, 2012
· **동의보감**, 한국익생양술연구회, 글로북스, 2014
· **동의보감 속의 산약초 이야기**, 강덕봉 외 2인, 본초지향, 2012
· **발효 효소 재료학**, 최진만, 도서출판고시, 2013
· **산굼부리의 식물**, 김문홍, 산굼부리, 2005
· **약용식물**, 김태정, 1990
· **약용식물 활용법**, 배종진, 다차원북스, 2018
· **약초민간요법**, 권혁세, 글로북수, 2014
· **우리 약초로 지키는 생활한방1,2,3**, 김태정외 1인, 도서출판이유, 2003
· **익생양술(조제편)**, 권혁세, 글로북스, 2014
· **익생양술(처방편)**, 권혁세, 글로북스, 2014
· **한국의 약용식물**, 배기환, 교학사, 2000
· **한방 약초 약차**, 박종철, 푸른행복, 2012
· **효소동의보감**, 정구영, 글로북스, 2012
· **바른약초** www.bryc.co.kr/m
· **네이버** m.naver.com
· **네이트** www.nate.com
· **다음** https://www.daum.net
· **약초재배기술**, 사이버도서관 www.u-library.ac.kr
· **한국생약협회** www.koreaherb.or.kr